U0220749

解密古代天珠

Decipher Ancient Gzi Beads

戴君彦　巫新华　／著

GUANGXI NORMAL UNIVERSITY PRESS
广西师范大学出版社
·桂林·

解密古代天珠
JIEMI GUDAI TIANZHU

图书在版编目（CIP）数据

解密古代天珠 / 戴君彦，巫新华著. --桂林：广西师范大学出版社，2021.8（2024.6 重印）
ISBN 978-7-5598-3842-1

Ⅰ. ①解… Ⅱ. ①戴…②巫… Ⅲ. ①宝石－研究－中国－古代 Ⅳ. ①TS933.21

中国版本图书馆 CIP 数据核字（2021）第 101289 号

广西师范大学出版社出版发行
（广西桂林市五里店路 9 号　邮政编码：541004
网址：http://www.bbtpress.com）
出版人：黄轩庄
全国新华书店经销
珠海市豪迈实业有限公司印刷
（珠海市斗门区白蕉镇城东金坑中路 19 号 4 栋（厂房）二楼　邮政编码：519125）
开本：889 mm × 1 194 mm　1/16
印张：22.25　　插页：1　　字数：510 千
2021 年 8 月第 1 版　　2024 年 6 月第 2 次印刷
印数：5 001~6 000 册　　定价：168.00 元

如发现印装质量问题，影响阅读，请与出版社发行部门联系调换。

作者在西藏阿里地区札达县文旅局检测文物

作者在长沙市博物馆检测文物

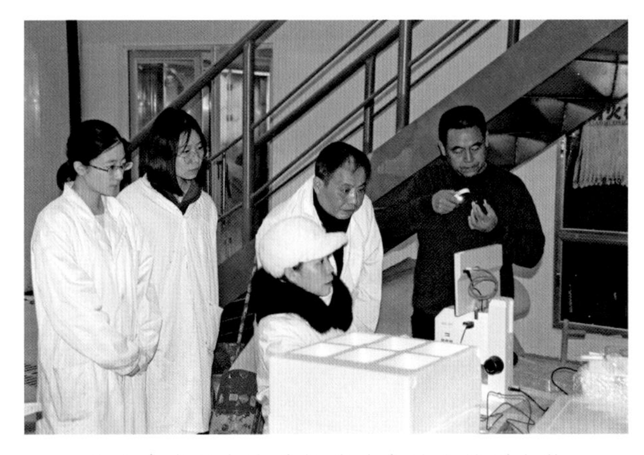

作者在南昌市海昏侯墓地实验室检测文物

作者在首都博物馆检测西藏出土的天珠

作者在江西省考古研究院观察海昏侯墓出土的文物

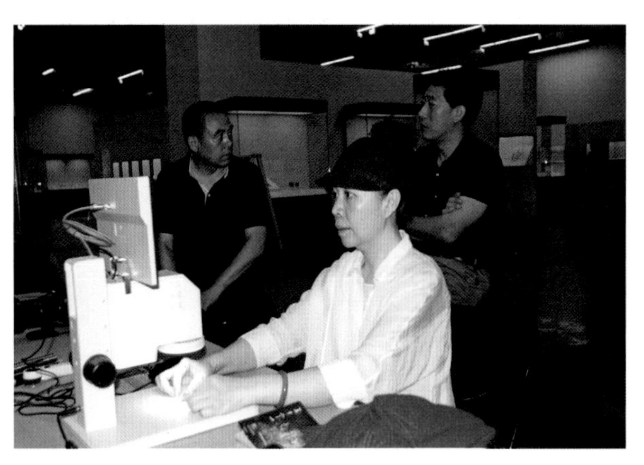

作者在中国国家博物馆检测陈展的天珠

作者在新疆文物考古研究所检测天珠

作者在首都博物馆检测青海省出土的天珠

作者在河南省文物考古研究院检测文物

作者在湖南省博物馆检测玛瑙珠饰

作者在西藏阿里地区札达县曲踏墓地现场考察

作者在西藏阿里地区札达县曲踏墓地现场考察

内容简介

本书以我国馆藏的22颗天珠为主要研究对象，综合运用自然科学和社会科学的多种理论方法对它们进行了深入研究：矿物学、宝石学、显微埋藏学、物理学、化学等自然科学理论不仅为合理推导天珠的蚀花工艺奠定了坚实基础，还为我们进一步厘清了天珠在风化演变过程中发生的系统性变化规律，进而科学客观地解析了天珠的受沁现象及发生机理；而历史学、考古学、宗教学、哲学、艺术史学、人类学、神话学等社会科学知识则为探讨天珠蕴含的文化寓意、文化传播等问题提供了新思路。概言之，本书旨在科学地阐释那些人们关切的与天珠有关的诸多疑问，而这些问题是用传统的考古方法不能认识或难以解释的。

本书从上万张天珠、玛瑙珠的文物资料中精选出558张高清图片以飨读者，这些珠饰考古发掘自我国不同地区的遗址，年代为西周至唐代。书中精美的文物细节图和释读文字不但使我们得以图文并茂地鉴赏这一时期玉髓质文物上的老化特征及时代工痕，更让我们领略到悠久岁月赋予这些珍贵珠饰的沧桑之美。

Brief Introduction

This book takes 22 Gzi beads of museum collections in China as main study objects, and comprehensively studies them by using various theoretical methods of natural science and social science, in which mineralogy, gemology, microscopic taphonomy, physics and chemistry, etc. natural science theories not only lay a solid foundation for reasonably deducing Gzi bead's etching technique, but also clarify the systematic changes of Gzi bead during the process of weathering evolution, so that Gzi bead's seeped phenomenon and mechanism of its occurrence can be analyzed scientifically and objectively; while social science knowledge, such as history, archaeology, religion, philosophy, art history, anthropology and mythology, etc., provides new ideas for exploring the cultural implication and cultural transmission of Gzi bead. In brief, this book aims to scientifically explain the historically reserved issues related to Gzi bead that people concerned about, and these issues are non-cognitive or difficult to clarify by using traditional archaeological methods.

This book picks 558 high-definition pictures from tens of thousands records of Gzi beads and agate beads which were excavated from tombs in different areas in China from the western zhou dynasty to tang dynasty. The exquisite details and interpretation of beads in the book allow us to appreciate not only the aging features and era marks on the chalcedony cultural relics of that period, but also the beauty of precious beads undergoing the vicissitudes.

目 录

前　言 /1

第一章　藏族的瑰宝 —— 天珠 / 001

第二章　天珠的制作工艺 / 017

一、制作天珠珠体的矿料 —— 白玉髓 / 024

二、天珠的制作工艺 / 030

第三章　玉髓质珠饰的次生变化及沁像总结 / 069

一、玉髓质文物发生次生变化的机理 / 069

二、玉髓质珠饰的沁像总结 / 072

第四章　天珠的受沁现象 / 151

一、西藏自治区考古发掘出土的天珠 / 152

二、新疆维吾尔自治区考古发掘出土的天珠 / 190

三、青海省考古发掘出土的天珠 / 256

四、河南省考古发掘出土的天珠 / 263

五、湖南省考古发掘出土的天珠 / 281

六、中国国家博物馆藏的天珠 / 289

第五章　天珠的文化寓意 / 300

一、天珠的社会文化背景 / 300

二、拜火教及其对我国西藏地区文化的影响 / 303

三、天珠的拜火教文化意涵 / 315

后　记 / 338

CONTENTS

Preface / 1

Chapter 1 Tibetan Treasure - Gzi Bead / 001

Chapter 2 Processing Technique of Gzi Bead / 017

1. Mineral for Making Gzi Bead - White Chalcedony / 024
2. Process of Making Gzi Bead / 030

Chapter 3 Secondary Changes of Chalcedony Beads and Summary of Their Seeped Phenomena / 069

1. Mechanism of Secondary Changes of Chalcedony Relics / 069
2. Summary of Seeped Phenomena in Chalcedony Beads / 072

Chapter 4 Seeped Phenomena of Gzi Beads / 151

1. Gzi Beads Unearthed from Archeological Excavations in Tibet Autonomous Region / 152

2. Gzi Beads Unearthed from Archeological Excavations in Xinjiang Uygur Autonomous Region / 190

3. Gzi Beads Unearthed from Archeological Excavations in Qinghai Province / 256

4. Gzi Beads Unearthed from Archeological Excavations in Henan Province / 263

5. Gzi Beads Unearthed from Archeological Excavations in Hunan Province / 281

6. Gzi Beads from Collections of National Museum of China / 289

Chapter 5 The Cultural Connotations of Gzi Bead / 300

1. The Social and Cultural Backgrounds of Gzi Bead / 300

2. Zoroastrianism and Its Influences on the Culture of Tibet Autonomous Region / 303

3. The Cultural Connotations of Gzi Bead in Zoroastrianism / 315

Afterword / 338

前　言

众所周知，珠子在古代的社会、宗教、经济方面具有不容忽视的重要作用。被藏族人民称为“Gzi”“Dzi”和“Zigs”的蚀花玛瑙珠是他们自古至今最为尊崇迷恋的珠宝。由于玛瑙特指条带纹路清晰的玉髓，而制作“Gzi”珠所选用的矿料有的具有条带结构，有的却是纯净的玉髓，因此“蚀花玛瑙珠”亦可称为“蚀花玉髓珠”。“天珠”即“Gzi”“Dzi”珠的汉译名词[①]，而“Gzi”“Dzi”又被汉语音译为“瑟”或“思”，藏族人民认为它是具有超自然功能的护身符，因此神秘而珍贵。

时至今日，每当人们提及“天珠”，都会将它与藏族民间许多脍炙人口的美好传说联系起来，其中广为流传的是：天珠是一种特殊的昆虫（藏语 vbu），曾经有人在山巅遇见这种昆虫，并用帽子逮住了它，当他挪开帽子时，昆虫即刻石化为天珠。一说有具特殊善业的人在山岭中捕获了这种特殊昆虫，它们与人的“浊气”相触后石化成了天珠。因此，藏族人民认为天珠是由昆虫演变而来，人们有时还会发现这类珠子的“巢穴”。[②]奥地利藏学家勒内·德·内贝斯基·沃科维茨（René de Nebesky-Wojkowitz）将天珠称为“猫眼石”，他在《西藏的神灵和鬼怪》一书中记载了流传于西部藏区的一个传说，其中讲述猫眼石最初起源于日土镇附近的一座山上，它们如溪流般沿着山坡倾泻而下，某天有一个妇女向山上扔了“魔眼”，猫眼石的流淌戛然而止，但如今依然可在那里看到黑白条纹相间的猫眼石。[③]还有一种传说讲猫眼石是格萨尔王战胜“大食”（波斯）的战利品，他凯旋时掠夺了大食国王

① 汤惠生:《藏族饰珠“GZI”考略》,《中国藏学》1995 年第 2 期。

② ［美］大卫·艾宾豪斯、麦克尔·温斯腾:《藏族的瑟珠》，载［意］图齐等著，向红笳译《喜马拉雅的人与神》，中国藏学出版社，2012 年，第 185 页。

③ ［奥地利］勒内·德·内贝斯基·沃科维茨著，谢继胜译:《西藏的神灵和鬼怪》，西藏人民出版社，1996 年，第 595—597 页。

宝库里的宝石，其中包括为数众多的猫眼石，这种宝石由此被传布到西藏各地[④]……众多美丽传说为神秘的天珠披上了五彩霓裳，使之在人们的心目中更加旖旎珍贵。

天珠于20世纪上半叶进入西方学者的视野，以意大利著名藏学家吉塞佩·杜齐（Giuseppe Tucci）为代表的研究者在西藏进行考古和社会调查时关注到了天珠。杜齐在《西藏考古》一书中将这种昂贵的珠子称为“Zigs”，并认为它们来自西藏的古墓葬和田野，是古代西藏与周边地区贸易的结果[⑤]。学者洛伊斯·杜宾（Lois Sherr Dubin）认为天珠于公元7世纪就已经存在了，并更进一步提出这种黑白纹饰的蚀花玛瑙珠很早就与宗教信仰一起从伊朗传到了西藏[⑥]。毋庸置疑，天珠是蚀花玉髓珠的一种。英国学者贝拉西斯（A.F.Bellasis）早在1857年就关注到蚀花玉髓珠，还在巴基斯坦信德省的萨温城做了实地考察并对在玉髓珠上蚀绘白色花纹的方法和所用原料进行了研究。麦凯（E.Mackey）也于1930年在这里开展了实地调查和研究工作，在实验中通过改变操作方法和原料等手段成功地将白色纹饰蚀绘于玉髓珠上[⑦]。霍鲁斯·贝克（Horace C.Beck）在麦凯的研究基础上进一步提出了在实验室中可操作的新方法，这种20世纪上半叶的制作方法是：将一颗珠子用之前提到的碱蚀法把整个珠子表面处理成白色，然后用不同金属的硝酸盐溶液在白化后的表面绘制图案，之后再对珠子进行二次加热。他在文中详述了各类金属硝酸盐蚀染的效果，但实验的最终结果未能令贝克满意。此外，贝克还首次运用了分型与分期法对蚀花类的玉髓珠进行了研究。在 *Etched Carnelian Beads* 一文中，贝克将其所认为的用型一工艺制作的蚀花玉髓珠按图案特征划分为早、中、晚三个时期，但他客观清醒地认识到：“新的考古证据有可能证明这是不正确的，而且很多图案类型是大量重合的。”而对于西方学者所认知的用型二工艺制作的天珠，贝克则坦言：“由于我暂时还没有发现这种工艺的制作流程，因此不能确知这种珠子到底是如何被制作的……”[⑧]勒内·德·内贝斯基·沃科维茨认为天珠是西藏人使用的一种价值较高的护身符，它们来自田野和古墓葬[⑨]。此外，关注到天珠或对其进行过探讨的还有法国的罗尔夫·阿尔费里德·史泰安（Rolf Alfred Stein）、美国的大卫·艾宾豪斯（David Ebbinghouse）和麦克尔·温斯腾（Michael Winsten）等，其中艾宾豪斯和温斯腾于1988年联名发表了文章《藏族的瑟珠》。夏鼐先生是我国研究蚀花玉髓珠的先驱，童恩正、汤惠生、吕红亮、赵德云等教授也曾分别在其著述中论及天珠。我们在梳理了上述学者们的研究结果后发现：他们基本上都承袭了霍鲁斯·贝克的研究方法，运用分型、分期法将所掌握的文物资料从社会学、考古学、工艺美术等方面进行讨论，从而得出该类

④ ［奥地利］勒内·德·内贝斯基·沃科维茨著，谢继胜译：《西藏的神灵和鬼怪》，西藏人民出版社，1996年，第597—598页。

⑤ ［意］吉塞佩·杜齐著，向红笳译：《西藏考古》，西藏人民出版社，2004年第2版，第7页。

⑥ Lois Sherr Dubin,*The History of Beads: From 100,000 B.C.to the Present* ,Harry N.Abrams,2009, p.217.

⑦ Ernest Mackey, “Decorated Carnelian Beads,” *Man*,Vol, 33 Sep,1933.

⑧ Horace C. Beck, “Etched Carnelian Beads,”*The Antiquaries Journal,*Vol ,13,Issue 1,1933, pp.382−398.

⑨ ［奥地利］勒内·德·内贝斯基·沃科维茨著，谢继胜译：《西藏的神灵和鬼怪》，西藏人民出版社，1996年，第595—596页。

文物是区域间物质、文化交流的物证。但是，有关天珠制作工艺的探究则几乎一直停留在贝克的“不能确知这种珠子到底是如何被制作的”这一结论上。换言之，天珠的制作方法始终如迷雾般萦绕在人们心头，再加上西方研究者20世纪在实验室里的仿制实验结果，世人对天珠的认知更加扑朔迷离……长久以来，人们除了对制作天珠的工艺技术充满好奇，还提出了其他相关问题：作为来自远古时期的文物，天珠必须具备怎样的物质特征？它来自何方？人们为什么将天珠的珠体蚀花为黑、白两色？那些美丽的乳白色几何图案又蕴含着怎样深遂的文化寓意？

我国近半世纪以来的考古发掘成果为研究天珠提供了丰富可靠的文物资料。历史学、考古学、宗教学、哲学、艺术史学、人类学、神话学等社会科学的快速发展为探讨天珠蕴含的文化寓意、文化传承及传播等问题提供了新思路，而矿物学、宝石学、物理学、化学、显微埋藏学（Microscopic Taphonomy）[⑩]等自然科学领域的丰硕成果也促使我们以全新的视角和理论方法来研究前文提及的相关问题。本书即以我国西藏地区和“丝绸之路”路网中其他地区考古发掘出土的20余颗天珠为研究对象，利用光学显微镜、单反相机微距拍摄等观测手段对它们进行细部的微观观察和探究，进而厘清天珠在风化演变过程中发生的系统性变化规律，并对相应的受沁现象及发生机理进行客观科学的解析和诠释。这种“微痕考古”（Microscratch Archaeology）[⑪]的方法使传统的考古研究工作向微观、具体的思维领域纵深发展。笔者在运用相关自然科学的理论方法合理地推导出天珠蚀花工艺的基础上，进一步结合专业学者对高古玉器次生变化的研究成果，图文并茂地深入解析上述考古发掘出土天珠的具体受沁现象和发生机理。本书旨在告诉人们：我们所观察到的每一颗出土天珠的现有状态都是其埋藏入土后产生的各种受沁现象叠加于它在古代成珠时的状态之上的综合结果，而每一颗天珠在成珠时的状态及其渐次产生的受沁现象均与它们的玉髓珠体的物理化学性质密切相关。也就是说，这些出土天珠在久远的埋藏过程中受埋藏环境和珠体矿料自身局部质量的影响产生了丰富多样的次生变化，它们叠加于在古代就已蚀过花的玉髓珠体上，最终在每一颗天珠上形成了纷繁复杂、斑驳陆离的现有状态。

美观悦目又寓意深邃的天珠携带着大量的远古信息向我们走来，帮助我们进一步了解当时社会的工艺技术、科技发展、文化交流、宗教信仰以及社会经济等诸多方面的问题。由于西藏乃至整个人类社会数千年来的文明随着岁月的流逝不断变迁，并因各个不同时期的宗教和社会背景而千姿百态，因此我们不得不承认：天珠蕴含的文化信息也存在着相应的变化，但它始终具有自己的明显特点和充分的统一性，从而促使人们对它进行全面考量。因此，对天珠作出全面深入的研究是一个庞杂的系统工程，现在还难以想象我们能沿着时代的线索去追述每一颗天珠在其社会背景中所承载的具体文化内涵，而只能通过这些出土天珠带给我们的具象信息，在力所能及的范围内尝试解读其所蕴含的抽象的

---

⑩ Shipman P. “Applications of Scanning Electron Microscopy to Taphonmomic Problems,” *Annals of the New York Academy of Sciences*,1981,376（1）:357-358.

⑪ 武仙竹：《微痕考古研究》，科学出版社，2017年，第7—8页。

文化寓意，再从时间和地域间文化传播的角度理解天珠提示给我们的文化概貌。但更为重要的是：我们可以站在前辈们的肩膀上，借助他们的丰硕成果，如实地把这些出土天珠的珠体上所蕴藏的“秘密”记录下来并将观察到的细节展示给读者，然后逐一科学地阐释其成因。

正是我国的考古学家们和其他相关科学领域的研究者们在经过不懈努力后取得的卓越成就，使我们对天珠的观察研究和科学阐释成为可能，也为我们从科学的视角客观地认知天珠奠定了坚实的物质和理论基础。在此，笔者谨向他们表达诚挚的敬意和衷心的感谢！

圣山冈仁波齐

第一章

藏族的瑰宝——天珠

就从艺术家兼设计师大卫·艾宾豪斯和麦克尔·温斯腾的东方之行说起吧。也许是人类穷究的天性使然，西藏天珠[①]的奥秘点燃了他们的好奇心，《藏族的瑟珠》记述了二人于1978—1979年曾两次到印度北部和尼泊尔旅行，这两次旅行的目的非常明确：获取更多的藏族瑟珠以进一步研究它。在藏族翻译的协助下，他们在印度和尼泊尔的藏族聚居区里发布了想要购买瑟珠的信息，并参加了藏历年的庆祝活动和一次藏式婚礼，因为他们知道妇女们会在这些场合穿着漂亮的衣服并佩戴各种华丽的首饰，这些饰物中就有瑟珠。总之，大卫·艾宾豪斯和麦克尔·温斯腾充分利用每个机会向熟知瑟珠的人了解情况。

大卫·艾宾豪斯和麦克尔·温斯腾苦苦寻觅的瑟珠被藏族称为“Gzi”“Dzi”或“Zigs”珠，具有黑（褐）、白的对比颜色，是蚀花玉髓珠的一种。20世纪的西方学者将上述称谓的珠子汉语音译为“瑟”或“思”，“天珠”是它们的汉译名。藏族认为天珠非人间凡物，而是一种具有特殊护佑功能的珍贵珠宝，来自六趣之中人与天之间的阿修罗世界，或谓来自天上，故有“天珠”之称，而天珠的“天”既是宗教上所讲的天神，又有“外来的”之义[②]。从截至目前的考古资料来看，藏族对天珠的尊崇可以追溯到公元前1千纪，并在悠久的历史长河中一直保持至今。天珠作为兼具装饰与护身符双重功用的珠宝成为藏族文化中一种古老的装饰艺术形式，为藏民族强烈的自我崇拜意识和精神信仰做了一个注解，它不仅彰显了藏族先民的审美情趣及精神世界的内涵，还昭示了藏族地区与周边地区很早就已存在着频繁的物质文化交流的史实。

藏族世代生活在青藏高原西南部，这里位于东亚和南亚、中亚的交会处，地域广袤，自然环境特

① 为了避免所使用的名词前后不一造成的混乱，笔者在书中论及西方学者的研究时，仍按原文的称谓将天珠称为“瑟珠”“蚀花玛瑙珠”或“猫眼石”。

② 汤惠生：《藏族饰珠“GZI”考略》，《中国藏学》1995年第2期。

珠。我国西藏自治区是藏族聚居的核心地域，从西北到东南沿喜马拉雅山脉漫长的边界线与印度、尼泊尔、不丹、缅甸等国接界，北面与新疆维吾尔自治区、青海省相连，东面与四川省、云南省相连。大卫·艾宾豪斯和麦克尔·温斯腾两次奔赴考察的目的地是印度和尼泊尔的藏族聚居区，他们期望通过居住在那里的藏族人了解更多有关天珠的信息。他们记述的撩人心动的资料涉及天珠的各个方面，被公布在《藏族的瑟珠》一文中，此文于1988年发表后引起了人们的极大兴趣。

从材质的角度而言，制作天珠珠体的材料为白玉髓。这种质地坚硬细腻的半宝石矿料色彩明艳，具有一定的透明度，抛光后有润亮的玻璃光泽，是人们喜爱的一种美石。人类对玉髓的喜爱使得玉髓被不同时代、不同文化的人们广泛使用，很早就被人类当作身体的装饰物。玉髓在自然界中比较容易获得，而蚀花技术的发明使得人们能够更好地在玉髓类珠子上表达内心深处的感受和强调心灵深处的精神信仰。天珠即是古人用大自然中的蚀花原材料对半透明的白玉髓珠的表层分别进行黑、白两次蚀染，从而获得在黑色底上有乳白色纹饰的蚀花玉髓珠。[③]出土文物中蚀花类的玉髓珠还包括蚀花红玉髓珠，它是在红玉髓珠的表层直接蚀绘白色纹饰的珠子。还有一种蚀花玉髓珠是在红玉髓珠体上直接蚀绘黑色条纹和白色条纹，从而使黑、白两色条纹相间地装饰于红玉髓珠体上。

就制作工艺而言，古人是用碳酸钠（Na_2CO_3）作为有效成分在玉髓类珠子的表层蚀绘乳白色花纹的，因此英国的考古学家霍鲁斯·贝克将这类珠子定名为“Etched Carnelian Bead”[④]。夏鼐先生认为：狭义的“玉髓”通体白色或无色半透明，肉红石髓（Carnelian）或称光玉髓（Cornelian）[⑤]，因此他将“Etched Carnelian Bead”译为“蚀花的肉红石髓珠”，蚀花一词由此而来。英国著名的地质学家罗纳德·路易斯·勃尼威兹（Ronald Louis Bonewitz）将红玉髓（光玉髓）和肉红玉髓作出了区分：红玉髓是一种血红色或红橙色的半透明玉髓；肉红玉髓则是一种半透明浅褐色或深褐色的玉髓，它的名称（Sard）来源于希腊语的“Sardis”——古吕底亚的首都，直到中世纪它还与红玉髓共用一个名字“Sardion”[⑥]。时至今日，人们将具红色系的半透明玉髓统称为红玉髓[⑦]。我们结合贝拉西斯和麦凯的考察和研究结果推测：天珠的蚀花工艺承袭自蚀花红玉髓珠的工艺技术，它需要工匠先将白玉髓珠体的表层全部染黑，再于其上蚀绘所需的乳白色纹饰，并最终在珠体上呈现出黑色的底和乳白色的花纹，以此达到黑白鲜明的艺术对比效果。

有些藏族人认为“Gzi”珠还包括其他与天珠工艺和材质相关的珠子以及部分天然的黑白缠丝玛瑙

③ 中国社会科学院考古研究所新疆队、新疆喀什地区文物局、塔什库尔干县文管所：《新疆塔什库尔干吉尔赞喀勒墓地2014年发掘报告》，《考古学报》2017年第4期。

④ Horace C. Beck, “Etched Carnelian Beads, ” *The Antiquaries Journal,* Vol.13,Issue 1,1933, pp.382-398.

⑤ 作铭：《我国出土的蚀花的肉红石髓珠》，《考古》1974年第6期。

⑥ [英]罗纳德·路易斯·勃尼威兹著，张洪波、张晓光译，杨主明审：《宝石圣典：矿物与岩石权威图鉴》，电子工业出版社，2013年，第227—228页。

⑦ 张蓓莉主编：《系统宝石学（第二版）》，地质出版社，2006年，第375—377页。

珠，但相关资料表明西方研究者在20世纪就已明确了“Gzi”珠特指黑、白两色的蚀花玉髓珠，我们能够从他们发表的文章中找到充足的证据，例如：艾宾豪斯和温斯腾在《藏族的瑟珠》一文中开门见山地提出“藏族人把蚀刻玛瑙珠称为瑟”，继而强调“就加工技术而言，藏族瑟珠是蚀刻玛瑙珠的一种”[⑧]；洛伊斯·杜宾也在 *The History of Beads: From 100,000 B.C.to the Present* 中明确提出 Gzi 珠是“蚀刻玛瑙珠”[⑨]；等等。其实，“蚀刻的玛瑙珠”是早期研究者们的误称，源于他们发现一些蚀花玛瑙珠的白色花纹上有部分发生了剥落，从而留下了粗糙的、似乎经过了凿刻的表面[⑩]。艾宾豪斯和温斯腾试图运用霍鲁斯·贝克的分型法和更多调查信息对天珠的各个方面进行研究，但结果却并不能令他们满意，二人最终只好无奈地在文末得出暂时的结论：“只有在西藏开展广泛的科学考古工作，有关藏族瑟珠的起源与断代问题才能得到真实明确的答案。”[⑪]而霍鲁斯·贝克在 *Etched Carnelian Beads* 一文中讨论完在波斯俾路支斯坦出土的两颗黑、白两色的蚀花玛瑙珠后，旋即对我国西藏和云南地区的蚀花玛瑙珠展开了讨论。他就已故的 J.W. 格雷乔伊教授在接近青藏边缘的云南丽江获得的两颗硕大精美的黑白蚀花珠向大卫·麦克唐纳博士做了咨询，得到回复如下：“关于格雷乔伊教授拍下的标本照片，如果这种珠子是真正的玛瑙材质，那么它们的价值会非常可观，而且如果它们的图案是睛而非条纹，那么其价值会更高。这些珠子并非在西藏制作，而是在内地进行切割和抛光。藏族声称而且坚信这些珠子是他们从牛粪中找到的。”[⑫]所谓“睛”，特指天珠上的环纹，也被称作“Mig”[⑬]。贝克的朋友卡迈克尔勋爵则认为藏族喜爱的天珠可能来自异域，它们古老而稀有，具有极高的价值，这一观点显然获得了贝克的赞同。除此之外，吉塞佩·杜齐在《西藏考古》一书中也认为天珠是从周边地区传播而至。他在书中写道：“我从未尝试去购买一粒这样的珠子，由于被视为具有特殊神力和保护力的护身符，所以其价格昂贵。有人告诉我，其中的一些是在陵墓中发现的。……是一种在亚洲（从近东到伊朗和中亚）最常见的项圈类型。……它们只能再次证明：居住在西藏的人们从很早起就与邻国有着联系及贸易往来。”[⑭]的确如此，中亚地区的一些考古资料也印证了上述观点，例如：中亚锡尔河流域的维加罗克斯基泰古墓就曾出土了两颗蚀绘有圆圈纹、方形纹的天珠，其年代为公元前7—前6世纪[⑮]；塔吉克斯坦国家博物馆珍藏有两颗年代为公元前4—前2世纪的圆柱状天珠，珍藏的一颗椭圆形

⑧ ［美］大卫·艾宾豪斯、麦克尔·温斯腾：《藏族的瑟珠》，载［意］图齐等著，向红笳译《喜马拉雅的人与神》，中国藏学出版社，2012年，第177页。

⑨ Lois Sherr Dubin, *The History of Beads: From 100,000 B.C.to the Present* , Harry N.Abrams,2009, p.217.

⑩ ［美］大卫·艾宾豪斯、麦克尔·温斯腾：《藏族的瑟珠》，载［意］图齐等著、向红笳译《喜马拉雅的人与神》，中国藏学出版社，2012年，第178页。

⑪ ［美］大卫·艾宾豪斯、麦克尔·温斯腾：《藏族的瑟珠》，载［意］图齐等著，向红笳译《喜马拉雅的人与神》，中国藏学出版社，2012年，第191页。

⑫ Horace C. Beck, “Etched Carnelian Beads, ” *The Antiquaries Journal*, Vol.13,Issue 1,1933, pp.382–398.

⑬ ［意］吉塞佩·杜齐著，向红笳译：《西藏考古》，西藏人民出版社，2004年第2版，第7页。

⑭ ［意］吉塞佩·杜齐著，向红笳译：《西藏考古》，西藏人民出版社，2004年第2版，第7页。

⑮ Jeannine Davids–Kimball（ed.）, *Nomads of the Eurasian Steppes in the Early Iron Age*. Berkeley: Zinat Press, 1995, p.218.

圆板状的天珠上则蚀绘有一圈乳白色的椭圆形圆圈纹，而另一颗已经残断的天珠则是在深棕色的底色上蚀绘了两圈环绕着圆柱状珠体的白色圆圈纹⑯。这些天珠纹饰优美、构图合理，不仅具有很高的艺术价值，而且蕴含着古人深厚的宗教哲学思想。

关于天珠的价值，洛伊斯·杜宾在调查后写道："瑟珠的古老被认为是其在喜马拉雅地区具有巨大价值的主要原因"⑰；吉塞佩·杜齐还认为这是源于天珠被藏族人视为具有特殊神力和保护力的护身符；而勒内·德·内贝斯基·沃杰科维茨在《西藏的神灵和鬼怪》一书中进一步讲述了西藏人通常将天珠分为两大类，他写道："a. 椭圆形猫眼石，有三英寸长，带有断续的黑色（或灰色）和白色条纹，在黑色和白色条纹之间有两色的圆环被叫做'眼'。藏人说一颗猫眼石能带有十二个眼，带有五、七、八、十一个眼的猫眼石要比带有一、二、三、四、六、九、十或十二个眼的猫眼石更为罕见。一般说来，猫眼石的眼数量愈多、色泽愈鲜艳、外表愈光滑就愈值钱。特别是带有九眼的猫眼石——这使我们联想起九是苯教中最重要的一个数字——需求量更大，因为九眼猫眼石据说可使拥有者免遭兵器伤害，禳除不吉日的邪祟，预防中风跌倒，后一种病据说是由罗睺罗星神引起的。b. 圆形猫眼石，一般来说，圆形猫眼石价值高于椭圆形猫眼石，据说有三种不同的圆形猫眼石：（1）虎纹猫眼石，带有虎皮斑纹的猫眼石。（2）莲花猫眼石，带有莲花状图案的猫眼石。（3）宝瓶猫眼石，带有命瓶图案的猫眼石。命瓶是无量寿佛的显著标志，经常是佛教神灵的一件法器。这种猫眼石据说可以卖到大价钱。一件普通成色的猫眼石，藏人大约要付三十英镑的价钱……用碾碎的猫眼石粉混以金银粉、药草、珍珠粉做成药丸，这种药丸价格非常贵，但据说是治疗多种疾病的特效药物。"⑱由此看来，一颗天珠的价格取决于以下几个要素：1. 一般来说，天珠的眼数量越多其价格也相对越高，而珠体上眼数的稀少程度也会影响天珠的价格，譬如带有五、七、八、十一个眼的天珠的价格要高于带有一、二、三、四、六、九、十或十二个眼的天珠，但九眼天珠由于需求量大而价格昂贵；2. 天珠的价格与其品相有着直接关系，那些外表光滑亮丽、黑白两色保留完整且对比鲜明的天珠具有相对更高的市场价值；3. 从护身符珠宝的角度来看，天珠的珠体越大，其价值也越高。

鉴于天珠的高昂价值，西藏很早就出现了仿冒品。内贝斯基在《西藏的神灵和鬼怪》中提到当时的西藏集市上出现了很多粗劣的冒牌猫眼石，它们由瓷制成，从内地和印度输入西藏，而藏族人自己也用黑白封蜡做猫眼石样的饰珠⑲；霍鲁斯·贝克也在 *Etched Carnelian Beads* 一文中提到了20世纪30年代有关仿制瑟珠的信息：在中国有人出售一颗用硬度较低的白色叶蛇纹石（Antigonite Serpentine）

---

⑯ Museum, Miho. 古代バクトリア遺宝展図録 . Miho Museum, 2002.p.145.

⑰ Lois Sherr Dubin,*The History of Beads: From 100,000 B.C.to the Present* ,Harry N.Abrams,2009, p.217.

⑱ [奥地利]勒内·德·内贝斯基·沃杰科维茨著，谢继胜译：《西藏的神灵和鬼怪》，西藏人民出版社，1996年，第596—597页。

⑲ [奥地利]勒内·德·内贝斯基·沃杰科维茨著，谢继胜译：《西藏的神灵和鬼怪》，西藏人民出版社，1996年，第597页。

仿制的瑟珠，非常精致，据称来自唐代墓葬，这种仿制的瑟珠并非采用硅质的矿石，可能是用褐色的颜料在白色珠体上进行染色后所得。文中还提到K. 德・B. 柯德林顿先生在对西藏瑟珠作了调查后发现当时西藏已经出现了用玻璃仿制的瑟珠，但它们容易辨认而且价格低廉[20]。也许是出于对天珠加工工艺的探秘，贝克在实验室里做了仿制天珠的实验：他先用碱蚀法把整个珠体表面处理成白色，然后尝试用铅、铁、钴、铜、锰不同金属的硝酸盐溶液在白化后的珠体表面绘制黑色图案，之后再对珠子进行二次加热，但实验结果表明硝酸铅基本没有什么效果，硝酸铁可以蚀绘出灰白色的图案，钴、锰、铜的硝酸盐都可以分别蚀绘出黑色的线条，而用硝酸铜溶液蚀绘的效果与古珠标本的效果最为接近[21]。由此看来，贝克在实验室里的最佳仿制结果仅仅是"与古珠标本的效果最为接近"而已。虽然20世纪30年代的化学蚀花方法已经先进到可以让珠宝设计师A.L. 波科克将照片的图案浓缩后蚀花于珠宝上，但贝克却始终没能仿制出令他满意的天珠，他坦言："由于我暂时还没有发现这种工艺的制作流程，因此不能确知这种珠子到底是如何被制作的……"[22]其实，贝克之所以不能成功地仿制出天珠，是因为他在观察和认知天珠的出土标本时忽视了其古老的特质——这是它们在漫长的埋藏过程中受周遭环境的影响必然发生的次生变化，也是天珠历经岁月洗礼后的有力鉴证。

上述综合信息清晰地告诉我们，被藏族人民尊崇喜爱的天珠至少具备以下特征：第一，天珠是珠体上具有黑（褐）色底，其上蚀绘有白色纹饰的蚀花玉髓珠；第二，天珠的年代久远，来自田野和古代墓葬，稀少而珍贵；第三，天珠是古代西藏与周边地区物质文化交流的物证。尽管如此，笼罩在天珠上的重重迷雾仍然有待廓清，而我国考古发掘出土和馆藏的天珠使我们能够用微痕考古的方法和科学的手段细致入微地观察它们的珠体并深入地探究它们所蕴藏的奥秘。本书涉及的这些考古发掘出土的天珠纹饰丰富、形状多样，来自不同年代的墓葬遗址。这些珍贵的文物毫无疑问地成为上述观点的完美注脚。以下图片是我国考古发掘出土的天珠和馆藏的天珠。

---

⑳ Horace C. Beck, "Etched Carnelian Beads," *The Antiquaries Journal*,Vol ,13,Issue 1,1933, pp.382-398.

㉑ Horace C. Beck, "Etched Carnelian Beads," *The Antiquaries Journal*,Vol.13,Issue 1,1933, pp.382-398.

㉒ Horace C. Beck, "Etched Carnelian Beads," *The Antiquaries Journal*,Vol.13,Issue 1,1933, pp.382-398.

图1-1　圆柱状天珠

西藏自治区札达县文物局藏，阿里地区札达县曲踏墓地出土。

图 1-2 圆板状天珠

西藏自治区札达县文物局藏，阿里地区札达县曲踏墓地出土。

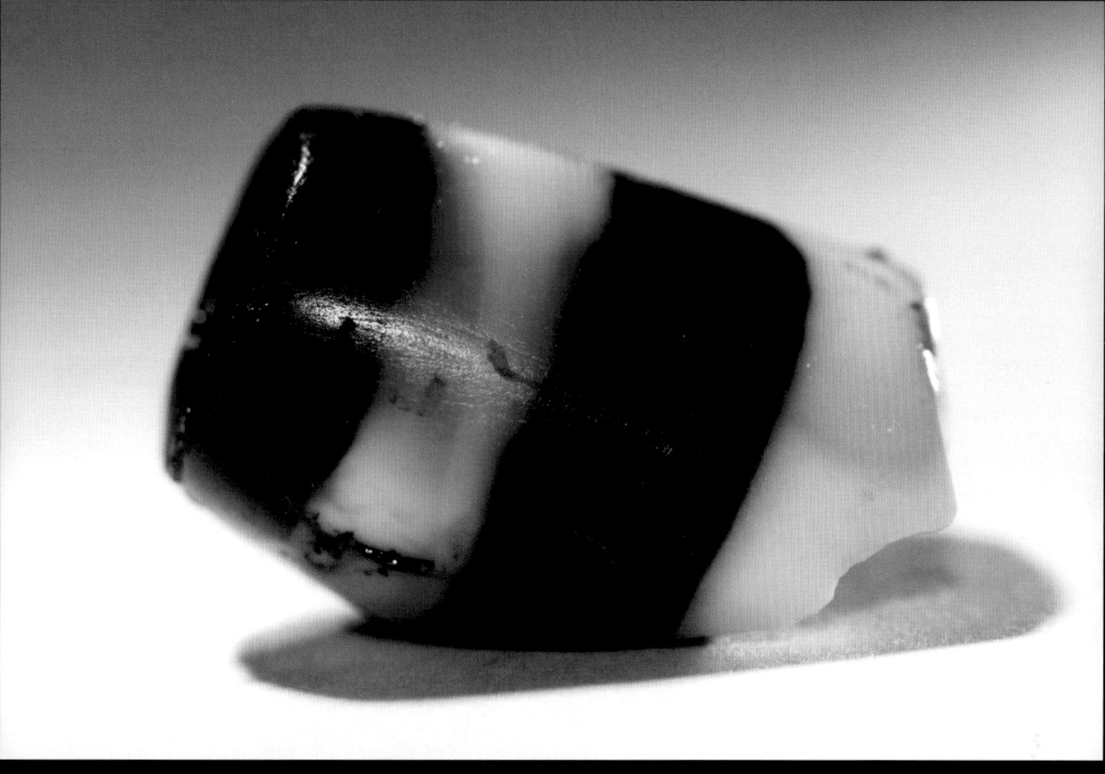

图1–3 残断天珠
西藏自治区札达县文物局藏，阿里地区札达县曲踏墓地出土。

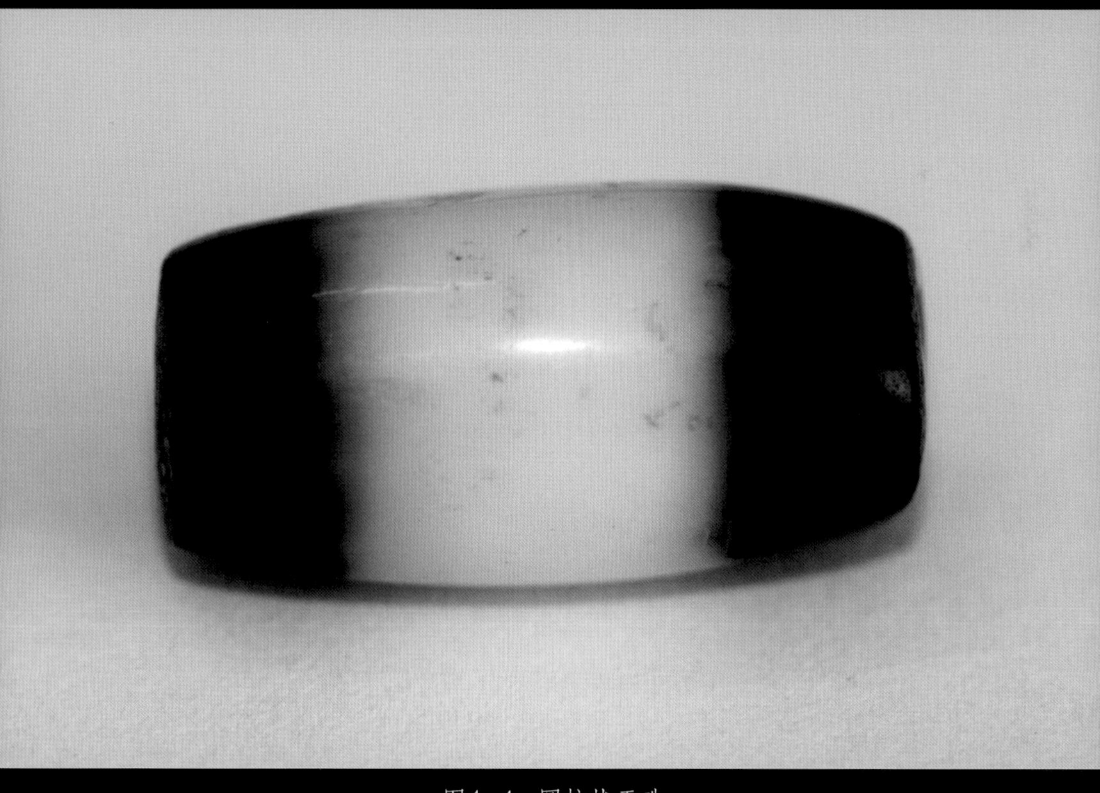

图1–4 圆柱状天珠
西藏自治区札达县文物局藏，阿里地区札达县曲踏墓地出土。

图1-5 圆板状天珠
西藏自治区札达县文物局藏，阿里地区札达县格林塘墓地出土。

图1-6 残断天珠
西藏自治区札达县文物局藏，阿里地区札达县日波墓地出土。

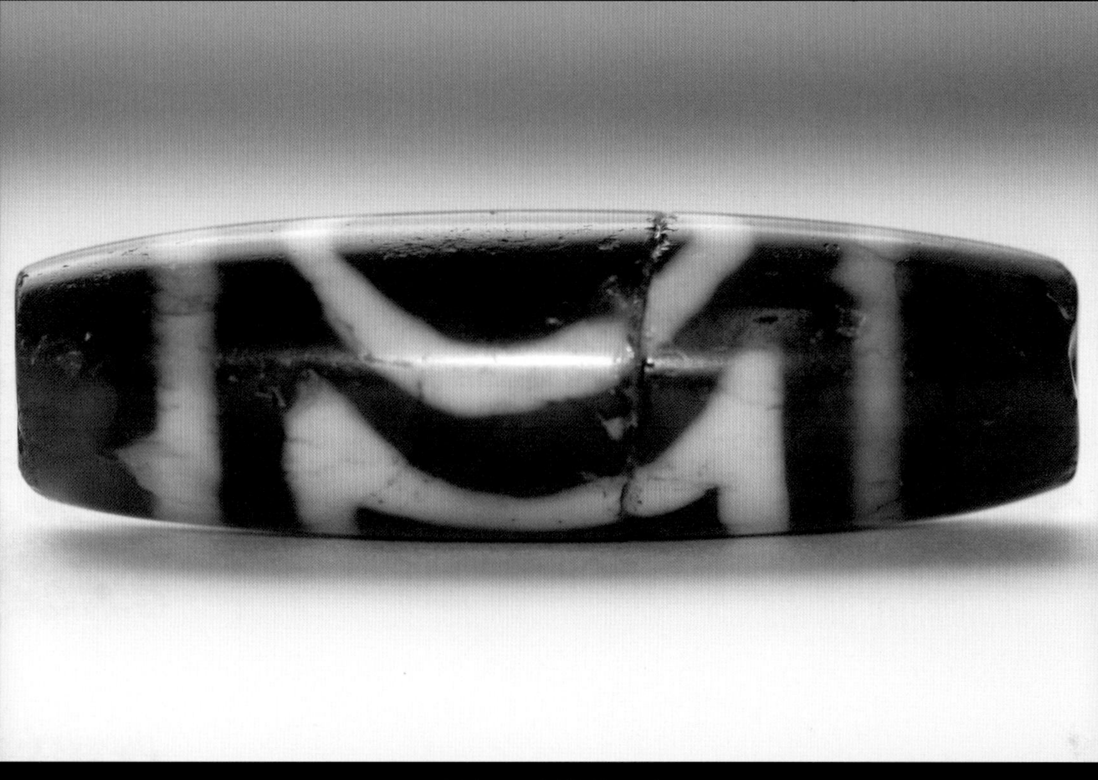

图1-7　圆柱状天珠
新疆维吾尔自治区文物考古研究所藏，库车县提克买克墓地出土。

图1-8　圆柱状天珠
新疆维吾尔自治区文物考古研究所藏，库车县提克买克墓地出土。

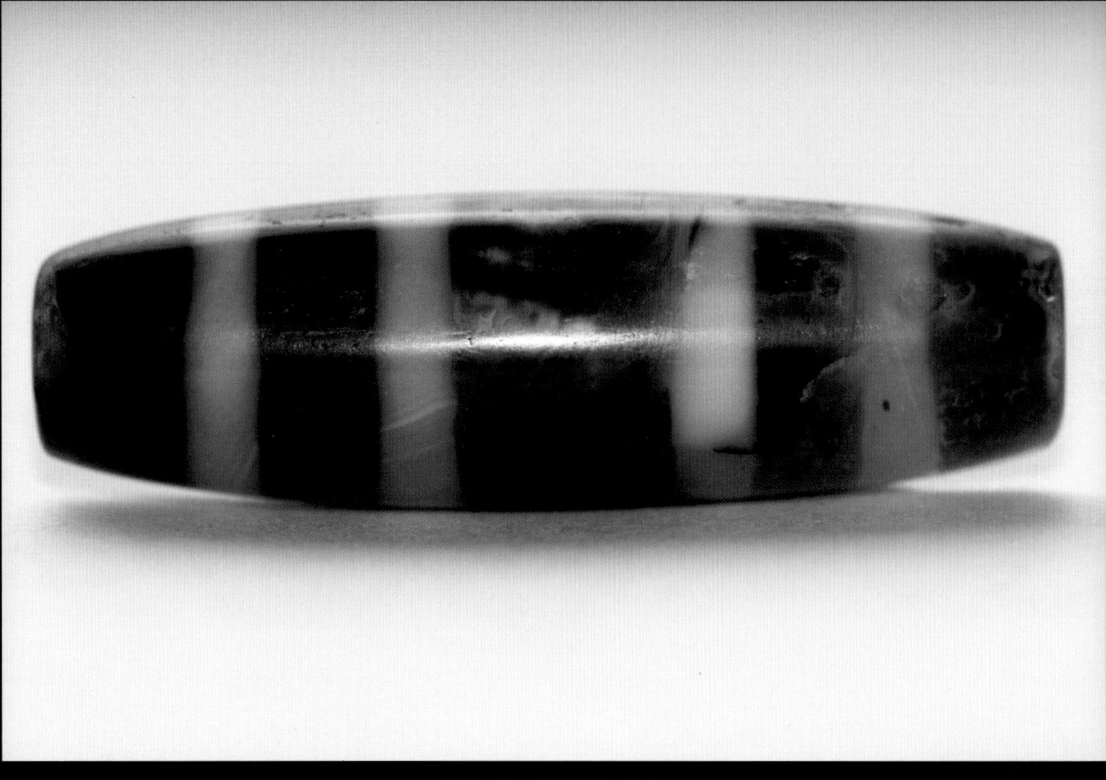

图1-9　圆柱状天珠
新疆维吾尔自治区文物考古研究所藏，库车县提克买克墓地出土。

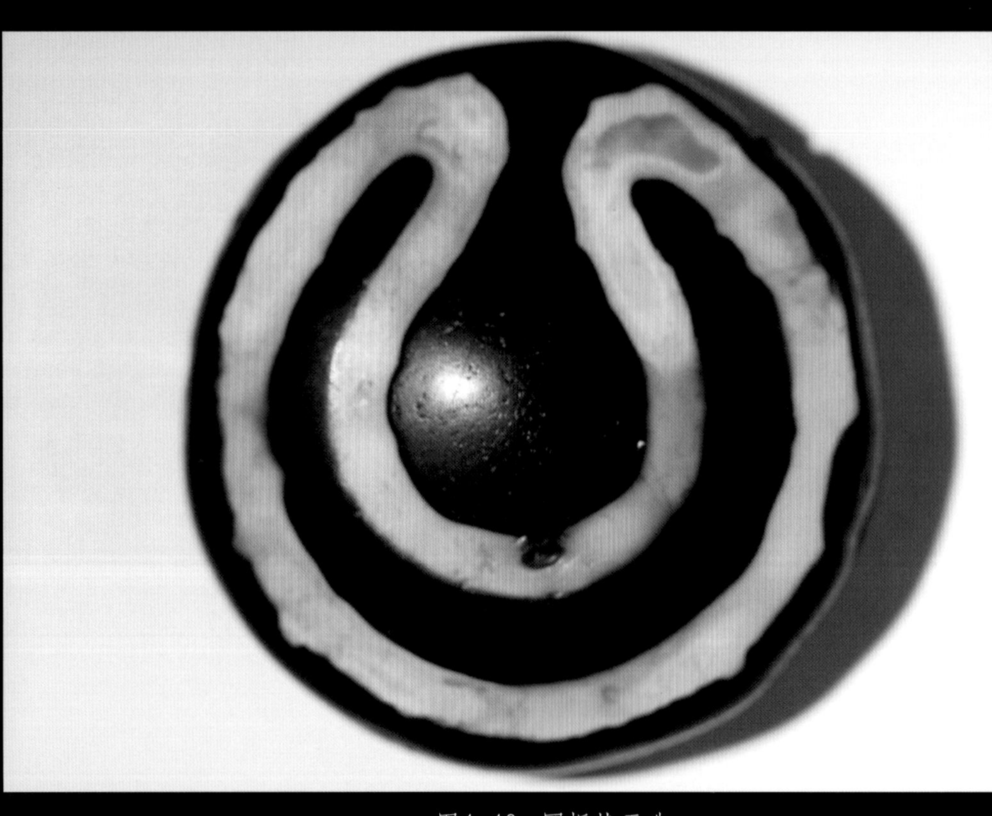

图1-10　圆板状天珠
中国社会科学院考古研究所新疆工作队藏，塔什库尔干县吉尔赞喀勒墓地出土。

图1-11　圆柱状天珠

中国社会科学院考古研究所新疆工作队藏，塔什库尔干县吉尔赞喀勒墓地出土。

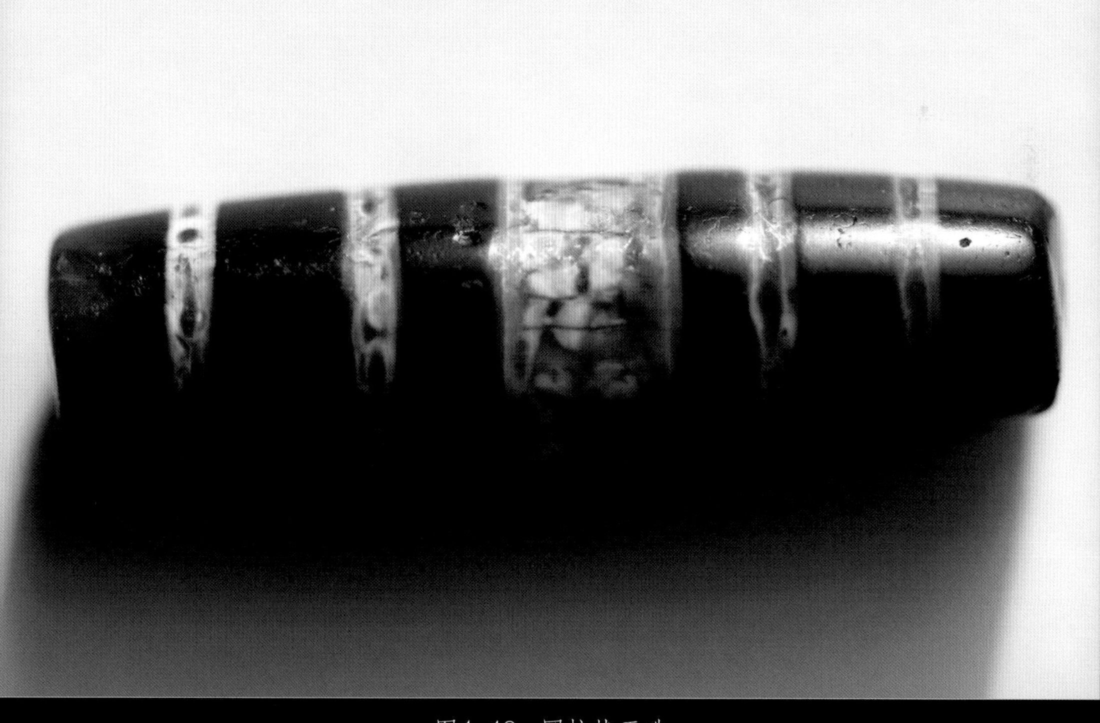

图1-12　圆柱状天珠

中国社会科学院考古研究所新疆工作队藏，塔什库尔干县吉尔赞喀勒墓地出土。

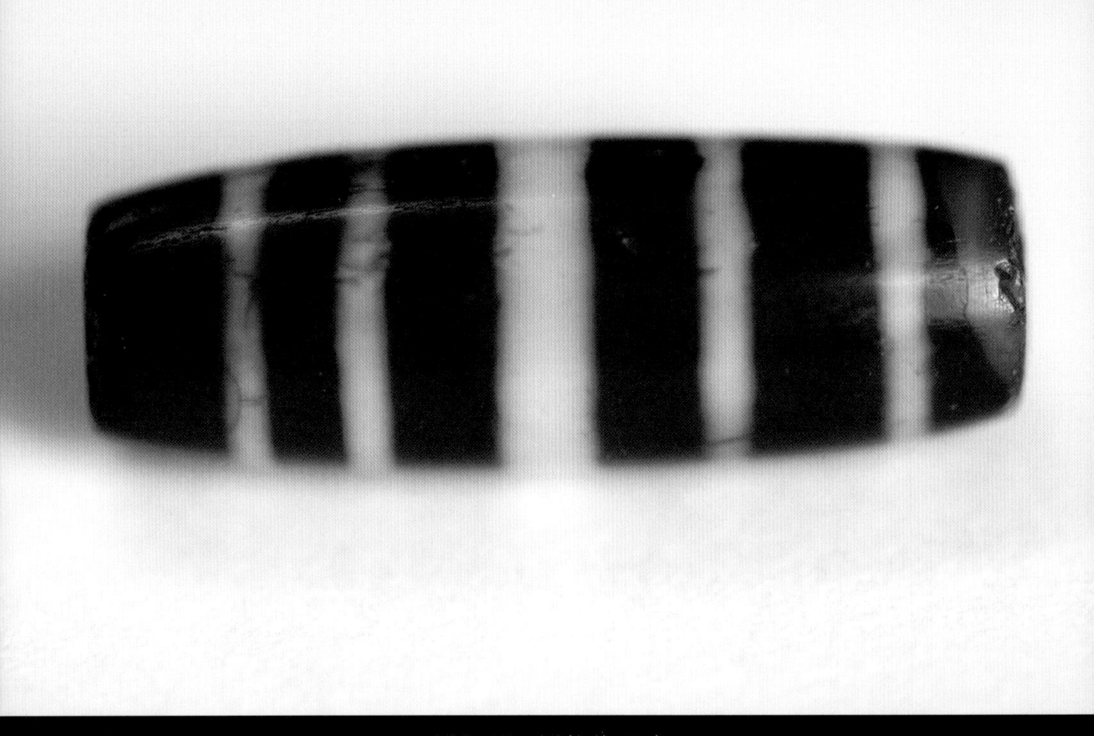

图1-13　圆柱状天珠
中国社会科学院考古研究所新疆工作队藏，塔什库尔干县吉尔赞喀勒墓地出土。

图1-14　圆柱状天珠
中国社会科学院考古研究所新疆工作队藏，塔什库尔干县吉尔赞喀勒墓地出土。

图1-15　圆柱状天珠

中国社会科学院考古研究所新疆工作队藏，塔什库尔干县吉尔赞喀勒墓地出土。

图1-16　圆柱状天珠

中国社会科学院考古研究所新疆工作队藏，塔什库尔干县吉尔赞喀勒墓地出土。

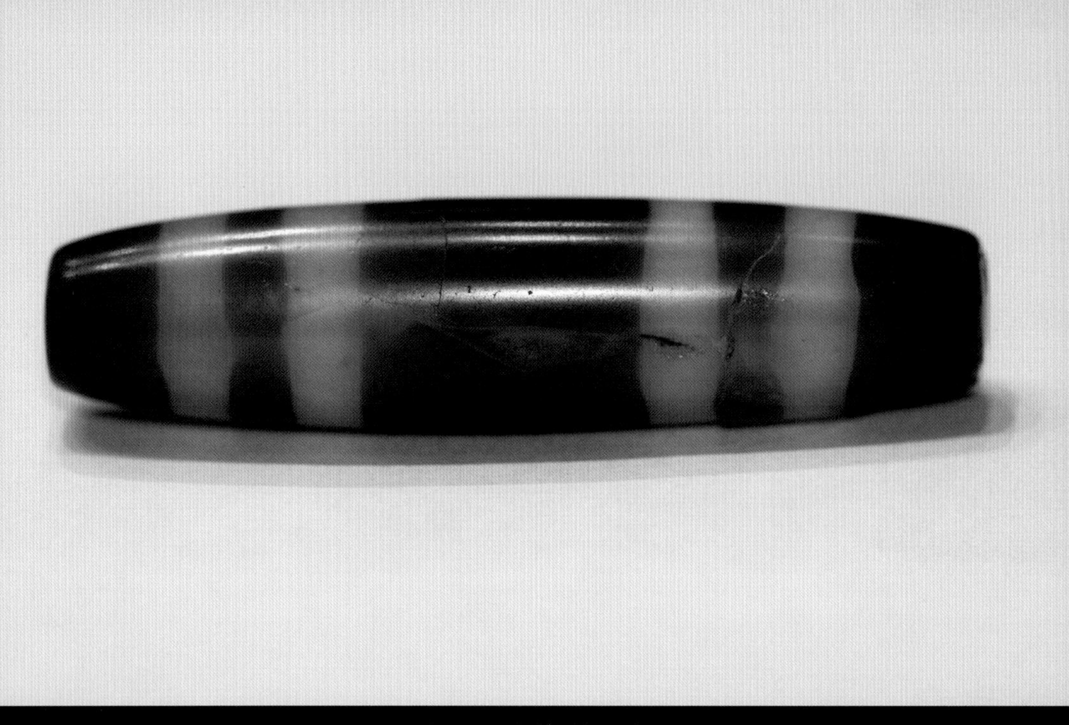

图1-17　圆柱状天珠
青海省湟中县博物馆藏，湟中县多巴训练基地墓地出土。

图1-18　圆柱状天珠
河南省文物考古研究院藏，淅川县下寺墓地出土。

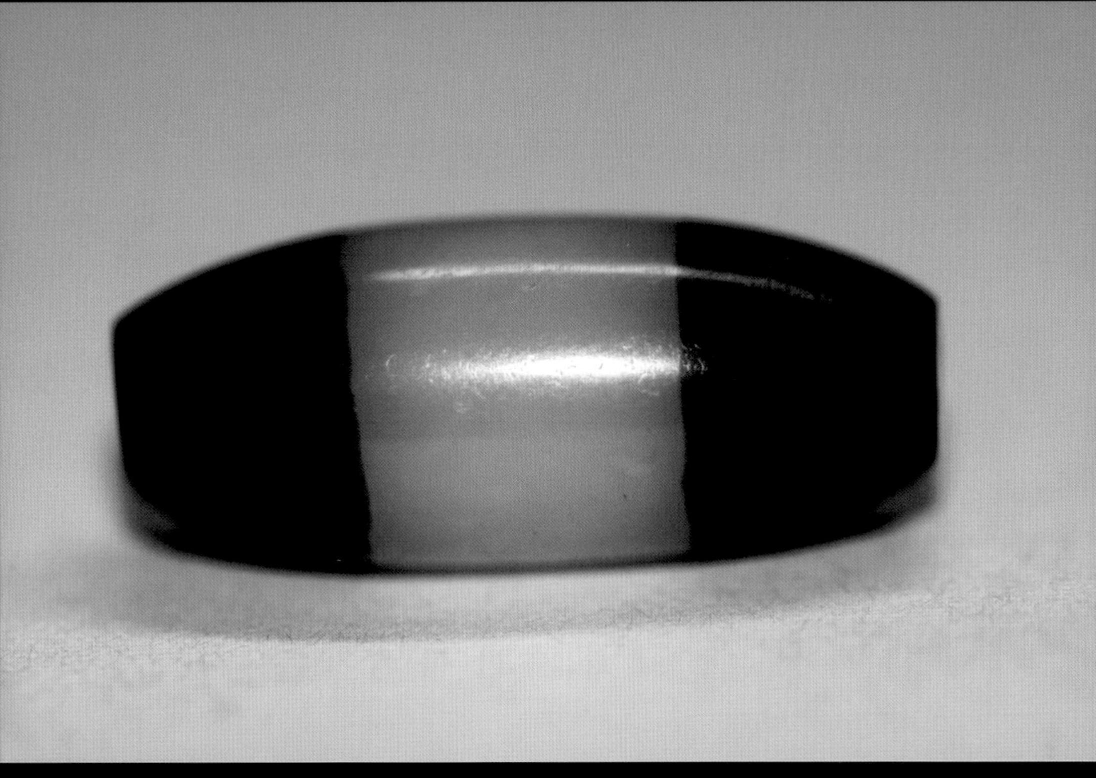

图1-19　圆柱状天珠
河南省文物考古研究院藏，淅川县下寺墓地出土。

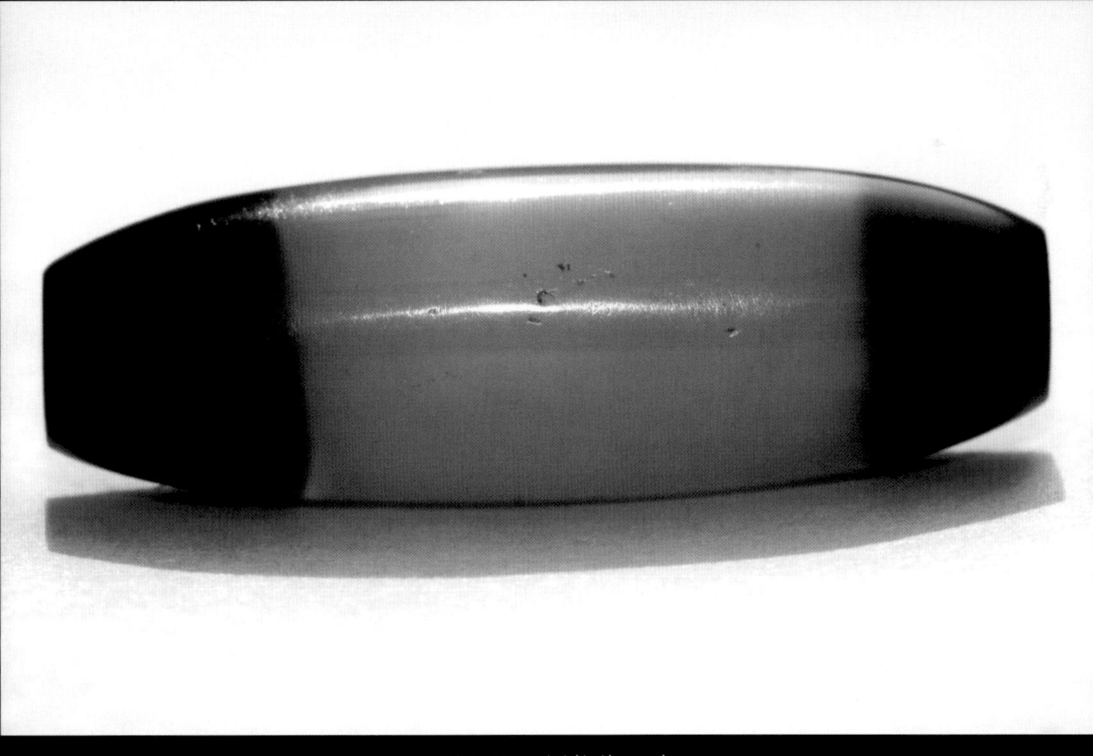

图1-20　圆柱状天珠

图1-21　圆柱状天珠
湖南省长沙博物馆藏，长沙市咸家湖墓地出土。

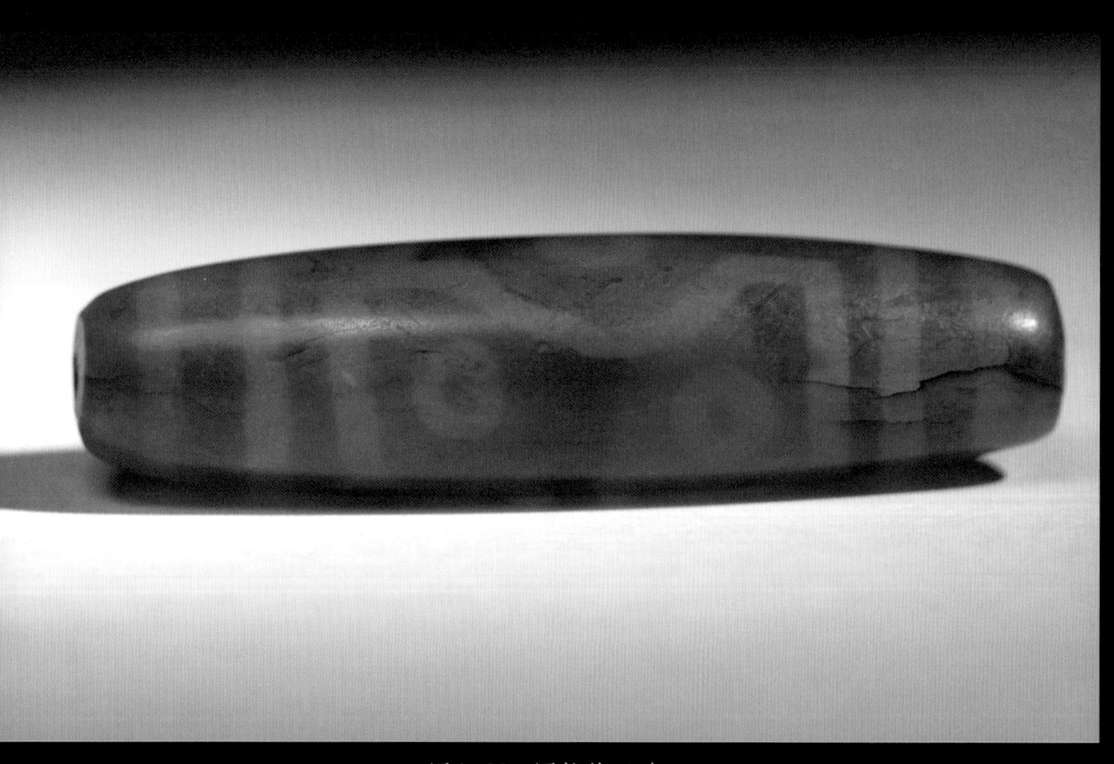

图1-22　圆柱状天珠
中国国家博物馆藏

第二章

天珠的制作工艺

我国考古发掘出土的天珠大多为圆柱状或圆板状，它们的珠体表面具有莹亮的光泽①，透光观察可见部分珠体呈现出白玉髓特有的内反射②光，其光辉③不同于非晶质（玻璃、塑料等）的内反射光。白玉髓是石英的一种致密微晶体，由细微的纤维体组成，颜色一般为白色（或灰白、灰色），状态为微透明至半透明④。这些天珠的白玉髓珠体的表层分别经过了黑、白两次蚀染，从而使珠体表层呈现为黑色的底色上具有乳白色纹饰的组合图案。也就是说，我们在天珠上观察到的珠体自色⑤为色度不同的白玉髓的体色，而珠体表层呈显的黑色底和乳白色纹饰都系人工蚀花而成。内反射光和玉髓质⑥器物表面抛光后的莹亮光泽使它们具有独特的光性⑦并散发出亮丽的半宝石光，如图2-1-1、2、3、4、5、6、7。

---

① 光泽（luster）：光泽实际上是人们肉眼对物体表面反射光强弱的一种判别。物体的反射率越大，其光泽也就越强。物体表面的细微结构和抛光程度也会影响反射光的质量，并使我们感受到不同的光泽。见张庆麟编《珠宝玉石识别辞典》（修订版），上海科学技术出版社，2013 年，第 45—46 页。

② 内反射（internal reflection）：当光线照射到具有一定透明度的矿物光片表面物时，除反射光外，有一部分光线能折射透入矿物内部，如遇到矿物内部的某些界面（如解理、裂隙、空洞、晶粒、包裹体等），光线可以被反射出来或散射开，这种现象称为矿物的内反射。见周乐光主编《工艺矿物学》（第 3 版），冶金工业出版社，2007 年，第 85 页。

③ 光辉（sheen）：指宝石内部的反射所产生的反射光，又称"内反射光"（而"光泽"主要是宝石表面的反光）。它起因于宝石内部的解理面、裂面、双晶面、包裹体等对入射光的反射。见张庆麟编《珠宝玉石识别辞典》（修订版），上海科学技术出版社，2013 年，第 46 页。

④ 黄作良主编：《宝石学》，天津大学出版社，2010 年，第 240 页。

⑤ 自色（idiochromatism）：矿物自身固有的化学成分引起的颜色。自色较为固定，可作为矿物的鉴定特征。见秦善、王长秋编著《矿物学基础》，北京大学出版社，2006 年，第 21 页。

⑥ 由于玛瑙和不具有纹带结构的玉髓同为玉髓类矿物，笔者在书中涉及具体文物资料的命名时，仍采用约定俗成的称谓，即"玛瑙珠或玛瑙饰件"等。

⑦ 光性（optical property）：物质的光学性质，如折射率、反射率、颜色、二色性、色散等。不同的物质具有不同的光性，因此，光性的研究是鉴定矿物（包括宝石）的重要依据。见张庆麟编《珠宝玉石识别辞典》（修订版），上海科学技术出版社，2013 年，第 40 页。

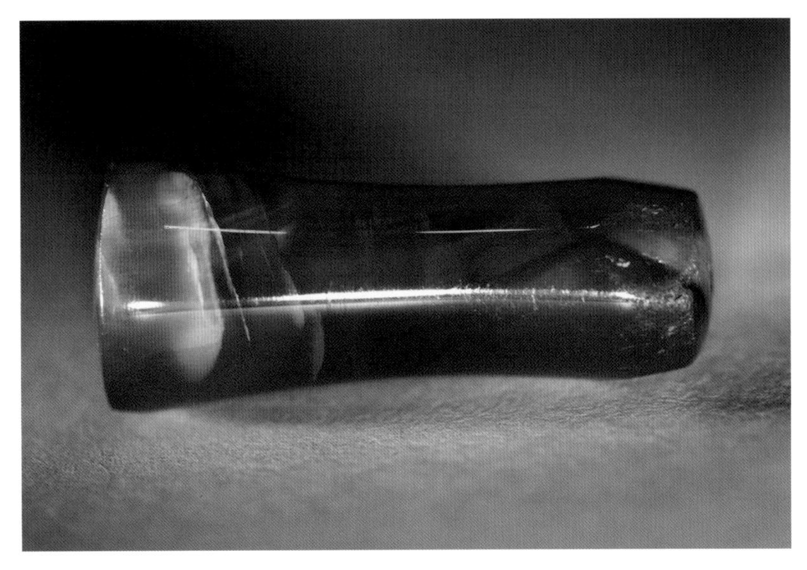
图2-1-1　玛瑙耳珰

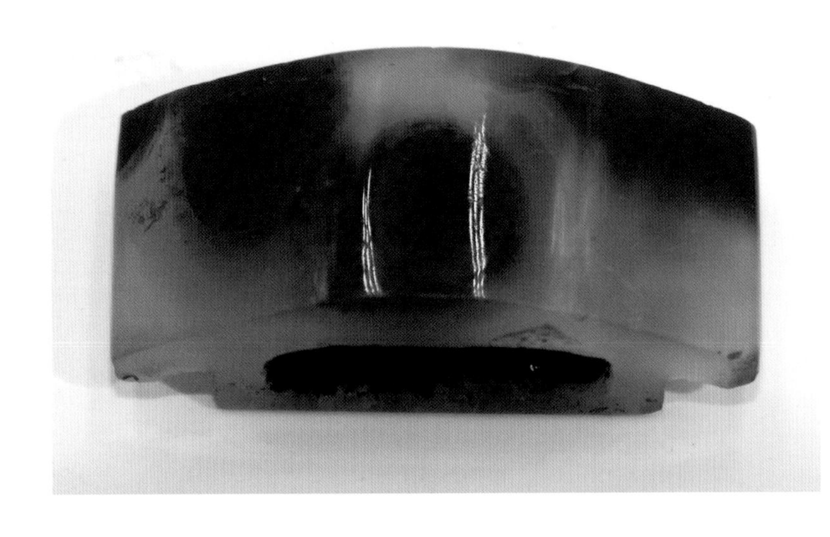
图2-1-2　红缟玛瑙剑璏

图2-1-3　玛瑙圆珠

图2-1-4 竹节状玛瑙珠

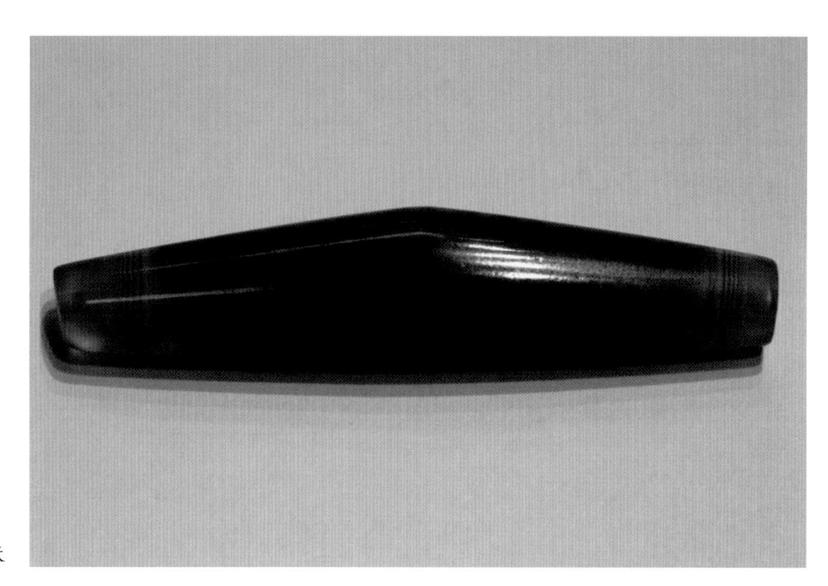

图2-1-5 牛角状缠丝玛瑙珠

图2-1-6 多棱玛瑙珠

图2-1-7 西藏曲踏墓地M2出土的玛瑙珠

图2-1-1：东汉，长沙市刘家冲墓地出土，湖南省博物馆藏；图2-1-2：西汉，南昌市海昏侯墓地出土，江西省文物考古研究院藏；图2-1-3：汉代，长沙市杨家湾墓地出土，湖南省博物馆藏；图2-1-4：西周早期，平顶山市应国墓地出土，河南省文物考古研究院藏；图2-1-5：汉代，长沙市杨家山墓地出土，湖南省博物馆藏；图2-1-6：东汉，长沙市丝茅冲墓地出土，湖南省博物馆藏；图2-1-7：公元前3—前2世纪，札达县曲踏墓地出土，西藏自治区札达县文物局藏。

图2-1说明：上述出土的玉髓质文物表面各自具有强弱不一的光泽。

我们通过内反射光的差异和变化可以观察到玉髓质珠体的内部状态，如是否有解理、裂理、包裹体、空洞等，见图2-2-1、2、3、4。

图2-2-1 玛瑙圆珠

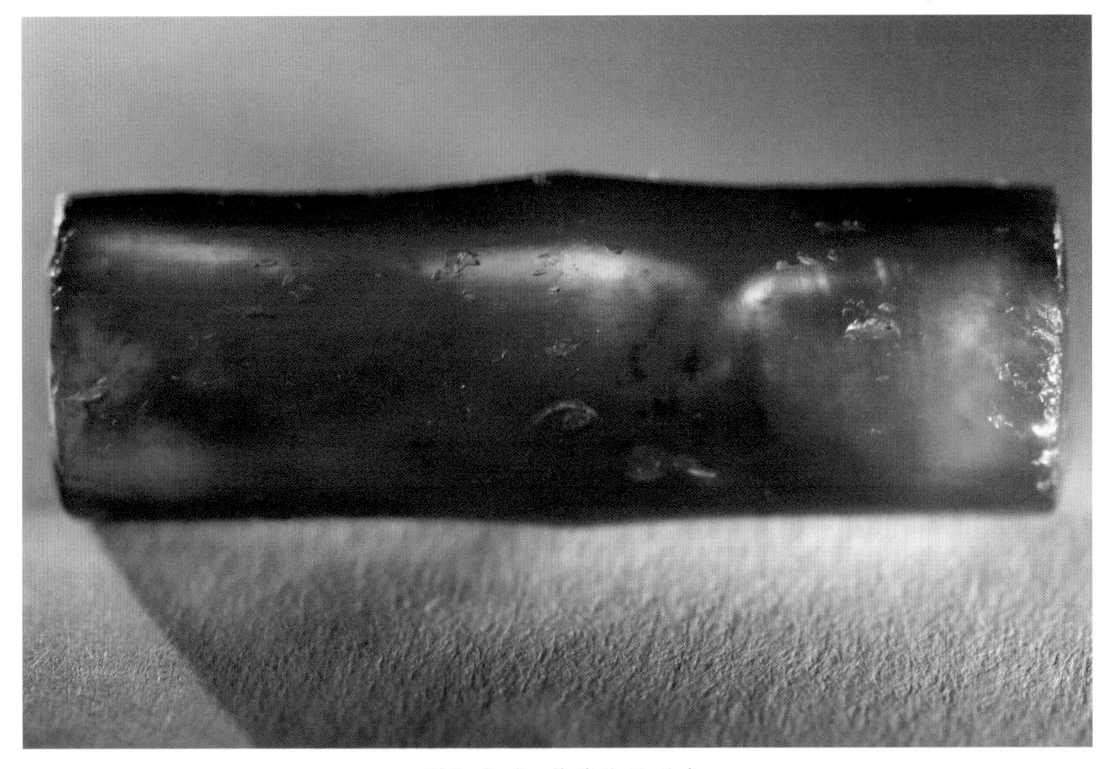

图2-2-2 竹节状玛瑙珠

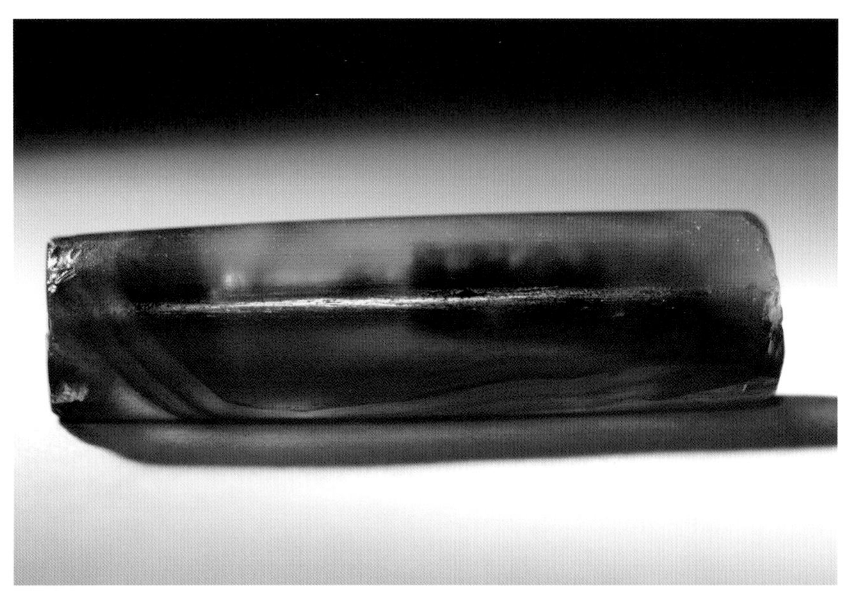

图2-2-3 玛瑙管珠

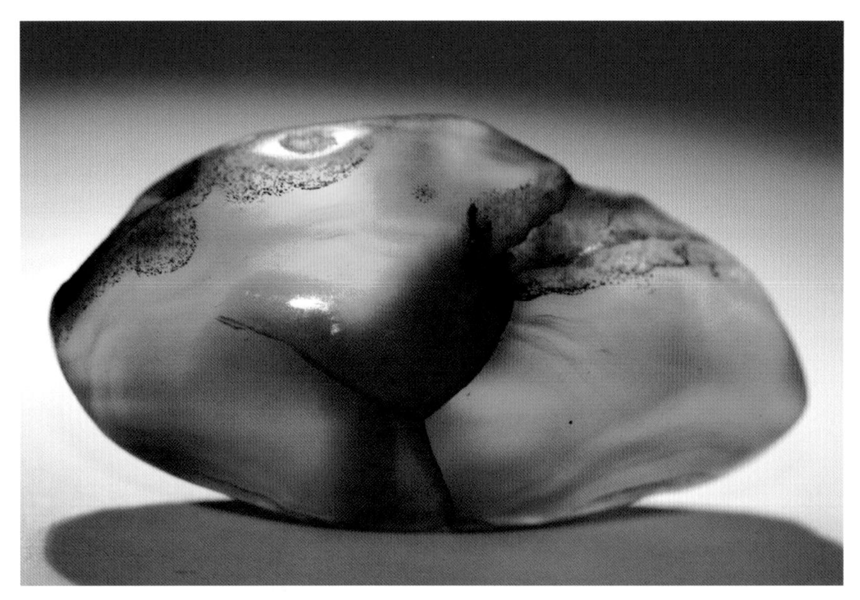

图2-2-4 玛瑙饰件

图2-2-1：西汉，长沙市咸家湖墓地出土，湖南省长沙博物馆藏；图2-2-2：西周中期，平顶山市应国墓地出土，河南省文物考古研究院藏；图2-2-3：公元前3—公元1世纪，札达县桑达沟墓地出土，西藏自治区札达县文物局藏；图2-2-4：西汉，南昌市海昏侯墓地出土，江西省文物考古研究院藏。

图2-2说明：上述出土的玉髓质文物具有各自不同的内反射光，借助内反射光可以观察到它们的内部状态。

当我们用手电筒的光线透射过考古发掘出土的天珠时，能明显看到它们的珠体为白玉髓矿料的体色，而珠体的表层则为人工蚀花的棕黑色底和乳白色花纹，如图2-3-1、2。

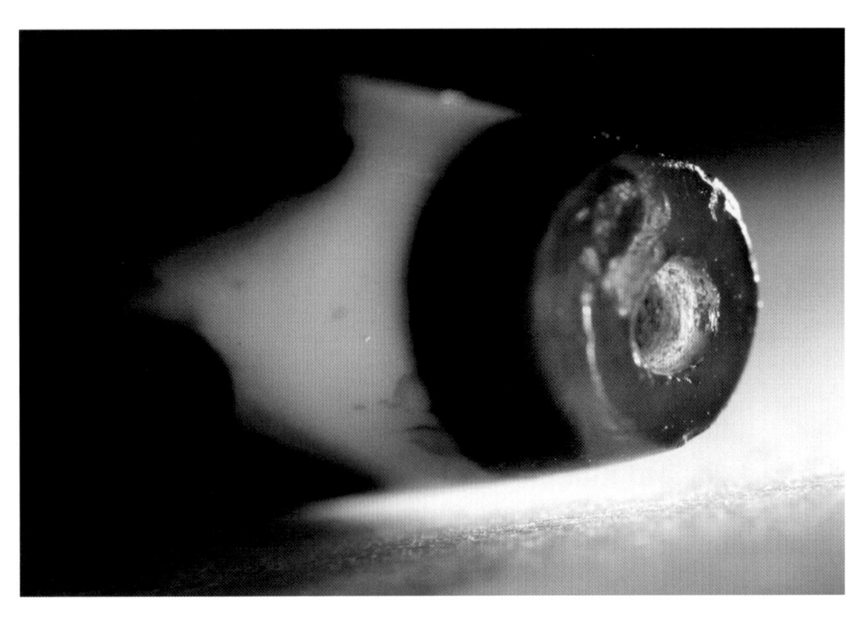

图2-3-1　圆柱状天珠

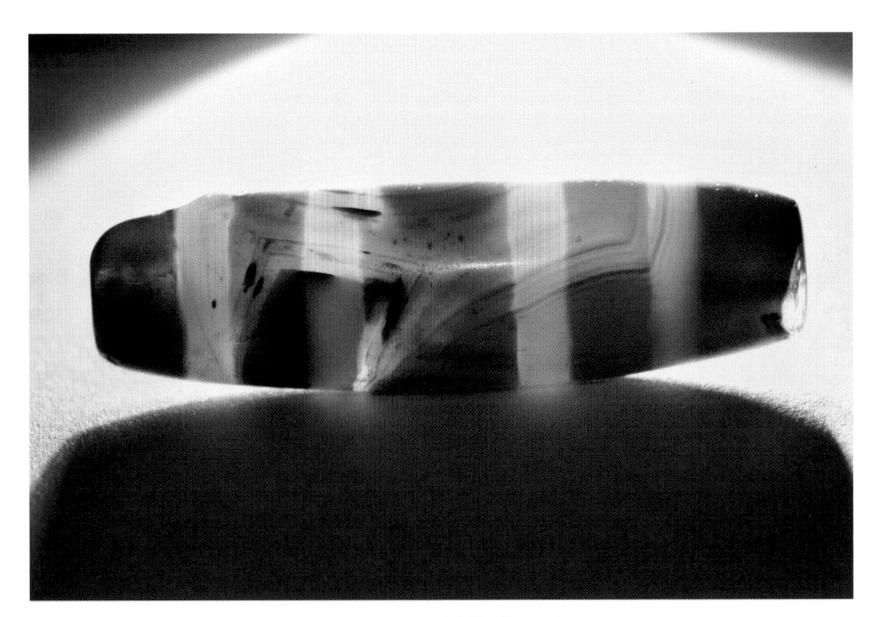

图2-3-2　圆柱状天珠

图2-3-1：公元前3—前2世纪，札达县曲踏墓地出土，西藏自治区札达县文物局藏；图2-3-2：公元前6—前3世纪，库车县提克买克墓地出土，新疆维吾尔自治区文物考古研究所藏。

图2-3说明：透光可观察到出土天珠的白玉髓珠体以及人工在珠体表层蚀染（绘）的“黑”色底和乳白色纹饰。

每一颗天珠的玉髓珠体分别采自不同的玉髓矿料，因而它们在具体的化学组分和物理特征方面各有差异，并因此呈显为不同的白度和透明度，一些天珠的白玉髓珠体更因次生变化的影响而在白度和透明度上发生了相应的变化。然而，天珠在漫长的埋藏过程中发生的次生变化不止于此，每一颗天珠的现有状态都是其受沁现象叠加于它们在古代成珠时的状态之上的综合结果。由于古代的蚀花工艺以及珠子在埋藏岁月中产生的次生变化都是在白玉髓珠体上完成的，那么对玉髓的化学、物理特性的深入了解就是科学合理地推导出古代蚀花工艺、探究天珠在埋藏环境中产生次生变化及其机理的坚实基础。

一、制作天珠珠体的矿料——白玉髓

玉髓缤纷绚丽的色彩和莹亮的半宝石光泽使之自古至今广受人们的青睐。早在原始宗教时期，古人就认为一般的石头具有重量和坚硬等共性而对人们具有一般的护佑效力，那些具有特殊的形状或颜色的石头则被认为具有特殊的护佑效力。[⑧]一些制作珠宝的材料很早就被赋予了特殊的寓意，例如：在古代埃及的古王国晚期和第一中间期，红玉髓和绿玉髓就代表了血液，而用它们制作的珠宝便具有了护符的意义[⑨]。正是被赋予了丰富的想象，玉髓便拥有了真实的活力，与其说它是一类美丽的物质，倒不如说它是一类承载了精神世界中玄虚神妙内涵的物质实体。众所周知，亚欧草原地区各民族自古偏好璀璨亮丽的身体装饰，玉髓质珠饰丰富的色彩和亮丽的光泽满足了他们的这种喜好，而佩戴玉髓珠饰的装饰风尚自西向东传入了我国西部地区[⑩]。舶来品的神奇魅力存在于生动活泼的想象领域之内，并由此使人们真正体会到享用它的无穷魅力。用金和玉（玛瑙为广义的玉石）制成的威权物巩固了人类历史进程中形成的社会组织高级形式——国家，通过远距离交流得到的物品则成为社会上层获得和维持权力以及领导策略（leadership strategy）的方式之一[⑪]，玉髓、青金石等半宝石之于普－阿比（Pu–abi）女王即是如此：考古学家在属于公元前2500年的乌尔（Ur）皇陵群葬遗址中发现了覆盖于女王普－阿比遗体上半身的大量珠串，它们就是用红玉髓、玛瑙、青金石以及金、银等制作而成的。由此可见，玉髓珠饰在那时已经毫无疑问地成为人类社会中地位和财富的象征物。

说到古人对玉髓珠饰的喜爱，离不开玉髓缤纷绚丽的色彩和莹亮的半宝石光，它们是由玉髓矿料的化学、物理特性决定的。那些纯净的玉髓为无色微透明至半透明，具有一定的透明度，当矿体中含有少量 Ca、Mg、Fe、Mn、Ni 等不同杂质元素时呈现出不同的颜色，矿体中还常包裹有云母、黏土

⑧ ［英］J.G. 弗雷泽著，徐育新、汪培基、张泽石译：《金枝》(上册)，新世界出版社，2011 年，第 35 页。

⑨ ［英］休·泰特主编，陈早译：《世界顶级珠宝揭秘：大英博物馆馆藏珠宝》，云南大学出版社，2010 年，第 223 页。

⑩ 黄翠梅：《文化·记忆·传记——新石器时代至西周时期玉璜及串饰》，载《第四届国际汉学会议论文集：东亚考古的新发现》，台湾“中研院”历史语言研究所，2013 年，第 121—125 页。

⑪ 易华：《金玉之路与欧亚世界体系之形成》，《社会科学战线》2016 年第 4 期。

矿物等杂质[12]。玉髓的透明度受矿料质量的影响，取决于 SiO_2 构成的晶体束的粗细程度，质量高的玉髓由于其矿物的堆集密度高而透明度、光泽度和韧性也越高，那些在正常情况下不透明的玉髓往往会在强光下变得透明。通过对出土天珠的透光观察，我们发现它们的玉髓珠体有的无条带状结构，有的则具有若隐若现的条带状结构。关于具有条带状结构的玉髓（即玛瑙），专业研究者认为：自然界中玛瑙的主要矿物相为玉髓，同时混有蛋白石、显晶－微晶石英和斜硅石，以及少量方解石、白云母、绢云母、黄铁矿等副矿物，其条带结构主要源于其内部化学组成和微观结构的韵律性变化，并通过透明度和颜色差异在不同尺度表征出来；同心环带状玉髓集合体的颗粒度通常为50—350nm，呈负光性，而水平条带状玉髓和纯净玉髓（即正玉髓）的颗粒度大多为100—200nm（前者为负光性，后者则为正光性）；集合体内部的显微结构复杂，石英晶体的取向和拓扑结构特征与集合体的赋存状态密切相关；玉髓的集合体含有少量分子水和氢基水，且总的水含量随着硅质矿物结晶度的提高而降低。[13]

玉髓是纤维状微晶石英的集合体，架状基型结构，化学组成为 SiO_2，为六方或三方晶系，莫氏硬度6.5—7，密度一般在 $2.60g/cm^3$ 左右，断口为次贝壳状并呈蜡状光泽至暗淡光泽[14]，抛光平面可呈玻璃光泽[15]。所谓次贝壳状断口呈光滑曲面形态，与贝壳状断口相似，但一般无或只有少数同心圆纹[16]。玛瑙是带丝条状结构的玉髓，它通常是从岩石孔隙或空洞的周壁向中心逐渐沉析而成，故常形成同心环带状或平行层状的块体[17]。如图2-4所示，玉髓的架状基型结构中，最强化学键在三维空间作均匀分布，配位多面体主要共角顶连接，同一角顶连接的多面体不多于2个，结构中 Si 与 O 连接成［SiO_4］四面体，四面体的四个角顶全部与相邻的四面体共用并在三维空间均匀分布。[18] 值得注意的是：玉髓作为硅酸盐类矿物，其主要化学元素是硅和氧，而铝在地壳中的含量仅次于硅和氧，它能够形成与硅四面体大小相同的四面体群，而这些铝四面体群很容易在

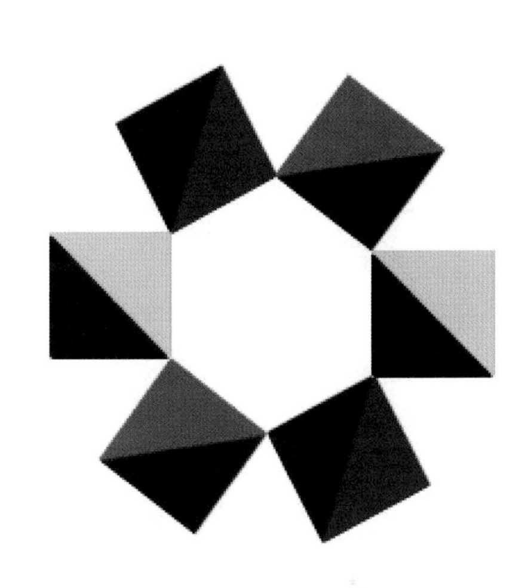

图2-4　SiO_2 相的晶体结构示意图

⑫ 黄作良主编：《宝石学》，天津大学出版社，2010年，第239—240页。

⑬ 陶明、徐海军：《玛瑙的结构、水含量和成因机制》，《岩石矿物学杂志》2016年第2期。

⑭［英］罗纳德·路易斯·勃尼威兹著，张洪波、张晓光译，杨主明审：《宝石圣典：矿物与岩石权威图鉴》，电子工业出版社，2013年，第226页。

⑮ 黄作良主编：《宝石学》，天津大学出版社，2010年，第239页。

⑯ 秦善、王长秋编著：《矿物学基础》，北京大学出版社，2006年，第28页。

⑰ 张庆麟编：《珠宝玉石识别辞典》（修订版），上海科学技术出版社，2013年，第251页。

⑱ 秦善编著：《结构矿物学》，北京大学出版社，2011年，第21页。

架状硅酸盐结构中与硅四面体组合[19]。专业学者在显微镜下观察到玉髓的纤维状石英单体排列杂乱或略有定向，微晶集合体以较松散的状态混杂在一起，架状基型结构特征导致晶体间的微孔内充填水分和气泡，这样的结构致使玉髓有很多微孔隙[20]。当光线透射过以下的出土玉髓质文物时，我们看到它们不论是否具有纹理结构，都有着鲜艳亮丽的色彩、明艳的光辉以及润亮的半宝石光泽，当我们缓缓移动光源透射过这些玉髓质文物时则可见莹亮的光辉随着矿料的细窄条纹结构而不断地变化。所以，当我们缓缓地转动每一件玉髓质珠饰时，可观察到它们的色彩、光辉及光泽都伴随着光源照射的角度、观察角度的转变而不断变化，如图2-5-1、2、3、4、5、6、7、8。

图2-5-1　玛瑙贝饰

⑲ [英]罗纳德·路易斯·勃尼威兹著，张洪波、张晓光译，杨主明审：《宝石圣典：矿物与岩石权威图鉴》，电子工业出版社，2013年，第218页。
⑳ 黄作良主编：《宝石学》，天津大学出版社，2010年，第239—240页；单秉锐、臧竞存、段小芳：《玛瑙染黄色工艺研究》，《珠宝科技》2003年第4期。

图2-5-2 竹节状玛瑙珠

图2-5-3 多棱玛瑙珠

图2-5-4 圆柱状缠丝玛瑙珠

图2-5-5　多棱黄玛瑙珠

图2-5-6　牛角状玛瑙珠

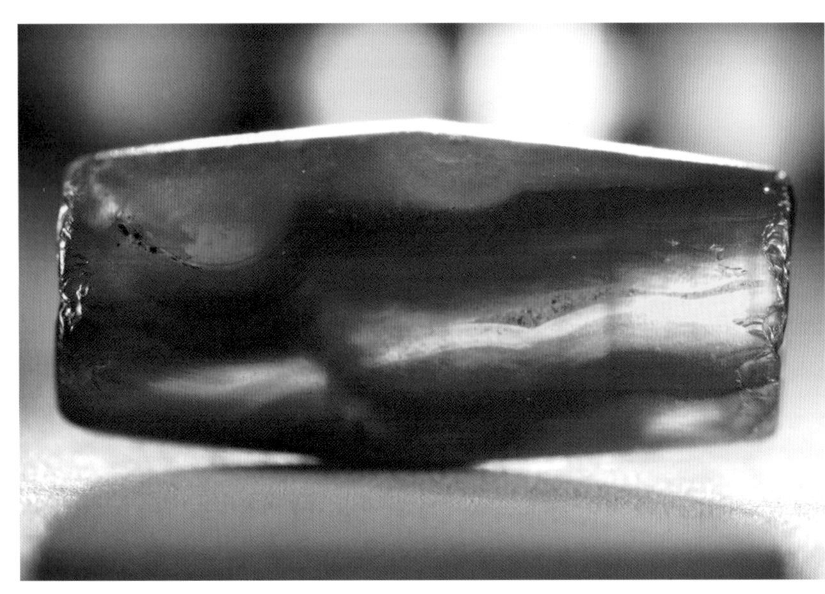

图2-5-7　玛瑙管珠

图2-5-8　河南应国墓地M231（应公少夫人墓）出土玉项饰上的玛瑙珠

图2-5-1、4：西汉，南昌市海昏侯墓地出土，江西省文物考古研究院藏；图2-5-2、7：西周中期，平顶山市应国墓地出土，河南省文物考古研究院藏；图2-5-3、5：东汉，长沙市丝茅冲墓地出土，湖南省博物馆藏；图2-5-6：公元前3—公元1世纪，札达县桑达沟墓地出土，西藏自治区札达县文物局藏；图2-5-8：西周早期，平顶山市应国墓地出土，河南省文物考古研究院藏。

图2-5说明：透光观察这些出土的玉髓质文物，它们色彩斑斓，具有明艳润亮的半宝石光。

二、天珠的制作工艺

将白玉髓矿料制作成天珠的工序大致可分为两个步骤：工匠先将白玉髓矿料制作成珠体，然后为玉髓珠蚀染（绘）黑色底和乳白色纹饰。

（一）玉髓珠体的成型、钻孔、打磨和抛光

考古出土天珠的形状为圆柱状或圆板状，由白玉髓制作而成。整体而言，制作玉髓珠体的基本程序是：首先，大致将玉髓矿料制作成所需要的珠子形状；然后，通过打磨和抛光对珠子表面进行处理；最后为珠子钻孔[21]。

值得注意的是，玉髓的硬度达到莫氏6.5—7，而只有硬度大的物体才能在硬度小的物体表面刻划出痕迹。根据上述出土天珠的年代和珠体痕迹特征综合判断：当时的工匠已经使用了铁质工具（铁质工具的硬度为5.5），由于铁质工具的硬度小于玉髓矿料的硬度，因此不能直接用来琢磨玉髓矿料，工匠必须借助重要的介质——解玉砂才能对玉髓矿料进行切磨、钻孔和打磨。解玉砂是一种重要的治玉材料，泛指用来琢磨玉料的砂子，不论是粗加工还是精加工的工序中都会用到它。[22]古代工匠在实践中会根据解玉砂的硬度将其分类以使它们能够对不同硬度的矿料进行切割、打磨、钻孔等；工匠还会对解玉砂进行加工以便在不同的工序中使用。一般情况下，使用普通的石英砂就可以琢磨软玉了（狭义的软玉硬度为莫氏6—6.5），但切磨玉髓的解玉砂必须使用硬度大于玉髓的矿砂，如石榴子砂（硬度6.5—7.5）、刚玉砂（硬度为9）、金刚砂（硬度为10）或其他硬度大于玉髓的矿砂。

1. 制作玉髓珠体的第一阶段为开璞成型。金属工具的出现奠定了琢玉工具、辅料、设备及基本工艺的基础，而其基本技法一直都没有发生过太大的变化，在以后的几千年中只有工具和设备随着科技的发展得以改进。[23]古代工匠在制作天珠时使用了金属片状工具、砣具、铁丝线锯对玉髓矿料进行开璞成型，具体使用的工具视玉工的习惯而定。不论使用哪一种工具，在加工过程中都需要不断地加入水和解玉砂。金属片状工具为扁平状的长条工具，主要用来切割玉料，用其切磨后的器物表面一般留下较平直的痕迹，切割痕表现为一条平直的线[24]，如：海昏侯墓地出土的这件玉璧上残留的切割痕，切割时由于对接不准，故而其平直线的一侧略高于另一侧，呈现出明显的长而直的台阶痕，见图2-6-1、2。

㉑ 夏鼐著，严海英、田天、刘子信译：《埃及古珠考》，社会科学文献出版社，2020年，第54页。

㉒ 霍有光：《从玛瑙、水晶饰物看早期治玉水平及琢磨材料》，《考古》1992年第6期。

㉓ 徐琳：《中国古代治玉工艺》，故宫出版社，2011年，第75—76页。

㉔ 徐琳：《中国古代治玉工艺》，故宫出版社，2011年，第28页。

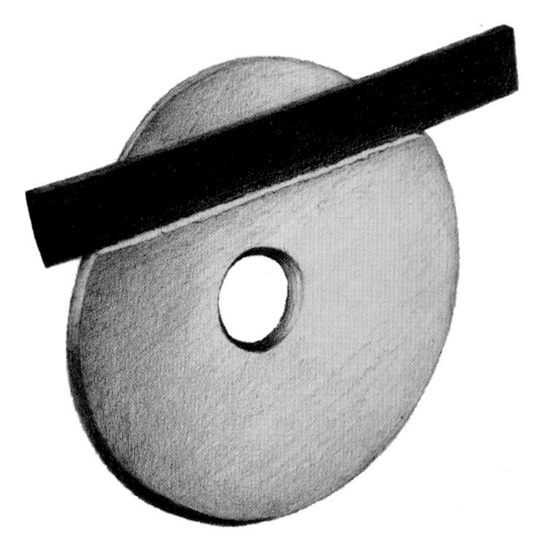

图2-6-1　片切割示意图

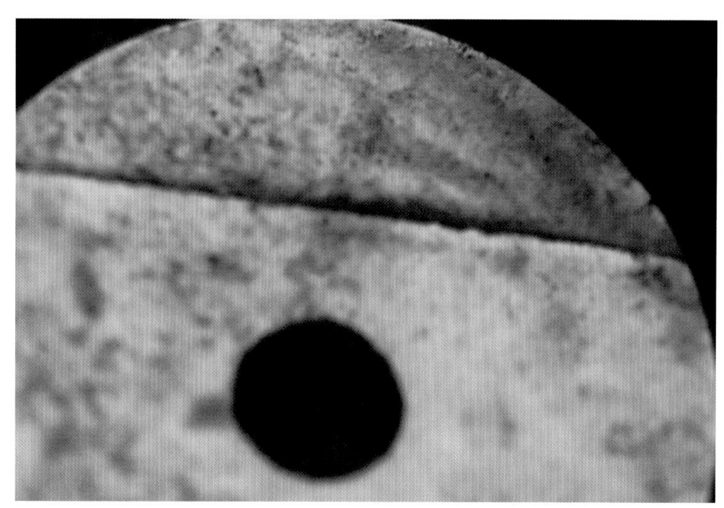

图2-6-2　玉璧上的片切割痕

图2-6-2：西汉，南昌市海昏侯墓地出土，江西省文物考古研究院藏。

图2-6说明：玉璧上的片状工具切割示意图及切割后的痕迹特征。

同为海昏侯墓地出土的这件镶嵌在漆盒上的玛瑙饰件，其背面由于未打磨而残留着开璞成型过程中由线锯切割后留下的切割痕，如图2-7-1。图2-7-2中这件玛瑙剑璏的背面虽然已经被打磨过，但表面状态平直、利落、规整，显然为铁质片状工具切割而成。图2-7-3中这颗缠丝玛瑙珠的端部和图2-7-4中这颗天珠的端部都被截平，其截平面较小且平直，仔细观察可隐约看见少许细微的平直线痕迹，也应为铁质片状工具切割而成。

图2-7-1　残留在玛瑙贝饰上的切割痕

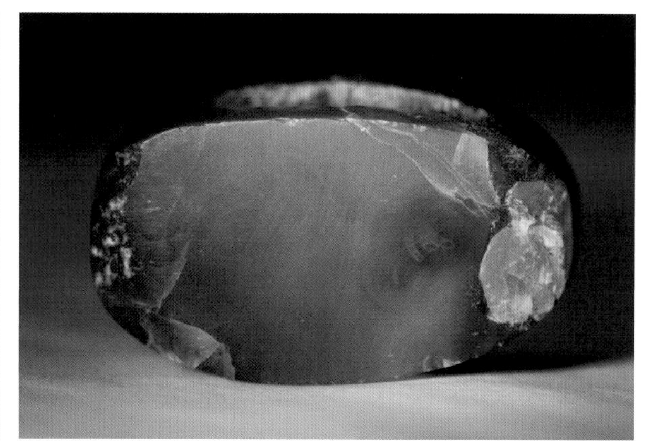

图2-7-2　三色玛瑙剑璏平直规整的背面

图2-7-3 圆柱状缠丝玛瑙珠被截平的端部

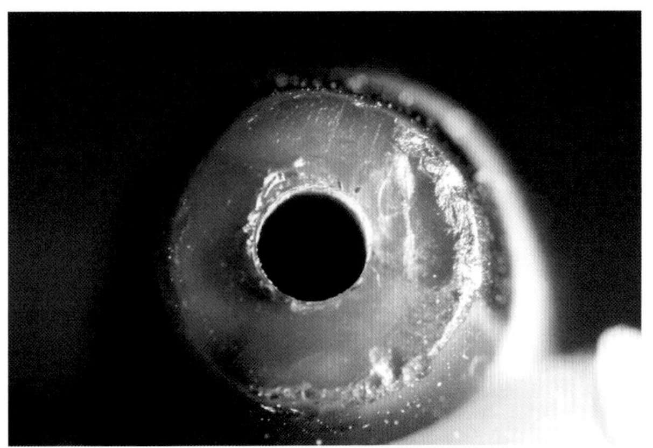
图2-7-4 圆柱状天珠被截平的端部

图2-7-1、2、3：西汉，南昌市海昏侯墓地出土，江西省文物考古研究院藏；图2-7-4：公元前3—前2世纪，札达县曲踏墓地出土，西藏自治区札达县文物局藏。

图2-7说明：玉髓质文物上的切割痕迹。

片切割有两种切割方式：当用锯体的长边为刃缘来切割形体较狭窄的玉料时，片锯常从多角度切入，因而往往在切割面上留下弧曲不一致的短弧线；当以长条形薄体片锯的短边为刃缘，以斜向或垂直的角度切入玉料时，由于短边刃缘在较长距离的切割运动中在中段的作用力最大，因此在切割槽的底缘常呈现出中段的某一部位具最深的凹弧线。[25]

图2-8 各式砣具示意图

砣具也是工匠在天珠的成型工序中常用到的工具，它呈圆盘状，本体的大小、厚薄各异，边缘也有薄刃和厚刃之分，盘体后面以一根圆杆与砣机的旋转轴连接，见图2-8。砣具切割后的器物表面留有一道凹痕，凹痕呈中间宽深、两边尖浅的特征。它还可以用来雕琢器物的纹饰。这种圆形工具可以

㉕ 徐琳：《中国古代治玉工艺》，故宫出版社，2011年，第28页。

雕琢粗细不一的线条，并使线条的弯转处流畅而自如[26]。例如：图2-9-1、2中这条横贯于黄玛瑙贝饰中部的长而直的主纹饰，其截面呈“U”形，应为具有一定厚度的、钝刃的、直径相对较大的砣具加工而成，其表面曾被精细抛光而呈玻璃光泽；这件玛瑙贝饰的两边分列的各八条相对浅窄的辅助纹饰生动而流畅，琢磨得并不深，工匠仅仅使用薄刃砣具蘸取极其细腻的解玉砂和水轻轻砣过已抛光好的贝饰表面即可获得。图2-9-3、4中这件玉带钩上的纹饰也是由圆形砣具雕琢而成，不论是钩首上动物的鼻部抑或是钩体上的装饰纹饰，它们的线条都弯转而流畅，一些阴刻线在转弯处的外侧留有粗毛道，表明工匠是用砣具蘸取解玉砂和水雕琢而成的。

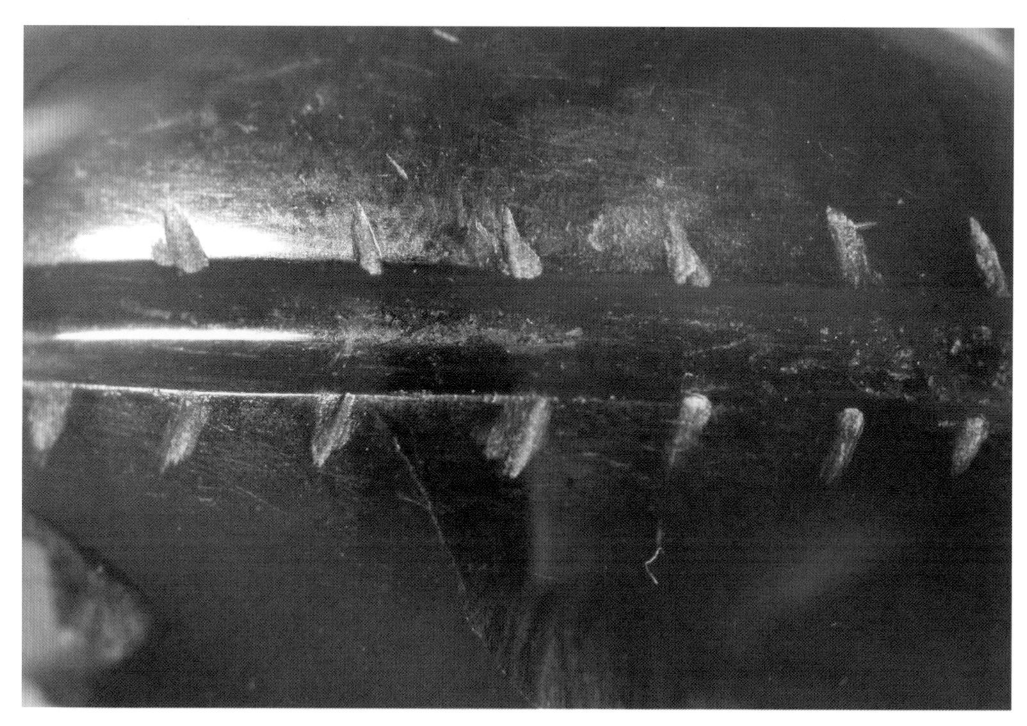

图2-9-1　玛瑙贝饰局部的砣纹

图2-9-1(a)

图2-9-2　砣具琢纹示意图

㉖ 北京市玉器厂技术研究组:《对商代琢玉工艺的一些初步看法》,《考古》1976年第4期。

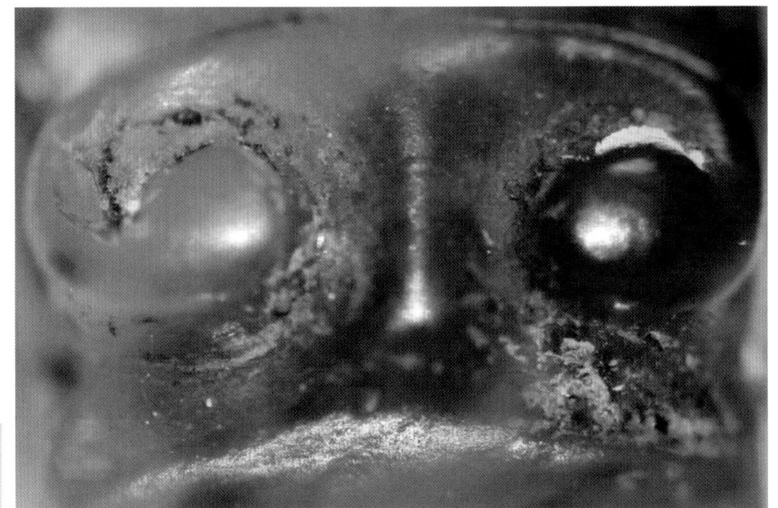

图2-9-3(a)

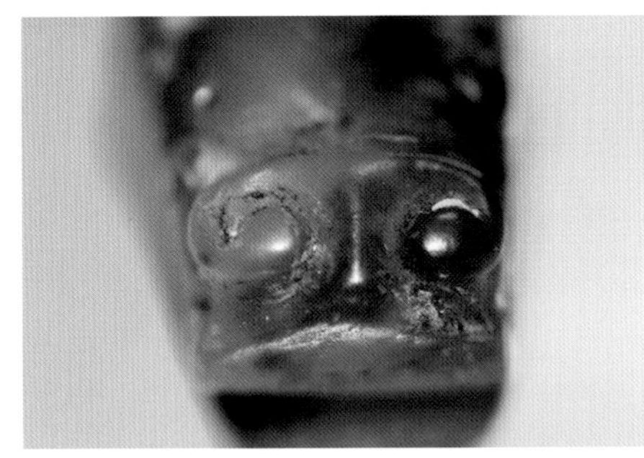

图2-9-3　玉带钩首动物鼻部纹饰

图2-9-4(a)

图2-9-4　玉带钩体上的装饰纹饰

图2-9-1、3、4：西汉，南昌市海昏侯墓地出土，江西省文物考古研究院藏。

图2-9说明：文物上被砣具雕琢而成的纹饰所具有的特征。

就圆柱状天珠的成型工艺而言，工匠要先将玉髓矿料切磨成比珠体稍大的长方体，再用切角倒棱（即去方成圆）的方法不断削磨长方体矿料的棱角部分来逐步获得圆柱状珠体，然后反复磨去珠体的多余部分，直至设计所需的形状。一些加工粗糙的玛瑙珠上常可观察到在切角倒棱工序中由于没有精准地切磨去除掉珠体上的多余部分而呈现出的不规整、不圆润的状态，如图2-10-1、2、3、4、5。当我们缓缓地转动每一颗天珠时，能感知到它们的圆柱状珠体具有或多或少的高低起伏感，但整个珠体用肉眼看上去却规整圆润。

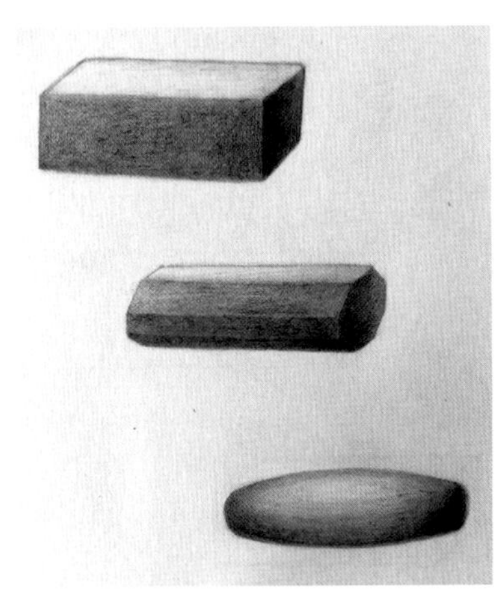
图2-10-1　切角倒棱工艺示意图

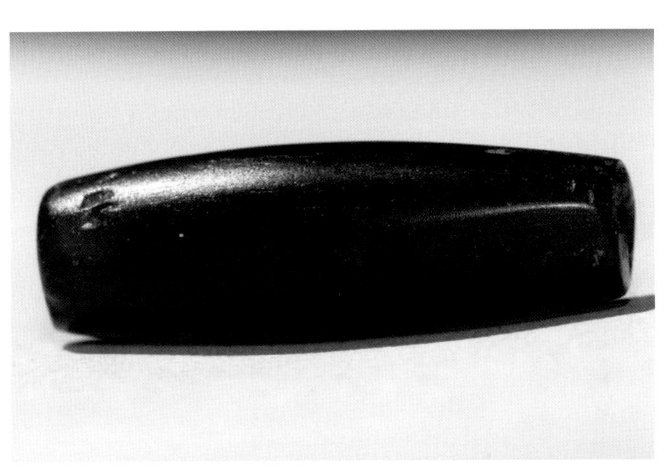
图2-10-2　珠体上的切角倒棱痕迹

图2-10-3　珠体上的切角倒棱痕迹

图2-10-4　珠体上的切角倒棱痕迹

图2-10-5　珠体上的切角倒棱痕迹

图2-10-2、3、4：公元前3—前2世纪，札达县曲踏墓地出土，西藏自治区札达县文物局藏；图2-10-5：东汉，长沙市伍家岭杨家湾墓地出土，湖南省博物馆藏。

图2-10说明：加工相对粗糙的玛瑙珠上常可观察到在切角倒棱工序中，由于没有精确地切磨掉珠体上的多余部分而呈现出的不规整、不圆润的状态。

制作圆板状的玉髓珠体需要先将矿料切磨成扁的正方体，然后再反复用切角倒棱的方法逐步削磨去除多余的棱角部分，直至达到设计者所需的理想形状，如图2-11-1、2。用手轻抚圆板状天珠的任何一面，都能隐约感受到切角倒棱工艺留下的不平整感，但整个珠体用肉眼看上去却显得圆润而规整。不论怎样，我们都能从出土天珠的成型工艺中窥见古代工匠在受限于当时的工艺技术水平的前提下，尽可能地追求完美艺术表达的匠心所在。

图2-11-1　圆板状天珠背面

图2-11-2
切角倒棱工艺示意图

图2-11-1：秦汉时期，札达县格林塘墓地出土，西藏自治区札达县文物局藏。

图2-11说明：圆板状珠体及其成型工艺示意图。

2. 制作玉髓珠体的第二阶段为打磨和抛光。刚磨削成型的珠子表面难免粗糙，需要反复打磨平整，待珠子表面被打磨得相对平整光滑后，再用更加细小的解玉砂对其进行抛光前的精细打磨，之后再用极其细腻的解玉砂或竹片、兽皮等材料来抛光玉髓珠体。一般情况下，工匠会在珠子的打磨过程中根据不同的工序阶段选用不同粒度的解玉砂，如刚成型时用粒度较粗的砂子打磨珠体，而抛光前则选用细腻的砂子。夏鼐先生曾提到两种打磨抛光的方法：(1)在印度肯帕德的现代制珠工厂，工匠通过拖拽包含了金刚砂细颗粒和珠子的皮袋来打磨抛光珠子，因此那里生产的珠子在成型后如果没有被更好地打磨平滑的话，完成时就会呈现不太平整的表面[27]；(2)将已钻孔的珠子放在木桶中，加入研磨料泥浆，不停地旋转木桶，约一星期可得磨光的串珠，但这一打磨抛光的过程要分两个阶段，先用粗的研磨料，再用细的研磨料。[28] 拖拽皮袋的方法和旋转木桶的方法只适用于打磨抛光圆珠或其他体积较小的珠子，要打磨体积相对较大的玉髓珠体则需要用传统的打磨方法：在不同阶段选用粒度不同且硬度大于玉髓的解玉砂，如石榴子砂等加水来打磨玉髓珠体，刚成型时用粒度较粗的解玉砂，而抛光前则选用非常细腻的解玉砂。在反复打磨、抛光的过程中，器物上的切割痕大部分会被磨去，但图2-12-1中这件玛瑙剑璏的背面因为没有被精细打磨而整体呈现蜡状光泽并残留着成型时的切割痕；与之形成对比的是它的正面却被打磨、抛光得非常精细，呈现出细腻、平整、光滑的底子，之后又被反复地精细抛光，从而拥有挺括润亮的玻璃光泽，因此达到了最完美的装饰效果，见图2-12-2。

图2-12-1　红缟玛瑙剑璏背面

图2-12-2　红缟玛瑙剑璏正面

图2-12-1、2：西汉，南昌市海昏侯墓地出土，江西省文物考古研究院藏。

图2-12说明：玛瑙剑璏的背面与正面，打磨、抛光的精细程度会影响器物表面的光泽质量。

㉗ Nai Xia, *Ancient Egyptian Beads*. Social Sciences Academic Press (China) and Springer-Verlag Berlin Heidelberg, 2014, p.28.

㉘ 夏鼐:《夏鼐文集》(第三册)，社会科学文献出版社，2017年，第270页。

作为抛光工序的前奏，打磨得越精细，抛光后的效果越好。上述例子也使我们窥见古代工匠在制作这件剑璏时会根据实际需求而适度地节约制作成本。下图中的这些珠子由于没有被细致地打磨抛光而显得较为粗糙，如图2-13-1、2、3、4、5、6。

图2-13-1　短柱状玛瑙珠

图2-13-2　多棱玛瑙珠

图2-13-3　玛瑙圆珠

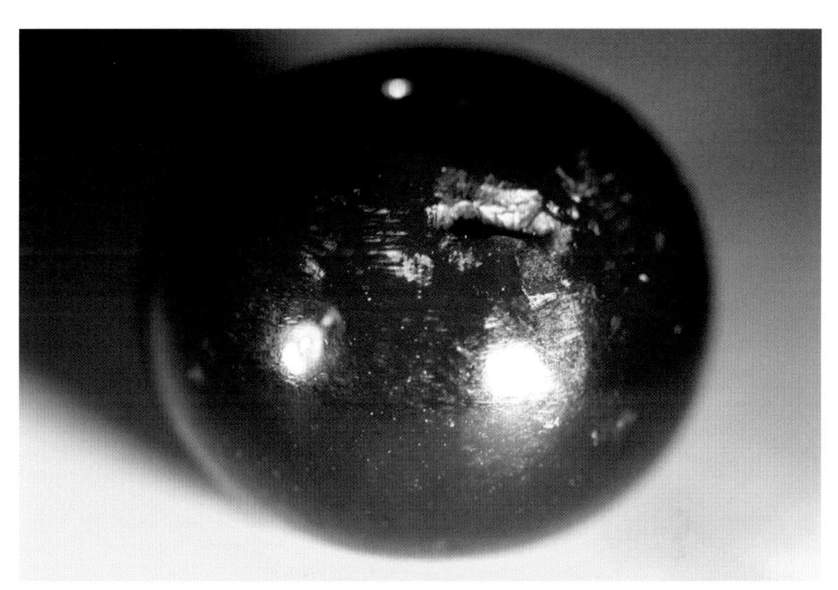

图2-13-4　玛瑙圆珠

图2-13-5　多面体玛瑙珠

图2-13-6　圆板状缠丝玛瑙珠背面

图2-13-1：西周中期，平顶山市应国墓地出土，河南省文物考古研究院藏；图2-13-2：东汉，长沙市丝茅冲墓地出土，湖南省博物馆藏；图2-13-3：东汉，长沙市伍家岭杨家湾墓地出土，湖南省博物馆藏；图2-13-4：西汉，长沙市咸家湖墓地出土，湖南省长沙博物馆藏；图2-13-5：东汉，长沙市刘家冲墓地出土，湖南省博物馆藏；图2-13-6：公元前3—1世纪，札达县桑达沟墓地出土，西藏自治区札达县文物局藏。

图2-13说明：未被非常精细地打磨、抛光过的玛瑙珠。

另一些珠子或饰件由于在制作过程中曾被精细地打磨、抛光而呈现出细腻平整的底子和润亮的光泽，如图2-14-1、2、3、4、5、6。

图2-14-1　短柱状玛瑙珠

图2-14-2　玛瑙圆珠

图2-14-3　圆板状缠丝玛瑙珠

图2-14-4　多棱玛瑙珠

图2-14-5　三色玛瑙剑璏

图2-14-6　红玛瑙耳珰

图2-14-1：西周中期，平顶山市应国墓地出土，河南省文物考古研究院藏；图2-14-2：汉代，长沙市杨家湾墓地出土，湖南省博物馆藏；图2-14-3：公元前1—公元2世纪，札达县曲踏墓地出土，西藏自治区札达县文物局藏；图2-14-4：东汉，长沙市丝茅冲墓地出土，湖南省博物馆藏；图2-14-5：西汉，南昌市海昏侯墓地出土，江西省文物考古研究院藏；图2-14-6：东汉，长沙市伍家岭杨家湾墓地出土，湖南省博物馆藏。

图2-14说明：曾被精细打磨、抛光过的玉髓质文物表面具有高质量的莹亮光泽。

在我们观察的文物中，大多数天珠的圆弧形珠体表面和珠子端部的截平面被打磨、抛光得一样细致，它们呈现出同样光滑细腻的底子和润亮的半宝石光，如图2-15-1、2。但也有一些天珠则不然，如图2-15-3中这颗天珠的端部显然没有获得与圆弧形珠体同样精细的打磨与抛光，其端部的截平面在包浆带来的光泽感之下不仅呈现出凹凸不平的状态，还隐约可见珠体成型过程中留下的切割痕，这是珠子端部的截平面在珠体成型后没有被精细打磨的结果。图2-15-4中这颗西藏出土的残断天珠的端部也没有经过非常细致的打磨，因而呈现出粒度相对较粗的解玉砂打磨端部后留下的痕迹，但工匠在后续的抛光过程中似乎并没有遗忘这一端面，所以当埋藏过程中大量来自土壤环境中的含硅、铝等金属元素的壤液渗透胶结在这一端面的表层时，就给这一端面带来了明净润亮的光泽，但仔细观察却可看到这一端面的表层并不太平整光滑。

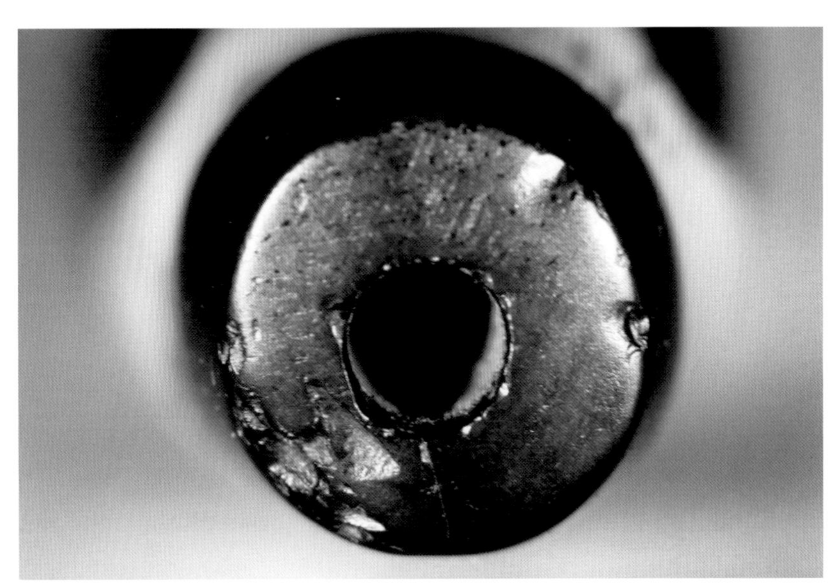

图2-15-1
精细打磨抛光过的天珠端部

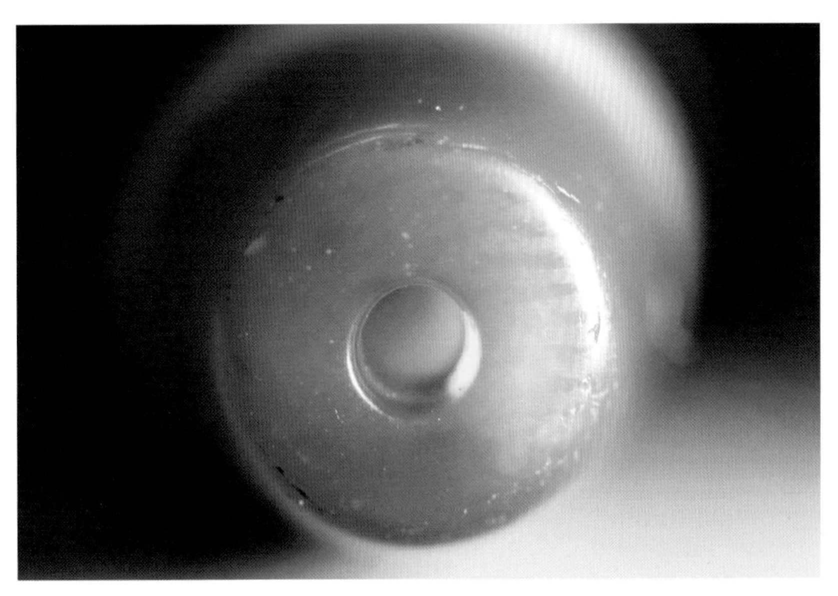

图2-15-2
精细打磨抛光过的天珠端部

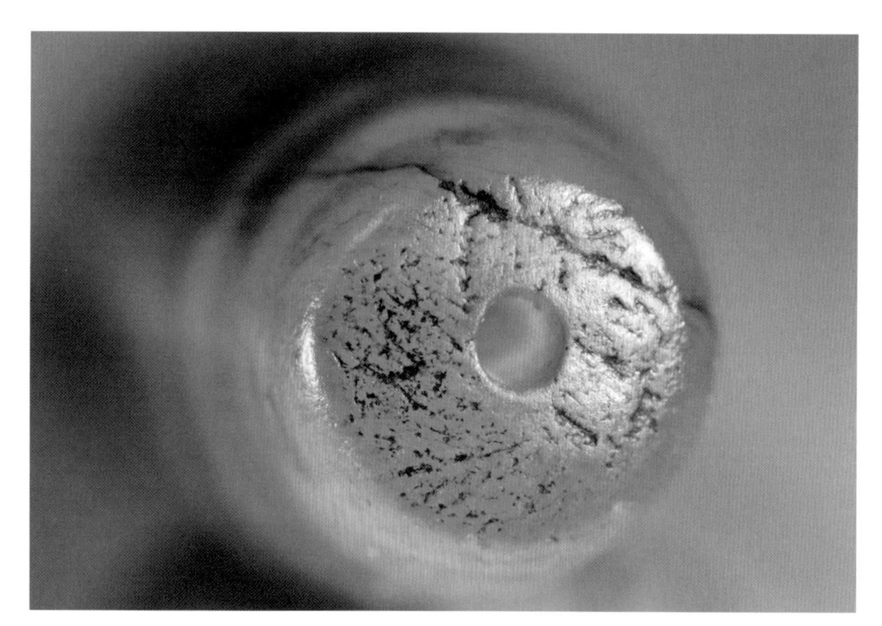

图2-15-3　未精细打磨过的天珠端部

图2-15-4　未精细打磨过的天珠端部

图2-15-1、4：公元前3—前2世纪，札达县曲踏墓地出土，西藏自治区札达县文物局藏；图2-15-2：汉代，湟中县多巴训练基地墓葬出土，青海省湟中县博物馆藏；图2-15-3：战国，中国国家博物馆藏。

图2-15说明：对比观察不同天珠的端部，它们由于各自矿料的质量以及打磨抛光的精细程度等因素，呈现出不同的状态。

这里必须强调的是：如果仅是制作普通的玉髓珠，工匠在成型、打磨工序后对珠体进行抛光，使珠体呈现出莹亮的玻璃光泽即可。然而，天珠的制作工序稍有不同，古代工匠会选择在对整颗珠子蚀染完黑色底和白色花纹后再对珠体进行精细抛光。因为抛光过程中的急擦运动带来的局部抛光热会引起珠体表面的流动效应而封闭玉髓珠体表层的微孔隙[29]，所以如果在蚀花之前就对珠体进行精细抛光会影响后续蚀染工序中黑、白两色的蚀花效果。

3. 制作玉髓珠体的第三阶段是为珠子钻孔。钻孔是古代工匠的拿手技艺。我国出土于绍兴306号早期战国墓中最长的一颗白色玛瑙管有12cm长，而同墓葬出土的其他玛瑙管的最小孔径只略大于0.1cm[30]。这种长达10 cm以上的玛瑙管在印度河上游公元前3000年的摩亨佐·达罗遗址也有出土[31]。由此可见，人类早已掌握了制作玛瑙珠（管）的高超技艺，从长度达到10cm的玛瑙管到孔径略大于0.1cm的精细钻孔都表明当时的工艺水平已经非常高超。

来自埃及底比斯一座墓葬里的壁画（新王国时期，约公元前1420年）为我们展示了工匠用弦弓为珠子打孔的场景：工匠们用旋弓套住钻孔的圆棒，再用手来回拉弓，带动圆棒旋转来为坚硬的玉髓珠钻孔。[32]钻孔时，工匠需先将珠子固定好，然后将钻管安放在钻孔处，之后再不断添加解玉砂和水进行钻孔。相较于实心钻而言，管钻的空心有效地减少了摩擦面积并能迅速排出废屑，所以转速快且省力。当管钻在钻磨过程中发生了磨损，其头部就会越来越细，如果更换钻头，就会在孔壁上留下一些直角的台阶痕。[33]为了减少加塞阻力并提高速度，古代工匠常用两面对钻的方法钻孔，当双面定位出现偏差时就会在孔道内出现错位的台阶痕。[34]下列文物上残留的钻孔痕迹表明：它们的孔道是用管钻钻磨而成。如图2-16-1中这颗圆板状玛瑙珠的孔口旁边依然保留着管钻在钻孔的初始阶段留下的痕迹：其岛部的管钻芯部位稍凸起于微微凹陷的圆环状残痕中，这些圆环状痕迹是管钻壁带动游离状的解玉砂琢磨过器物表面后留下的痕迹。偏光观察，整个残痕的表面都有润亮的包浆覆盖。显而易见，工匠后来稍微调整了管钻的打孔位置，于是残留下之前定位时的痕迹。图2-16-2中这件贝饰的背面也留下了用管钻定位时的痕迹：在孔口旁边残留着一个并非完全规整的圆形凹痕，凹痕中部凸起，呈岛状的钻芯部位有润亮的包浆包裹，而被管钻壁钻出的圆形凹痕处则胶结着较多的壤液成分，其钻孔示意图见图2-16-3。仔细观察，可看到管钻外径和内径琢磨过后的路径痕迹并不完全一致，由此可见管钻带动着游离状的解玉砂在这一部位经过了多次往返琢磨，而当时使用的夹具也并非特别牢固。

㉙ 江辉、李云东：《巴西玛瑙染红色的工艺条件及控制》，《宝石和宝石学杂志》2002年第1期。

㉚ 浙江省文物管理委员会等：《绍兴306号战国墓发掘简报》，《文物》1984年第1期。

㉛ 大英博物馆藏品，见［英］杰西卡·罗森著，邓菲等译《红玛瑙珠、动物塑像和带有异域风格的器物——公元前1000年—前650年前后周及其封国与亚洲内陆的交流迹象》，载《祖先与永恒：杰西卡·罗森中国考古艺术文集》，生活·读书·新知三联书店，2017年，第409—410页。

㉜ ［英］休·泰特主编，陈早译：《世界顶级珠宝揭秘：大英博物馆馆藏珠宝》，云南大学出版社，2010年，第5页。

㉝ 徐琳：《中国古代治玉工艺》，故宫出版社，2011年，第44—45页。

㉞ 邓淑苹、沈建东：《中国史前玉雕工艺解析》，载《中国玉文化玉学论丛四编》，紫禁城出版社，2007年，第1047页。

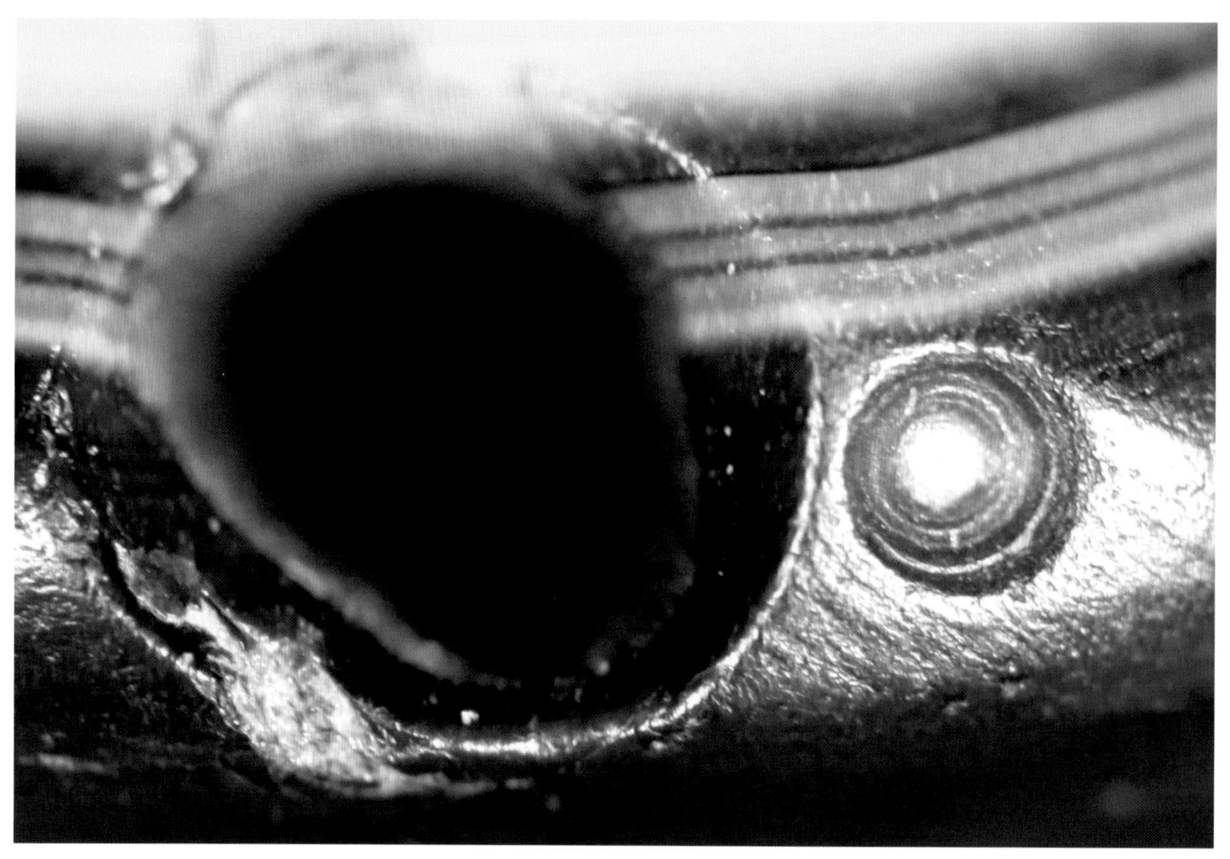

图2-16-1　圆板状缠丝玛瑙珠的孔口及旁边残留的管钻痕迹

图2-16-1(a)

图2-16-2　玛瑙贝饰的钻孔及旁边残留的管钻痕迹

图2-16-2(a)

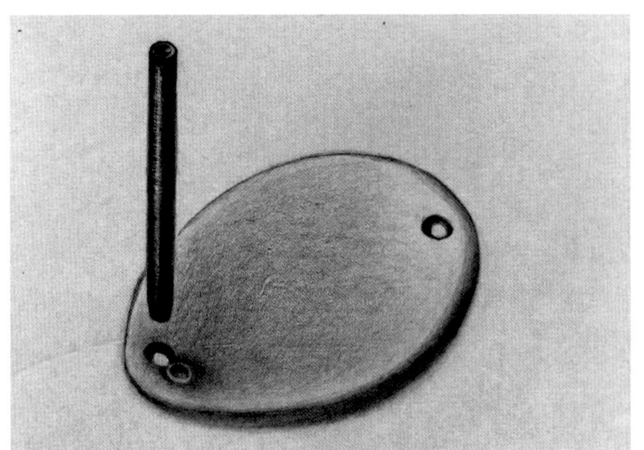

图2-16-3　管钻钻孔示意图

图2-16-1：秦汉时期，札达县皮央墓地出土，西藏自治区札达县文物局藏；图2-16-2：西汉，南昌市海昏侯墓地出土，江西省文物考古研究院藏。

图2-16说明：残留在文物上的管钻痕迹及管钻钻孔示意图。

钻孔时必须浇上潮湿的解玉砂，这些解玉砂呈游离状态。当使用的解玉砂大致经过了捣细和分拣，由于解玉砂的粒度相对较大且不太均匀，会在玉髓珠的孔壁上留下较为明显的、看似平行实际并不平行、看似连续实际并不连续且高低不平、宽窄各异的旋痕，还可见孔壁上或被包浆覆盖或者附着有壤液成分，如图2-17-1、2、3、4。

图2-17-1(a)

图2-17-1　竹节状玛瑙珠孔道内壁的特征

图2-17-2(a)

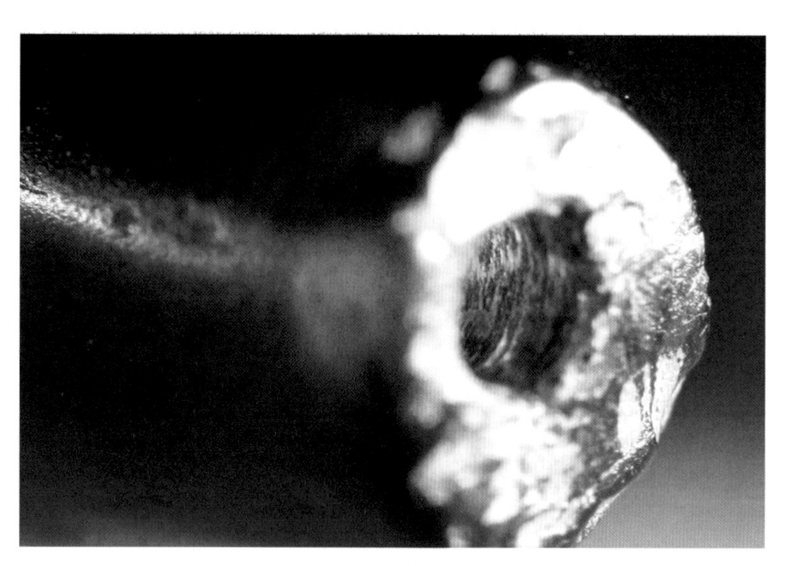

图2-17-2　枣核状玛瑙珠孔口内壁的特征

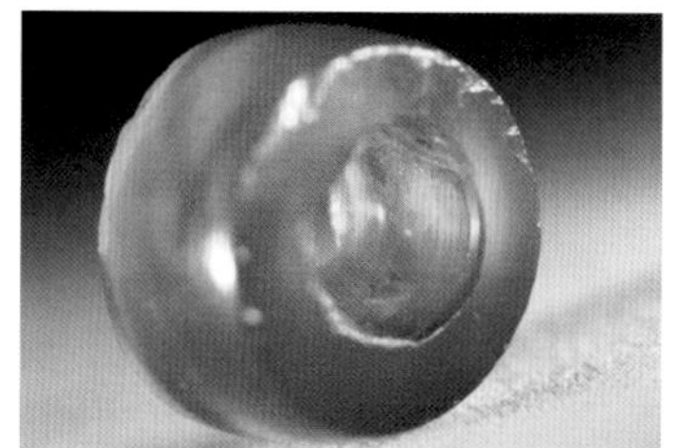

图2-17-3(a)

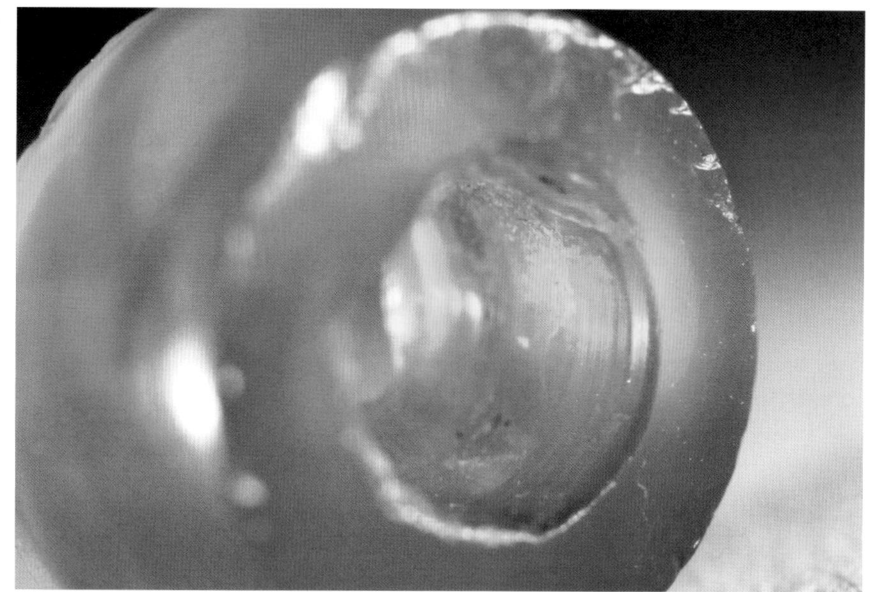

图2-17-3　短柱状玛瑙珠孔道内壁的特征

图2-17-4(a)

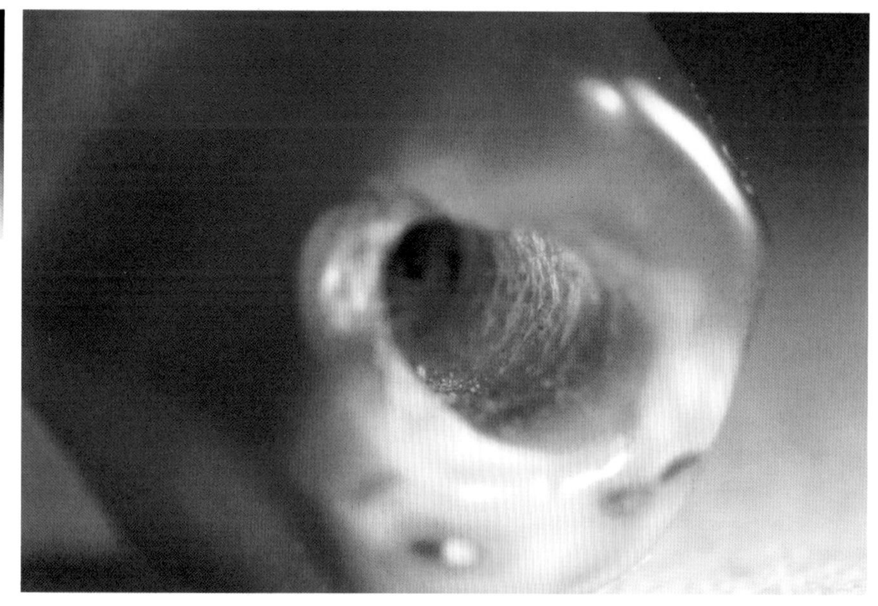

图2-17-4　多棱玛瑙珠孔口内壁的特征

图2-17-1、3：西周中期，平顶山市应国墓地出土，河南省文物考古研究院藏；图2-17-2：东汉，永州市零陵和尚岭跃进砖瓦厂出土，湖南省博物馆藏；图2-17-4：东汉，长沙市丝茅冲墓地出土，湖南省博物馆藏。

图2-17说明：钻孔时，当使用的解玉砂的粒度相对较大且不均匀时，就会在珠子的孔壁上留下较为明显的、看似平行实际并不平行、看似连续实际并不连续且高低不平、宽窄各异的旋痕。

当钻孔使用的解玉砂经过较为精细的加工后，其粒度相对细小、均匀时，珠子的孔壁就会留下游离状的解玉砂琢磨过后的不太明显的旋痕，这些旋痕相对浅窄、细小且不连续，还可见孔壁上或被包浆覆盖或者附着有壤液成分，如图2-18-1、2、3、4、5、6、7。

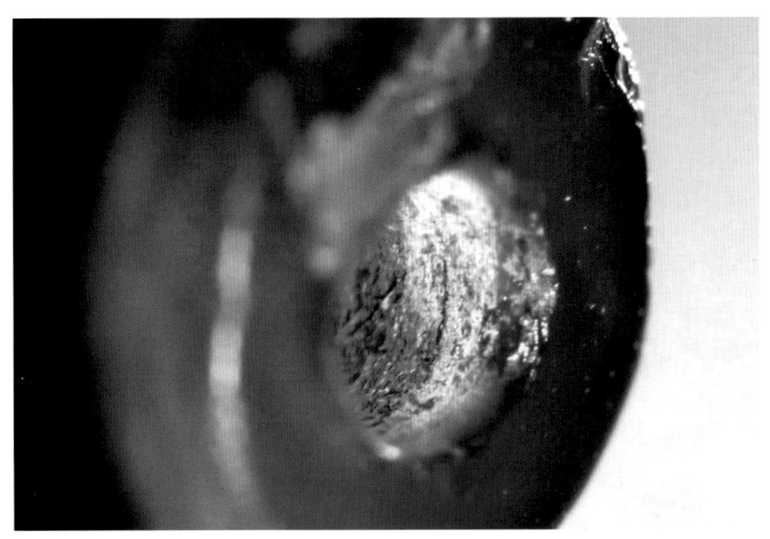

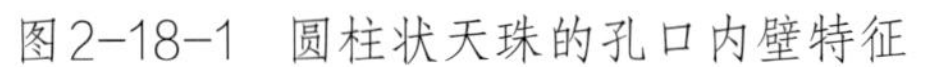

图2-18-1　圆柱状天珠的孔口内壁特征

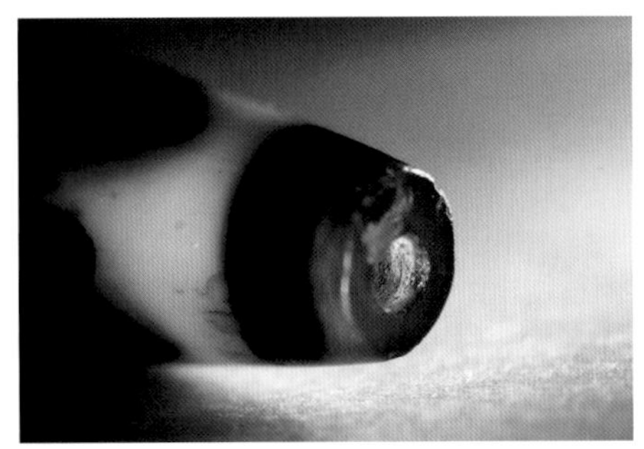

图2-18-1(a)

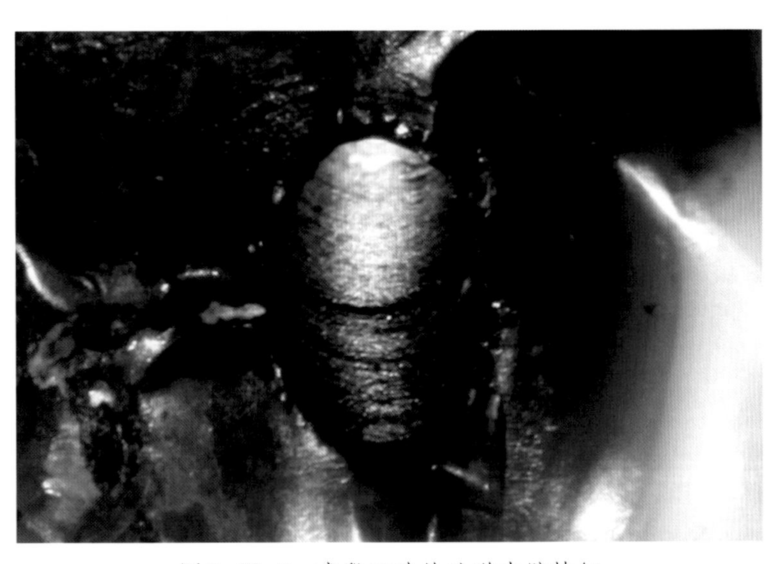

图2-18-2　残段天珠的孔道内壁特征

图2-18-2(a)

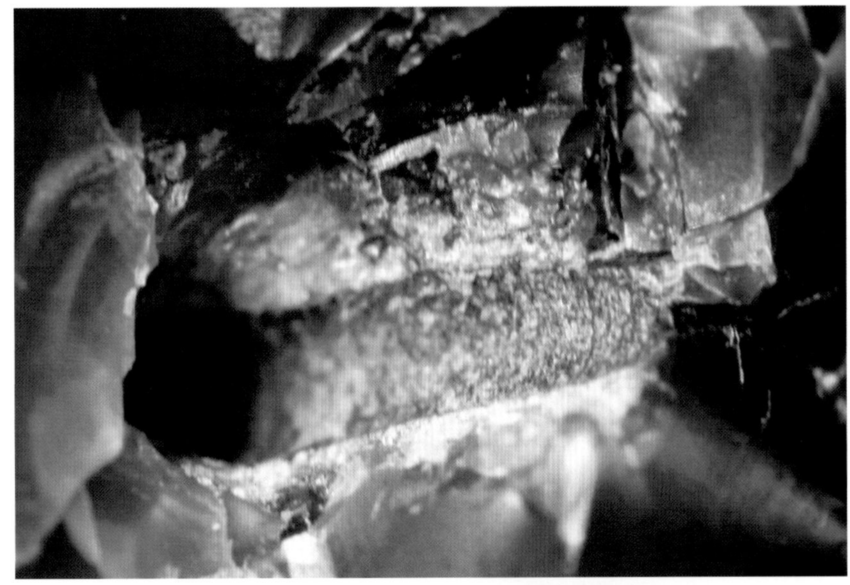

图2-18-3
玛瑙圆珠的孔道内壁特征

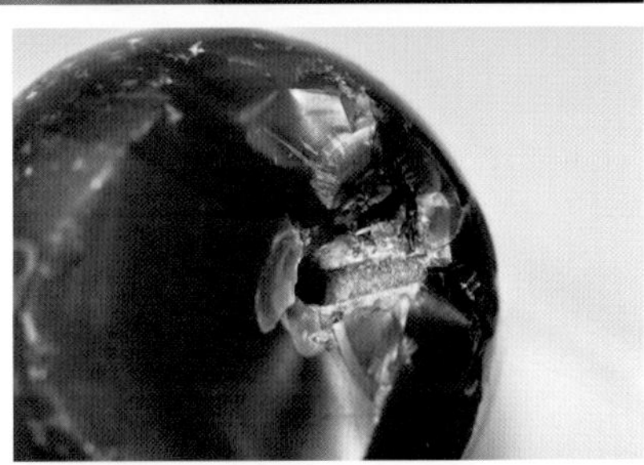

图2-18-3(a)

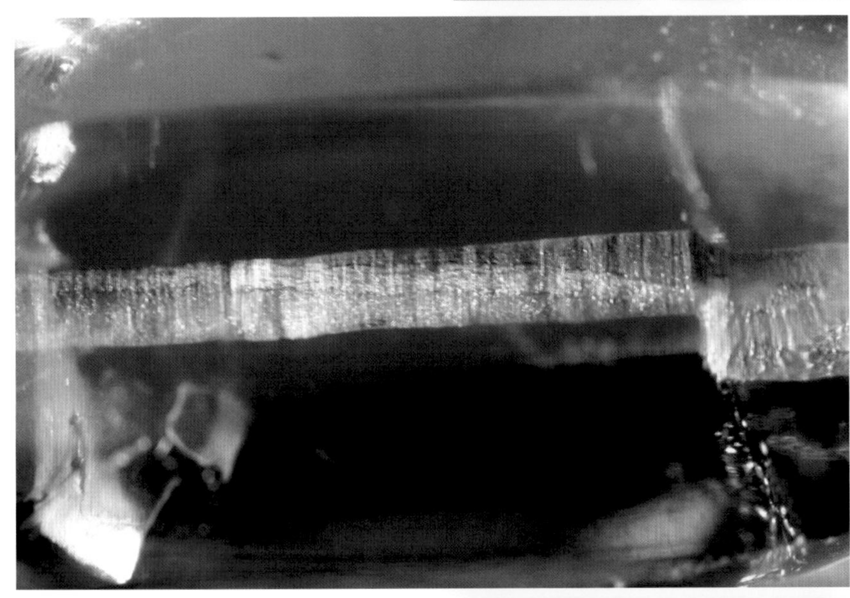

图2-18-4
多棱水晶珠的孔道内壁特征

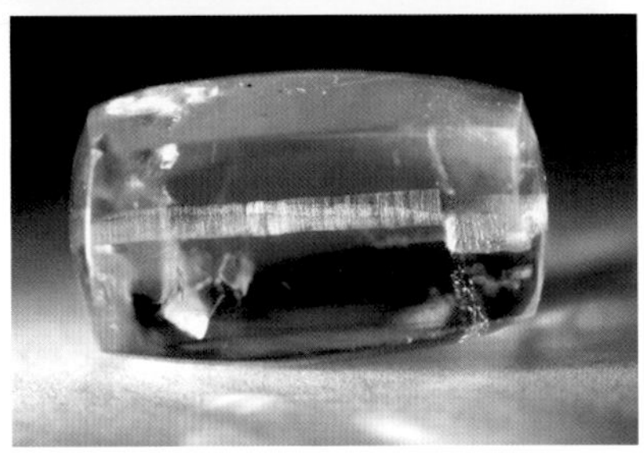

图2-18-4(a)

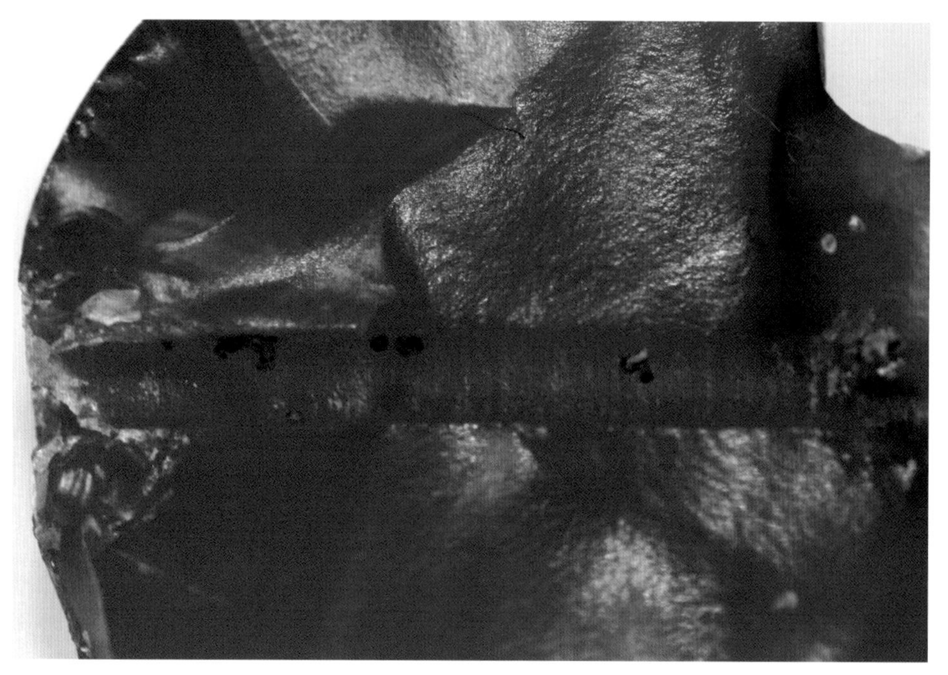

图2-18-5　玛瑙圆珠（残）的孔道内壁特征

图2-18-5（a）

图2-18-6　多棱水晶珠的孔口内壁特征

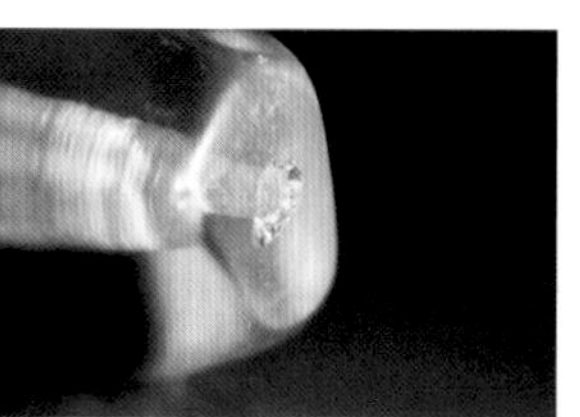

图2-18-6（a）

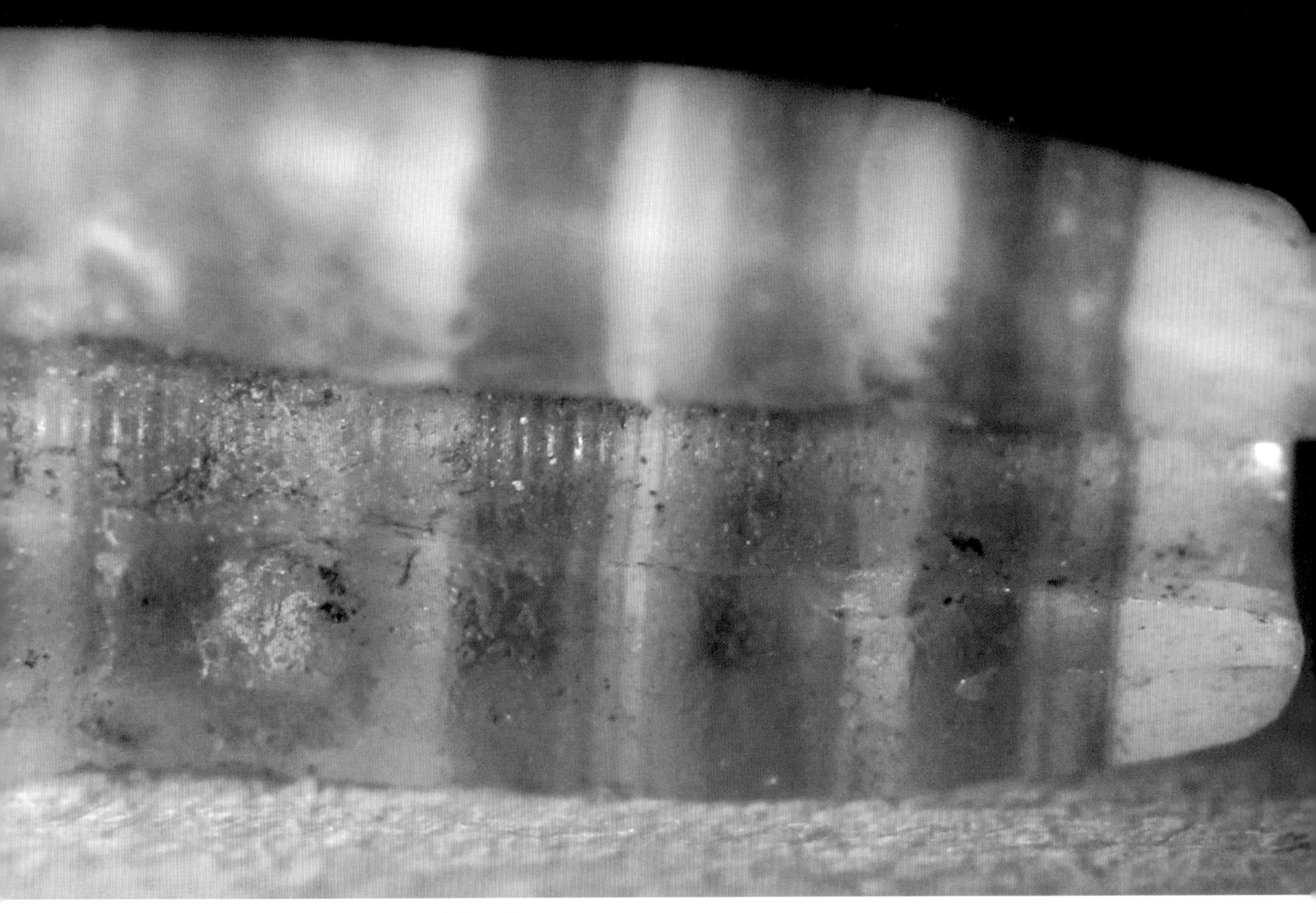

图2-18-7　缠丝玛瑙管珠的孔道内壁特征

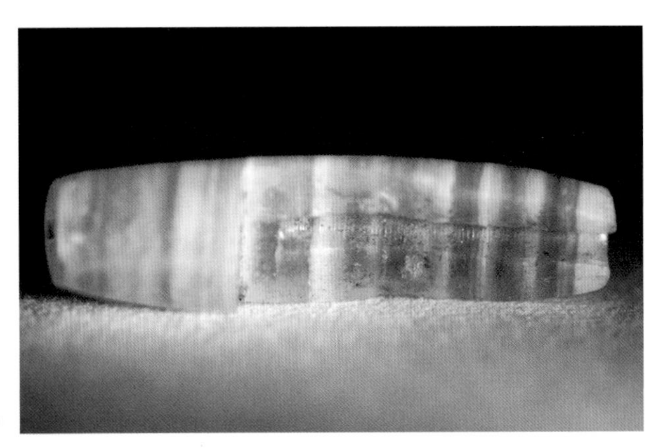

图2-18-7(a)

图2-18-1、2：公元前3—前2世纪，札达县曲踏墓地出土，西藏自治区札达县文物局藏；图2-18-3、4、5：西汉，南昌市海昏侯墓地出土，江西省文物考古研究院藏；图2-18-6：东汉，长沙市丝茅冲墓地出土，湖南省博物馆藏；图2-18-7：春秋晚期，淅川县下寺墓地出土，河南省文物考古研究院藏。

图2-18说明：钻孔时，当使用的解玉砂的粒度相对细小均匀时，就会在珠子的孔壁上留下相对轻微的、细小的、不连续的、浅而窄的旋痕。

如果使用的解玉砂经过了精细加工和筛选，其粒度非常细小均匀，它们在转速较高的工具带动下琢磨过孔壁后会留下相对光滑的孔壁，肉眼看不到旋痕，即使在放大镜下也观察不到旋痕，但孔道壁上胶结有包浆或附着有少量的壤液成分，如图2-19-1、2、3。

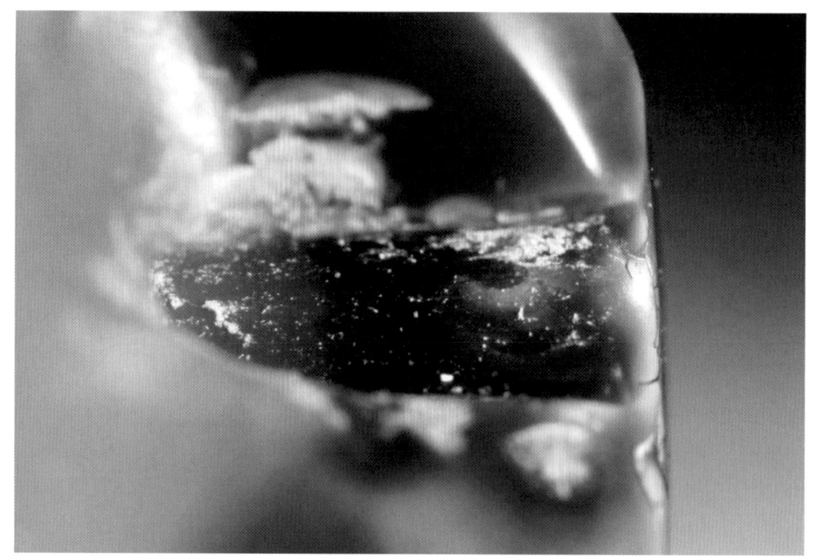

图2-19-1 圆柱状天珠的孔口内壁特征

图2-19-1(a)

图2-19-2 短柱状玛瑙珠的孔道内壁特征

图2-19-2(a)

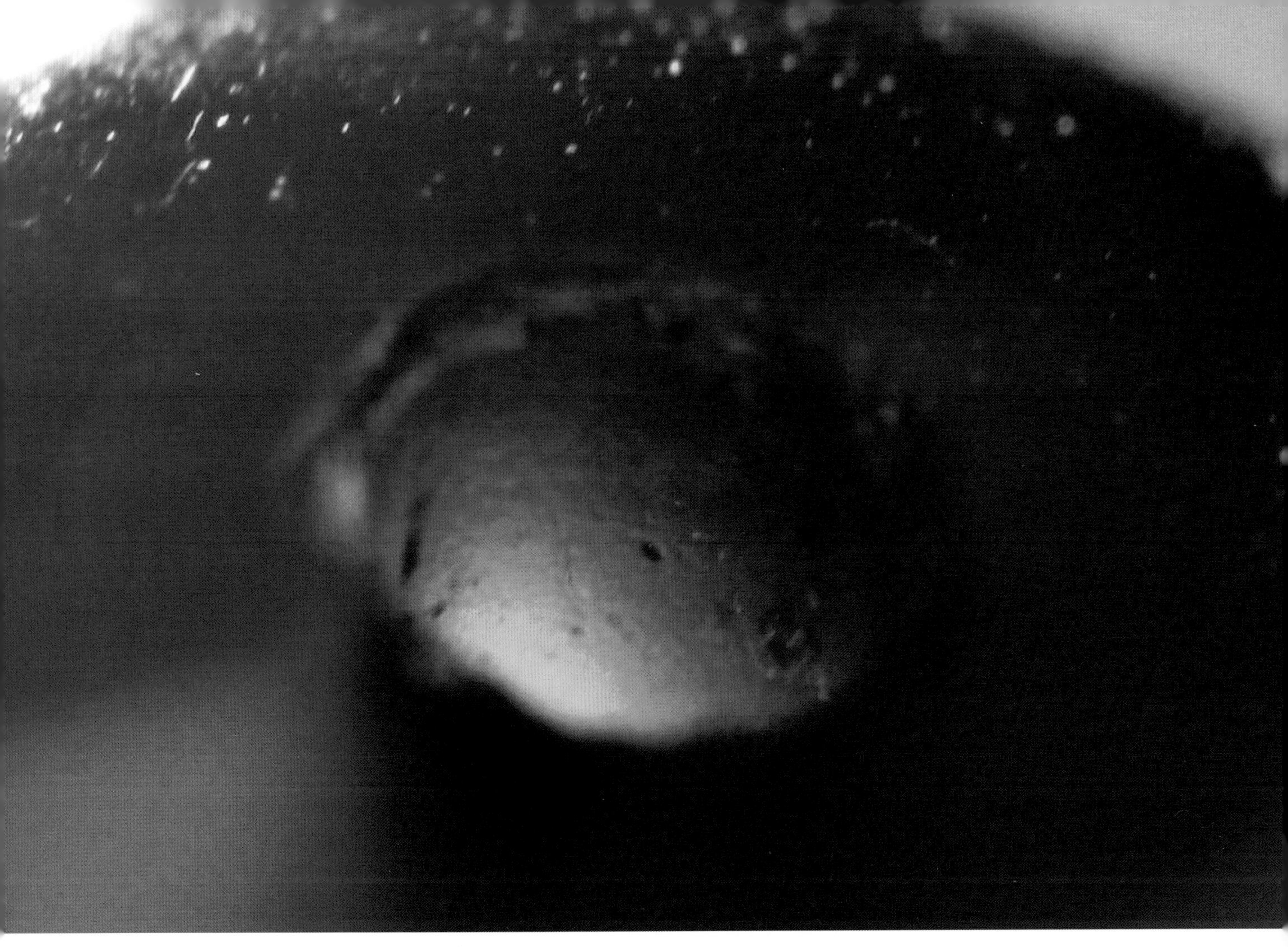

图2-19-3　玛瑙圆珠的孔口内壁特征

图2-19-3(a)

图2-19-1：公元前6—前3世纪，库车县提克买克墓地出土，新疆维吾尔自治区文物考古研究所藏；图2-19-2：公元前3—前2世纪，札达县曲踏墓地出土，西藏自治区札达县文物局藏；图2-19-3：西汉，长沙市咸家湖墓地出土，湖南省长沙博物馆藏。

图2-19说明：钻孔时，当使用的解玉砂非常细腻均匀时，就会在珠子的孔壁上留下相对平整光滑的孔壁，肉眼看不到旋痕。

我们通过对考古发掘出土的21颗天珠及国家博物馆藏的1颗天珠仔细观察后，发现有一些天珠是在钻好孔后再将珠体蚀染成黑色的，例如图2-20-1、2。从两个角度观察这颗天珠残段的断面可见：残断面参差不齐，而这颗天珠的珠体由明度不太高的白玉髓制作而成，白玉髓珠体的自色与旁边人工蚀花而成的乳白色有着明显差异，两者有着较为清晰的边界；天珠的孔道内壁也被全部蚀染成黑色，表明工匠在将白玉髓珠进行黑色蚀染前已经打好了钻孔，当珠体被浸泡在黑色蚀染剂中时，蚀染剂中的黑色素离子不但能从珠体的外表层逐渐渗入、填充进白玉髓珠体，还能从孔道内壁向珠体内部渗入。由于黑色素离子渗入珠体的程度受白玉髓矿料中晶体间微孔隙的大小、晶体取向和拓扑结构特征等因素的影响，这颗天珠珠体的各部位呈现出吃色深浅不一的现象，而在黑色素离子未能渗入到达之处仍然保留着天然白玉髓的性状。

图2-20-1 残段天珠的残断面

图2-20-2　残段天珠的残断面

图2-20-1、2：公元前3—前2世纪，札达县曲踏墓地出土，西藏自治区札达县文物局藏。

图2-20说明：从不同角度观察曲踏墓地出土的天珠残段的断面，天珠的孔道内壁也被全部蚀染成黑色，表明工匠是在钻孔后才将白玉髓珠体浸入黑色蚀染液中进行珠体的染黑。珠体为明度不太高的白色天然玉髓，其与旁边人工蚀染而成的乳白色有很大差异，且两者分界清晰。古代工匠在将白玉髓珠体浸入黑色蚀染剂中时，黑色素离子在长时间的浸泡过程中渗入、充填进白玉髓珠体的晶间微孔隙中，其进入珠体的程度和赋存状态受组织中石英晶体的取向和拓扑结构特征等因素的影响而呈现出吃色的深浅不一，在黑色素离子未能到达之处仍然为白玉髓的天然性状。

另一颗出土于日波墓地的天珠残段为我们提供了另一个信息：工匠是在将这颗天珠的表层蚀染成黑色后才为珠子进行钻孔的。从图2-21-1、2中可见这颗天珠的珠体是用微透明的白玉髓制作而成，珠体的断面为乳白色并具有一定的光泽，珠体表层只有薄薄的一层被蚀染成黑色，孔道内壁呈乳白色且附着有少许壤液成分。从图2-21-3中看到珠子的另一端保存完好，这一端部整体被蚀染成黑色，从临近孔口的孔壁处可观察到黑色素向珠体内渗入达2mm左右，而更深处的孔道内壁却仍然为白玉髓的颜色，这是在浸泡过程中黑色素离子只沿着玉髓珠体表面的微孔隙渗入珠体并达到一定程度的结果。那么，古代工匠是怎样将白玉髓珠体的表层蚀染成黑色，又是如何在其上蚀绘乳白色纹饰呢?

图2-21-1　日波墓地出土的天珠残段

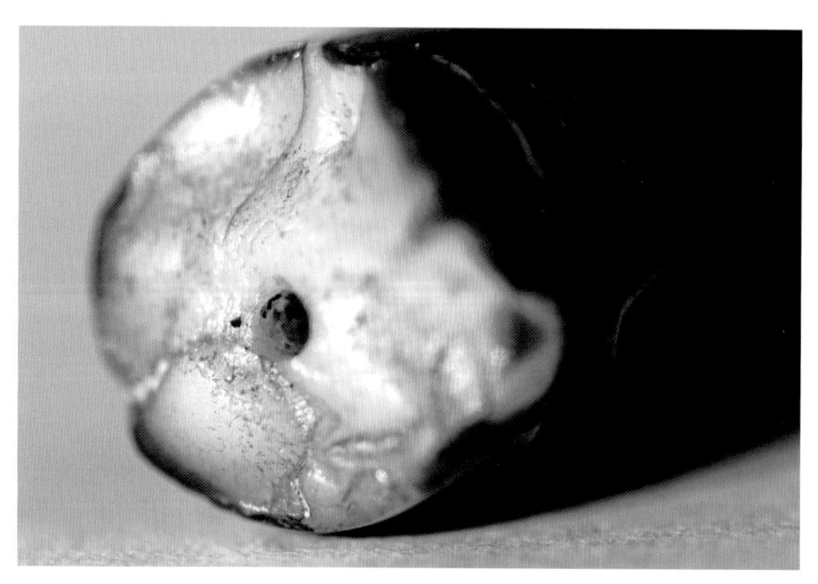

图2-21-2　天珠残段的残断面

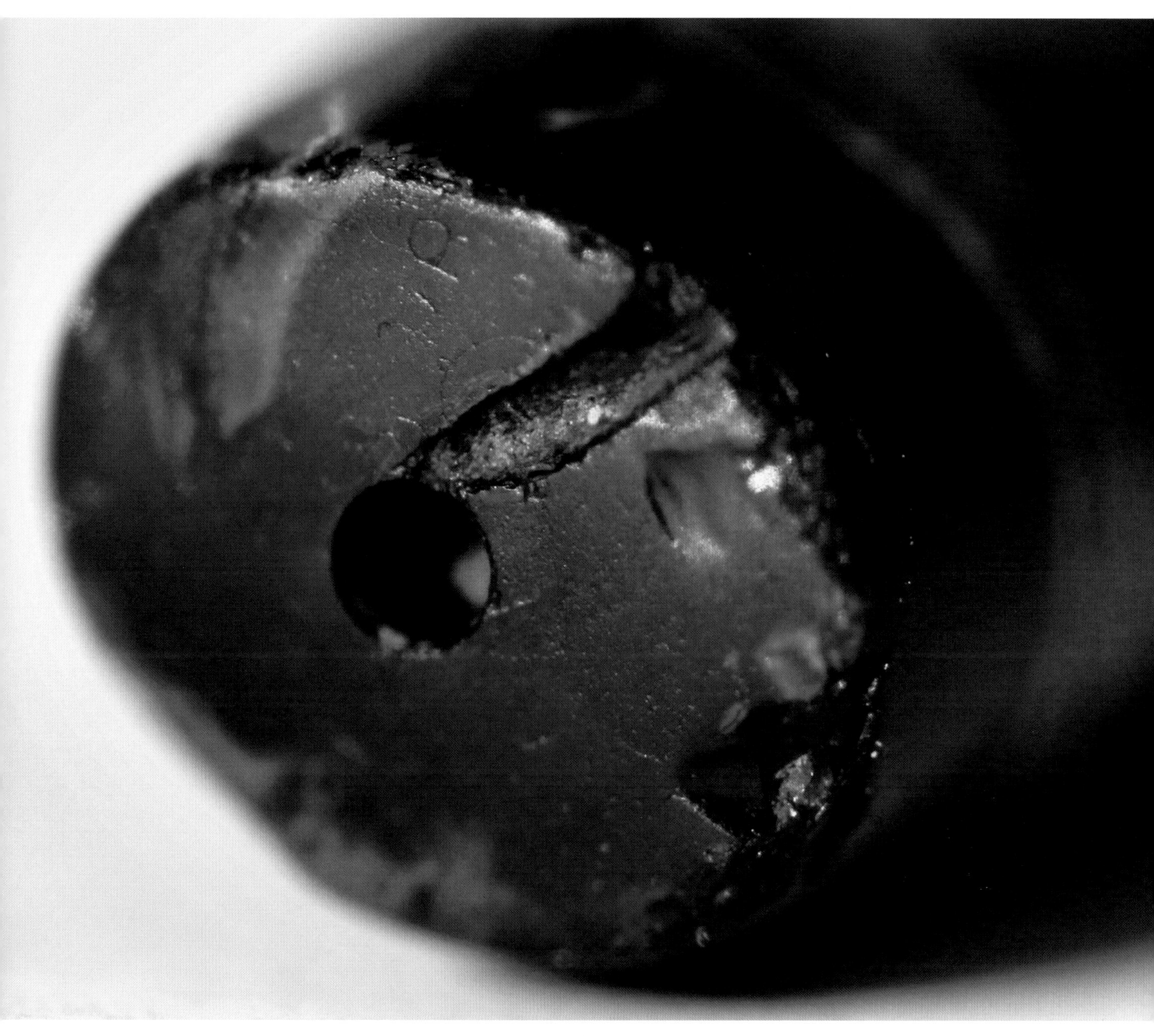

图2-21-3　残段天珠端部

图2-21-1、2、3：公元前4—前2世纪，札达县日波墓地出土，西藏自治区札达县文物局藏。

图2-21说明：这颗天珠的表层被蚀染成薄薄的黑色，其断面和孔道为白玉髓的自色，从端部可见黑色素向珠体内渗入达2mm左右。上述综合信息表明工匠是在将珠体表层蚀染成黑色后才为珠子进行钻孔的。

（二）天珠的蚀花工艺

天珠的蚀花工艺是在蚀花红玉髓技术上的沿革和发展。古代工匠在制作天珠的过程中需要先将白玉髓珠的表层全部染黑，然后再用另一种蚀花方法蚀绘乳白色的花纹于其上，以此达到黑、白鲜明的艺术对比效果。也就是说，工匠需要在白玉髓珠体上分别进行黑色底的蚀染和乳白色花纹的蚀绘才能制作成天珠，其工艺技术的逻辑原理就如同画画时先要设色一般。我们基于以下科学原理客观合理地推导出天珠的蚀花工艺：玉髓矿体中的 SiO_2 集合体以较松散的状态无序地混杂在一起，矿体中具有许多四通八达的微孔隙[35]，这些微孔隙是成矿过程中内层水向外“挥发”的通道，也是珠体能够被染色的内因。玉髓被染色的实质就是让这些微孔道中充满被染的颜色，而不是矿体中的 SiO_2 被染色[36]。现代实验证明：在玉髓染色的工艺中，致色物的渗入一般是以离子形式扩散的。[37]因此，天珠表层被染黑（或染白）的原理就是使离子状态的黑色素（或白色素）充填进白玉髓珠体的无数微孔隙中，当黑色或白色的色素离子充满了珠体表层的微孔隙时，就在宏观上改变了白玉髓珠体表层原来的呈色，工匠于是成功地在白玉髓珠体表层蚀染（绘）上所需的黑色底和白色花纹。

1. 天珠的黑色蚀染工艺

古代工匠非常娴熟地掌握了将玉髓珠的表层蚀染（绘）成黑色和白色所要用到的天然蚀染原料，他们根据日积月累的经验恰如其分地调配出蚀染黑色底和乳白色纹饰的蚀染剂，并熟练掌握了操作技巧。在蚀花天珠的具体操作过程中，首先要将白玉髓珠体长时间浸泡在配制好的黑色蚀染剂中，以使其表层全部被染黑，然后再用另一种蚀花方法蚀绘乳白色花纹于黑色底上。

黑色蚀染剂由黑色染料和相应的触染剂组成，能溶于水和水的介质。获取黑色染料的方法是在树瘿的提取物中加入绿色的硫酸盐，或把几种暗色的染料综合调加在一起。[38]由染色物质带来的缤纷色彩在美化生活的同时，还提高了人们的审美情趣。由于古代文献对古代染色物质的记述寥寥且对其中内容的描述也十分简略，因此我们无从得其详。古代的染（颜）料来源于植物、动物和矿物，《撒马尔罕的金桃：唐代舶来品研究》一书中详细列举了当时多种（颜）料的来源，例如：(1)“青黛”是一种从真正的靛青中得到的深蓝色颜料，最初起源于印度，很早就被埃及、伊朗诸国使用，妇女们用来描眉。(2)“婆罗得”即“印色坚果”，是从西海和波斯国输入的，能够“染髭发令黑”。其果树原产于印

㉟ 秦善编著：《结构矿物学》，北京大学出版社，2011 年，第 21 页。

㊱ 沈才卿：《玛瑙化学染色的原理和工艺》，《中国宝石》2006 年第 3 期。

㊲ 单秉锐、臧竞存、段小芳：《玛瑙染黄色工艺研究》，《珠宝科技》2003 年第 4 期。

㊳ [英]R.J. 福布斯等著，安忠义译：《西亚、欧洲古代工艺技术研究》，中国人民大学出版社，2008 年，第 274 页。

度北部，被广泛用来在布的表面染上黑色的斑点，还可以制作一种灰色的颜料。(3)“栎五倍子”是由分布在“染料橡树”和其他橡树花蕾周围的五倍子蚜虫的刺激而形成的一种原树瘤，它含有丰富的鞣酸，将其与铁盐结合后即可以轻易获得一种黑蓝色的墨水，也被用来制作颜料。伊朗出产的栎五倍子在当时被看作上品。(4)“藤黄胶脂”是一种印度树凝固的树液，可以制作一种金黄色的墨水，在当地的一种黑纸上书写。当时的中国画家曾大量用它来画画。(5)“扁青”即碱性的铜碳酸脂、孔雀石和石青，是中国画家常用的传统绿色和青色颜料，多由商船从扶南和南方带来，也有从“昆仑”即“印度支那”带来的。(6)“雌黄”是一种黄色的砷硫化物，又称“金精”，这种美丽的颜料来自扶南和林邑，还被称为“昆仑黄”。(7)“苏方”是一种红色染料，它来源于巴西苏木中能够制作染料的红色心材。苏方可用来染布，也可为木器染色，多是从扶南和林邑输入的。(8)“龙血”即中国的“麒麟血”，是红桉树胶的一种，在古代欧洲各地以“龙血”为名进行交易。唐人所见的这种颜料是印度尼西亚麒麟血藤的果实内分泌的一种树脂，在交易中常与其他植物的树脂、树胶以及紫胶混为一谈。在马来西亚原产地，龙血普遍被用作颜料。(9)“紫胶”是一种紫胶虫的分泌物，常被用作丝绸染料和化妆用的胭脂。唐人使用的紫胶是从安南和林邑输入的，这些地区的许多树上都生有紫胶虫，这种虫子可以在树枝上沉淀出一种含有树脂的物质，人们用它来制作虫胶制剂，唐代的珠宝工匠还将这种虫胶作为黏合剂使用。[39]如此等等。染色的工艺实践有许多承袭自更加古老的文明，进而形成传统流传到中世纪。[40]虽然上述相关研究内容的时间节点已晚至唐代，但我们仍可窥见当时的许多染料是进口而来的。古代染色工艺中的触染剂主要是明矾，多数为铵明矾和钾碱明矾，或两者的混合物。它们是一些白色收敛性的矿物[41]。触染剂也被调配使用在蚀染天珠的黑色蚀染剂中。使用上述染料和触染剂前需要去除杂质并进行精细的研磨，调制成的蚀染剂才能渗透进材料的内里。从上述信息中，我们非常容易理解：在制作天珠的工艺中，用上述方法配制而成的黑色蚀染剂或多或少具有色彩差异。下图中这几颗天珠的“黑色”就具有明显不同的色调：图2-22-1中这颗天珠上人工蚀染而成的黑色带有明显的“黑红”色调；图2-22-2中这颗天珠上蚀染的黑色则具有“棕黄”色调；相较于前两颗天珠上的黑色而言，图2-22-3中这颗天珠上蚀染的黑色则更加浓郁、纯正。在给珠体蚀染黑色的浸泡过程中，黑色素沿着白玉髓珠体表层的微孔隙深入到珠体内部，而珠子表层 SiO_2 晶体束的粗细和排列状态是影响黑色素深入珠体程度的重要因素。为了使白玉髓珠表层的染黑效果更好，工匠在将珠体浸入黑色蚀染液前，会将未

㊴ [美]薛爱华著，吴玉贵译：《撒马尔罕的金桃：唐代舶来品研究》，社会科学文献出版社，2016年，第511—524页。

㊵ [英]R.J. 福布斯等著，安忠义译：《西亚、欧洲古代工艺技术研究》，中国人民大学出版社，2008年，第257—279页。

㊶ [英]R.J. 福布斯等著，安忠义译：《西亚、欧洲古代工艺技术研究》，中国人民大学出版社，2008年，第274—278页。

完全抛光的白玉髓珠放在干燥处暴晒，以使珠体表层微孔隙中的吸附水[42]析出，从而给蚀染剂中的黑色素离子留出进入的空间，以达到更好的染黑效果。珠子的表层被蚀染成理想中的黑色后，工匠将其从黑色蚀染液中取出并放在干燥处晾干以备用。

图2-22-1　吉尔赞喀勒墓地出土的天珠

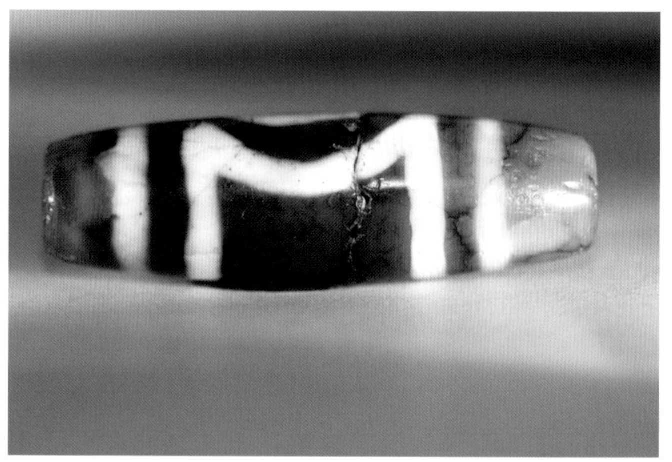

图2-22-2　提克买克墓地出土的天珠

图2-22-3
下寺墓地出土的天珠

㊷ 吸附水（hydroscopic water）：以中性的水分子 H_2O 的形式存在，不参与矿物晶格，而是被机械地吸附于矿物颗粒的表面或缝隙中，因而不属于矿物的固有成分，不写入化学式。吸附水在矿物中含量不固定，随环境温度、湿度等条件而变化。常压下，温度达到 110℃，吸附水基本上全部逸散而不破坏矿物晶格。吸附水可以呈气态、液态或固态存在。见秦善、王长秋编著《矿物学基础》，北京大学出版社，2006 年，第 35 页。

图2-22-1：公元前7—前4世纪，塔什库尔干县吉尔赞喀勒墓地出土，中国社会科学院考古研究所新疆工作队藏；图2-22-2：公元前6—前3世纪，库车县提克买克墓地出土，新疆自治区文物考古研究所藏；图2-22-3：春秋晚期，淅川县下寺墓地出土，河南省文物考古研究院藏。

图2-22说明：天珠上的“黑”色各有差异。

另外，古代工匠也将黑色蚀染剂制作成较为黏稠的糊状，用笔蘸取后描绘在玉髓珠体的表面并经过后续工艺的处理来获得想要的黑色纹饰。我们通过对20余颗出土天珠的观察发现：染黑天珠珠体表层的工艺技术显然来自前一种蚀染方法，而非后者。

2. 白色纹饰的蚀花工艺

历史上最早出现人工彩绘花纹的小圆石发现于法国比利牛斯山脉的马斯·德阿吉尔“大岩洞”，年代距今约4万年至1万年，珠体上有用红色的赭石表现的斑点和宽线条，表现出人类对对称、重复等艺术秩序规律的驾驭以及令其色彩经久不褪的工艺能力[43]。在天珠的黑色底上蚀绘乳白色纹饰的技术承袭自蚀花红玉髓珠上白色花纹的蚀绘技术。在红玉髓珠上蚀绘乳白色花纹的技术是哈拉帕文明（Harappan, 印度和巴基斯坦的青铜时代文明）的产物，这种在红玉髓珠上直接蚀绘白色花纹的工艺成品在乌尔皇陵的遗存中就已出现[44]，说明这项技术在那时就被人们熟练掌握。英国学者贝拉西斯在1857年关注到蚀花红玉髓珠，在巴基斯坦信德省的萨温城做了实地考察并对蚀花工艺进行了研究；麦凯也于1930年在这里开展了实地调查并进行了相关研究工作。他们的调查结果证明这项古老的技术直至20世纪30年代仍然被巴基斯坦信德省的工匠继承使用。他们的研究还表明：就制作工艺而言，古人是用碳酸钠作为有效成分在玉髓珠的表层蚀绘乳白色花纹的，因此霍鲁斯·贝克将这类珠子定名为“Etched Carnelian Bead”[45]。夏鼐先生也采用了麦凯的研究成果，即工匠首先用一种野生的白花菜（Capparisarphylla）的嫩茎捣成浆糊状并和以少量洗涤碱（碳酸钠）溶液调成半流状的浆液，作为在红玉髓珠上蚀绘白色花纹的蚀染剂，然后用笔将上述蚀染剂绘画于磨制光滑的红玉髓珠表面，之后将珠子熏干并埋于木炭余烬中，低温加热5分钟后取出，冷却后再用粗布疾擦，即可获得光亮的蚀花红玉髓珠[46]。

人类对碳酸钠的使用由来已久，它主要来源于大自然，或草木灰和燃烧过的酒石。天然碱为白色、

㊸ 倪建林：《装饰之源：原始装饰艺术研究》，重庆大学出版社，2007年，第213—214页。

㊹ ［英］休·泰特主编，陈早译：《世界顶级珠宝揭秘：大英博物馆馆藏珠宝》，云南大学出版社，2010年，第52页。

㊺ Horace C.Beck,“Etched Carnelian Beads,”.*The Antiquaries Journal*,Vol.13,Issue 1,1933, pp.382-398.

㊻ 作铭：《我国出土的蚀花的肉红石髓珠》，《考古》1974年第6期。

灰白色或浅黄色[47]，在埃及各地大量发现，尼罗河三角洲沙漠中的碳酸盐以内特轮（nitrum）闻名于世，而通过煅烧酒石或粗酒石后获得的相当纯度的碳酸钾还可用作药品和触染剂[48]。玉髓由 SiO_2 晶体组成，SiO_2 拥有自然界中最稳定的化学结构，要拆开 SiO_2 结晶体的化学键需要很高的能量，常温下的玉髓不与任何酸、碱物质反应，只有加热到一定的温度才会与强酸、强碱反应。根据前文提到的贝拉西斯和麦凯的实地调查和研究结果来看，古代工匠只是在大气条件下将蚀花好的珠子放进木炭余烬中加热5分钟左右，这样的加热过程会使珠体表层的吸附水析出，并在一定程度上使 SiO_2 晶体发生位移型相变[49]，从而有助于碳酸钠以离子形式更好地进入珠体表层 SiO_2 晶体间的微孔隙中。显然，在古代蚀花玉髓珠的工艺中，碳酸钠最终是作为白色染料充填在 SiO_2 晶体间的微孔隙中，从而使珠体表层在宏观上呈现出乳白色的纹饰。

基于抛光过程会使白玉髓珠表面发生层面流动而封闭玉髓原有的晶间孔隙，从而使染液无法浸入并由此影响蚀染效果，因此工匠们不会在染黑玉髓珠体之前进行非常细致的抛光。他们是在完成了黑、白两色蚀花工艺后才会非常精细地抛光珠体，这样不仅增加了珠子的光泽，还可以通过疾擦珠体带来的局部抛光热引起的层面流动效应封闭玉髓珠表面原有的晶间孔隙，从而使充斥在 SiO_2 晶体间的黑、白色染料离子不会轻易地渗流析出。

也许是人类穷究的天性使然，蚀花工艺的奥秘触动了麦凯强烈的好奇心，他亲自实验，将操作过程稍加改变：将蚀绘好的珠子放在小坩埚或其他容器中，然后在木炭炉或酒精灯上加热，不用黏土块，也取得了同样的结果；用少量铅白（碳酸铅）代替白花菜浆糊，这样也可增加颜料的黏着力并使其在加热时不致脱落，同时溶解时间也可加快，如果缩短加热时间，石珠不致改变颜色[50]。另外，安德卢斯还在印度的工厂中观察到：如果在蚀花过程中由于加热时间过长导致红玉髓褪去红色并且变得不透明，则可以使用一种含有氧化铁的涂料，涂在白色花纹以外的褪色变白的地方，然后重新加热，这些褪色的部分会吸收氧化铁而恢复其失去的红色，使之与白色花纹再次形成鲜明的对比。[51]然而，经过这种方法处理后的珠子，其透明度却不可恢复。

前文提及，早期研究蚀花红玉髓珠的人们发现其上的白色图案部分和没有经过化学蚀花的红色部分呈现出质感上的不同，所含化学成分也不相同，一些珠子的白色图案部分由于长久的埋藏而发生了剥落或凹陷，留下了仿佛经过凿刻的表面痕迹。图2-23-1、2是新疆吉尔赞喀勒墓群考古发掘出土的

㊼ 秦善编著：《结构矿物学》，北京大学出版社，2011年，第170页。

㊽ [英]R.J. 福布斯等著，安忠义译：《西亚、欧洲古代工艺技术研究》，中国人民大学出版社，2008年，第262页。

㊾ 位移型相变（displacive transition）：指相变时原相中的化学键无须打破，只是结构中原子或离子的位置稍有移动，新相的结构与原相结构有某种畸变关系。见秦善编著《结构矿物学》，北京大学出版社，2011年，第36页。

㊿ 夏鼐：《夏鼐文集》（第三册），社会科学文献出版社，2017年，第266—267页。

51 麦凯：《刻什地方的一座苏末尔时代的宫殿和"A"墓地》（英文）第二部分，1929年，第185页。转引自夏鼐《夏鼐文集》（第三册），社会科学文献出版社，2017年，第267页。

图2-23-1　吉尔赞喀勒墓地M11出土的蚀花红玉髓珠

图2-23-2　吉尔赞喀勒墓地M16出土的蚀花红玉髓珠

蚀花红玉髓珠，它们因历经岁月的洗礼而呈现出不同的老化状态。其实，这种蚀花红玉髓珠上被蚀绘而成的乳白色纹饰发生剥落或凹陷是它们久经埋藏后发生的一种次生变化，我们在图2-23-3、4、5的珠子上也观察到这一现象，当然这些珠子的珠体上还伴有其他多种次生变化。

图2-23-3　圆片状蚀花红玉髓珠

图2-23-4　亚腰形蚀花红玉髓片珠

图2-23-5　蚀花红玉髓圆珠

图2-23-1、2、3、4、5：公元前7—前4世纪，塔什库尔干县吉尔赞喀勒墓地出土，中国社会科学院考古研究所新疆工作队藏。

图2-23说明：新疆吉尔赞喀勒墓地出土的蚀花红玉髓珠形态各异、斑驳陆离。

从技术发展的角度看，在天珠上蚀绘白色花纹的工艺显然承袭自蚀花红玉髓珠上白色花纹的蚀绘工艺[52]，而天珠上黑色底色的蚀染工艺则展示了蚀花技术的进一步发展。我们仔细观察这些出土天珠的细节后，认为它们的具体制作工序略有差异，并作出以下两种推导：

第一种：首先准备好一颗磨制光滑的未打孔的白玉髓珠，再准备好黑色的蚀染液，将白玉髓珠浸泡其中。长时间的浸泡会将整个玉髓珠的表层染成"黑色"，玉髓珠蚀染成黑色后，取出晒干以备用。蚀绘白色纹饰时取出这颗表层已被染黑的珠子，将其固定在黏土块上，再用笔蘸上白色蚀染剂蚀绘所需花纹于玉髓珠上。待蚀绘好白色花纹的珠子被熏干后，将其埋于木炭余烬中，用扇子徐扇灰烬加热约5分钟后取出，然后将珠子从土块中取出并待之冷却，随后用粗布疾擦，即可获得光亮美丽的天珠。疾擦带来珠体表面的层位移动效应封堵了玉髓珠表层微孔隙中的黑、白色素溢出，进而加固了着色效果，又提高了珠体表面的光亮度，达到很好的抛光增亮效果。制作天珠的最后一道工序是为珠子钻孔，以方便佩戴。用这种方法制作的天珠，其孔道内壁只在临近孔口2mm左右处呈显黑色，而更深处的孔道内壁仍为白玉髓珠体的自色。

第二种：准备好一颗磨制光滑的白玉髓珠并打好钻孔，然后将珠子长时间浸泡在黑色蚀染液中，使珠体表层被染黑。玉髓珠蚀染成黑色后，取出晒干以备用。蚀绘白色纹饰时取出这颗表层已被染黑的珠子，将其固定在黏土块上，再用笔蘸上白色蚀染剂蚀绘所需花纹于玉髓珠上。待蚀绘好白色花纹的珠子被熏干后，将其埋于木炭余烬中，用扇子徐扇灰烬加热约5分钟后取出，然后将珠子从土块中取出并待之冷却，随后用粗布疾擦，即可获得美丽亮泽的天珠。用这种方法制作的天珠，其整条孔道内壁也被染成黑色。

众所周知，颜色是人对可见光波的视觉感应，当矿物被白光照射时就会发生吸收、反射及透射等各种光学作用。[53]前文述及，天珠的珠体是由具有一定透明度的白玉髓制作而成，但珠体的表层被人为蚀染（绘）成"黑"色和白色，所以当我们将出土天珠放在自然光[54]下观察时，可见它们的珠体呈

[52] 巫新华：《浅析新疆吉尔赞喀勒墓群出土蚀花红玉髓、天珠的制作工艺与次生变化》，《四川文物》2016年第3期。

[53] 秦善、王长秋编著：《矿物学基础》，北京大学出版社，2006年，第20页。

[54] 自然光（Natural light）：所有实际光源都是自然光，如太阳、燃烧的蜡烛、电灯等所发散出来的光。见曾广策主编，曾广策、朱云海、叶德隆编著《晶体光学及光性矿物学》（第三版），中国地质大学出版社，2017年，第4页。

现出“黑”色和乳白色相间的纹饰，这是由珠体上的他色[55]在珠体表层引起的表面色[56]，又称反射色。矿物学基础知识告诉我们：当矿物对白光中各个波长的色光均匀吸收时，就会根据吸收程度表现为黑色或不同浓度的灰色；当矿物基本上不吸收白光中各个波长的色光时，就表现为白色或无色；当矿物对白光中的某些特定波长的色光选择性吸收时，就呈现出彩色。[57]前文已阐明，蚀染天珠的黑色蚀染剂会由于具体配方的不同而使天珠的表层呈现出色彩上具有差异的“黑”色，这显然是赋存于珠体表层微孔隙中的色素离子选择性地吸收了白光中的相应色光后造成的结果。由此，我们也观察到这20余颗天珠上的“黑”色底在色彩上各有差异。

我们还用强光手电筒透射的方法来观察上述出土天珠，这种方法有利于发现每一颗天珠的白玉髓珠体上的特征和变化。矿物的颜色是光波被珠体吸收后透射出的光波的混合色，显示为被吸收色光的补色，也是制作珠体的矿料内部所呈显的体色[58]。因此，对于具有一定透明度的白玉髓珠体而言，由于制作每一颗天珠的白玉髓矿料各不相同，它们内部的具体化学组成和微观结构各异，这种差异通过透明度和颜色在不同程度上表征出来。当我们用强光手电筒透射观察这些出土天珠时，看到它们的体色为色度不同的“白”色，而透明度也各有差异。另外，受玉髓珠体中石英晶体的大小、取向和拓扑结构特征等的影响，蚀染的黑色素进入珠体的多寡、深入程度及分布状态也各不相同，也就是说每一颗天珠珠体的吃色程度和染色效果受玉髓珠体内部显微结构的影响而各具差异。当玉髓珠体表层的石英晶体相对较大且其拓扑结构特征有利于黑色蚀染剂中的黑色素浸入珠体时，就会有相对较多的黑色素离子进入珠体并赋存于玉髓珠体的相应部位，这时白光中各个波长的色光大部分被吸收了，从而降低了天珠珠体的透光性，反之亦然。总体而言，我们发现这20余颗出土天珠的透光程度各不相同，有的天珠几乎不透光，而有的天珠在同一颗珠体上呈显出不同的透光反应。

然而，影响天珠的颜色和透光程度的原因不止如此，它们各自在长达两千多年的埋藏过程中发生的次生变化也是每一颗天珠各具特色的主要因素。换言之，我们观察到的每一颗出土天珠的现状，都是它们在漫长的埋藏过程中渐次产生的次生变化叠加于它们在古代成珠时的状态之上的综合结果。

---

⑤⑤ 他色（allochromatism）：是矿物的非固有因素引起的颜色，一般是由外来的杂质，包括机械混入物和晶格缺陷等引起的。见秦善、王长秋编著《矿物学基础》，北京大学出版社，2006年，第21页。

⑤⑥ 表面色（surface colour）：对于不透明矿物，由于它对光波的吸收非常强，入射光难以深入矿物内部，其颜色主要是矿物表层对入射光吸收后再辐射出的光波的混合色，这种颜色主要来自矿物表层，故称“表面色”或“反射色”。见秦善、王长秋编著《矿物学基础》，北京大学出版社，2006年，第20、21页。

⑤⑦ 秦善、王长秋编著:《矿物学基础》，北京大学出版社，2006年，第20页。

⑤⑧ 秦善、王长秋编著:《矿物学基础》，北京大学出版社，2006年，第20页。

第三章

玉髓质珠饰的次生变化及沁像总结

天珠是古代工匠在白玉髓珠体上先进行黑色蚀染，再于其上蚀绘乳白色纹饰后获得的艺术品，而制作天珠珠体的玉髓则是自然界中一种常见的矿物，它被埋藏入土后会受周围环境的影响而发生相应的变化。土壤具有极其复杂的生物物理、化学体系[①]，用玉髓制作的天珠与周围土壤物质必然进行一系列的水解反应、有氧化反应、电化学反应、酸碱反应等，从而在漫长的埋藏过程中受周围环境的影响发生风化作用，继而产生相应的次生变化。从矿物学的角度看，天珠埋藏入土后发生风化作用的原理与高古玉器在土壤中被风化的原理是一样的。科学研究者利用仪器对高古玉器进行检测观察并结合实验证明：它们埋藏入土后确实发生了风化作用并产生了相应的次生变化，这种变化与矿石的质量、埋藏环境等因素密切相关。因此，我们在研究玉髓质文物的次生变化时借鉴了科学研究者们对高古玉器产生次生变化的研究成果。

一、玉髓质文物发生次生变化的机理

对古玉器埋藏入土后发生次生变化的研究发轫于矿物学中对矿物风化作用的认识和研究。所谓“风化作用”指近地表或出露于地表的矿物和岩石，在常温常压下发生的机械破碎和化学分解作用，包括物理风化、化学风化和生物风化三种主要作用过程。[②]众所周知，土壤的物理状态是由矿物质、有机质、水和空气组成，其中各类组分的具体情况决定了土壤的湿度、温度、水解反应、氧化反应、电化学反应、酸碱反应等，而土壤的腐蚀能力与土壤的通气性、湿度、温度、酸碱值、电阻率、可溶

① 耿增超、戴伟主编：《土壤学》，科学出版社，2015 年，第 8—9 页。

② 秦善、王长秋编著：《矿物学基础》，北京大学出版社，2006 年，第 9 页。

性盐类等因素密切相关。埋藏于土壤中的文物自入土就与土壤环境之间开始进行一系列的腐蚀反应，而地下埋藏环境在一般情况下大多不能与氧气彻底隔绝，埋藏于其中的器物在这种情况下很难与埋藏环境形成一个平衡的体系，故而自始至终不断地发生着次生变化。古玉器次生变化的研究通过具体观察探究古玉器的外表形态、内部结构、物理性质及化学组成有否变化、沁像的成因及演变等方面的特征和规律及其相互关系，探讨研究古玉器埋藏入土后受周围环境的影响而发生的必然变化，进而探索其在演变过程中的系统规律性。

闻广先生提出沿用古名“受沁”来特指古玉器埋藏入土后发生的风化作用[③]。古玉器自埋藏入土开始就不可避免地与周围物质发生相互作用，这些物质包括土壤、地下水、有机质等，它们随着季节、温度、湿度、地下水位等的变化而不断变化，这些物理变化协同化学风化作用使得古玉器不断地改变着原有的性状，这一过程称为“受沁”[④]，由此产生的相应受沁现象，即蚀像[⑤]，也称为沁像。矿物的显微结构决定了矿物的堆集密度及其质量的优劣，同时也决定了矿物受沁程度的深浅[⑥]。研究者们认为高古玉器受沁的内在因素为矿物的显微结构变松，表现为玉质疏松、硬度下降、透明度下降、颜色发白、吸水性增强等一系列变化。冯敏老师团队在对高古玉器的受沁过程进行研究后认为：古玉的受沁是在一“失”一“得”的两个过程中缓慢进行的，主要经历了风化淋滤阶段和渗透胶结阶段。风化淋滤阶段是一个“失”的过程，指在埋藏的微观环境下，古玉器中的可溶性物质溶解后经扩散、渗流而被带出的过程，风化淋滤作用使晶体间的结合力逐渐降低，进而导致器物的结构有松弛趋势，它是由表及里逐渐进行的；而渗透胶结阶段则指高古玉器在经历过风化淋滤阶段后，其内外结构中的晶间微孔隙变大、增多，这些微孔隙的存在也向含有硅、铝、铁等元素的土壤胶体溶液提供了渗入的空间与通道，使土壤中的部分物质在土壤水的带动下逐步渗入充填到经历了风化淋滤阶段后古玉的大量微孔隙当中，这是一个“得”的过程。[⑦]概括而言，出土古玉器在长期的埋藏过程中所发生的“失”与“得”两个变化过程的相互作用造就了它们现有的整体性状。值得注意的是：渗透胶结过程中的渗透作用是从古玉器的表层开始逐渐向器物内里进行的，但之后带来阻塞封闭微孔隙通道的胶结作用却是从古玉器的内里开始渐次向外部进行的，因此在高古玉器一些未被渗入的内里部位就会保留着经历过风化淋滤作用后留下的大量晶间孔隙，致使这些没有被胶体溶液充填胶结的部位在组织结构上变得相

③ 闻广、荆志淳：《沣西西周玉器地质考古学研究——中国古玉地质考古学研究之三》，《考古学报》1993 年第 2 期。

④ 冯敏等：《对“鸡骨白”古玉受沁情况的研究》，载《文物保护与科技考古》，三秦出版社，2006 年，第 104—107 页。

⑤ 蚀像（etch figure）：晶体在长成后因受到溶蚀而在晶面上形成的一些具有规则形状的纹痕或凹瘢，称蚀像。蚀像的具体形态和方位均受晶体内部结构特征的控制，故不同矿物常有不同特征的蚀像。因此，对蚀像的观测有助于确定矿物的属种。在宝石学领域中，有助于识别宝石原料的真伪；在出土古玉的鉴别中，有否蚀像常可作为是否为出土古玉的重要依据。出土古玉蚀像的形成与古玉本身的质地（内部结构、物性、隐性绺裂）有关。见张庆麟编《珠宝玉石识别辞典》（修订版），上海科学技术出版社，2013 年，第 35、538 页。

⑥ 闻广：《苏南新石器时代玉器的考古地质学研究》，《文物》1986 年第 10 期。

⑦ 冯敏等：《对“鸡骨白”古玉受沁情况的研究》，载《文物保护与科技考古》，三秦出版社，2006 年，第 104—107 页。

对疏松，而器物表层却由于在渗透胶结过程中渗透充填了大量壤液中的胶体溶液而变得相对致密、坚硬[8]。土壤学常识告诉我们：土壤中的胶体溶液主要由一些难溶组分（如硅、铝、铁、锰等形成难溶于水的氧化物或氢氧化物）呈微粒悬浮于水中形成[9]。渗透胶结作用使古玉器的外层渗入胶结了相对较多的胶体溶液，其中的硅、铝、铁等元素大量充填胶结在玉器表层的微孔隙中，形成了一个相对致密、坚硬的透明层。它由数量较多、粒度为几十纳米的微粒组成。这些微粒含有古玉本身所没有的化学成分（主要是铝、铁等），在古玉器的外表形成了一个透明度稍高、致密度较大的薄层。这一薄层在普通体视显微镜下清晰可辨。[10] 这一具有稍高硬度的透明薄层是壤液中含铝、硅、铁等元素的溶液逐渐向经历过风化淋滤过程的古玉渗透胶结后的结果，故而受沁的高古玉器普遍存在着“外实内松”现象。[11]王昌燧先生等研究者也认为我国南方新石器时代古玉表面因受沁呈现的“鸡骨白”现象，经显微分析确定就是在漫长的埋藏过程中被土壤中的铝、铁等矿物填充、胶结后逐步形成的，而并非以前简单认识的风化、钙化现象。[12]另外，干福熹先生在研究了西周早期的玉珠、管后，发现它们由于长期埋藏于地下受沁而在表面形成了一层非晶化（玻璃化）的透明层，并因此产生了类似玻璃的光泽，但玉珠内部与外表面材料的化学成分变化却非常微小[13] 。笔者认为，干福熹先生在西周早期的玉珠表面观察到的“非晶化透明层”与冯敏老师在高古玉器的表面观察到的“透明度稍高、致密度较大的薄层”是同一类物质——壤液中氧化形态的铝、硅、铁等的胶结物，它们均是器物在久远的埋藏过程中被壤液中的硅、铝、铁等元素大量充填、胶结在表层的微孔隙中所致。受沁古玉的表层在胶结过程中存在着一些未被胶结的晶间孔隙，故整个外层的硬度虽然高于内里部分，但仍然较低，因此以往习惯用测定比重与硬度来鉴定古玉的物象或玉种的方法，对于受沁后的古玉就不适用了。[14] 但另一些实验结果告诉我们：只要将受沁严重的古玉静置在水中直至没有气泡冒出，此时电子天平的测量数值达到稳定，表明古玉器内部孔隙中的空气被全部排出，记下电子天平最终稳定的数据，计算所得的古玉比重值均落在相应玉种的比重理论值范围之内。这说明只要彻底排除古玉器内部所含空气的影响，完全可采用比重法测试严重风化玉器的比重，并准确判断其物象或玉种。[15] 换言之，虽然我们不能直接通过测定比重和硬度的方法来鉴定严重受沁的玉髓质珠饰，但只要将它们静置在水中直至其内部微孔隙中的空气被完全排除后，就可采用比重法来测试受沁后的玉髓质珠饰的比重，从而对它们的物象和材质

---

⑧ 冯敏等：《凌家滩古玉受沁过程分析》，《文物保护与考古科学》2005 年第 1 期。

⑨ 秦善、王长秋编著：《矿物学基础》，北京大学出版社，2006 年，第 9 页。

⑩ 冯敏等：《对“鸡骨白”古玉受沁情况的研究》，载《文物保护与科技考古》，三秦出版社，2006 年，第 104—107 页。

⑪ 冯敏等：《凌家滩古玉受沁过程分析》，《文物保护与考古科学》2005 年第 1 期。

⑫ 王昌燧、杨益民、杨民：《显微分析手段在玉器加工痕迹分析中的应用》，载《第九届全国科技考古学术研讨会论文集》，科学出版社，2008 年。

⑬ 干福熹：《中国古代玉器和玉石科技考古研究的几点看法》，《文物保护与考古科学》2008 年 C1 期。

⑭ 闻广、荆志淳：《沣西西周玉器地质考古学研究——中国古玉地质考古学研究之三》，《考古学报》1993 年第 2 期。

⑮ 高飞：《薛家岗出土玉器的材质特征研究》，中国科学技术大学硕士学位论文，2006 年。

作出准确判断。

玉髓质文物和其他玉石矿料一样都是晶体[16]矿物，因此它们的受沁机理是一样的[17]。但玉髓与透闪石矿物的化学组分及物理特性毕竟不同，对于相对纯净的玉髓而言，其化学物理性质决定了它的化学风化程度远弱于透闪石玉，受沁过程中它所发生的风化作用主要是物理风化，表现为机械性地破坏 SiO_2 晶体间的连结作用，使玉髓晶体间的结合力逐渐减小，从而导致器物的组织结构变得越来越疏松，直至分崩离析，最终变成沙子。那么，玉髓质珠饰在漫长的埋藏过程中究竟会发生怎样的次生变化呢？我们用高清视频镜、单反相机微距拍摄等观测手段对我国考古发掘出土的此类文物进行了细部的微观观察和研究，发现它们受沁后呈现的蚀像具有一定的系统规律性，其发生机理与玉髓矿料的物理、化学性质密切相关；而这些玉髓质珠饰在埋藏入土后的风化过程中主要经历了风化淋滤阶段和渗透胶结阶段，这一“失”一“得”两个过程的相互作用造就了它们的现有性状，而“失”与“得”的结果则通过具体的沁像表征出来。也就是说，经历过风化淋滤作用的玉髓质珠饰在“失”的过程中产生了相应的沁像，而紧随而至的渗透胶结作用也使它们在“得”的过程中产生了相应的沁像。我们将这些文物上的沁像按成因和表征进行归纳总结，并借助科学研究者们对古玉受沁的研究成果对它们进行科学诠释。

二、玉髓质珠饰的沁像总结

（一）包浆现象

人们俗称的“包浆”分为两种：笔者在本书中论及的“包浆”指包裹于出土古玉器表面的一层物质，它具有一定的厚度和透明度，是来源于土壤胶体溶液中的硅、铝、铁等元素填充、胶结在古玉器的表层后形成的；另一种“包浆”则指传世老物件上的一层经长年累月摩挲把玩或人体与物件之间经久摩擦而逐渐生成的一层莹亮的表层。前文述及，古玉器埋藏入土后会发生风化作用，从而产生相应的次生变化。科学研究者们用扫描电子显微镜（SEM）在2000X的放大观察条件下分别检测观察了出土于凌家滩的古玉器的断面，发现其内核部位和外壳存在明显的差异：古玉器的内核部位具有较多的晶间孔隙，叶片状蛇纹石晶体杂乱、松散地堆积着，晶体间几乎没有其他胶结物质存在，另外还有许多直径在60—250μm的球形孔隙存在于内核部位；而古玉器的外壳则具有明显的成层性，其层面与

⑯ 晶体：根据现代的定义，晶体是指在其内部结构中，质点（原子或离子）在三维空间呈周期性重复排列的固体。从空间的分布特征上看，这些质点可以形成平行六面体的格子状，构成一定的几何图形，所以晶体也被称为具有格子构造的固体。见黄作良主编《宝石学》，天津大学出版社，2010年，第5页。

⑰ 巫新华、杨军、戴君彦：《海昏侯墓出土玛瑙珠、饰件的受沁现象解析》，《文物天地》2019年第2期。

古玉的加工外形完全一致，说明这一外层是古玉成器后才形成的，而在平行于古玉表面的平面上则可以观测到在各种取向的蛇纹石晶体之间分布着大小不一的片状颗粒，这些片状颗粒对松散的蛇纹石晶体起到了一定的胶结作用，从而导致外壳部分的致密度明显高于内核部分，但由于外壳部分还存在一些未被填充胶结的晶间孔隙，且片状颗粒的黏结强度有限，因此整个外壳的硬度虽然高于内核部位，但仍然较低。[18]由于凌家滩遗址为距今约5560—5290年的新石器晚期遗址，出土于其中的古玉器均经历了较为彻底的风化淋滤作用和渗透胶结作用，一些容易蚀变的物质在相对早期的风化淋滤作用下被水解带出，它们的流失势必带来越来越多的孔隙，并由此加速了蛇纹石玉的风化速率。不断增加的孔隙使古玉内部的晶体之间逐渐丧失了黏结力，导致玉质也越来越疏松，并出现了硬度下降、透明度下降、颜色发白、吸水性增强等一系列变化。在随后而来的渗透胶结过程中，壤液中富含硅、铝及铁等元素的胶体溶液逐渐渗透并填充、胶结在经历过风化淋滤作用后的晶间孔隙中，而古玉外壳中的孔隙度随着渗透胶结作用的不断进行而逐渐减少，使胶体溶液渐渐失去了渗入的通道，最终导致越来越多的胶体溶液富集在古玉的表面，由此形成了一个相对致密坚硬的透明层，即是“包浆”。包浆在经历过风化淋滤作用的高古玉器表层的填充与胶结使古玉器具有“外实内松”的独特性状，这一特性可作为古玉器年代久远的判别标志。[19]包浆带来的光泽感挺括而亮泽，使我们感到其有微微的厚度。需要注意的是，倘若古玉器在埋藏过程中局部与土壤隔绝，得不到壤液胶体的渗入，则可能导致局部出现缺失包浆的情况。[20]

非常有趣的是，霍鲁斯·贝克在显微镜下也观察到了“包浆”现象，他于*Etched Carnelian Beads*一文中记述了在显微镜下检测一颗蚀花红玉髓珠时发现珠子的“白色的蚀花层并没有延伸到矿石的表面，在白色蚀花层与珠子的表面之间有一个很薄的间隔层，这个间隔层面清晰而透明，和矿石的天然基质层非常相似，其材质似乎完全没有被碱蚀所影响，由此可以推测苏打溶液可能是直接穿过了这个表层而未对其产生腐蚀作用”[21]。毫无疑问，贝克当时没有认知到蚀花红玉髓珠上位于白色蚀花层和珠体表面之间的这一交替分层的透明层就是包浆，它并非玉髓矿料原有的组成部分，而是出土珠子在漫长的埋藏过程中被壤液中富含硅、铝、铁等元素的胶体溶液渗透并填充、胶结后的产物。质言之，这种清晰而透明的薄层就是我国科学研究者们在古玉器表层观测到的“包浆”。

图3-1-1是海昏侯墓出土的玉带钩。将钩尾的微距照片放大后，即可观察到在其表面由包浆带来的莹亮、挺括的光泽之下，有着并不特别光滑、平整的底子，这样的“底子”来自经历过长久的风化淋滤作用后的古玉表面，仔细观察会发现古玉包浆带来的光泽感与单纯的抛光带来的光泽感不同。图

---

⑱ 冯敏等:《凌家滩古玉受沁过程分析》,《文物保护与考古科学》2005年第1期。

⑲ 冯敏等:《对“鸡骨白”古玉受沁情况的研究》，载《文物保护与科技考古》，三秦出版社，2006年，第104—107页。

⑳ 冯敏等:《对“鸡骨白”古玉受沁情况的研究》，载《文物保护与科技考古》，三秦出版社，2006年，第104—107页。

㉑ Horace C.Beck, “Etched Carnelian Beads,” *The Antiquaries Journal,*Vol.13,Issue 1,1933, pp.382-398.

3-1-2是钩尾的一个面积较大的方形平面部位的放大图，可见其表面具有白亮、挺括的光泽，但包浆之下的底子却呈现出细微的凹凸不平的状态，这种底子是古玉器经历过风化淋滤作用后的结果。土壤的胶体溶液在渗透胶结过程中渗入并胶结在经历过风化淋滤作用后并不十分平整、光滑的表层后，使我们观察到这一部位的表面具有凝厚、润亮的包浆，但包浆之下的底子却并不十分平整光滑。

图3-1-1　玉带钩

图3-1-2　钩尾的放大图

图3-1-1、2：西汉，南昌市海昏侯墓地出土，江西省文物考古研究院藏。

图3-1说明：被包浆覆盖的钩尾平面处具有亮白的光泽以及并不特别平整、光滑的底子。

我们知道，硅是一种明亮的非金属元素[22]，而铝和铁则是具有一定亮度的金属元素。虽然胶结于玉髓质文物表层的胶体溶液中的铝、铁、硅等元素是以氧化形态存在的，但由它们为主要元素组成的包浆覆盖于玉髓质器物的表层后就会在一定程度上增强器物的表面光泽。由于包浆具有透明度，所以它带给我们的光泽强弱受器物被打磨、抛光后的表面光泽的影响，而出土玉髓质珠饰曾经被抛光后的表面光泽又受矿物的质量、抛光精细程度的影响，那些质地上乘且被精细打磨、抛光过的玉髓珠饰表面拥有相对来说更加平整、光滑的底子并具有质感强烈的光泽，所以它们在被包浆覆盖后就会呈现出更高质量的表面光泽。前文有述，玉髓的纳米级微晶石英晶体通常为50—350nm的颗粒，它们组合成平行纤维状、抛物线状或放射球粒状的集合体，这些集合体以或紧密或松散的形式混杂在一起形成了玉髓矿料，那些晶体颗粒度微小的石英晶体组成的纤维束也相对微细，而由它们相互混杂在一起形成的玉髓矿料也相应地更加致密，其矿体的晶间微孔隙也十分微小，这样的矿料较那些由相对粗大的石英晶体构成的矿料而言拥有更高的质量，用它们制作而成的珠饰更易被抛得光亮，因此也更加亮丽迷人。如这件三色玛瑙剑璏，其正面和侧面的表层因质地细腻且曾被仔细地打磨抛光过，又由于有包浆包裹，出土后仍呈现出光可鉴人的玻璃包浆，见图3-2-1、2；但其背面因未曾获得细致的抛光而呈现出蜡状光泽，见图3-2-3。

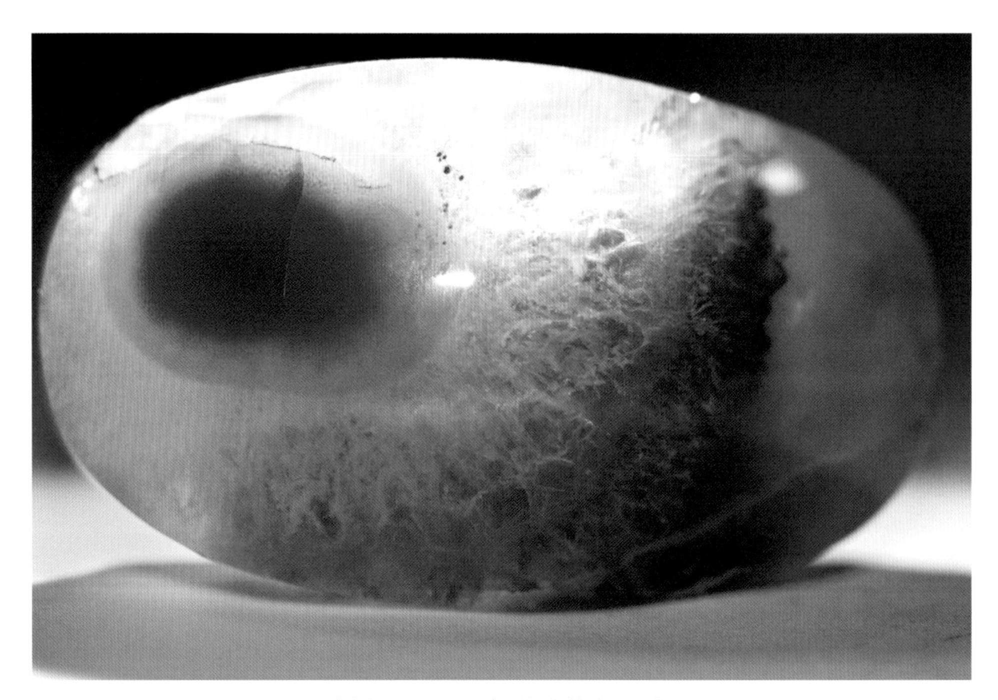

图3-2-1　三色玛瑙剑璏正面

㉒　[英]罗纳德·路易斯·勃尼威兹著，张洪波、张晓光译，杨主明审：《宝石圣典：矿物与岩石权威图鉴》，电子工业出版社，2013年，第218页。

图3-2-2
三色玛瑙剑璏侧面

图3-2-3
三色玛瑙剑璏背面

图3-2-1、2、3：西汉，南昌市海昏侯墓地出土，江西省文物考古研究院藏。

图3-2说明：三色玛瑙剑璏的正面和侧面，这两个部位曾被精细地打磨抛光过，当包浆胶结于相对平整、光滑的底子上时，就呈现出挺括亮泽的“玻璃包浆”；但其背面因未曾被非常精细地打磨抛光过而呈现出蜡状光泽。

图3-3是红缟玛瑙剑格侧面下凹处的平面部位。受沁过程中的风化淋滤作用使其表层的晶体发生了轻微的脱落现象，并由此造成脱落处的光泽弱于周围其他区域，但我们在观察时只要在放大镜下微微转动观察面，就能通过移动的光线观察到反射光从光泽强的区域顺利延展至光泽较弱的区域，说明两处在相对后期的受沁过程中都共同渗透胶结了等质、等量的胶体溶液。

图3-3　红缟玛瑙剑格侧面凹部

图3-3：西汉，南昌市海昏侯墓地出土，江西省文物考古研究院藏。

图3-3说明：仔细观察，可见在红缟玛瑙剑格侧面下凹部位的一个平面上，其表面由于存在一些细微的晶体脱落现象而使此处的光泽弱于其他区域。

这件玛瑙饰件的装饰面上有一块较大的晶体脱落现象，从而形成了一个不规则状的明显凹坑。凹坑的形态自然，在凹坑部位依然能观察到包浆带来的光泽，说明这一凹坑是在受沁的风化淋滤过程中逐渐形成的，而相对后期的渗透胶结作用又使这一部位的表层胶结了壤液中的胶体成分，从而被包浆覆盖，由此呈现出莹亮的光泽，见图3-4-1。同样的现象在图3-4-2、3中的玛瑙珠上也可观察到。

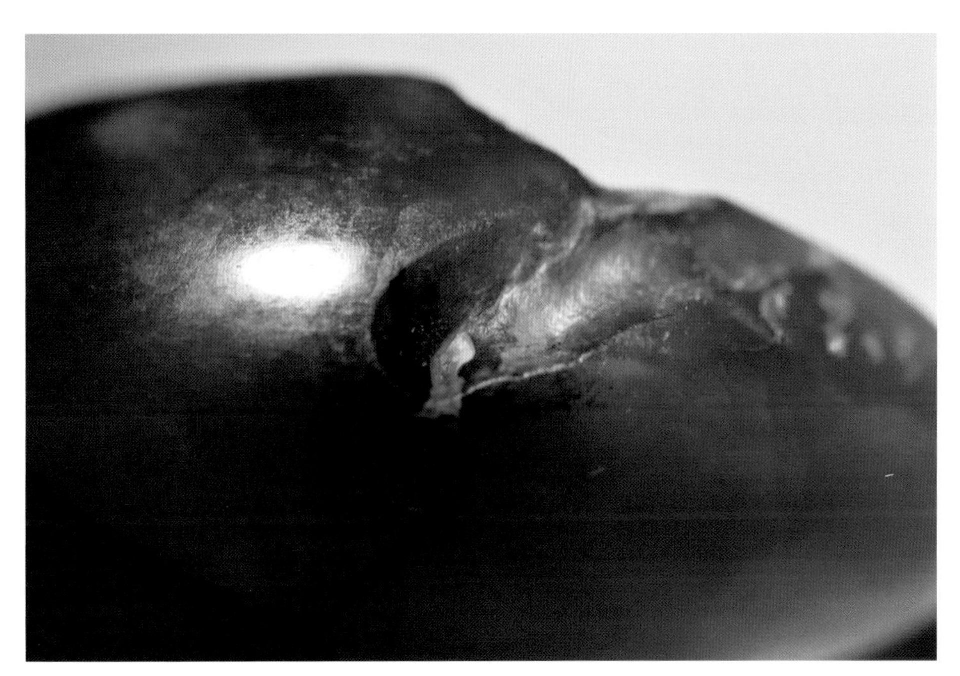

图3-4-1　玛瑙饰件

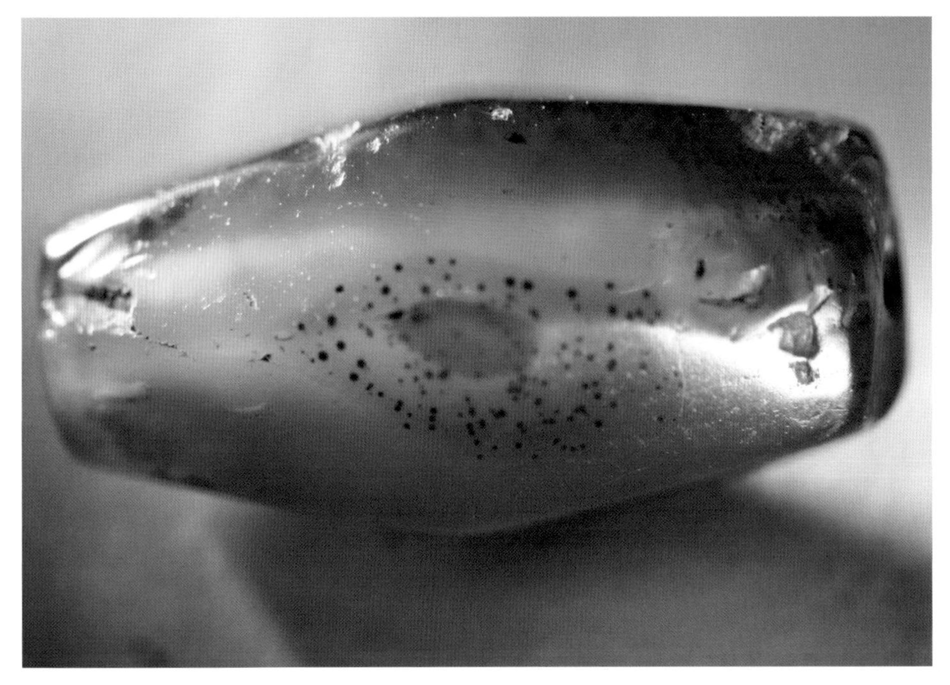

图3-4-2　多棱玛瑙珠

图3-4-3　玛瑙管珠

图3-4-1：西汉，南昌市海昏侯墓地出土，江西省文物考古研究院藏；图3-4-2：东汉，长沙市丝茅冲墓地出土，湖南省博物馆藏；图3-4-3：公元前3—前2世纪，札达县曲踏墓地出土，西藏自治区札达县文物局藏。

图3-4说明：在玛瑙珠及饰件的表面，有因风化形成的不规则状凹坑，在凹坑部位依然能观察到包浆带来的光泽。

这件圆板状缠丝玛瑙珠背面也有非常明显的包浆现象，图中可见在受沁程度较轻的部位有着挺括润亮的光泽，但一些蚀变程度较重的部位则呈现出黄白色的、由壤液堆积沉淀后形成的土状光泽，仔细观察可见两者的边界并非十分明显，而是参差互渗的交际状态，在一些被黄白色壤液胶结物包围的“小岛”上依然有着凝厚、明亮的包浆现象，见图3-5-1、2。

图3-5-1　圆板状缠丝玛瑙珠背面

图3-5-2　圆板状缠丝玛瑙珠局部

图3-5-1、2：公元前3—1世纪，札达县桑达沟墓地出土，西藏自治区札达县文物局藏。

图3-5说明：在这件圆板状玛瑙珠的背面，不仅能观察到包浆带来的凝厚、明亮的光泽，还能在蚀变严重处看到黄白色壤液堆积沉淀后形成的土状光泽，两者呈参差互渗的交际状态，在一些被黄白色壤液包围的“小岛”上依然存在着润亮的包浆现象。

通常来说，出土玉髓质珠饰最终呈现的光泽强弱与矿料质量，抛光的精细程度，器物埋藏时间的长短以及壤液胶体中硅、铝等元素的含量有关。换言之，玉髓矿料的质量越高，就越容易被打磨抛光得很精细，并由此在成器时就使器物的表面获得高品质的光泽。相对来说，这样的珠饰被埋藏的时间越长且土壤胶体中所含硅、铝等元素越多时，其出土时就越容易拥有高质量的光泽。由此可见，被包浆覆盖的珠饰表面所呈现的光泽质量与其成器时表面光泽的质量成正比关系，故而我们也可以通过观察出土文物现有的光泽质量来综合推测其在古代被打磨、抛光的精细程度以及矿料的品质。

（二）内风化现象

玉髓质珠饰久埋地下，不可避免地与周围物质发生相互作用，从而产生次生变化并呈现出相应的沁像，而它们的受沁过程是一个由外而内的渐进过程。前文有述，玉髓质文物的主要矿物相为玉髓，同时混杂有蛋白石、显晶—微晶石英、斜硅石以及少量方解石等副矿物。作为主要矿物相的玉髓由 SiO_2 晶体组成，SiO_2 拥有自然界中最稳定的化学结构，故一般情况下不会发生化学变化，但矿料中混杂的方解石、蛋白石等却容易被溶解蚀变。相对而言，这些容易蚀变溶解的矿物也容易在风化淋滤过程中被淋滤析出，它们的逐渐流失留下了越来越多的孔隙，从而加快了这一部位的组织结构向疏松状态变化的速率。同时，作为主要矿物相的玉髓也在不断地经历着风化淋滤作用，在这个逐渐“失去”的过程中，土壤水携带着吸附水和可溶性物质溶解后经扩散、渗流并从玉髓的晶间孔隙析出，从而使晶间孔隙不断地增大、数量增多，这一结果也使晶体间的结合力降低，并最终导致器物的组织结构变得越来越疏松。随着风化淋滤作用的持续进行，玉髓质文物的组织结构由外而内越来越松弛，矿物的晶体形状和方向在此过程中会有一定程度的改变，并形成晶体之间的空隙[23]。结构矿物学告诉我们：由于晶体具有异向性，不同的结晶方向化学键力有差异[24]，那些键力弱的面网之间在外力作用下可以沿着键力弱的结晶方向裂开成平面，从而形成“裂理面”[25]，而从微观应力的角度看，玉髓质珠饰在制作的过程中会受各种因素的影响产生内应力，当内应力作用于那些晶体连结力弱的面网并与受沁过程中的风化淋滤作用叠加时，就会使玉髓质珠饰的内部组织产生裂理面。当有光线从某一角度照射时，裂理面会反射出与周围组织结构不同的光辉，从而使我们观察到“内风化现象”。内风化部位的网面晶体由于排列发生了改变，故而常由于光照的原因反射出迥异于周边组织的光辉。我们常在一些玉髓质文物体内观察到内风化现象，它们有大有小，形态各异，且随机分布，如图3-6-1、2、3、4、5、6、7、8、9、10。

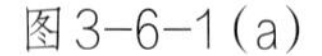

图3-6-1(a)

㉓ 钱宪和：《古玉之矿物学研究》，载《东亚玉器》（第二册），香港中文大学中国考古艺术研究中心出版，1988年，第222—235页。

㉔ 秦善编著：《结构矿物学》，北京大学出版社，2011年，第44页。

㉕ 裂理面（parting plane）：裂理也称裂开，是指矿物在外力作用下，可以一定的结晶方向裂开成平面的性质，裂开的平面叫裂理面。见秦善、王长秋编著《矿物学基础》，北京大学出版社，2014年，第27页。

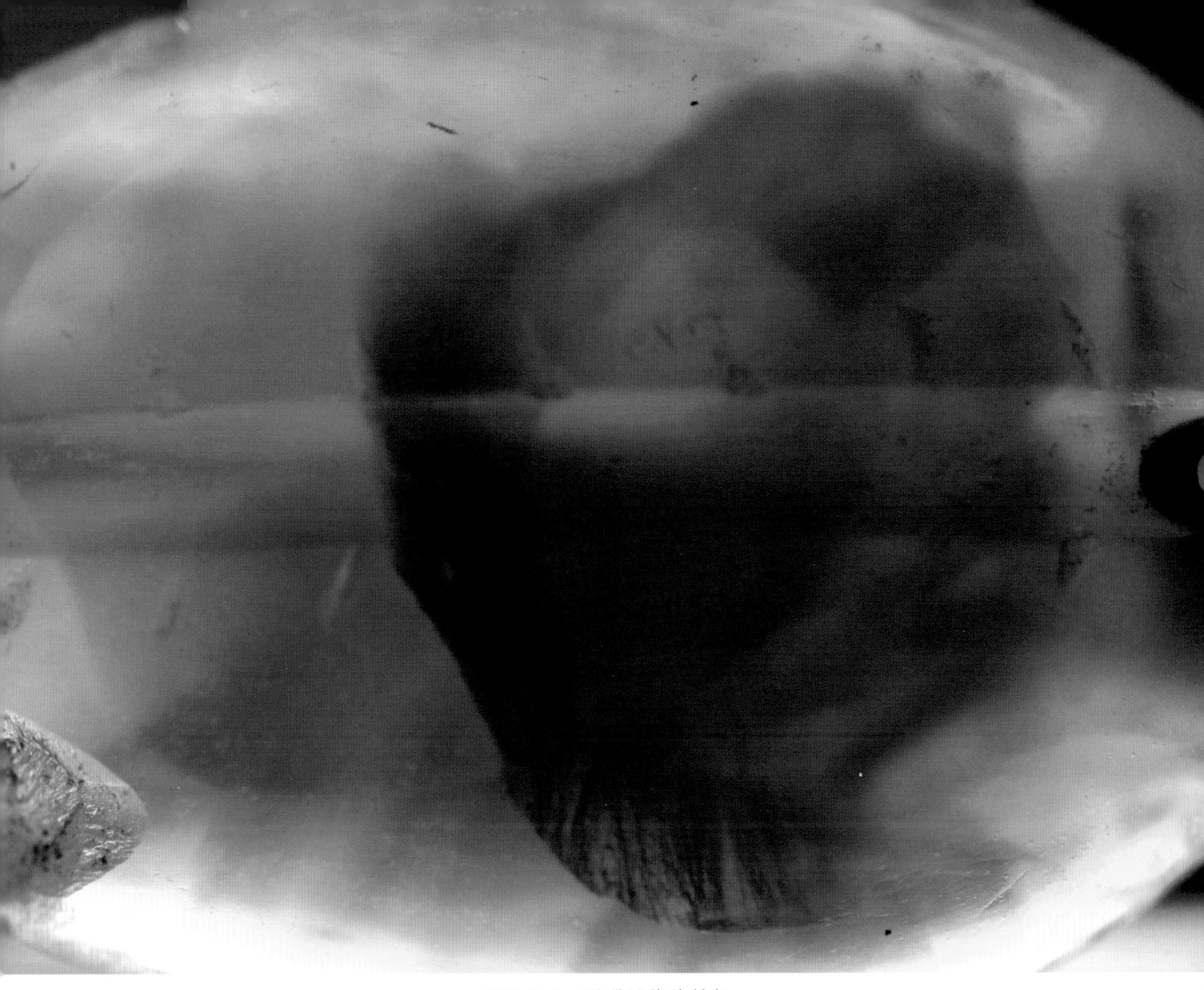

图3-6-1 玛瑙贝饰的局部

图片解读：图中可看到这件玛瑙贝饰产生了较大面积的内风化现象。在这件玛瑙贝饰受沁的两千多年中，风化淋滤作用使晶体间沿着连结力弱的面网裂开形成了裂理面，裂理面相较于那些拥有较强连结力的组织而言受后续风化淋滤作用的影响也更大，裂理面的存在为之后胶体溶液渗透进入内部组织提供了便捷通道，从而使壤液中的物质能够顺畅地渗入并胶结于裂理面和那些组织结构中连结力相对较弱的晶体间。当有光线照射时，我们不仅能看到不同的裂理面折射出不同的内反射光，还能较为清晰地观察到胶体溶液中的物质在渗透胶结过程中渗入贝饰组织内部的路径以及它们胶结、填充在组织中的形态。

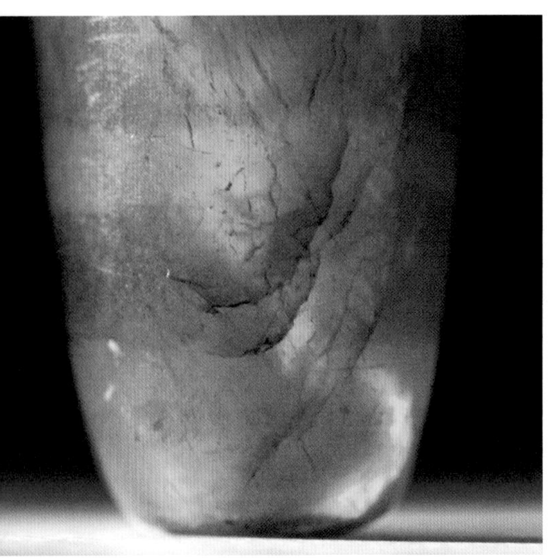

图3-6-2(a)

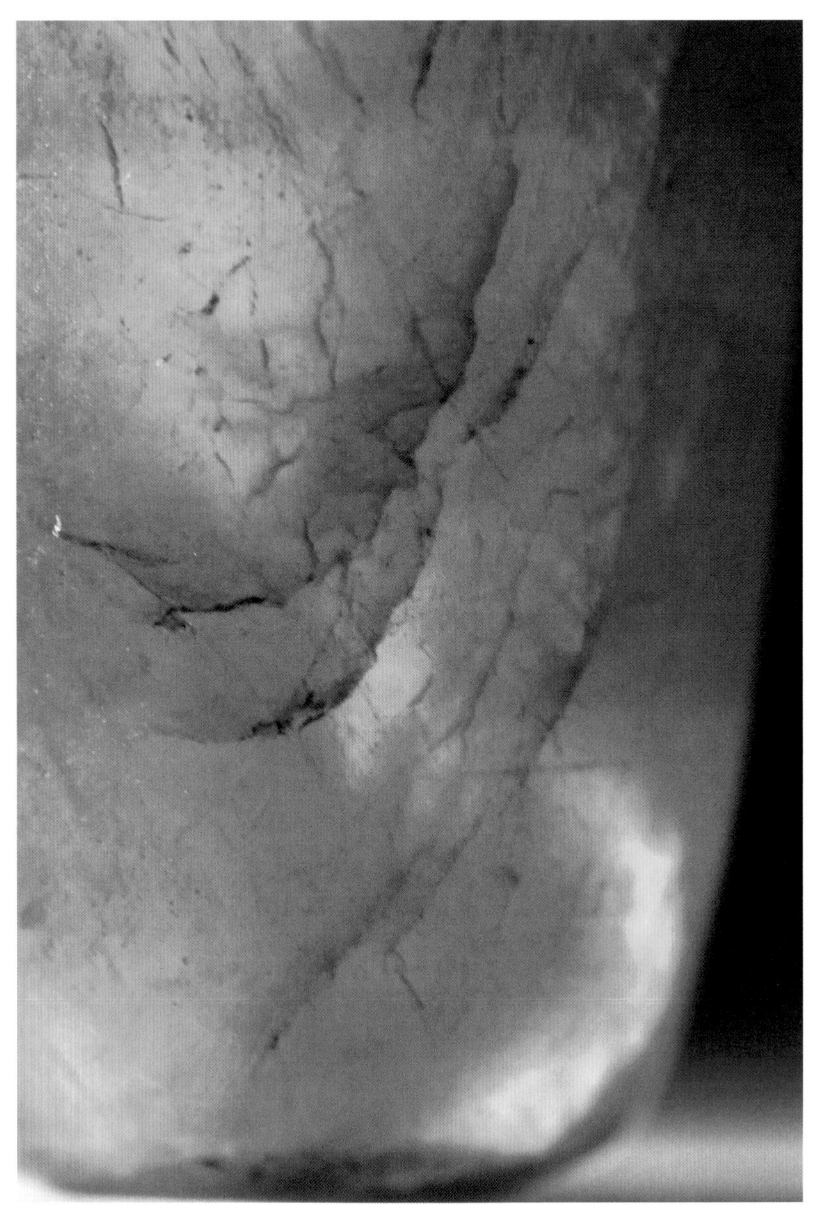

图3-6-2　圆柱状天珠局部

图片解读：这颗天珠的珠体在漫长的受沁过程中受风化淋滤作用的影响，珠体内部组织中结合力较弱的晶体间产生了裂理面，这些裂理面折射出比周遭组织更加明亮的光辉，光辉的亮度和状态随着照射光方向的改变而不断变化，超出一定范围后，随即消失不见。另外，我们还可在图片中看到珠体表面有几条较为显见的沁裂纹，沁裂纹沿着珠体表层组织中结合力较弱的晶体间发展出新的裂理面，而胶体溶液中的色素元素在渗透胶结过程中渗入并胶结在沁裂纹和表层组织中相对疏松的晶体间，从而使该处发生了相应的色彩变化，继而呈现出轻微的色沁现象。

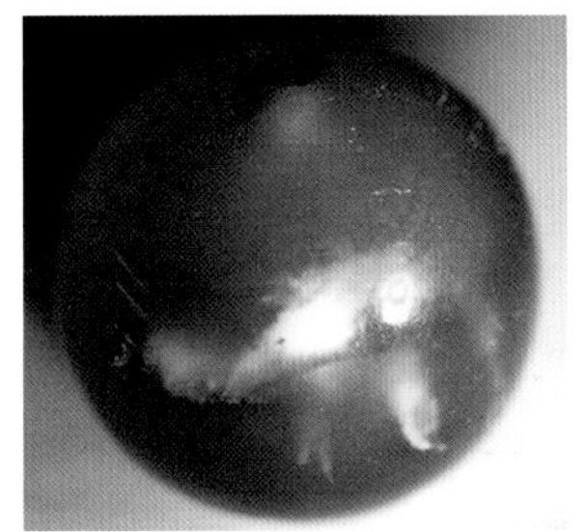

图3-6-3(a)

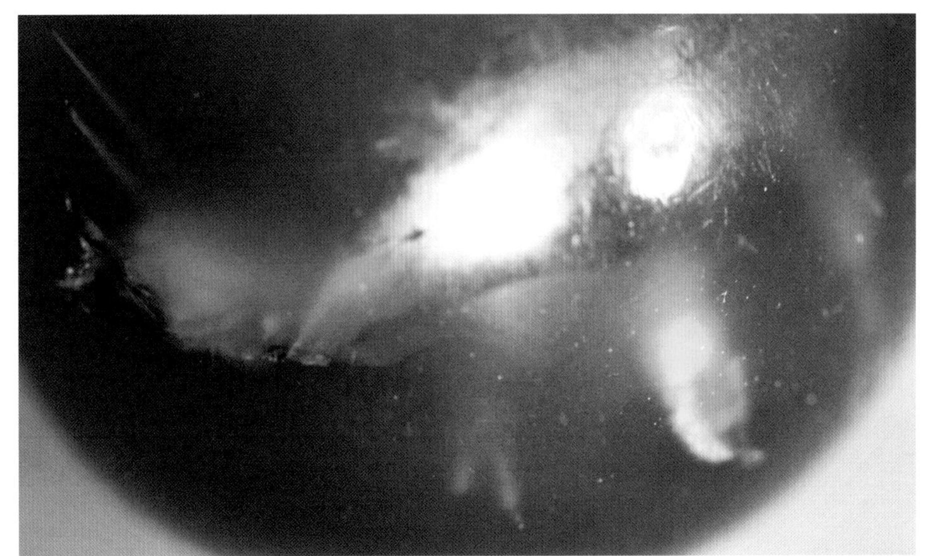

图3-6-3　玛瑙圆珠局部

图片解读：这颗玛瑙珠的珠体内包含有一些易溶性的副矿物，这些副矿物在成珠时有一部分赋存于珠子的表层。受沁过程中的风化淋滤作用使副矿物被水解析出后在珠子表层形成了蚀洞现象，这一过程还加快了周边组织的风化速率，从而使周边组织中的晶体沿着连结力弱的方向变得越来越疏松，继而形成了裂理面。当光线从某一方向照射时，我们就能观察到裂理面折射出较周围组织更为明亮的光辉。

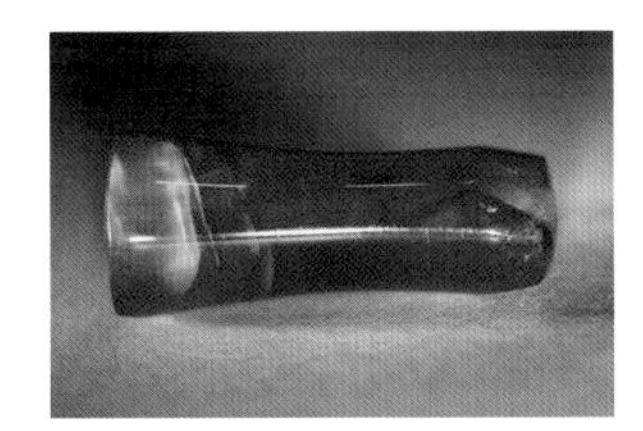

图3-6-4(a)

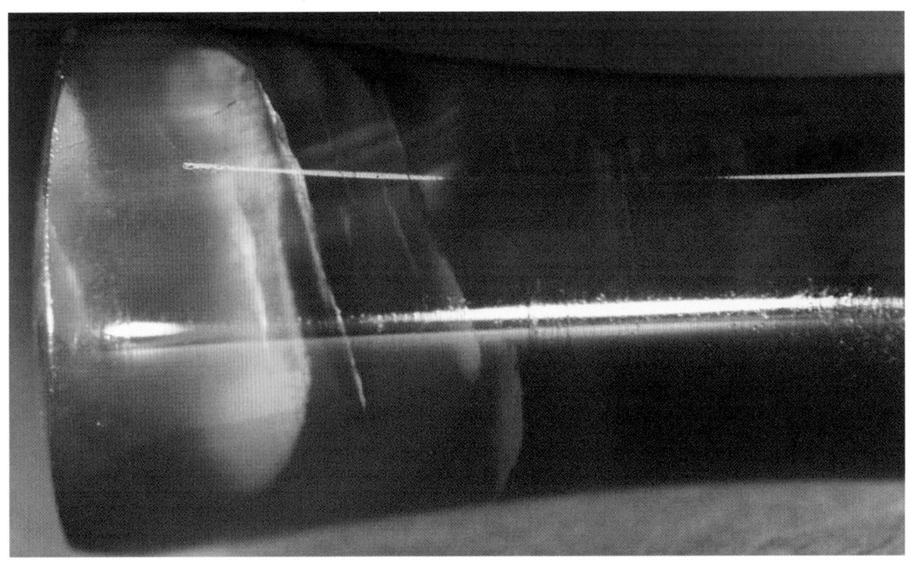

图3-6-4　玛瑙耳珰局部

图片解读：这件玛瑙耳珰的内部组织在受沁过程中受风化淋滤作用的影响，在晶体间连结力弱的网面上形成了裂理面，光线的照射使裂理面呈显为多块亮丽的斑面，从而使我们观察到内风化现象。仔细观察，裂理面的网面并没有延伸至珰体表面，而是隐含于其内部。

图3-6-5(a)

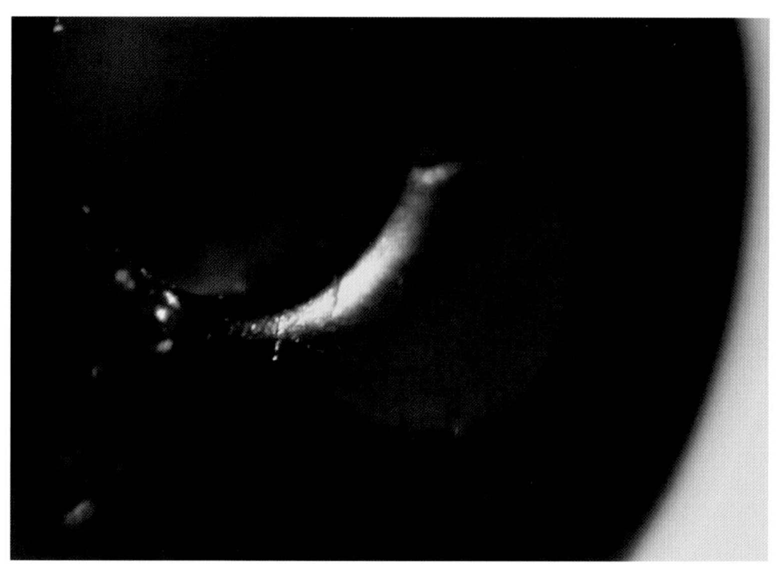

图3-6-5　圆柱状天珠端部

图片解读：在临近天珠一端的孔口附近有一处内风化现象，当光线从某一方向照射时，内风化的部位就折射出一小块亮丽的斑面，其光辉随着光照角度的变化而变化。当光照角度超出某一范围后，亮丽的斑面即隐匿不见。

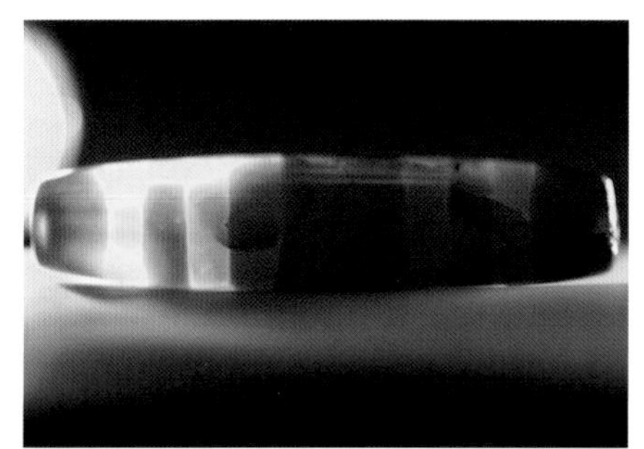

图3-6-6(a)

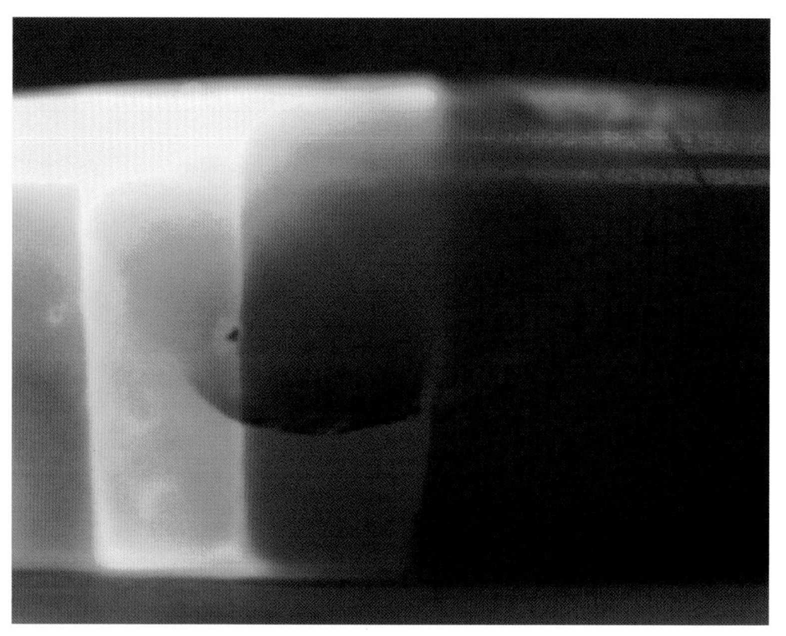

图3-6-6　圆柱状天珠局部

图片解读：这颗天珠的珠体在受沁的过程中产生了内风化现象。受沁过程中的风化淋滤作用在珠体中形成了裂理面，而随后的渗透胶结作用使胶体溶液中的物质渗透并胶结于裂理面上，当光线透射时就能观察到裂理面的形态。图中还可看到裂理面的一部分网面隐约延伸至珠体表面，从而在珠体表面形成了微细沁裂纹。

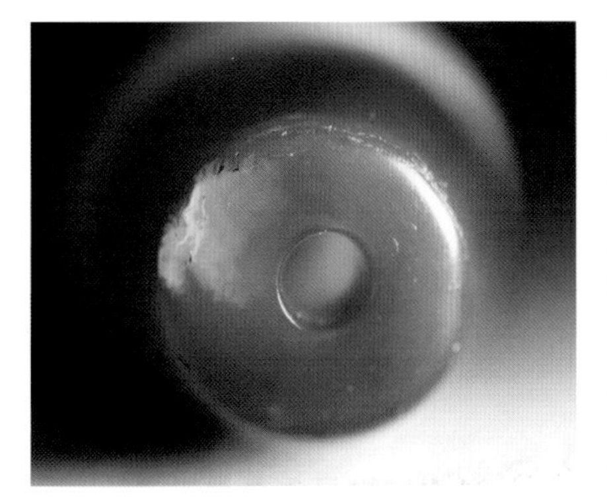

图3-6-7(a)

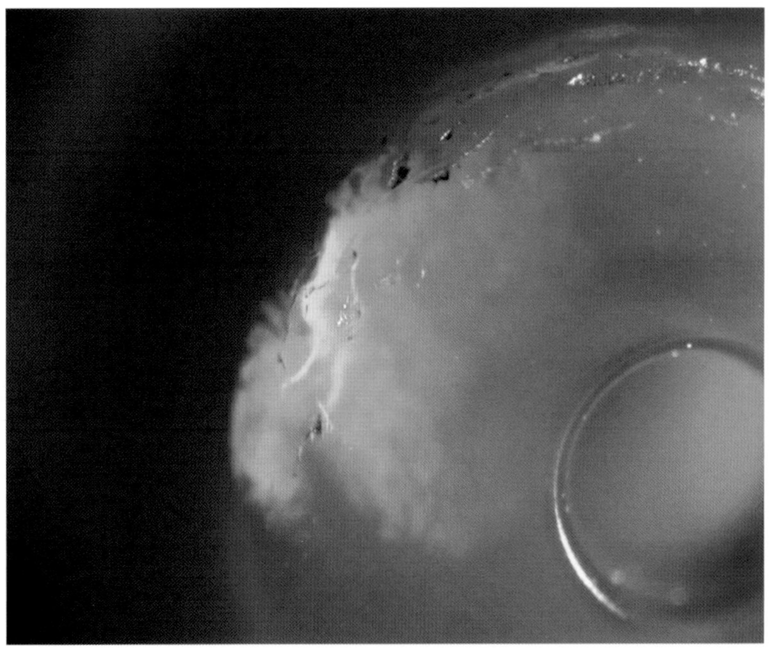

图3-6-7　圆柱状天珠端部

图片解读：这颗天珠的端部在受沁过程中产生了内风化现象。当光线从某一角度照射此处时，内风化现象由于光线的折射呈显出明亮的斑面。端面的边缘附近还有多条纤细的沁裂纹。

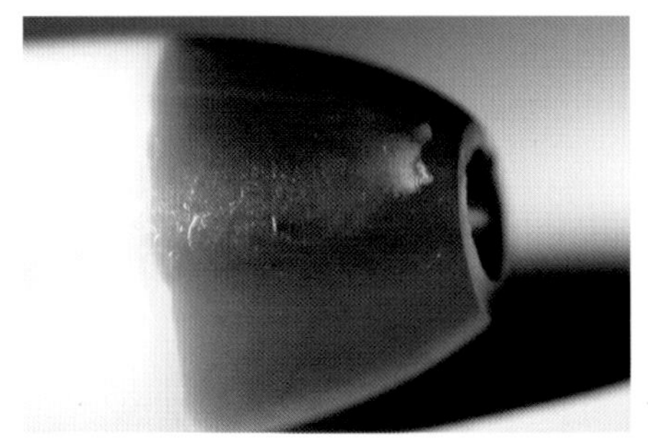

图3-6-8(a)

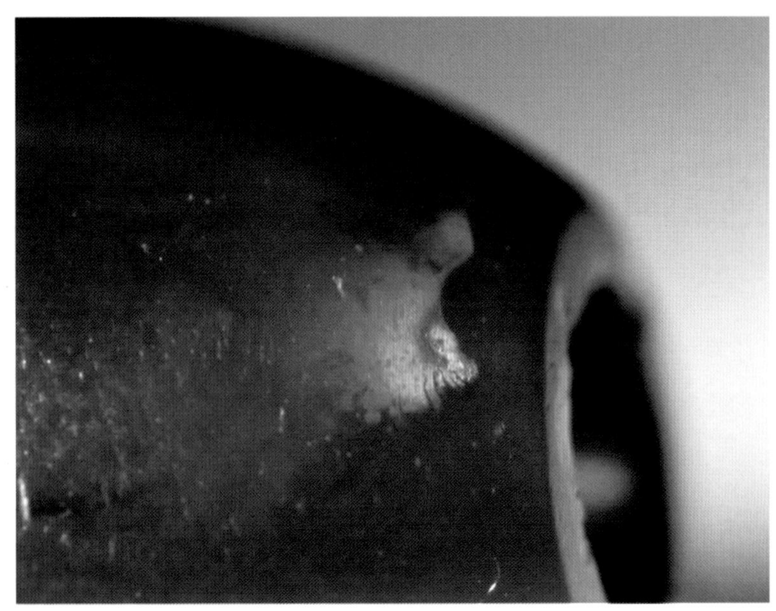

图3-6-8　圆柱状天珠局部

图片解读：这颗天珠的圆弧状珠体部位在受沁过程中产生了内风化现象，光线从某一角度的照射使内风化现象的疏松网面折射出明亮的内反射光，其中还有一处呈显出五彩光辉，但在内风化现象所在的珠体表面却观察不到任何裂纹。

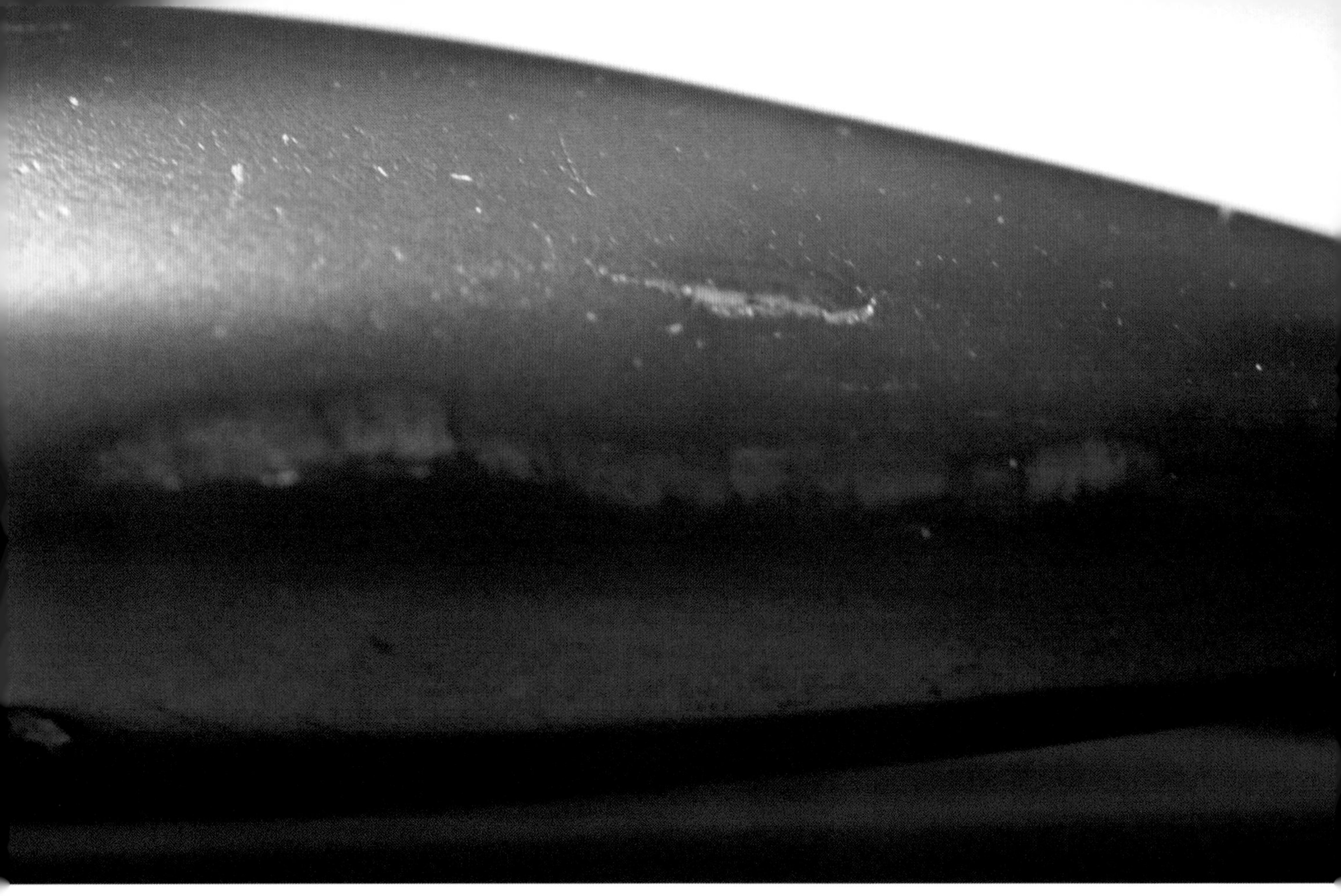

图3-6-9　牛角状玛瑙珠局部

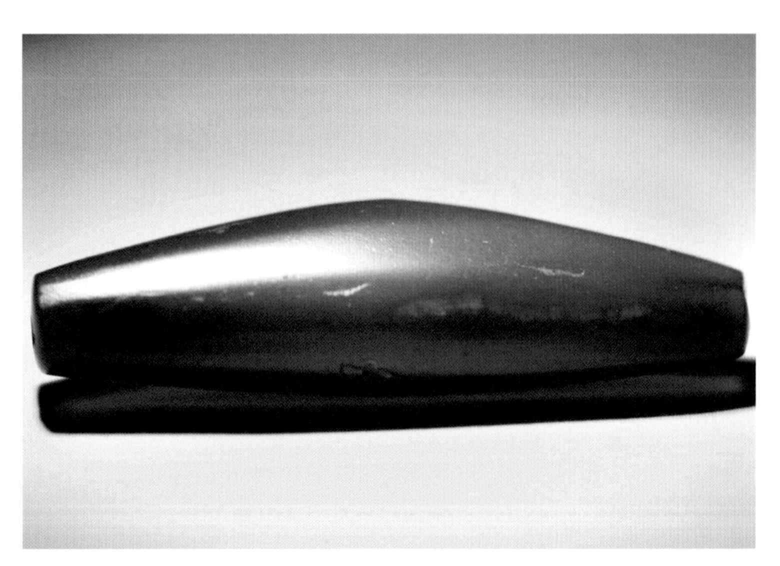

图3-6-9(a)

图片解读：这颗玛瑙珠的珠体在受沁过程中产生了内风化现象，内风化现象折射出迥异于周边组织的内反射光。图中还可见在珠体表面有一条细小的沁裂纹和一处晶体脱落现象。

图3-6-10（a）

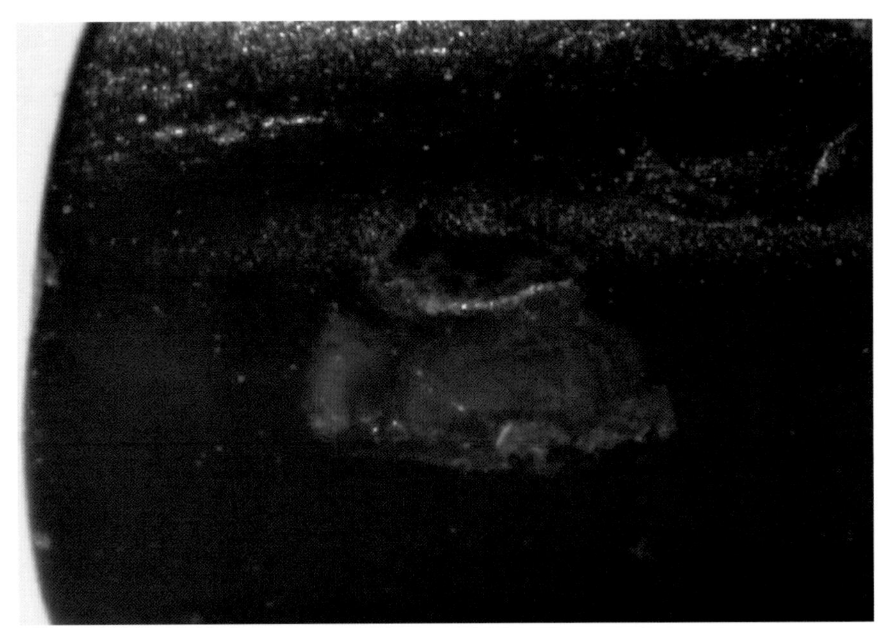

图3-6-10　玛瑙管珠局部

图片解读：这颗珠子的珠体在受沁过程中产生了内风化现象，其裂理面折射出明艳、亮丽的光辉。仔细观察，可见内风化现象的一小部分裂理面延伸至珠体表面，珠体表面有部分晶体在持续不断的风化淋滤过程中发生了脱落，但晶体脱落部位却在后续的渗透胶结过程中胶结了许多壤液胶体中的物质。

图3-6-1：西汉，南昌市海昏侯墓地出土，江西省文物考古研究院藏；图3-6-2：战国，中国国家博物馆藏；图3-6-3：西汉，长沙市咸家湖墓地出土，湖南省长沙博物馆藏；图3-6-4：东汉，长沙市刘家冲墓地出土，湖南省博物馆藏；图3-6-5：公元前7—前4世纪，塔什库尔干县吉尔赞喀勒墓地出土，中国社会科学院考古研究所新疆工作队藏；图3-6-6、7：汉代，多巴训练基地墓地出土，青海省湟中县博物馆藏；图3-6-8：春秋晚期，淅川县下寺墓地出土，河南省文物考古研究院藏；图3-6-9：公元前3—1世纪，札达县桑达沟墓地出土，西藏自治区札达县文物局藏；图3-6-10：公元前3—前2世纪，札达县曲踏墓地出土，西藏自治区札达县文物局藏。

图3-6说明：玉髓质文物上千姿百态的内风化现象。

根据受沁机理，玉髓质文物在经历风化淋滤作用的稍后期随即就会经历渗透胶结作用，渗透胶结作用使来自土壤胶体溶液中的物质元素经过晶间孔隙到达裂理面并沉淀于此。这种情况下，裂理面的网面上或多或少地含有来自壤液胶体溶液中的物质元素。内风化现象常常隐匿在玉髓质文物的内部，通常在器物表面看不到任何由其为诱因产生的裂纹，只能用透光观察的方法看到其内部组织结构沿着一定的结晶方向有逐渐疏松的态势。

（三）晶体疏松和晶体脱落现象

受沁过程中的风化淋滤作用始于器物的表层，然后逐渐向器物内部发展，因此器物的浅表组织在这一过程中最早被风化淋滤，从而产生相应的次生变化。在风化淋滤作用下，赋存于玉髓质珠饰内部组织中的吸附水和可溶性物质溶解后经扩散、渗流不断地从晶间孔隙流失，使晶间孔隙度增大，同时晶间结合力也随之下降，从而使玉髓质文物的部分表层晶体变得疏松，呈现出晶体疏松现象；严重者使器物的表层晶体较大面积地发生脱落，从而产生晶体脱落现象，我们根据晶体脱落的程度将这一受沁现象分为土蚀痕、土蚀斑和土蚀坑。位于玉髓质文物浅表层的晶体疏松现象的网面常由于光照的原因折射出明亮于周边组织的光辉，其光辉的亮度随着光线的移动而变化，当光线超出某一个范围时，明亮的斑面就会逐渐隐匿不见。玉髓质文物浅表层的晶体疏松现象通过其网面折射的光辉表征出来，我们常可在晶体疏松的部位观察到位于器表的沁裂纹现象，如图3-7-1、2、3、4、5、6、7。

图3-7-1(a)

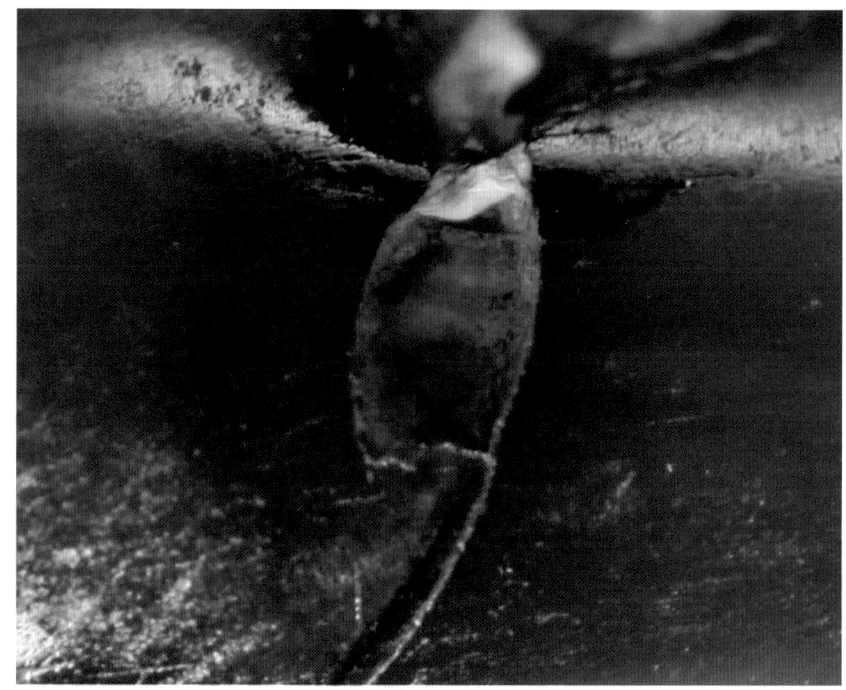
图3-7-1　玛瑙饰件局部

图片解读：图中可见在这件玛瑙饰件的正面有一处明亮的斑面，使我们观察到晶体疏松现象。其裂理面出露于器表并呈显出四条大小不一的沁裂纹，我们在最长的一条沁裂纹上观察到有色素元素渗入胶结的现象，而在明亮斑面的旁边还有一处非常明显的凹坑，它是此处组织中的晶体在受沁的过程中先疏松后剥落的结果。凹坑的部分边缘还有黑色的色沁现象。

图3-7-2(a)

图3-7-2
圆柱状缠丝玛瑙珠局部

图片解读：这颗珠子的端部在受沁过程中逐渐发生了次生变化，风化淋滤作用使珠子端部附近连结力相对较弱的晶体之间产生了逐渐疏松的趋势，并形成了裂理面，从而折射出相对明亮的光辉，也使我们观察到晶体疏松现象。疏松的网面延伸至珠体表面并形成了沁裂纹现象。还可见有一处浅而大的土蚀坑现象位于珠体上晶体疏松处的表面，凹坑中胶结有壤液成分。

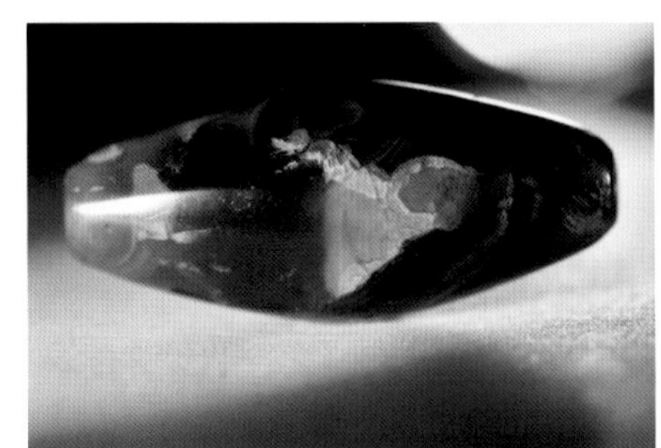

图3-7-3(a)

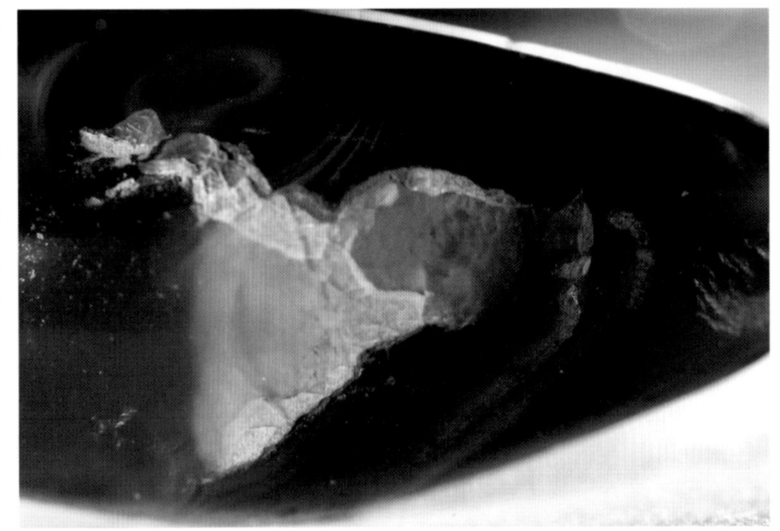

图3-7-3　多棱缠丝玛瑙珠局部

图片解读：这颗珠子的珠体上有较大一处晶体疏松现象，从而在珠体的浅表层形成了大片裂理面，多处与其相伴的沁裂纹上大多附着、胶结有壤液成分。

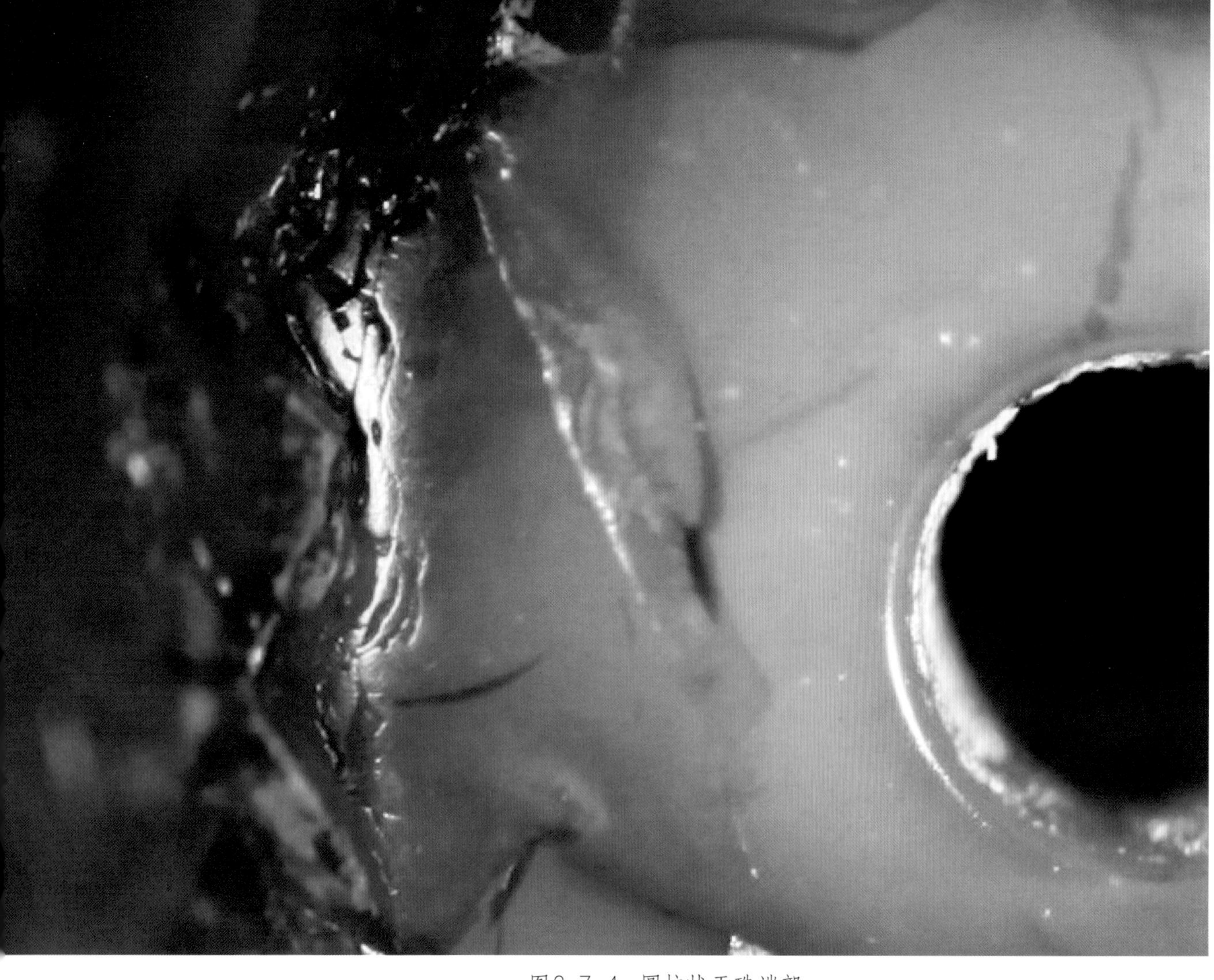

图3-7-4　圆柱状天珠端部

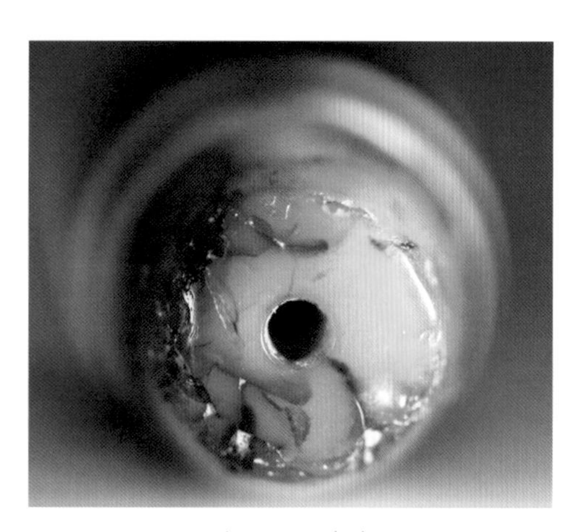

图3-7-4(a)

图片解读：这颗天珠的端部边缘在受沁过程中受风化淋滤作用的影响产生了非常明显的晶体疏松现象，在晶体疏松处的表面还伴有大小不一的沁裂纹现象和或轻或重的晶体脱落现象。一些壤液中的红、黄色致色元素从晶体疏松处往组织深处渗透，也可见一些致色元素胶结于沁裂纹上。

图3-7-5(a)

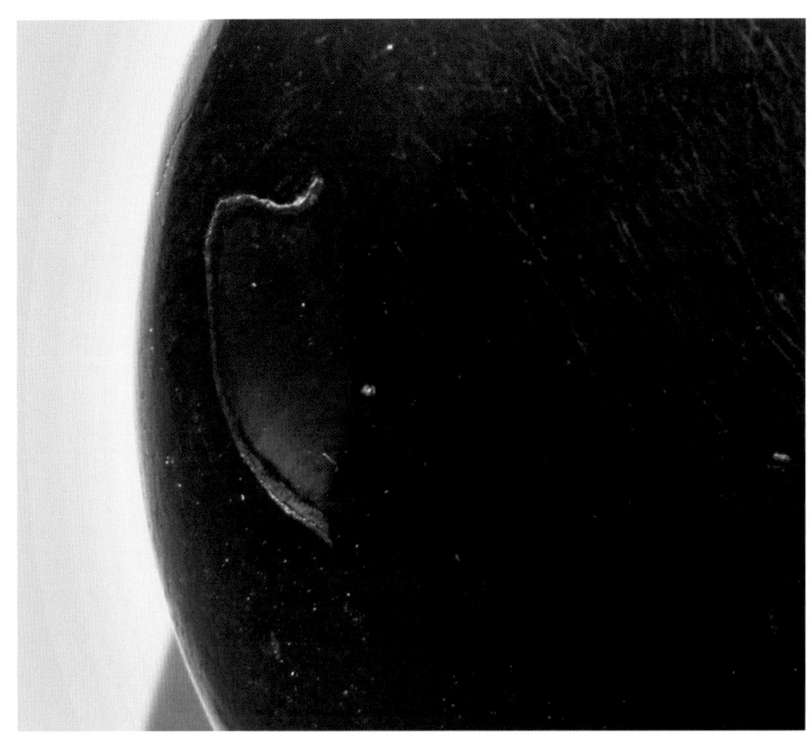

图3-7-5
圆板状缠丝玛瑙珠背面局部

图片解读：这颗珠子的背面有一处相对明亮的斑面，它是晶体疏松现象的表征，也是风化淋滤作用的产物。组织中裂理面的一端隐匿于珠体表层，另两面则延伸出珠体表面，从而形成了细小的沁裂纹。

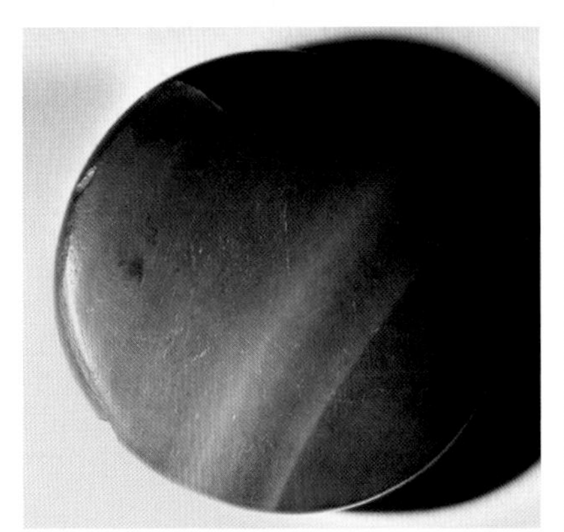

图3-7-6(a)

图3-7-6
圆板状天珠背面局部

图片解读：在这颗天珠背面接近珠体的边缘处产生了晶体疏松现象，其裂理面有部分隐匿于珠体组织深处，另一部分则延伸至珠体表面，形成了沁裂纹现象。

图3-7-7　枣核状缠丝玛瑙珠局部

图3-7-7(a)

图片解读：图中可见，这颗缠丝玛瑙珠在受沁的过程中产生了明显的晶体疏松和晶体脱落现象。当光线从某一特定角度照射时，珠体的晶体疏松处由于光的折射作用呈显出彩虹般的七彩光，其旁边的珠体表层组织显然已经发生了晶体脱落现象，是珠体先产生了晶体疏松的次生变化后又继续恶化的结果。仔细观察，可见晶体疏松处与晶体脱落处的过渡地带非常自然，是珠体历经漫长的风化淋滤作用和渗透胶结作用后形成的自然形态，而晶体脱落处的表面还胶结有壤液成分。

图3-7-1、2：西汉，南昌市海昏侯墓地出土，江西省文物考古研究院藏；图3-7-3：唐代，长沙市赤岗冲墓地出土，湖南省博物馆藏；图3-7-4：公元前6—前3世纪，库车县提克买克墓地出土，新疆自治区文物考古研究所藏；图3-7-5、6：公元前1—公元2世纪，札达县曲踏墓地出土，西藏自治区札达县文物局藏；图3-7-7：东汉，永州市零陵和尚岭跃进砖瓦厂出土，湖南省博物馆藏。

图3-7说明：玉髓质文物上形态各异的晶体疏松现象，它们常与沁裂纹现象共存。

受玉髓质文物的矿料质量、器物表层晶体的微量元素、晶体取向以及埋藏的微观环境等诸多因素的影响，晶体疏松现象多姿多样，它们常与晶体脱落现象相伴而生，前者是后者的初始阶段，而后者则是前者进一步恶化的结果，二者常常与沁裂纹现象共存，如图3-8-1、2、3、4、5、6、7、8、9、10。

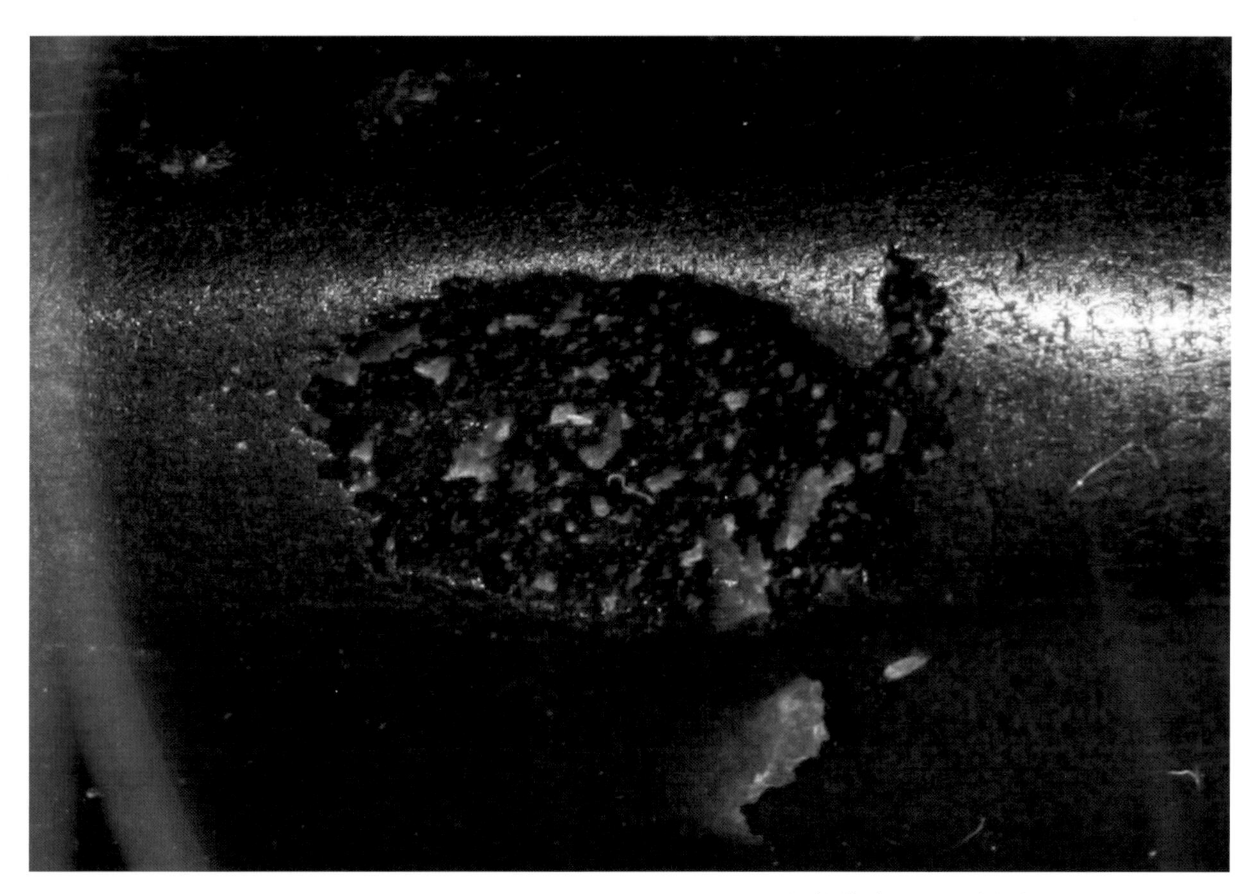

图3-8-1　圆柱状缠丝玛瑙珠局部

图3-8-1(a)

图片解读：漫长的受沁过程使珠子此处的表层晶体分别发生了相对明显的晶体疏松现象和晶体脱落现象。仔细观察，可见在较为严重的晶体脱落处形成的土蚀坑的表层又渐次形成了新的晶体疏松现象，土蚀坑十分自然地赋存于珠体组织的表层。另有一处晶体疏松现象在土蚀坑的附近，晶体疏松的部分网面在珠体表层形成了一条小沁裂纹，而在沁裂纹上也有些许晶体发生了脱落。

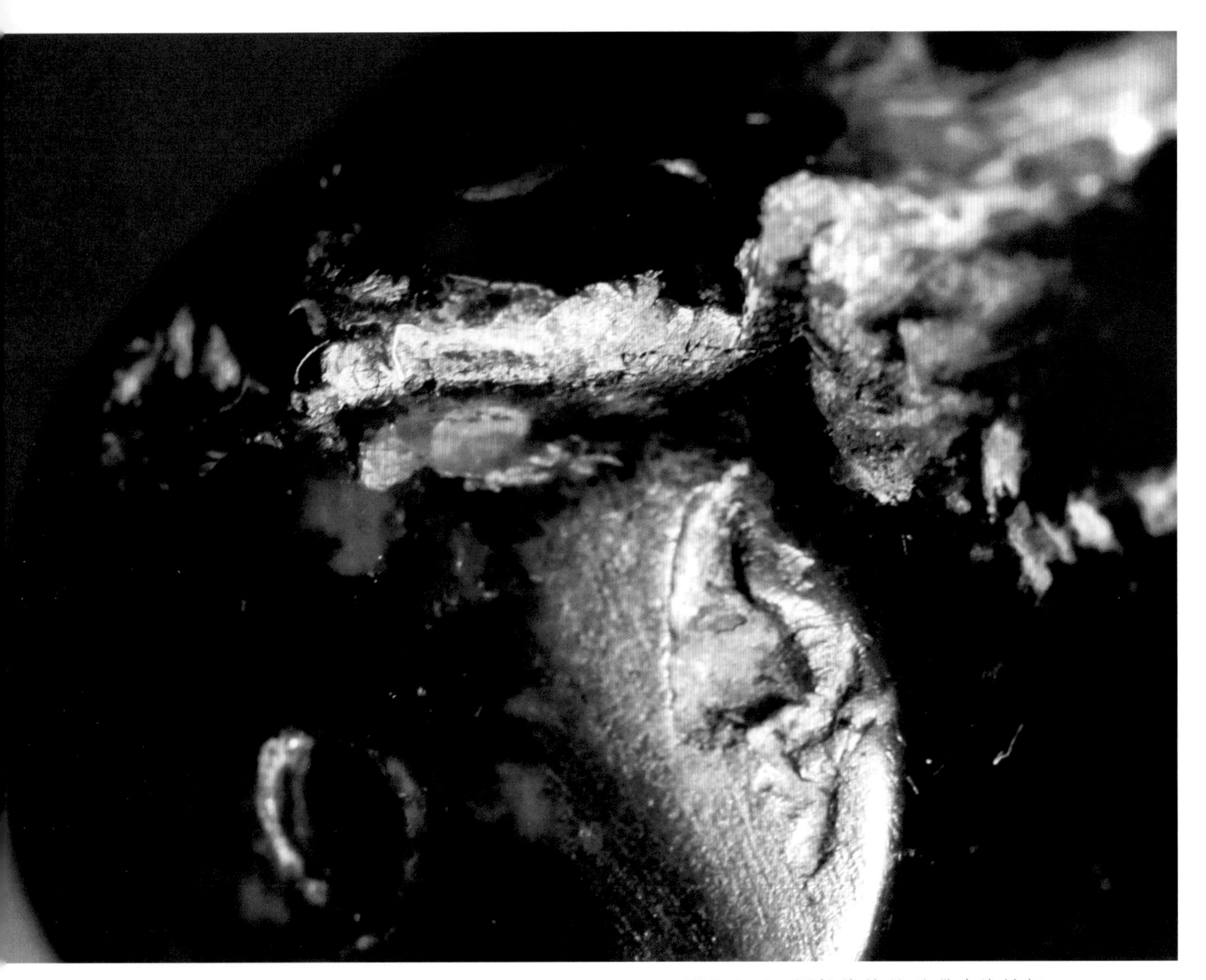

图3-8-2　圆柱状缠丝玛瑙珠的局部

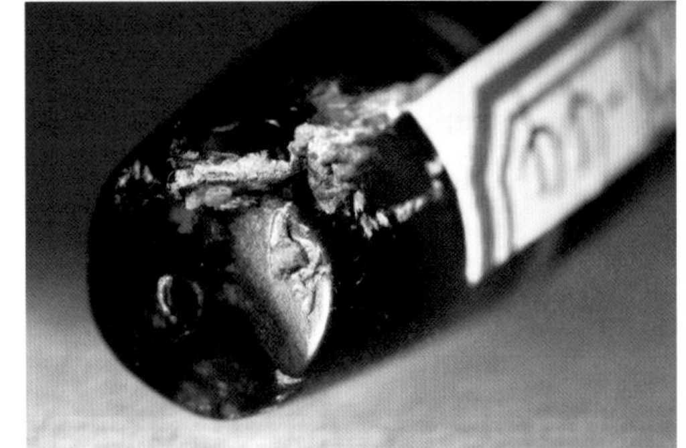

图3-8-2(a)

图片解读：这颗珠子在临近端部处产生了较为严重的受沁，这一部位有多处由晶体大面积脱落后产生的不同形态的土蚀坑，土蚀坑的表面胶结附着有壤液成分，在土蚀坑的边缘还有多处晶体疏松现象和色沁现象。端部平面上还有些许白色沁现象，这是壤液中的少许碳酸钙渗透胶结于此处组织表层的结果。

图3-8-3　玛瑙圆珠局部

图3-8-3(a)

图片解读：这颗玛瑙珠在长达两千多年的受沁过程中发生了次生变化，其中珠子的表层组织也在受沁时产生了晶体疏松现象和晶体脱落现象。图中可见，珠体的多处浅表组织中呈现出圆形或弧形的亮白斑面，它们是晶体疏松现象的表征之一，而在其中一些圆形斑面的中心部位已经发生了晶体脱落。其周边的表层组织也布满了晶体疏松现象和晶体脱落现象，它们细小而形态多样，随机分布于珠体的浅表层。局部组织的晶体疏松后产生的亮白斑面之所以呈显为圆形或弧形，和珠体表层这一部位的化学组成、石英晶体取向、拓扑结构特征等有关。风化淋滤作用常对那些晶体间连结力弱的部位产生相对显著的影响，故而相应部位表层组织中的晶间结合力也在持续不断的风化淋滤过程中逐渐变得越来越小，组织结构也越来越松弛，松弛的表层组织由于光线折射的作用增强而呈现出亮白的圆环状斑面，其中心部位的微晶体由于风化淋滤作用的不断进行而恶化脱落，晶体脱落后留下的形态依然受珠体表层组织中微观结构的影响而呈显为同心圆状。

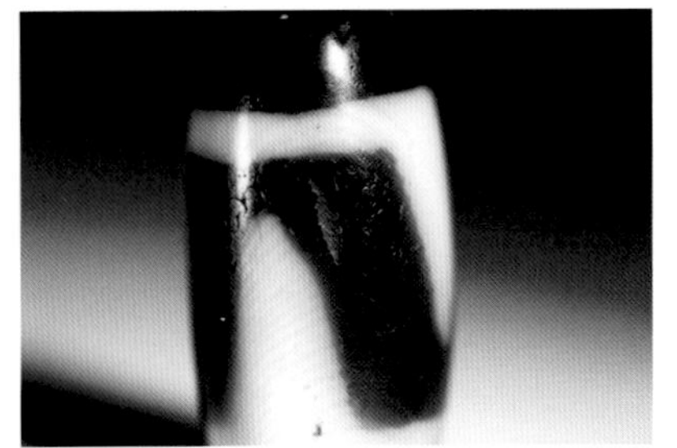
图3-8-4(a)

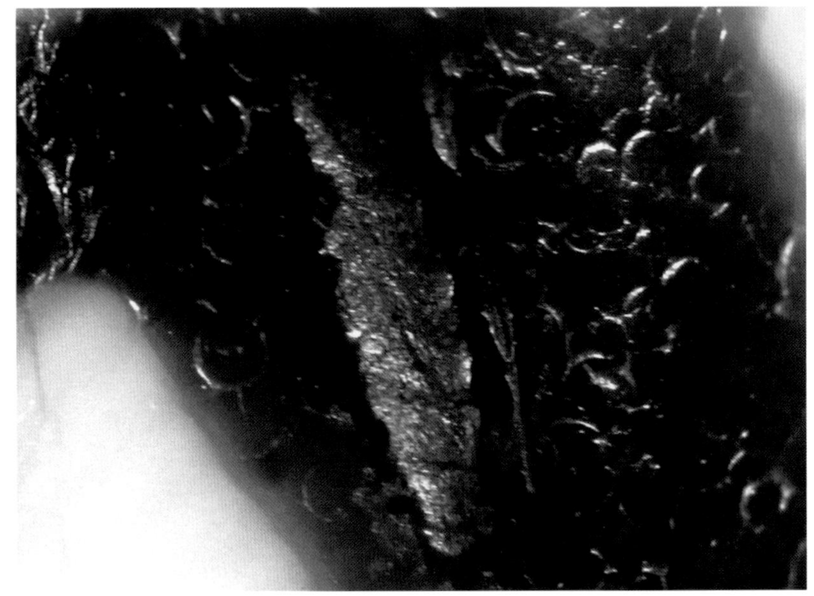
图3-8-4
圆柱状天珠局部

图片解读：受珠体表层组织的化学组成、石英晶体取向、拓扑结构特征等因素的影响，这颗天珠的表层在风化淋滤过程中产生了许多半圆形或半弧形的晶体脱落现象，这是表面的微晶体沿着连结力弱的晶体间陆续疏松并脱落的结果。我们还可在图中看到一处面积较大的晶体脱落现象，其凹坑的表面被包浆覆盖。在它的附近还有一处小沁裂纹，在沁裂纹向组织深处发展的疏松网面上还呈现出黑色的色沁现象。

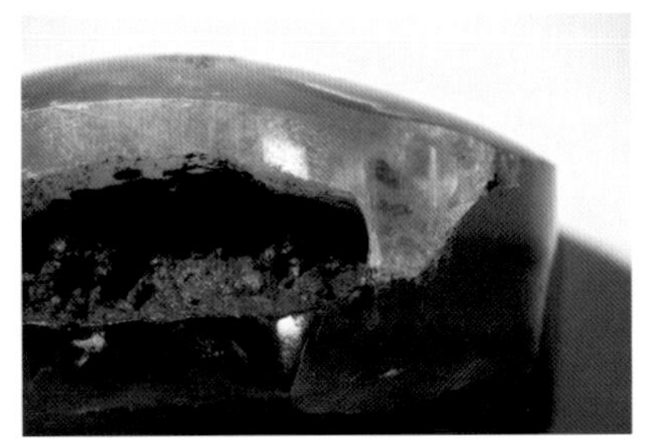
图3-8-5(a)

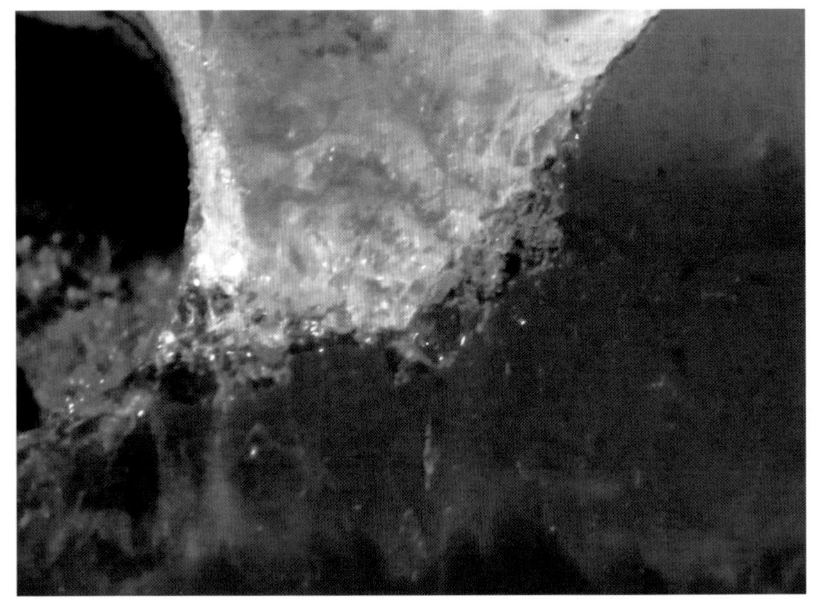
图3-8-5
三色玛瑙剑璏侧面

图片解读：这件玛瑙剑璏上，临近穿孔处在受沁过程中产生了明显的晶体疏松现象、晶体脱落现象和沁裂纹现象，三者有机地形成一体，并互为因果。另外，在沁裂纹较大处附着、胶结有壤液中的胶体溶液成分。

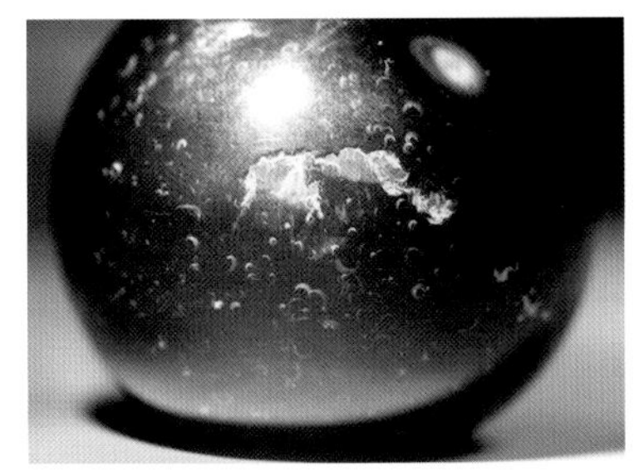

图3-8-6(a)

图3-8-6
玛瑙圆珠局部

图片解读：这颗玛瑙珠的表层组织在漫长的风化淋滤过程中产生了晶体疏松现象和晶体脱落现象。珠体浅表组织在微晶体变得疏松后呈现出大小不一的圆形或月牙形的亮白斑面，其形态与表层组织内部的化学组成、石英晶体取向、拓扑结构特征等因素有关。晶体疏松严重处呈显出较大面积的亮白斑面，其边缘还有晶体脱落的恶化态势。

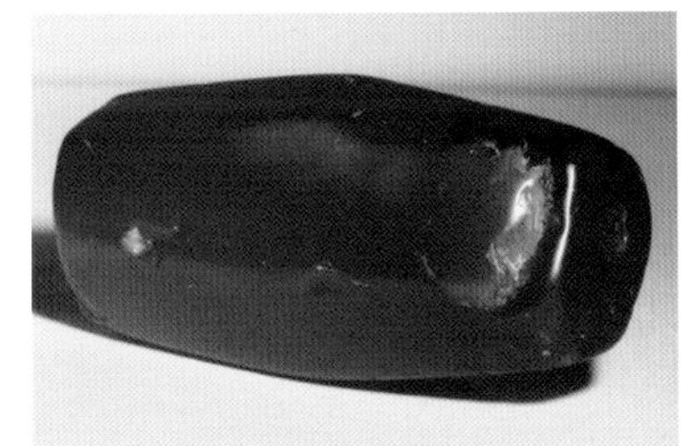

图3-8-7(a)

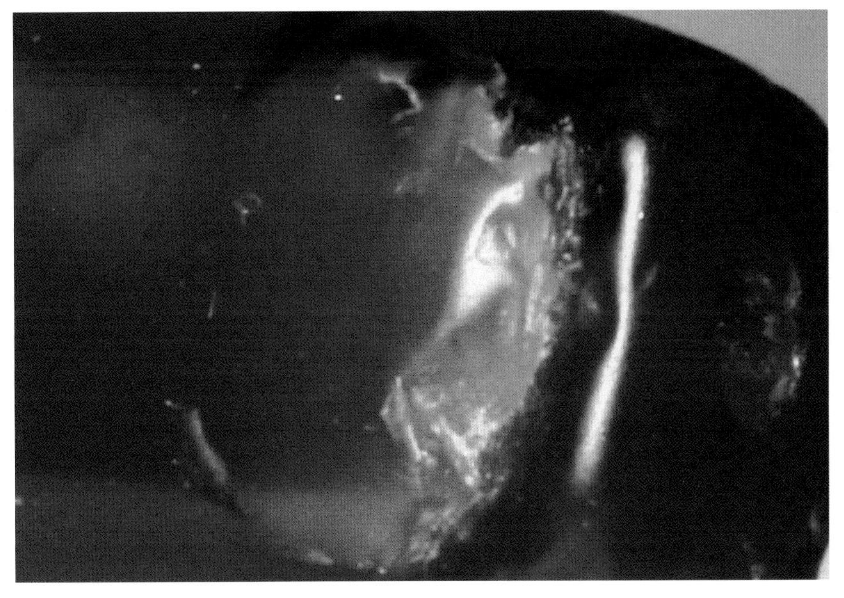

图3-8-7
多棱枣核状玛瑙珠局部

图片解读：这颗玛瑙珠临近端部处在两千多年的受沁过程中产生了复杂多样的次生变化。图中可见这一部位的珠体组织发生了晶体疏松和晶体脱落，晶体脱落后形成的凹陷处有包浆覆盖，而晶体间的疏松网面延伸至珠体表面形成了明显的沁裂纹，部分沁裂纹中还渗透、胶结有壤液中的色素元素，从而形成了色沁现象。

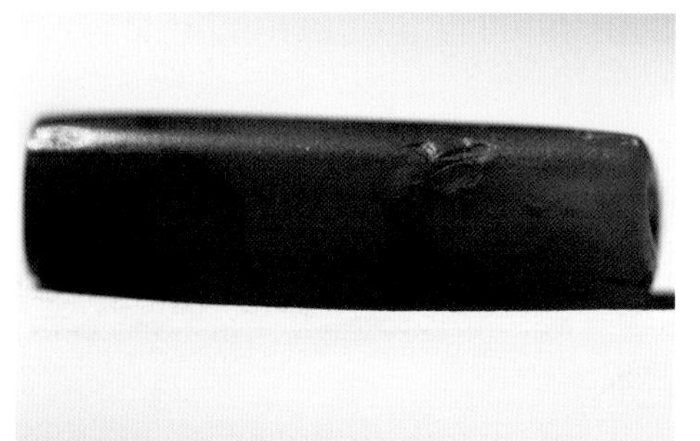

图3-8-8(a)

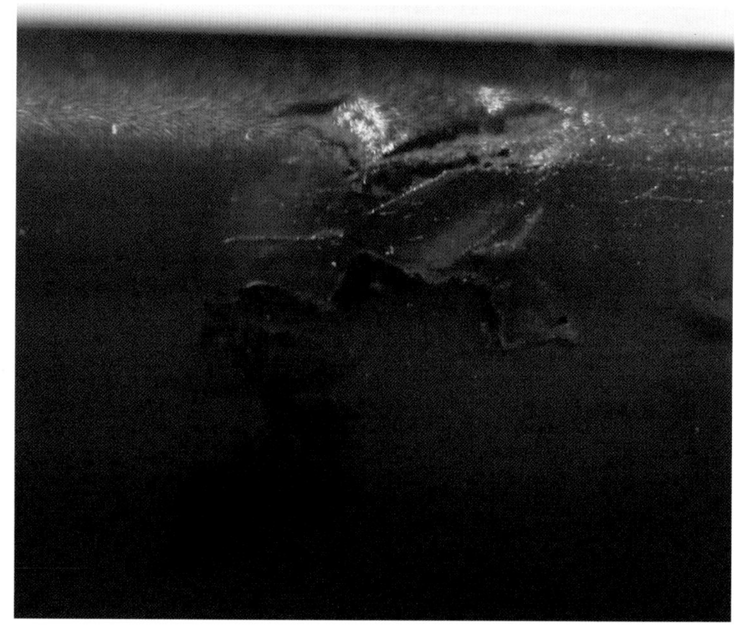

图3-8-8
玛瑙管珠局部

图片解读：这颗玛瑙珠的表层在风化淋滤过程中产生了晶体疏松、晶体脱落现象，珠体表层组织中的疏松网面折射出相对明亮的光辉。晶体疏松处的部分周遭组织由于恶化而发生了晶体脱落，形成了一些土蚀坑，有壤液成分附着、胶结于这些土蚀坑的表面。图中还可观察到一处不规则的黑色沁现象。

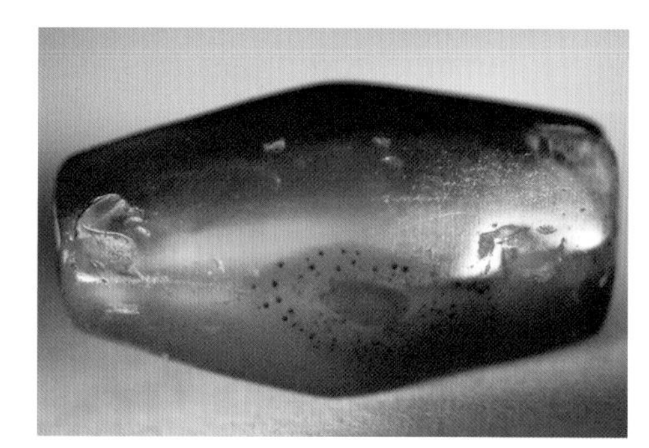

图3-8-9(a)

图3-8-9
枣核状玛瑙珠局部

图片解读：这颗珠子的表层组织受沁后产生了晶体脱落现象，受珠体表层组织的化学组成和微观结构的影响，这些由晶体脱落形成的土蚀坑形态各异，随机分布于珠体的多处，一些土蚀坑中还胶结有土黄色的壤液成分。

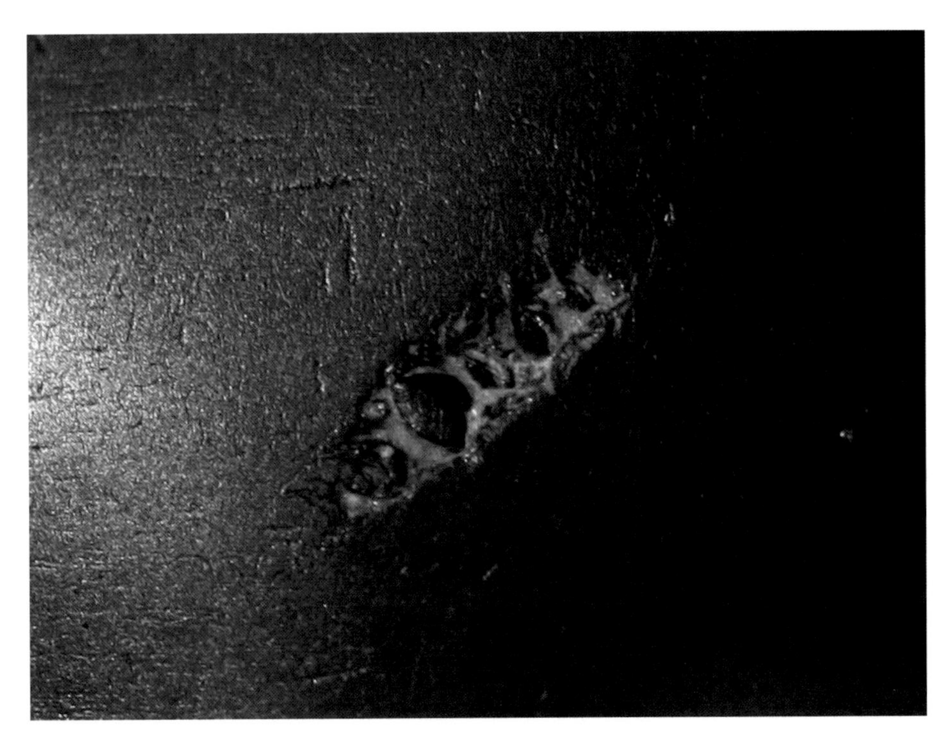

图3-8-10　圆板状缠丝玛瑙珠背面局部

图3-8-10(a)

图片解读：这颗珠子的背面有一处集中的晶体脱落现象。珠体表层组织中一些连结力弱的微晶体在长久的风化淋滤过程中逐渐剥落，于是使表层组织中那些连结力相对较强的组织形成了一个个“小岛”，而相对后期的渗透胶结作用则使壤液成分胶结、充填于“小岛”之间的凹陷处，从而形成了图中所见的现象。

图3-8-1、2、3、5、6：西汉，南昌市海昏侯墓地出土，江西省文物考古研究院藏；图3-8-4：西汉，长沙市咸家湖墓地出土，湖南省长沙博物馆藏；图3-8-7：公元前7—前4世纪，塔什库尔干县吉尔赞喀勒墓地出土，中国社会科学院考古研究所新疆工作队藏；图3-8-8：公元前3—前2世纪，札达县曲踏墓地出土，西藏自治区札达县文物局藏；图3-8-9：东汉，长沙市丝茅冲墓地出土，湖南省博物馆藏；图3-8-10：秦汉时期，札达县皮央墓地出土，西藏自治区札达县文物局藏。

图3-8说明：形态各异的晶体疏松现象与晶体脱落现象，二者有时单独存在，有时相伴而生，常与它们相伴而生的还有沁裂纹现象。

（四）沁裂纹现象

前文已述，古玉受沁的风化淋滤作用使其内部组织中的可溶性物质和吸附水逐渐溶解、渗流并析出，由此造成晶体间的孔隙度逐渐增大，导致晶体之间渐渐失去了连结力。当这一结果作用于器表并与来自古玉内、外部的各种应力叠加时，就会使这一部位晶体间的结合力沿着相对较弱的方向或应力相对集中的方向加速断裂，从而形成沁裂纹现象。沁裂纹现象形态多样，如图3-9-1、2、3。

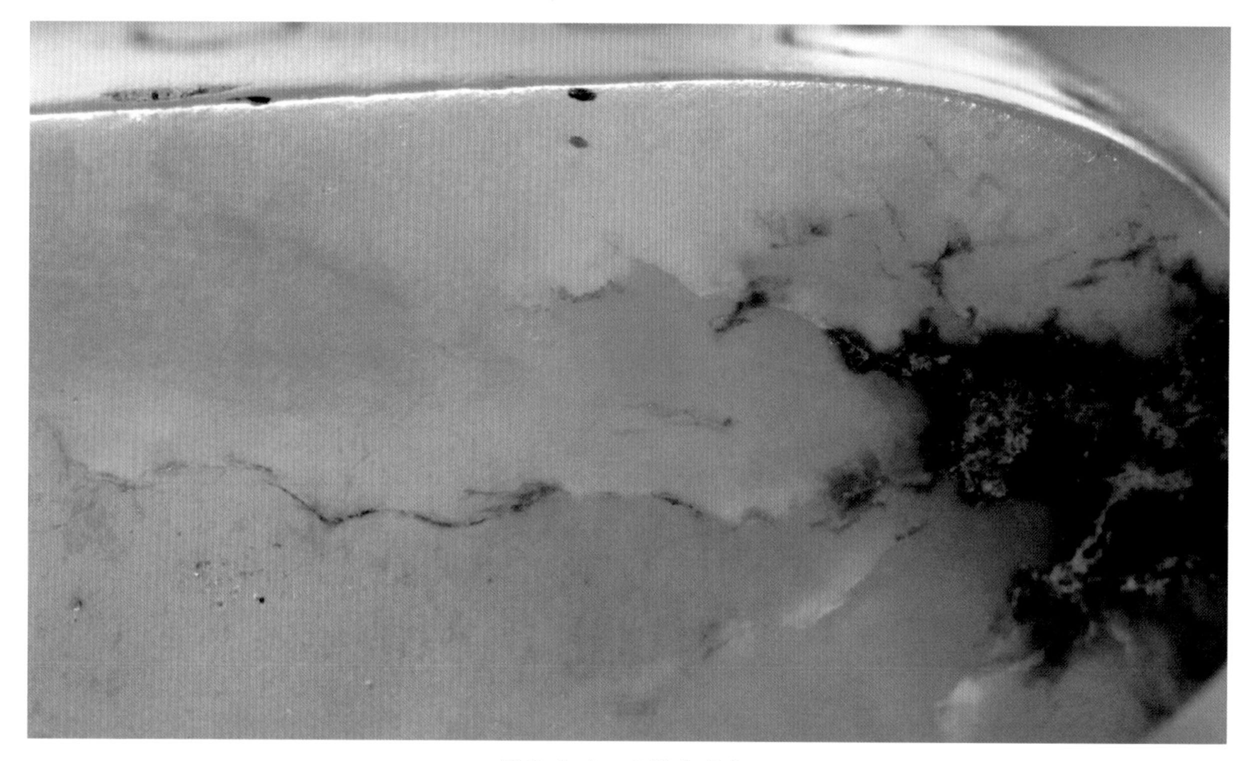

图3-9-1　玉带钩局部

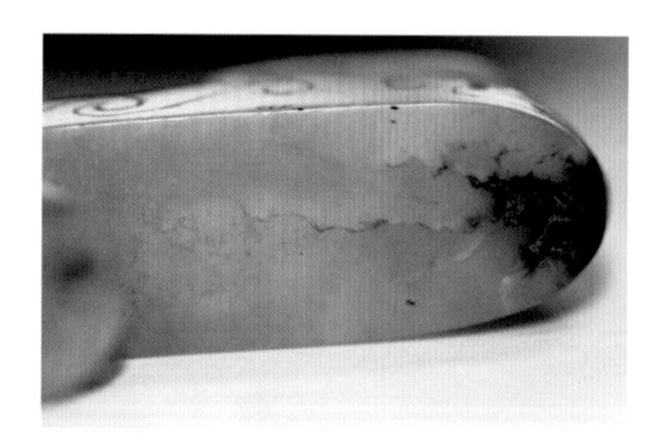

图3-9-1(a)

图片解读：这件玉器的局部在漫长的埋藏过程中产生了多种受沁现象。图中可见多条沁裂纹蜿蜒于器物的表层组织中，一些沁裂纹的周边发生了晶体疏松现象，一些沁裂纹中渗透胶结有壤液中的色素元素并形成了色沁现象。数条显见的沁裂纹发轫于旁边一处受沁明显的部位，这里不但有晶体疏松现象，还有晶体脱落现象、黑色沁现象，其表面还胶结有壤液成分。

图3-9-2(a)

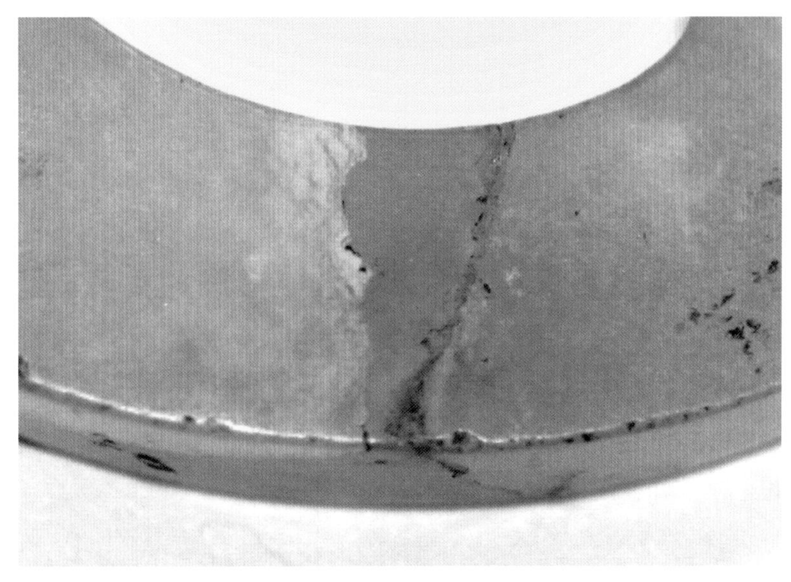

图3-9-2　玉觿局部

图片解读：这件玉觿的局部在漫长的受沁过程中产生了多种受沁现象。图中可见一条明显的沁裂纹从玉觿的平面部位一直蜿蜒至边缘部位。仔细观察，可见这条沁裂纹中呈显出晶体渐次疏松、脱落后的自然形态，而整条沁裂纹中还胶结、充填有壤液成分。这条沁裂纹的旁边还有大片明显的晶体疏松现象。

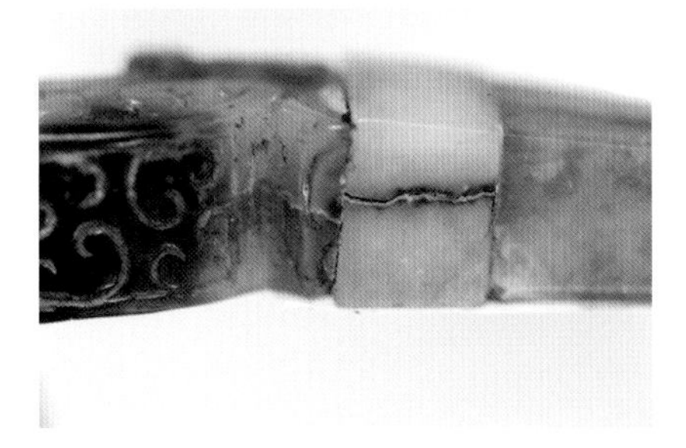

图3-9-3(a)

图3-9-3　玉带钩局部

图片解读：图中可见这一部位受沁严重，它们是玉器在两千多年的受沁过程中产生的次生变化。一条沁裂纹非常明显，其裂隙中胶结附着壤液成分，而其边缘处还有黑色沁现象。

图3-9-1、2、3：西汉，南昌市海昏侯墓地出土，江西省文物考古研究院藏。

图3-9说明：出土玉器上丰富多样的沁裂纹现象。

我们通常在一些玉髓质文物上观察到器物表层组织中的裂理面有一部分延伸至器物的表面，并在器物表面形成或大或小的沁裂纹。这些沁裂纹形态各异，一些沁裂纹中充填胶结有壤液成分。沁裂纹常与器物表层的晶体疏松现象共存，如图3-10-1、2、3、4、5。

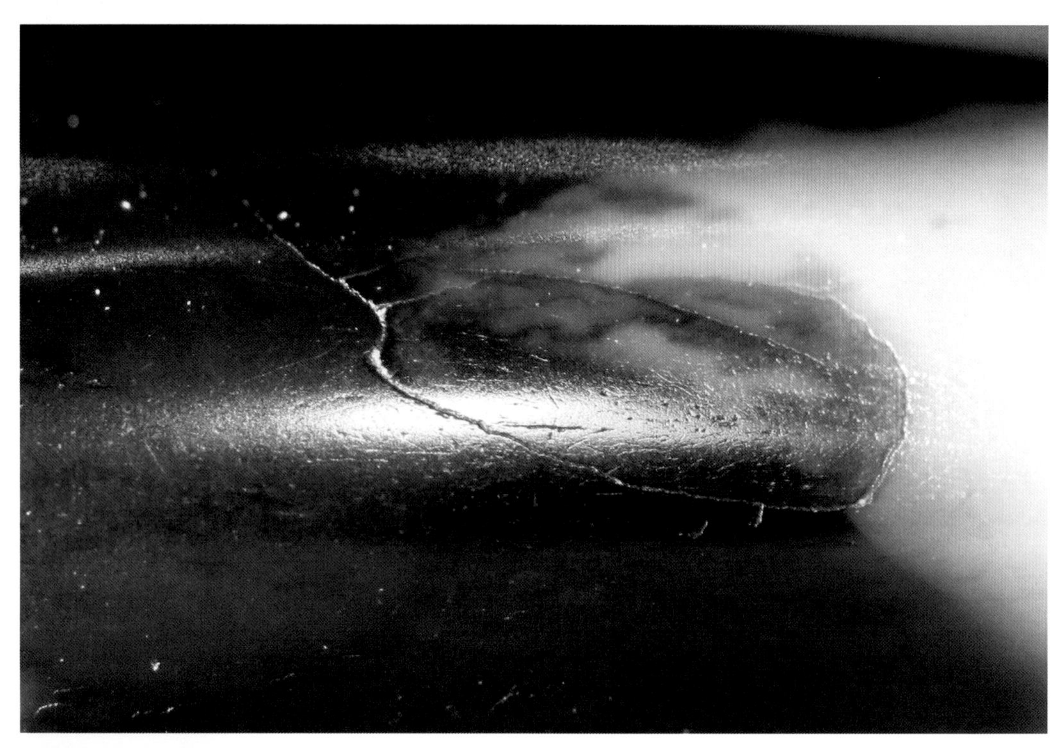

图3-10-1　圆柱状天珠局部

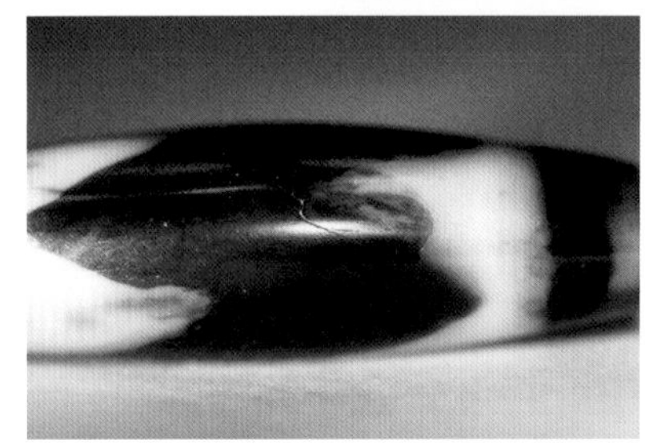

图3-10-1(a)

图片解读：这颗天珠在漫长的受沁过程中发生了一系列次生变化，其中风化淋滤作用使珠体表层晶体间的孔隙增多、连结力降低，从而使这一部位的晶体沿着连结力相对弱的网面发生了晶体疏松，疏松部位的网面大部分延伸至珠体表面，形成了沁裂纹现象。图中可见，这些沁裂纹粗细有别、蜿蜒勾转地环绕于珠体表层组织中的疏松部位，较粗的沁裂纹中附着有壤液成分。图中还可观察到色沁现象，关于白色花纹处的色沁现象，其成因有二：1.蚀染后赋存于珠体表层晶体孔隙中的“黑”色素离子在风化淋滤过程中发生了渗流，从而改变了其赋存位置，从原来的黑色图案处逐渐渗流、迁移至白色花纹处的表层晶体间，导致原本为白色花纹的部位呈显出“黑”色；2.壤液中的色素元素在受沁过程中渗透胶结在白色纹饰所在的晶体孔隙间，致使白色纹饰上的相应位置呈显出“黑”色的色沁现象。

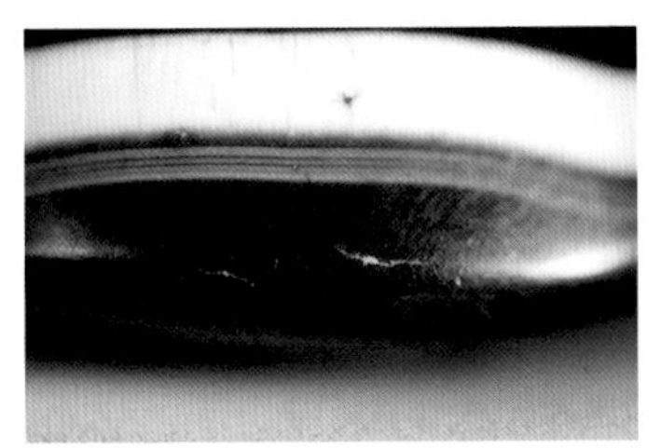

图 3-10-2(a)

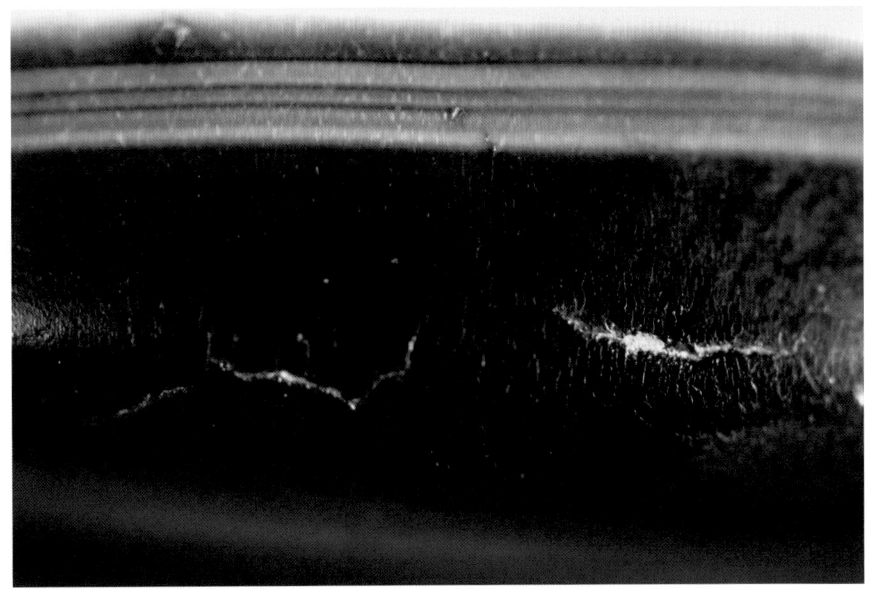

图 3-10-2
圆板状缠丝玛瑙珠局部

图片解读：这颗珠子的边缘部位在受沁过程中发生了次生变化。图中可见这一部位的表层组织有三处产生了沁裂纹现象，多数沁裂纹中胶结有壤液成分，其中两处沁裂纹附近还伴生有较为明显的晶体疏松现象。

图 3-10-3(a)

图 3-10-3
圆板状缠丝玛瑙珠局部

图片解读：在这颗珠子背面，有一处较为明显的晶体疏松现象，当光线从某一方向照射时，晶体疏松的表层组织就折射出迥异于旁边组织的明亮光辉。疏松组织的裂理面则从珠体的浅表层一直延伸至珠体表面并形成了一条弓形沁裂纹。

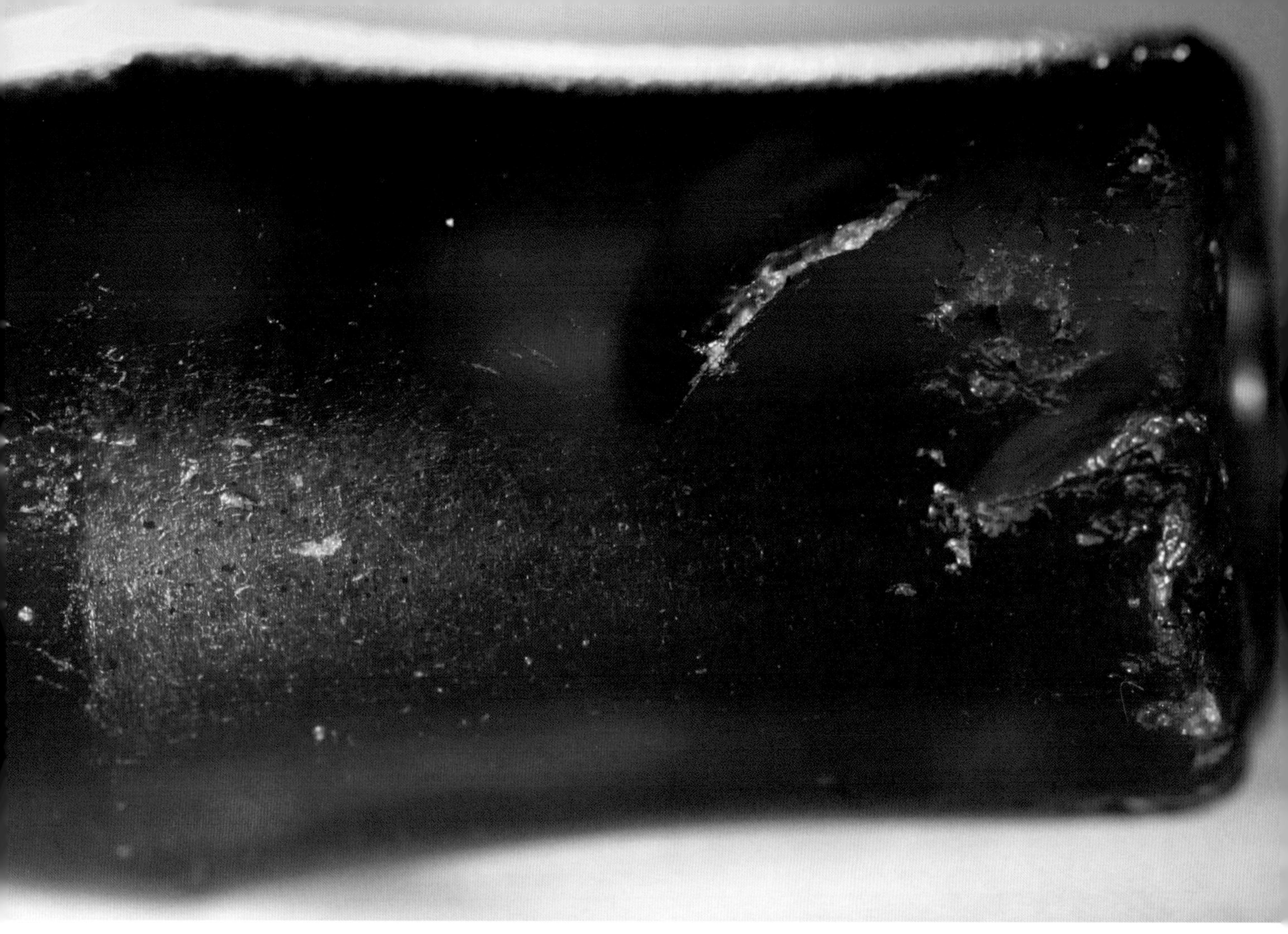

图3-10-4　竹节状玛瑙珠局部

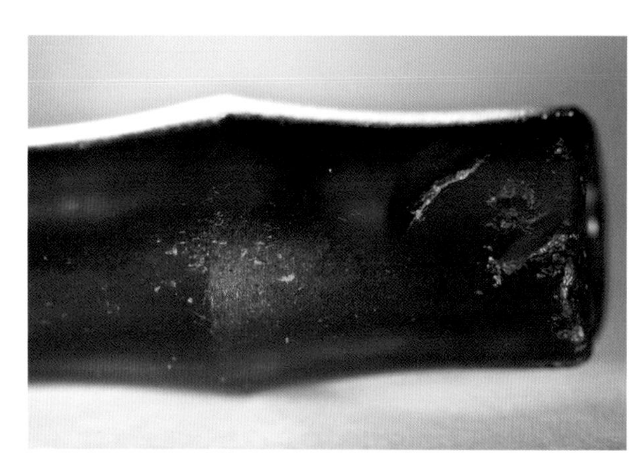

图3-10-4(a)

图片解读：这颗珠子在临近端部处发生了较为严重的受沁现象，风化淋滤作用使珠体受沁部位的晶间连结力大幅降低，由此产生了多处晶体疏松现象和晶体脱落现象。图中可观察到两处沁裂纹现象：一条较大的沁裂纹从晶体疏松处延伸至珠体表面，沁裂纹上的晶体有明显的疏松、脱落态势；另一处相对较小的沁裂纹在珠体组织中沿着连结力弱的晶体间形成了疏松的网面，它们是风化淋滤作用与应力作用叠加的产物。还可见晶体脱落后形成的土蚀斑、土蚀坑大小不一、形态各异，其上有包浆覆盖或壤液胶结。

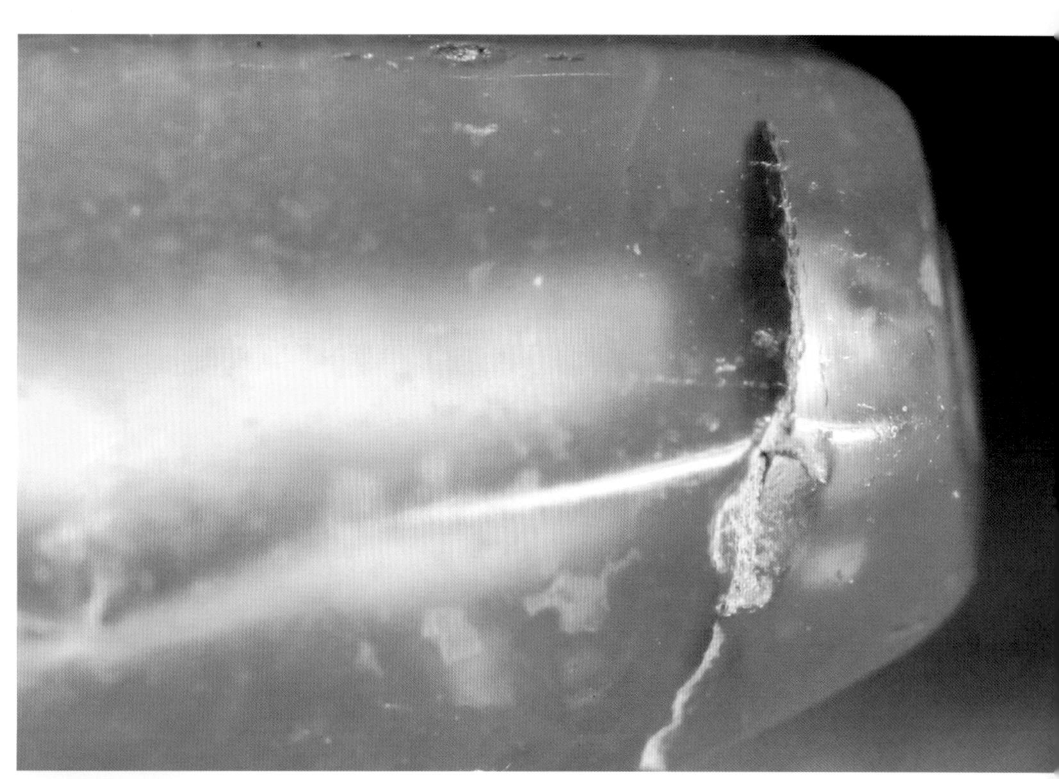

图3-10-5　多棱黄玛瑙珠局部

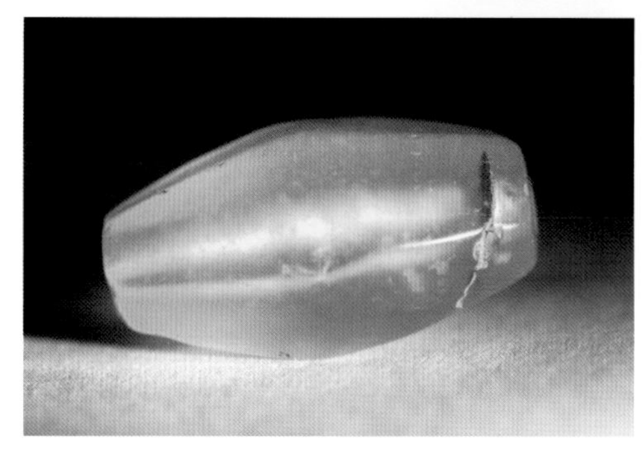

图3-10-5(a)

图片解读：珠体表面具有莹亮的光泽，在赋存有红色沁现象的珠体表面伴生有一条明显的沁裂纹现象：这条沁裂纹的一端悄然隐匿于珠体之内，其中间部分恶化成一个较为严重的土蚀坑，土蚀坑的另一端是这条沁裂纹的延伸部分。沁裂纹中和土蚀坑的凹陷处都胶结有土黄色的壤液成分。上述受沁现象的综合表征是珠体在漫长受沁过程中经历风化淋滤作用和渗透胶结作用后的结果。

图3-10-1、3：公元前1—2世纪，札达县曲踏墓地出土，西藏自治区札达县文物局藏；图3-10-2：秦汉时期，札达县皮央墓地出土，西藏自治区札达县文物局藏；图3-10-4：西周早期，平顶山市应国墓地出土，河南省文物考古研究院藏；图3-10-5：东汉，长沙市丝茅冲墓地出土，湖南省博物馆藏。

图3-10说明：玉髓质文物上的沁裂纹现象与晶体疏松、晶体脱落现象共存。

另外，我们还可在一些玉髓质文物上观察到其他形态的沁裂纹现象，如图3-11-1、2、3、4、5、6、7、8、9、10、11。

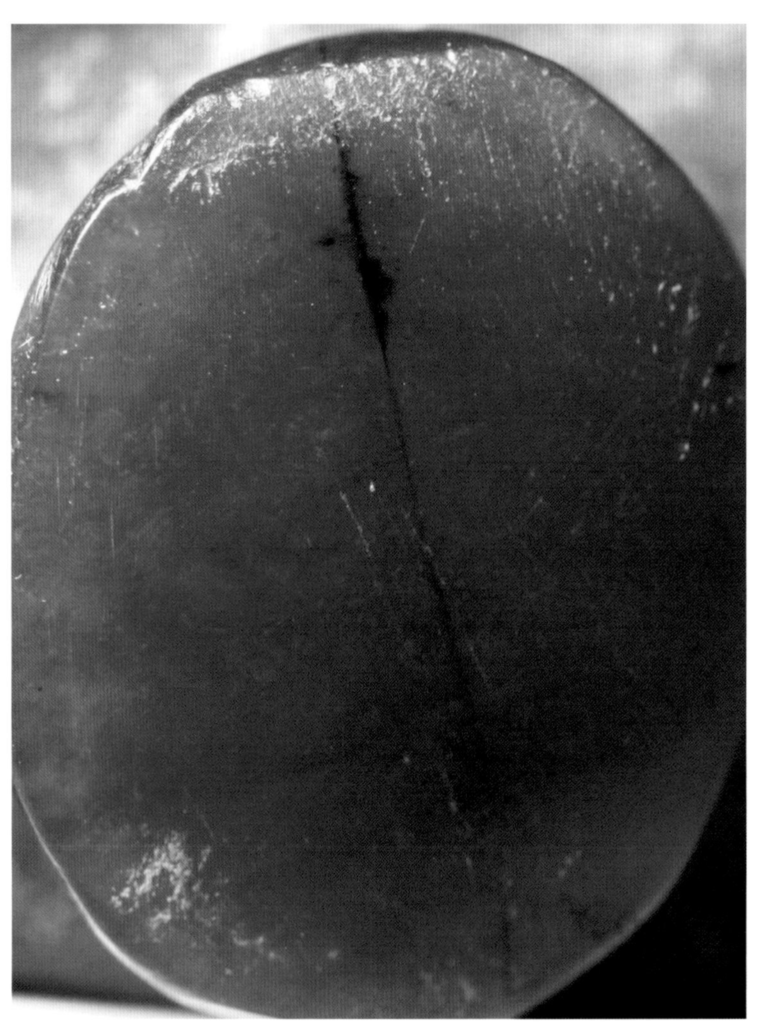

图3-11-1　红玛瑙带钩局部

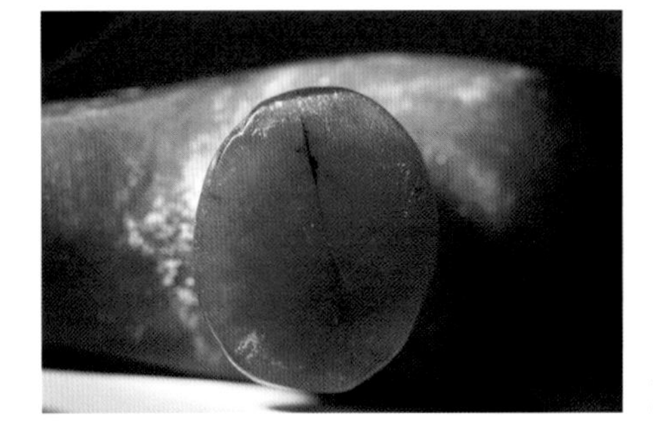

图3-11-1(a)

图片解读：这件红玛瑙带钩钩纽的平面部位在长达两千多年的受沁过程中产生了沁裂纹现象和色沁现象。上述现象表明，这一部位组织中的晶体结构在风化淋滤过程中产生了一定程度的疏松，其裂理面沿着连结力相对弱的晶间网面延伸至器物表面，从而形成了这条细而长的沁裂纹现象。图中还可看到，有壤液中的色素元素在渗透胶结过程中渗入并赋存于沁裂纹相对较大的器表部位。

图3-11-2(a)

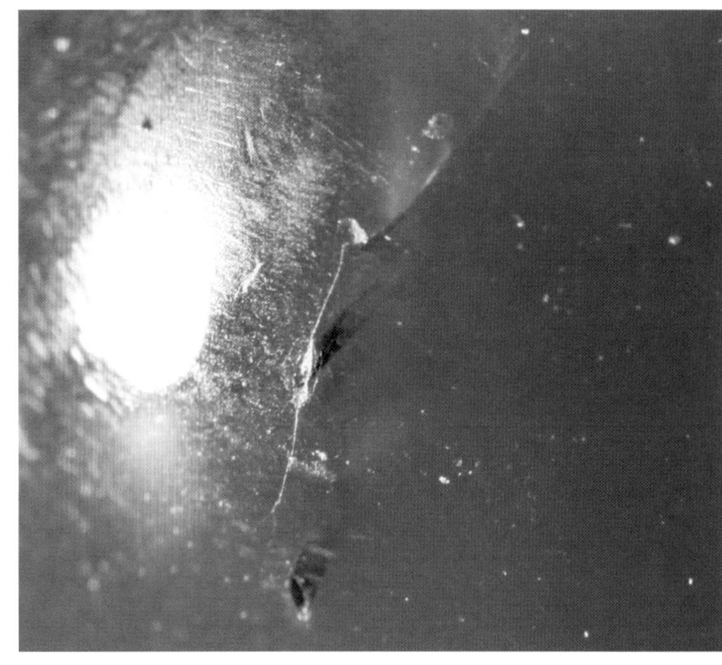

图3-11-2
玛瑙圆珠局部

图片解读：这颗玛瑙珠的表面有一条非常微细的沁裂纹，它赋存于珠体中含杂质的组织附近，沁裂纹的两端逐渐隐匿于珠体表层。图中还可看到在这条沁裂纹的附近有两处呈针管状的副矿物赋存于珠体中，其中一处针管状副矿物的一端出露于珠子表面，在受沁过程中逐渐形成了一个微小的蚀洞。

图3-11-3(a)

图3-11-3
圆柱状天珠局部

图片解读：这颗天珠的珠体上有多条沁裂纹。图中这条位于珠体的中间，蜿蜒曲折，是受沁过程中的风化淋滤作用叠加于应力作用的结果。图中还可看到在这条沁裂纹的附近有一处发育不成熟的石英晶体赋存于珠体中。

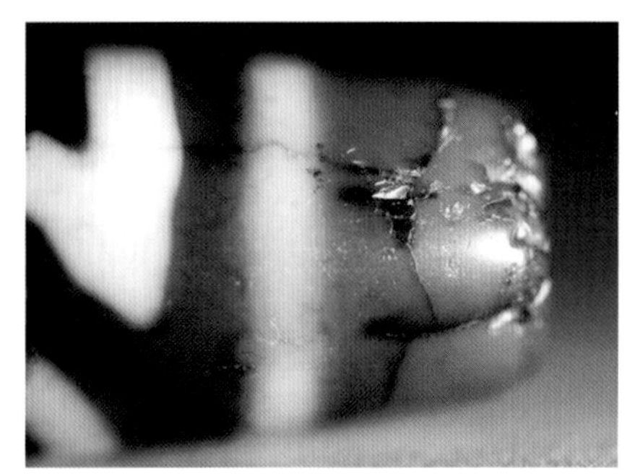

图3-11-4(a)

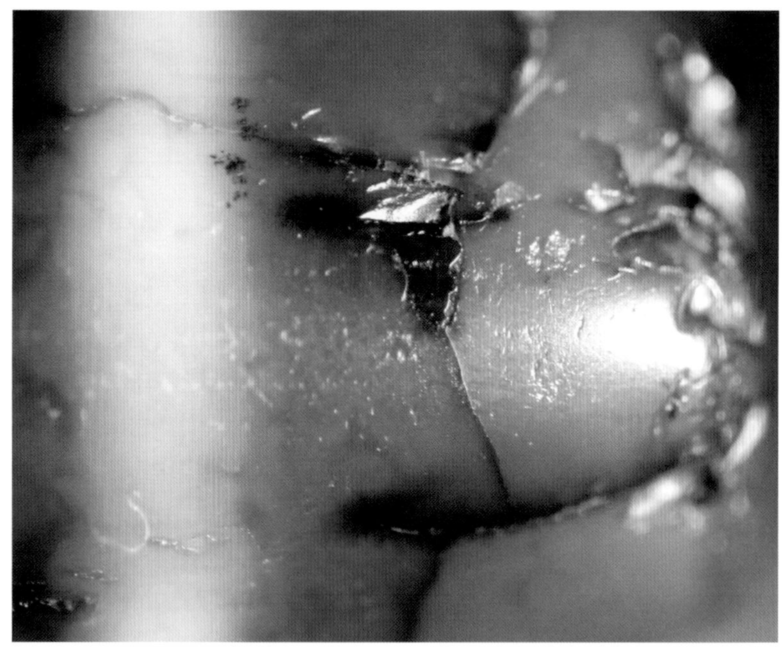

图3-11-4
圆柱状天珠局部

图片解读：这颗天珠的端部及附近组织在受沁的漫长过程中产生了复杂多样的受沁现象。图中可见数条明显的沁裂纹分布于这一部位，它们蜿蜒伸展，或首尾相接，或横竖相连，多数沁裂纹中还伴随着红色沁现象。还可观察到这一部位有晶体疏松和晶体脱落现象，晶体脱落后形成的土蚀坑上还覆盖有包浆。

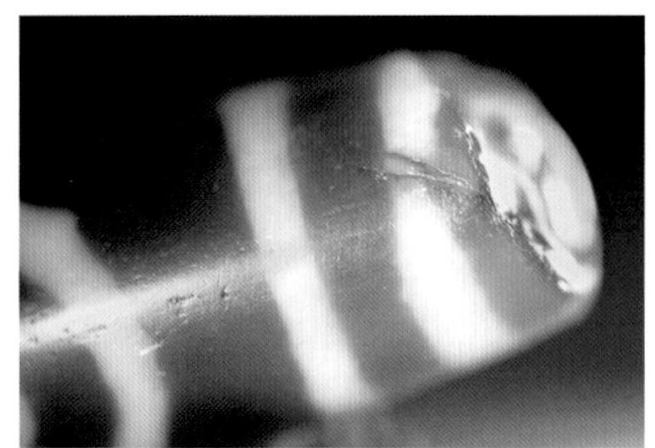

图3-11-5(a)

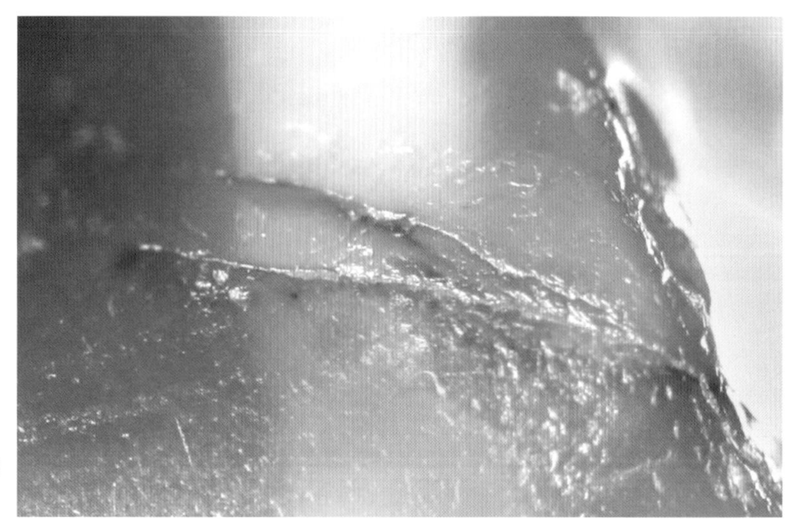

图3-11-5
圆柱状天珠局部

图片解读：这颗天珠的一端有残损，在残损端面附近的珠体上有两条细小的沁裂纹，其中一条从珠子的圆柱面一直蜿蜒伸展至残损的端面。这一部位组织中的晶体结构沿着连结力弱的晶间发生了疏松与断裂，形成了沁裂纹，而在这两条沁裂纹中还有色沁现象。珠子表面还可看到许多微小的土蚀痕和土蚀斑现象。

图3-11-6（a）

图3-11-6
圆板状缠丝玛瑙珠背面局部

图片解读：受珠体矿料的化学组成和微观结构以及埋藏环境的影响，这颗玛瑙珠的背面在漫长的受沁过程中发生了多种次生变化，图中这条明显的沁裂纹就是其中之一。这条沁裂纹赋存于珠体上的一处蚀洞与珠体的边缘之间，是珠体表层组织中的微晶体在风化淋滤作用下沿着连结力弱的方向逐渐疏松、断裂的结果，在沁裂纹和蚀洞中还胶结有黄白色的壤液成分。

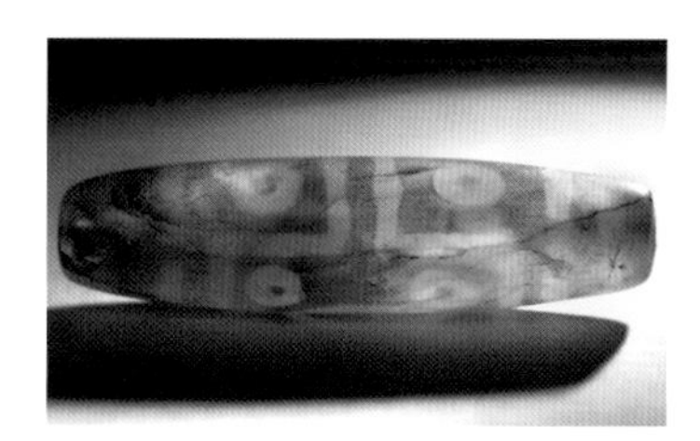

图3-11-7（a）

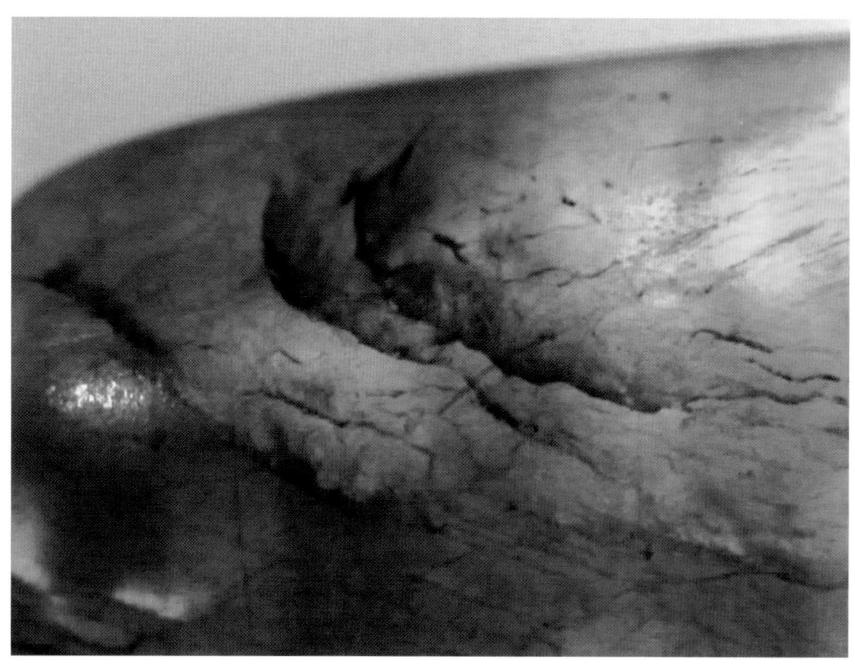

图3-11-7
圆柱状天珠局部

图片解读：图中可见数条沁裂纹大小不一、形态自然地分布于珠体表面，其中几条较大的沁裂纹与珠体表层组织的疏松现象有着直接关系，一些色素元素从沁裂纹沁入珠体并沿着疏松的裂理面向珠体内部渗透胶结。图中还可观察到明显的内风化现象。

图3-11-8　玛瑙管珠局部

图3-11-8(a)

图片解读：图中可见数条沁裂纹蜿蜒于珠体上，它们是这颗玛瑙珠长久受沁的结果，是珠体在风化淋滤过程中发生的次生变化。这些沁裂纹非常自然，仔细观察可以发现它们是珠体表层组织中的晶体沿着连结力较弱的晶体间逐渐疏松、断裂后的结果。图中还可观察到晶体脱落后形成的土蚀坑，其上附着有壤液成分。

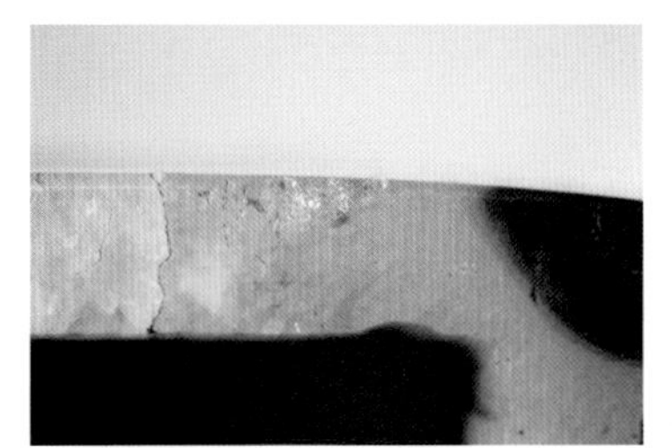

图3-11-9(a)

图3-11-9　红缟玛瑙剑璏局部

图片解读：图中可见玛瑙剑璏的这一部位因受沁产生了沁裂纹现象和晶体脱落现象，它们形态自然，是风化淋滤作用在漫长的受沁过程中使表层晶体逐渐发生疏松、断裂和脱落的结果。晶体脱落后的部位形成了形态不一的土蚀坑和土蚀斑，其上胶结有壤液成分。在沁裂纹上也胶结有壤液成分。

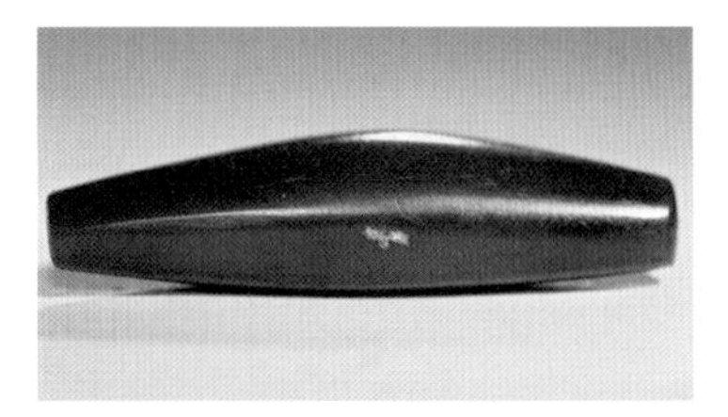

图3-11-10(a)

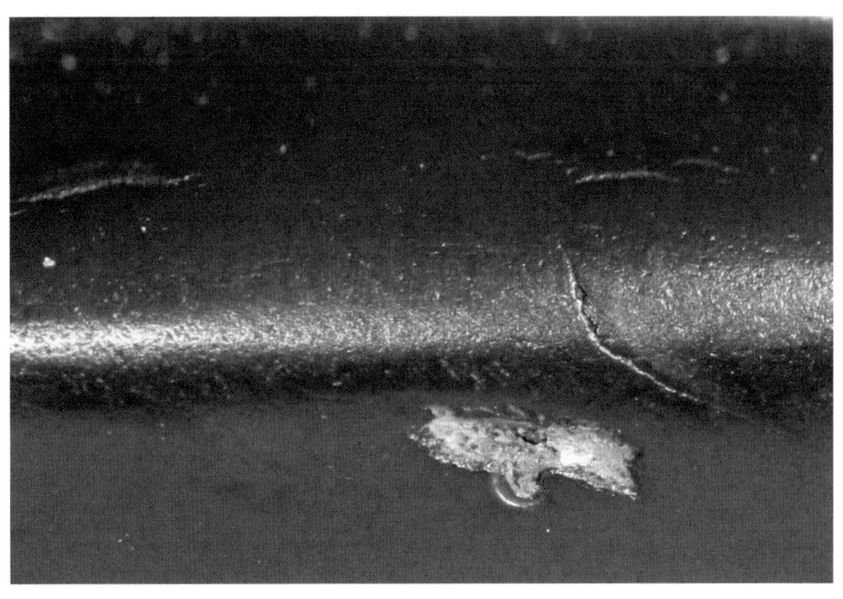

图3-11-10　牛角状玛瑙珠局部

图片解读：图中可见数条大小不一、形态各异的沁裂纹赋存于珠体表面，与它们相关联的裂理面以晶体疏松形态隐含于珠体的表层组织中。图中还有一处明显的晶体脱落现象，其上胶结有黄白色的壤液成分。

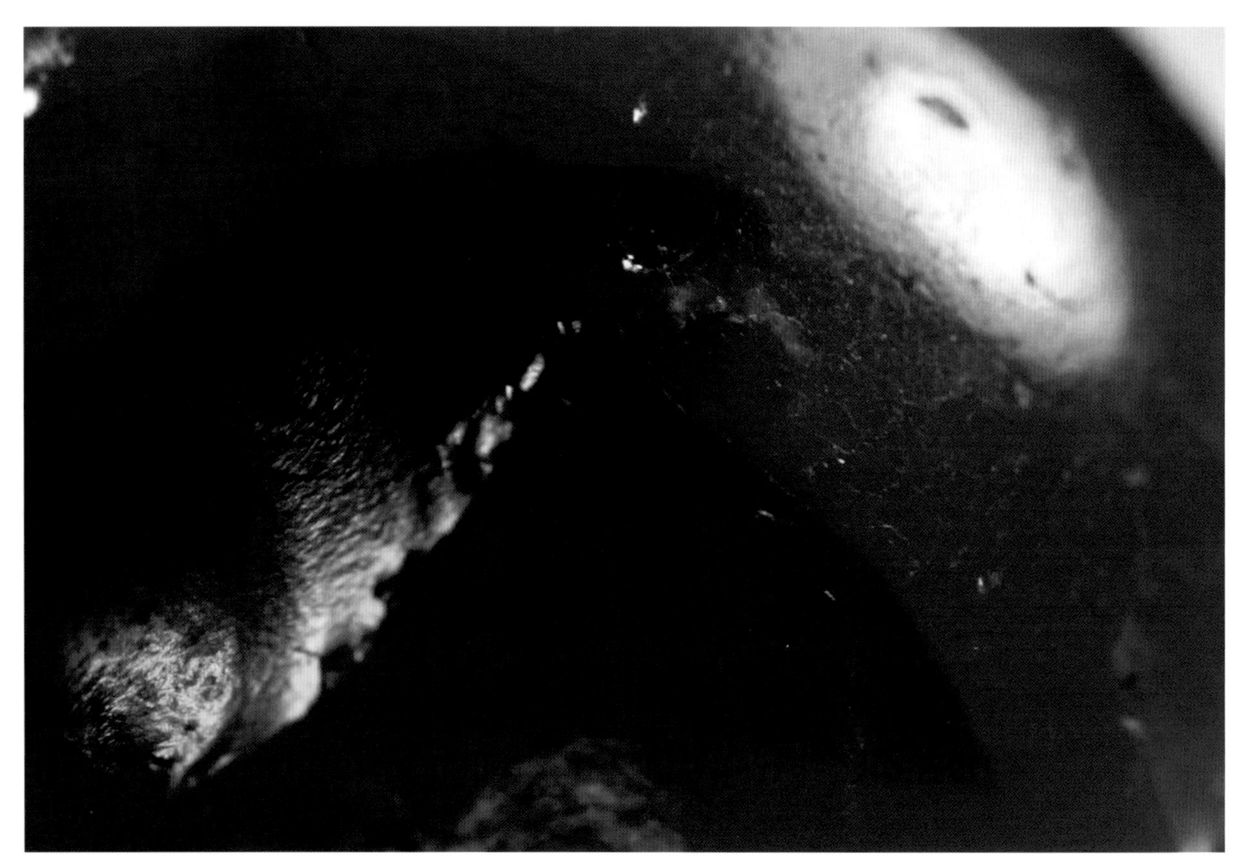

图3-11-11　玛瑙圆珠（残）局部

图3-11-11(a)

图片解读：图中可见玛瑙珠的这一部位有一条沁裂纹，壤液中的色素元素沿着沁裂纹沁入至珠体内部的裂理面。在这条沁裂纹的旁边有一处晶体脱落后形成的土蚀坑，土蚀坑部位的表层组织中也有壤液中的色素元素逐渐沁入的现象。

图3-11-1、9、11：西汉，南昌市海昏侯墓地出土，江西省文物考古研究院藏；图3-11-2：西汉，长沙市咸家湖墓地出土，湖南省长沙博物馆藏；图3-11-3：汉代，多巴训练基地墓地出土，青海省湟中县博物馆藏；图3-11-4、5：公元前6—前3世纪，库车县提克买克墓地出土，新疆维吾尔自治区文物考古研究所藏；图3-11-6：公元前3—公元1世纪，札达县桑达沟墓地出土，西藏自治区札达县文物局藏；图3-11-7：战国，中国国家博物馆藏；图3-11-8、10：公元前3—前2世纪，札达县曲踏墓地出土，西藏自治区札达县文物局藏。

图3-11说明：玉髓质文物上大小不一、形态各异的沁裂纹现象。

（五）蚀洞现象

通过前文对玉髓矿料的了解，我们知道玉髓是纤维状纳米级微晶石英构成的，晶体非常微小，它们组合成平行纤维状、抛物线状或放射球粒状的集合体，这些集合体以或紧密或松散的形式混杂在一起，矿体中不但包含有少量分子水和内表面氢基水，还常常混杂有蛋白石、方解石、白云母、绢云母、黄铁矿、赤铁矿、针铁矿等副矿物。当玉髓质文物成器时，矿料中包含有上述伴生矿物的部位有时会出露于器表或者位于近器表处，而器物埋藏入土后即受周边环境的影响开始了风化作用，其中风化淋滤作用最先从器物表层开始并逐步向器物内里发展，而位于或接近于器表的一些蛋白石、方解石等易蚀变的副矿物在这种情况下最先被风化淋滤，它们的流失必定逐步加快这些部位与地下水分的接触，从而使周围越来越多的易溶性矿物组分被水解析出，最终在器物上留下明显的凹洞，从而形成蚀洞现象。这些蚀洞有的赋存于器物表层，有的依照伴生矿物的原貌形态从表层一直深入至器物内部，凹洞的轮廓自然并与周边的矿物组分形成有机结合，而那些开放式的凹洞表面或那些相对封闭的洞腔内常常胶结充填有壤液中的胶体物质，具有历经风化淋滤过程和渗透胶结过程后逐渐形成的自然形态特征，如图3-12-1、2、3、4、5。

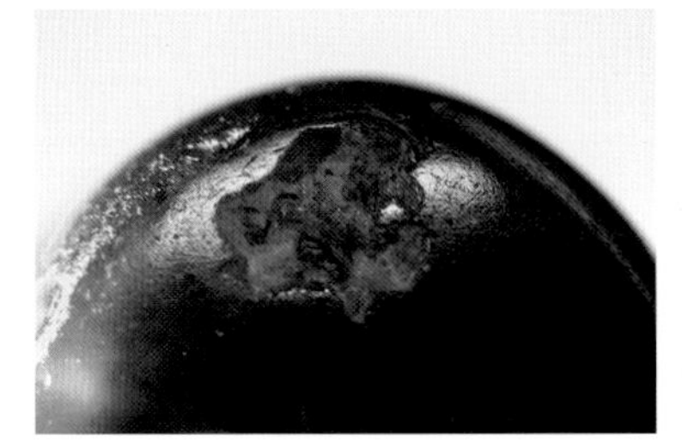

图3-12-1(a)

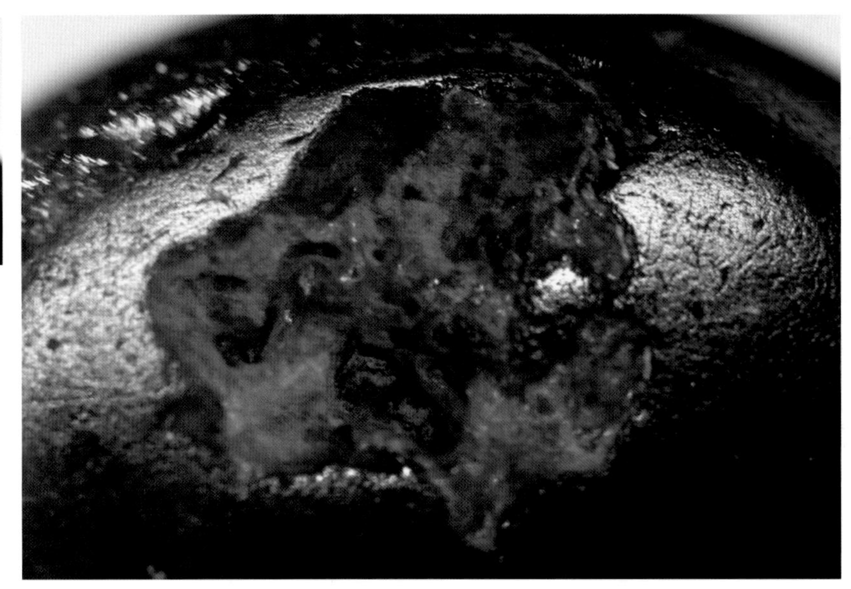

图3-12-1　圆板状缠丝玛瑙珠背面局部

图片解读：这颗玛瑙珠背面的组织结构中包含有易溶蚀的副矿物，它们在风化淋滤过程中更易被水解带出，最终在杂质矿物流失后的部位留下了一个显见的蚀洞。蚀洞的周边与其他组织有机结合，开放的洞腔内具有杂质矿物在漫长受沁过程中逐渐流失后形成的自然形态，洞腔内还胶结附着有壤液成分。

图3-12-2(a)

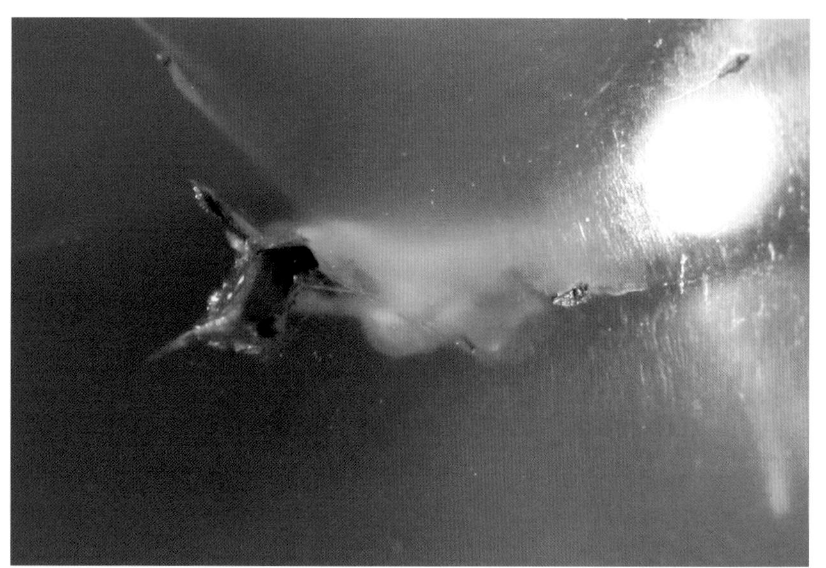

图3-12-2　玛瑙圆珠局部

图片解读：图中可见玛瑙珠的珠体上有一处明显的蚀洞现象，蚀洞的洞口一端出露于珠体表面，另一端则赋存于珠体内部。透过半透明的玛瑙珠体可以清晰观察到整个蚀洞的形态与原生矿体中杂质矿物的赋存状态相一致。在这个蚀洞的周边组织中还赋存有多处针状的副矿物，它们也有或轻或重的受沁现象。

图3-12-3(a)

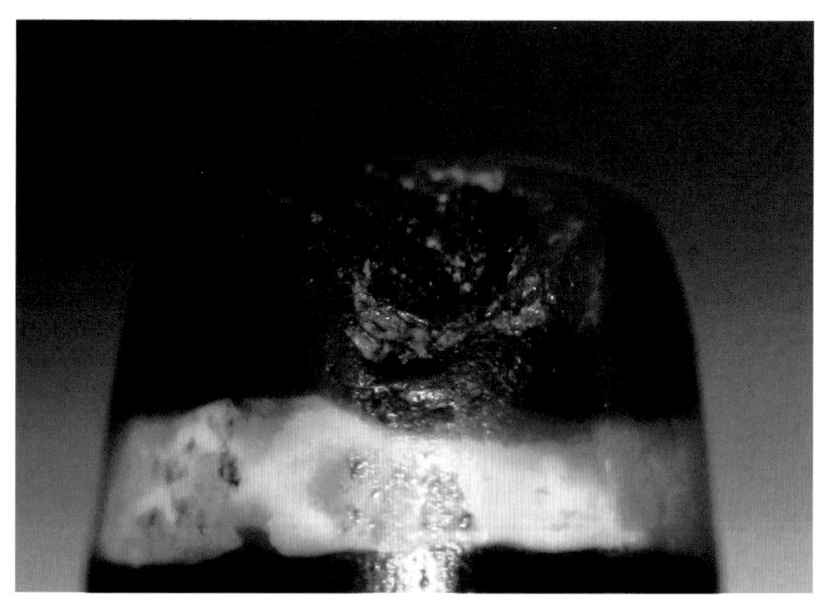

图3-12-3　圆柱状天珠局部

图片解读：这颗天珠的端部附近有一处蚀洞现象，蚀洞的轮廓自然，是珠子在漫长的风化淋滤和渗透胶结过程中逐渐形成的自然形态。有壤液中的物质胶结、附着在蚀洞的表面。图中还可观察到在白色蚀花纹饰上也有壤液中的色素元素胶结、附着，形成了明显的色沁现象。

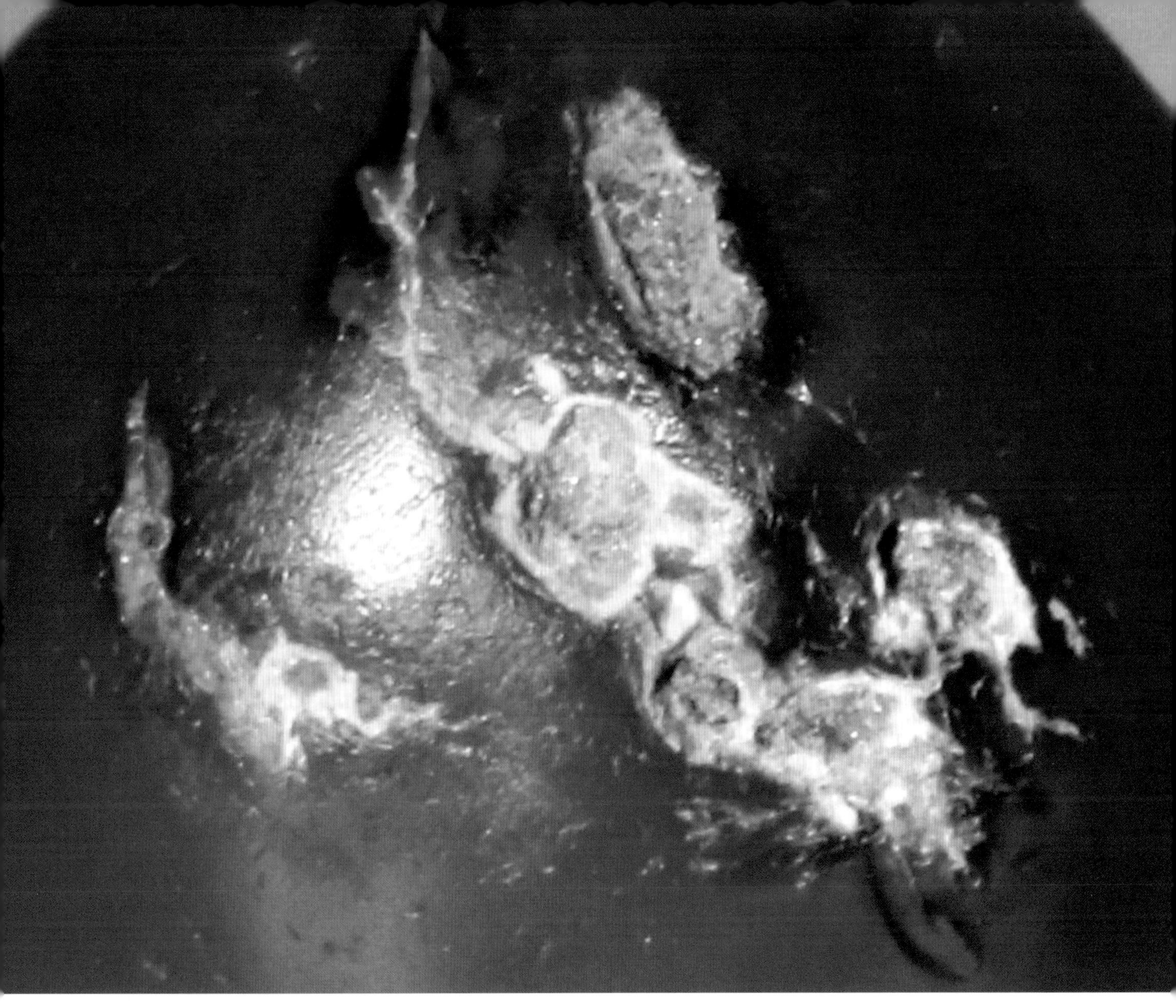

图3-12-4　玛瑙圆珠局部

图3-12-4(a)

图片解读：这颗玛瑙珠的表层组织中赋含有易溶性的副矿物，它们在风化淋滤作用下被水解带出，从而在珠体表层逐渐形成了蚀洞现象，而蚀变物质的形态沿着杂质矿物的赋存状态一直延伸至珠体内部。图中还可观察到色沁现象和微细的沁裂纹现象。

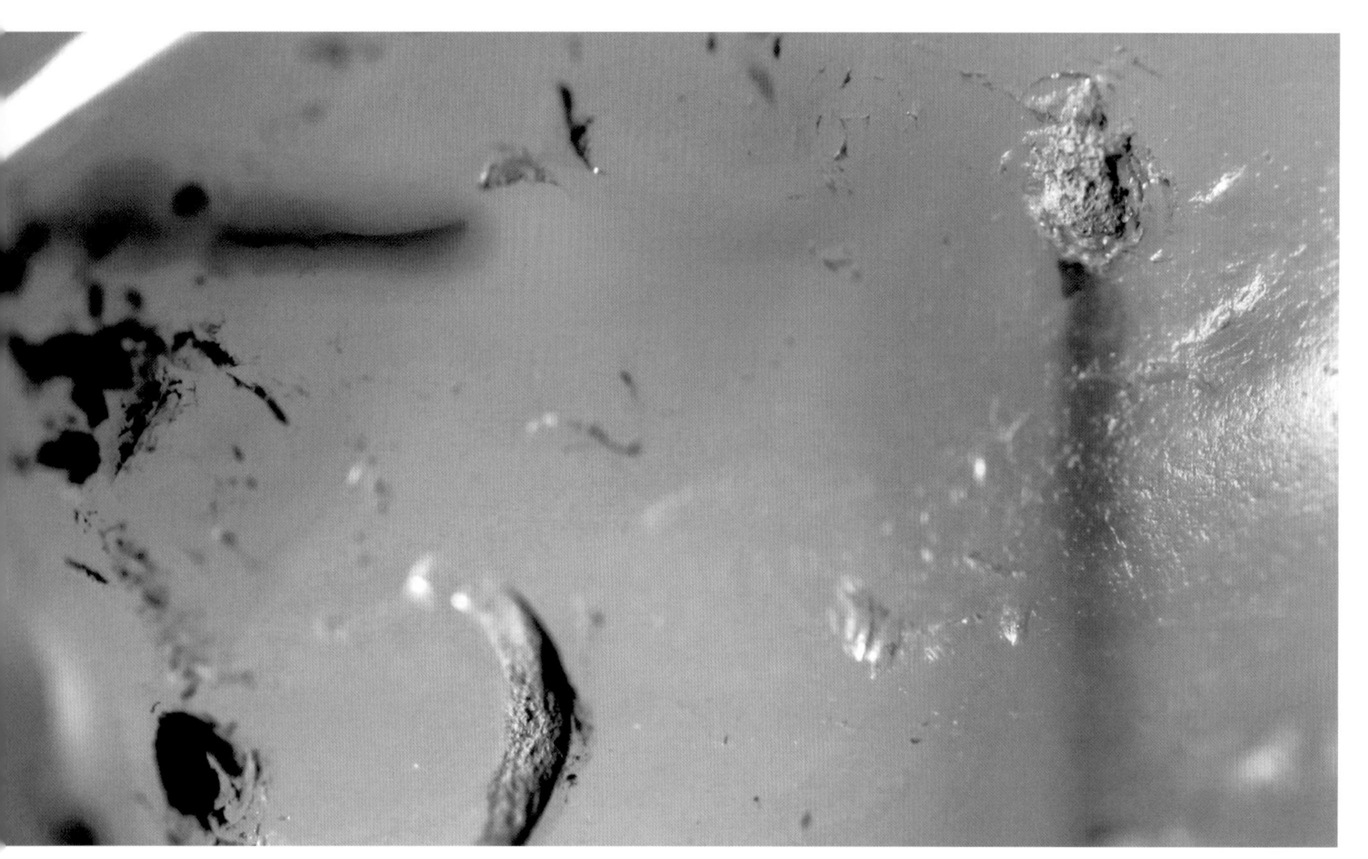

图3-12-5　枣核状玛瑙珠局部

图3-12-5(a)

图片解读：图中可见珠体组织中赋含有一处针状的副矿物，针状副矿物的一端出露于珠体表面，并在漫长的受沁过程中形成了一处微小的凹坑。渗透胶结作用使壤液中的物质沿着针状副矿物的赋存形态顺利进入珠体，并在珠体内部以这一形态赋存着。图中还可观察到多处或大或小、形态不一的土蚀坑、土蚀斑、土蚀痕现象以及沁裂纹、色沁现象。

图3-12-1：公元前3—1世纪，札达县桑达沟墓地出土，西藏自治区札达县文物局藏；图3-12-2：西汉，长沙市咸家湖墓地出土，湖南省长沙博物馆藏；图3-12-3、4：公元前7—前4世纪，塔什库尔干县吉尔赞喀勒墓地出土，中国社会科学院考古研究所新疆工作队藏；图3-12-5：汉代，多巴训练基地墓地出土，青海省湟中县博物馆藏。

图3-12说明：玉髓质珠子上千姿百态的蚀洞现象。

（六）蚀色褪色现象

只有曾经被蚀花过的玉髓质珠子才会出现蚀色褪色现象，譬如天珠和蚀花红玉髓珠。前文已经阐明了二者的白色蚀绘工艺以及天珠的黑色蚀染工艺，我们知道它们被染黑（白）的实质是让黑（白）色素充斥于玉髓质珠子表层的晶间微孔隙中，并非矿体中的 SiO_2 晶体被染色，当黑（白）色的色素元素充满了珠体局部的晶间微孔隙时，这些部位就会从宏观上呈显出相应的黑（白）颜色。因此，玉髓中四通八达的晶间微孔隙是它们能够被染黑或染白的内因，而这些晶间孔隙正是成矿过程中内层水向外“挥发”的通道，这些通道同时也为玉髓质文物在风化淋滤过程中不断地渗流、析出分子水和可溶性物质提供了通道。在风化淋滤过程中，地下水不断地淋滤玉髓珠体并携带着可溶性物质从晶间微孔隙中渗流析出，而黑（白）色素离子就赋存于这些孔道当中，由于古时蚀染剂中的染料都来自大自然且是可溶于水的物质（譬如蚀绘白色花纹所用的碳酸钠就是易溶于水的物质），故而这些色素离子自然而然地一并被渗流带出，从而出现了蚀色褪色现象。蚀色褪色现象有轻有重，轻者只是析出赋存于晶体孔隙间的部分色素，使这一部位在宏观上的颜色变得浅淡；重者则可以使赋存于晶间孔隙中的色素元素全部流失，从而使这一部位裸露出白玉髓珠体的自色，见图3-13-1、2、3、4、5、6、7、8、9、10、11。

图3-13-1　圆柱状天珠局部

图3-13-1（a）

图片解读：这颗天珠的端部在受沁后露出了白玉髓珠体的自色，呈现出显见的蚀色褪色现象。这一部位在风化淋滤过程中，原本蚀染于表层晶间孔隙中的黑色素受微观埋藏环境的影响，相对快而全地被淋滤析出，但之后的渗透胶结过程中没有其他色素元素填充进微晶体间的孔隙中，从而呈显出图中所见的蚀色褪色现象。图中还可观察到在白色花纹上有浅淡的黄色沁现象。

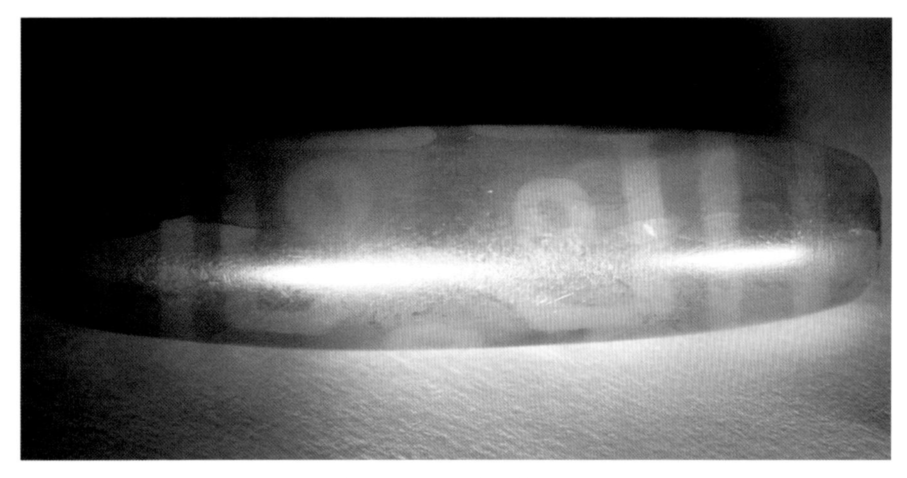

图3-13-2　圆柱状天珠

图片解读：这颗天珠上所有蚀绘而成的白色纹饰都在风化淋滤过程中褪色殆尽了，其“黑”色底也由于蚀色褪色而变得较为浅淡。前文已阐明，蚀花而成的白色花纹主要是依靠碳酸钠充填在珠体表层的晶间微孔隙而呈显为乳白色，而碳酸钠是水溶性物质，它在水分充沛且相对开放的微观环境中更易被水解析出。相较于白色花纹部分而言，黑色底子部位的“黑”色素离子虽然也同样经历了风化淋滤作用，但其被水解带出的速率远弱于碳酸钠的析出，所以在珠体上仍然保留有相对明显的棕黄色的底色，而原来珠体上人工蚀绘而成的乳白色花纹都已消失不见，只在“黑”色底子间残留着淡淡的图案痕迹。

图3-13-3(a)

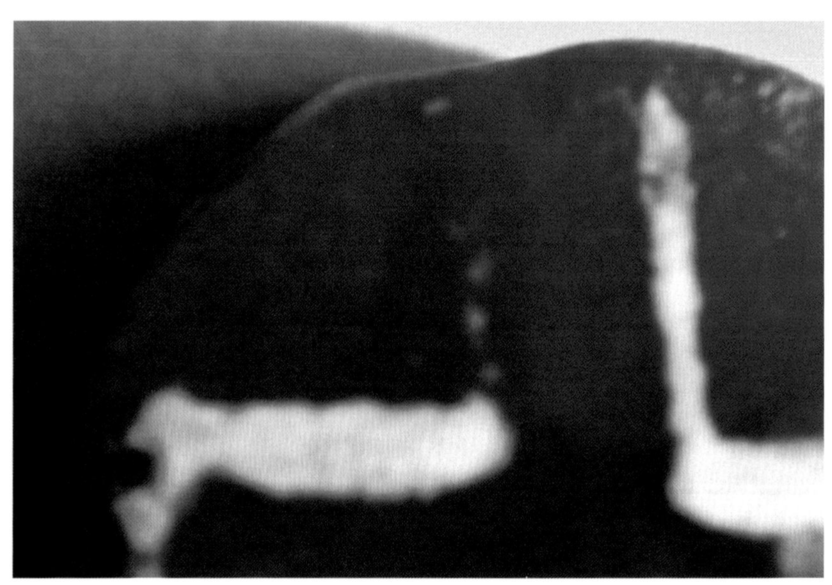

图3-13-3　圆片状蚀花红玉髓珠局部

图片解读：这颗蚀花红玉髓珠的部分乳白色花纹呈现出蚀色褪色现象，它是珠子在漫长的受沁过程中产生的次生变化之一。

图3-13-4　圆柱状天珠局部

图3-13-4（a）

图片解读：当在强光下观察这颗天珠时，我们发现其珠体上蚀染而成的黑色有深有浅，图中可见：临近端部的黑色最浓郁，其黑色调向白色蚀花部位逐渐减淡。仔细观察，可见接近端部处有一处“黑”色略呈丝条状且色彩异于周边的“黑”色，它是此处的珠体在受沁的过程中受微观环境及矿料内部微量元素、晶体取向等多重因素的综合影响而产生的结果。

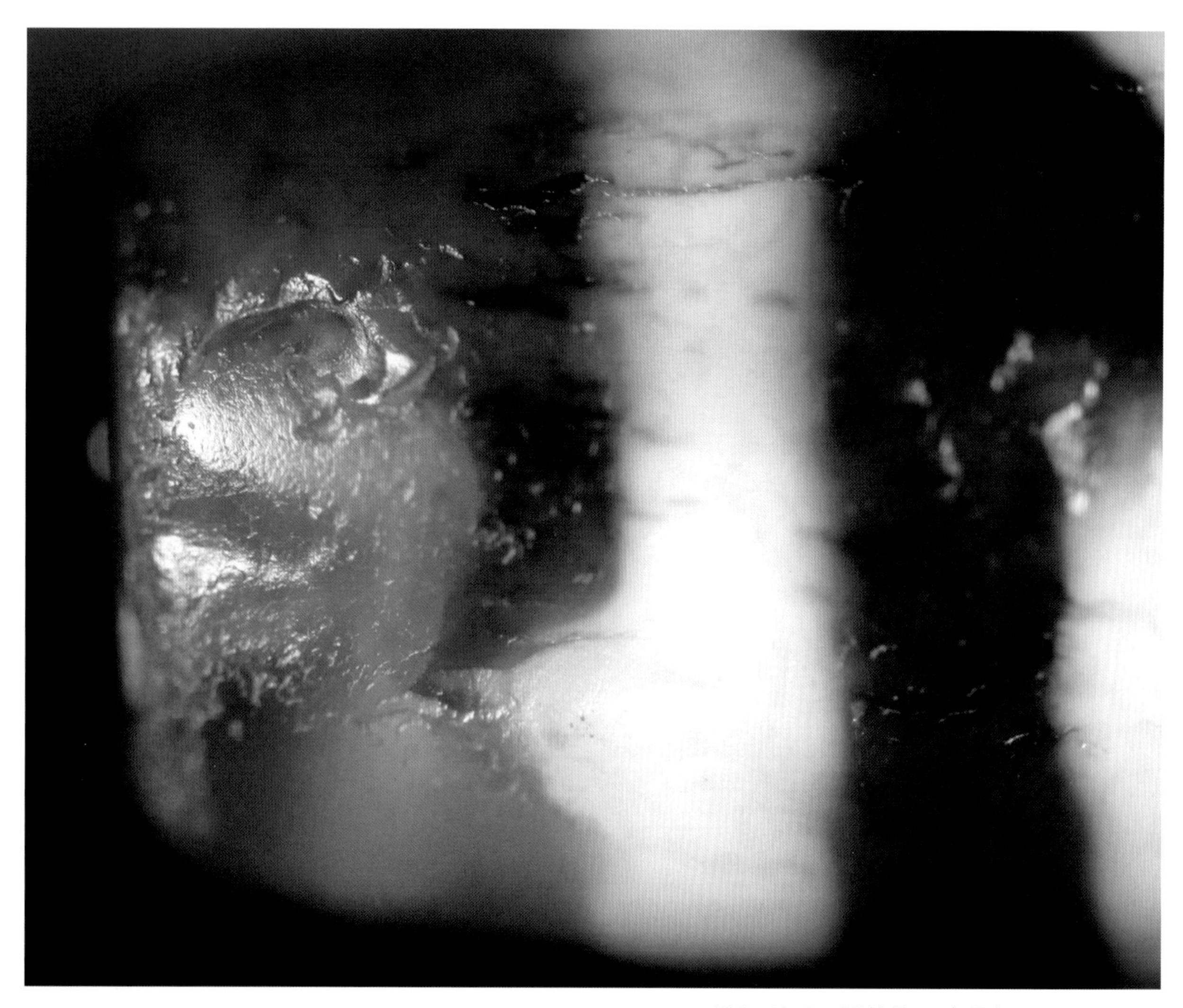

图3-13-5 圆柱状天珠局部

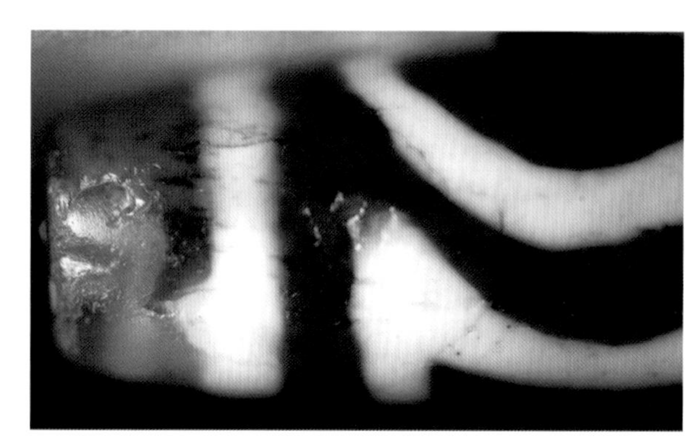

图3-13-5(a)

图片解读：这颗天珠的端部在漫长的受沁过程中受风化淋滤作用的影响产生了蚀色褪色现象，蚀色褪色处有包浆包裹。其旁边有多处色沁现象，它们是珠子在渗透胶结过程中有壤液中的色素元素渗透、充填进晶间孔隙度相对较大的部位后形成的结果，这些色沁现象的形态受珠体表层晶体的化学组成和拓扑结构特征等因素的影响而形态多样。

图3-13-6(a)

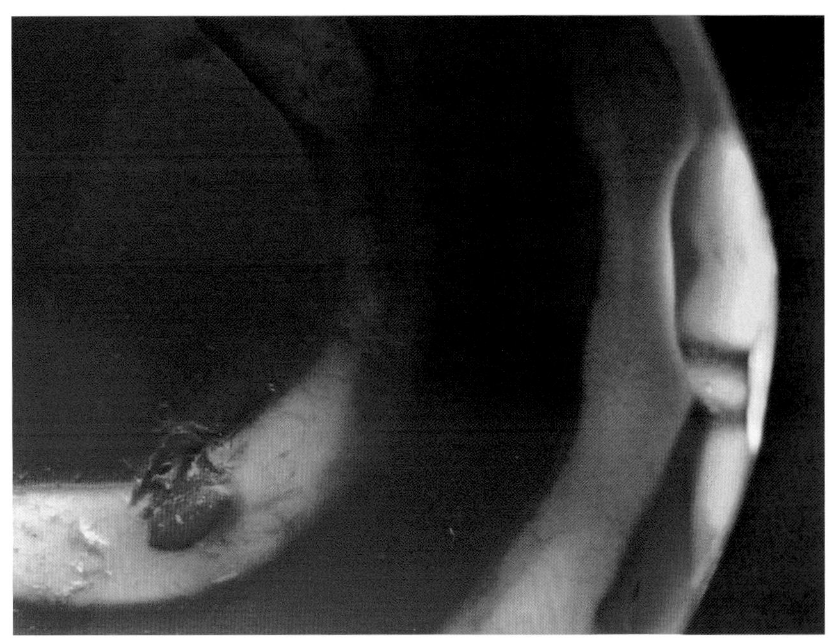

图3-13-6
圆板状天珠局部

图片解读：这颗天珠在临近孔口的部位有一处明显的蚀色褪色现象，透射出明艳亮丽的内反射光。仔细观察，可见在内圈的白色纹饰上也发生了程度相对较轻的蚀色褪色现象，此处蚀绘而成的白色在明度上明显低于其他白色花纹部位。图中还可看见在内圈的白色花纹上还有一处明显的晶体脱落现象。

图3-13-7(a)

图3-13-7
圆柱状天珠局部

图片解读：这颗天珠的端部在漫长的受沁过程中产生了蚀色褪色现象，几乎裸露出白玉髓珠体的白色。图中还可观察到在白色蚀花纹饰上有多处黑褐色的色沁现象。

图3-13-8(a)

图3-13-8
圆柱状天珠局部

图片解读：这颗天珠的端部在受沁的过程中产生了蚀色褪色现象，其裸露的白玉髓珠体透射出莹亮的光辉。

图3-13-9(a)

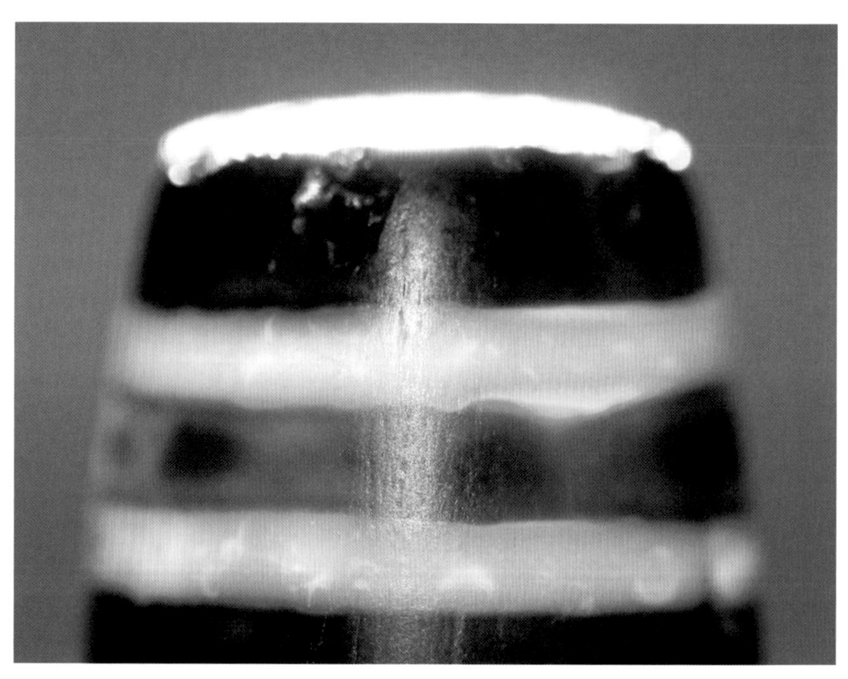

图3-13-9
圆柱状天珠局部

图片解读：这颗天珠上蚀花而成的黑色部位和白色部位均发生了蚀色褪色现象，而在褪色严重处几乎裸露出珠体的自色。当光线透射时，珠体上蚀色褪色严重的部位透射出莹亮的内反射光。图中还可观察到晶体脱落后形成的土蚀坑现象。

图3-13-10　圆柱状天珠局部

图3-13-10(a)

图片解读：玛瑙矿料中的纹带结构主要源于其内部化学组成和微观结构的韵律性变化，而这颗天珠上黑色素离子的赋存状态在蚀染过程和受沁过程中均沿着纹带结构的韵律性变化赋存。因此，当珠体经历过漫长的受沁后就呈现出富有层次和韵律特征的蚀色褪色现象。图中还可观察到在白色蚀花纹饰上有黄色沁现象。

图3-13-11　圆柱状天珠局部

图3-13-11(a)

图片解读：这颗天珠珠体上的黑色蚀染部分和白色蚀染部分都发生了蚀色褪色现象，它们受玛瑙内部的化学组成和微观结构的影响而呈现出条带状的韵律性变化。在珠体上还可观察到白色和黑色沁现象。

图3-13-1：公元前3—前2世纪，札达县曲踏墓地出土，西藏自治区札达县文物局藏；图3-13-2：战国，中国国家博物馆藏；图3-13-3、6、7、8、9、10：公元前7—前4世纪，塔什库尔干县吉尔赞喀勒墓地出土，中国社会科学院考古研究所新疆工作队藏；图3-13-4：春秋晚期，淅川县下寺墓地出土，河南省文物考古研究院藏；图3-13-5、11：公元前6—前3世纪，库车县提克买克墓地出土，新疆维吾尔自治区文物考古研究所藏。

图3-13说明：蚀花红玉髓珠和天珠上多彩多样的蚀色褪色现象。

（七）白色蚀花纹饰微凹于珠体表面的现象

在一些蚀花红玉髓珠和天珠上会出现白色蚀花纹饰微凹于珠体表面的现象，这一现象与珠子埋藏入土后在微观环境中承受的压力以及蚀染剂中碳酸钠的浓度等因素有关。前文已阐明：古代工匠能够在玉髓质珠子表层蚀绘白色花纹的机理是让碳酸钠溶解后填充于 SiO_2 晶体间的微孔隙中。在蚀绘白色花纹的具体操作中需要低温加热五分钟左右，这种短时间的低温加热使珠体表层的晶间孔隙增大，再配合高质量的蚀染剂，就能使碳酸钠尽可能多地渗透胶结在珠体表层，从而达到理想的蚀染效果。工匠在蚀花工艺中不但需要调配出高质量的蚀染剂，还需要在操作过程中把握好每一个环节，他们在加热过程中需要恰到好处地掌控好温度和时间，以使白色花纹的蚀染效果最佳，但又不会使珠体炸裂或完全失去玉髓珠体的内反射光。蚀花珠制作完成后，白色蚀花部位被许多碳酸钠充填胶结，从而在宏观上呈现出高明度的乳白色。这样制作而成的蚀花玉髓珠在埋藏入土后的风化淋滤过程中不断地经受外界物质的侵蚀，而碳酸钠的存在会使赋存于这一部位晶体间的碱蚀性杂质在风化淋滤过程中加速析出，从而使 SiO_2 晶体间的孔隙变大、增多，同时也使这一部位 SiO_2 晶体间的结合力和支撑力大大降低。相对而言，黑色蚀染部位虽然也同样经历了风化淋滤作用，充斥于晶体间的黑色素离子同样也会被析出，但蚀染黑色部位的染料源于动、植物，这些色素离子在风化淋滤过程中析出的速率远远低于白色蚀花部位。因此，黑色蚀染部位晶体间的孔隙度在受沁过程中虽然也会增大、增多，但其风化速率逊于白色蚀花部位，故使黑色蚀染部位相较于白色花纹处而言拥有较强的晶间连结力和支撑力。我们知道风化淋滤作用漫长而复杂，当同一颗珠子的黑色蚀染部位和白色蚀花部位在这个过程中长时间承受着同样的外部压力时，白色蚀花部位的晶体就会移位和塌陷，而其宏观状态也会随着风化淋滤作用的不断进行而渐渐微凹于珠体上的黑色蚀染部位，从而出现白色蚀花纹饰微凹于珠体表面的现象，见图3-14-1、2。

图3-14-1(a)

图3-14-1
圆板状天珠局部

图片解读：这颗天珠的白色蚀花部位在经历过漫长的受沁过程后，其表面明显凹于黑色蚀染部位，白色纹饰上还隐约可见淡黄色的色沁现象。

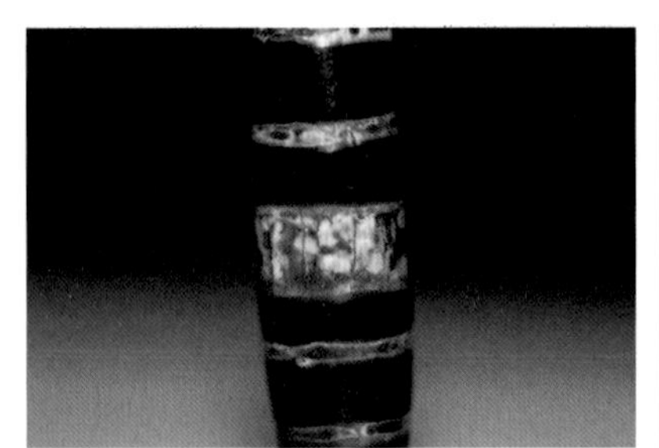

图3-14-2(a)

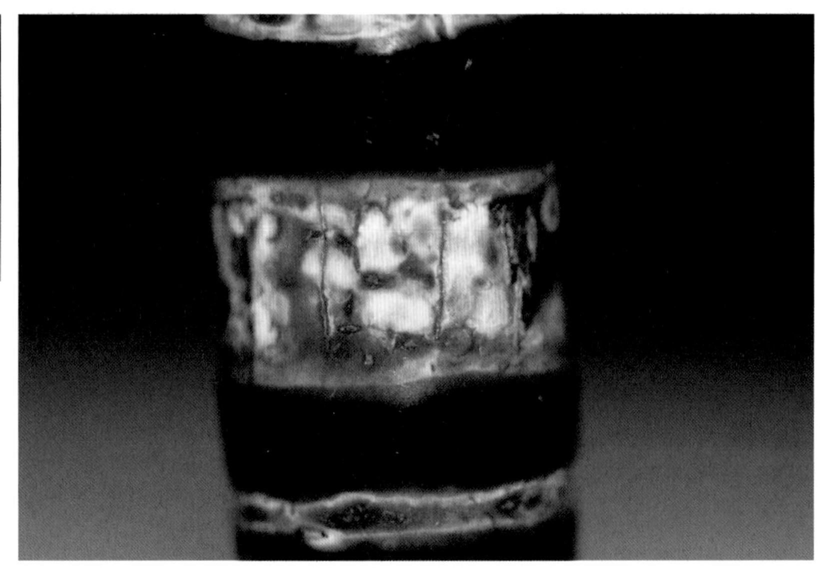

图3-14-2
圆柱状天珠局部

图片解读：这颗天珠的白色蚀花部分微微凹陷于黑色蚀染部分，白色蚀花纹饰上胶结有许多来自壤液的棕褐色元素，从而呈显出色沁现象，其状态斑驳陆离。白色蚀花纹饰上还夹杂有数条微小的沁裂纹现象。

图3-14-1、2：公元前7—前4世纪，塔什库尔干县吉尔赞喀勒墓地出土，中国社会科学院考古研究所新疆工作队藏。

图3-14说明：天珠上呈现出白色蚀花纹饰微凹于珠体表面的现象。

（八）变白失透现象

钱宪和先生利用拉曼光谱、X 射线衍射等技术对古玉的受沁和未受沁部位进行了比较分析，结果表明两个部位的矿物组成相同，但受沁部位的组织结构变得较为疏松，组成矿物的晶体形状也有所不同。[26]闻广先生也认为古玉受沁后在宏观上发生了透明度降低、颜色发白、比重下降、硬度下降等一系列变化，但扫描电镜观察其纤维粗细无明显变化，组织结构有松弛趋势，因而由半透明变为不透明，以致褪色变白，上述原理类似于冰与雪的差异：冰与雪都是固态的水，冰因致密而透明，一旦含有杂质便易呈显一定的色调；雪因疏松而不透明，即便含有少量杂质仍能呈显为白色。[27]在研究了古玉受沁的过程后，闻广先生进一步指出：古玉受沁后的外观变化随着受沁的动态过程大致分为两个阶段：第一阶段由于显微结构变松而从半透明变为不透明，颜色仍大体保持未变；第二阶段，除显微结构进一步变松而逐渐全不透明外，颜色的明度增高及浓度降低，表现为褪色发白，而高古玉受沁后的比重降低、吸水性增强也反映了高古玉器显微结构的变松程度。[28]

对于玉髓质文物而言，矿料组织中纤维结构的致密度决定了它的质量和透明度，相对来说纤维结构越纤细、紧密的玉髓矿料的透明度越高，矿料的质量也越好，反之亦然。从结构矿物学的视角来看：在 SiO_2体系中，只要将 α－石英加热至573℃就可相变[29]为 β－石英，其相应地从三方晶系转变为六方晶系，微晶体的微小位移导致矿体的透明度在宏观上明显下降，这是典型的可逆位移型相变。[30]玉髓质文物也莫过于此，它们在埋藏环境里受赋存于土壤中的热能影响，分布于玉髓孔隙中的吸附水加快析出，从而使 SiO_2晶体的方向在一定程度上发生了改变，继而使器物在漫长的受沁过程中产生了相应的相变，这种变化使晶体间产生许多新的微孔隙，此结果与风化淋滤作用的结果相叠加，就会在晶体间形成更多的微孔隙，SiO_2晶体间越来越多的微孔隙导致内反射界面不断增多。当光线在不同晶粒间传播时就会增强折射作用和散射作用并降低透射能力，从而导致光线无法自由顺畅地通过玉髓质文物，最终使我们在宏观上观察到受沁的玉髓质文物发生了透明度下降、颜色变白等一系列次生变化，并由此呈现出“变白失透”的受沁现象[31]。毫无疑问，此时该文物的硬度和比重均会下降，同时吸水性增强，见图3-15-1、2、3。

㉖ 钱宪和：《古玉之矿物学研究》，载《东亚玉器》(第二册)，香港中文大学中国考古艺术研究中心出版，1998 年，第 231 页。

㉗ 闻广：《古玉丛谈（六）：古玉的受沁》，《故宫文物月刊》1994 年第 132 期。

㉘ 闻广、荆志淳：《福泉山与崧泽玉器地质考古学研究——中国古玉地质考古学研究之二》，《考古》1993 年第 7 期。

㉙ 晶体的相变（phase transition）：指的是在化学组成不变的情况下，由于温度、压力以及其他化学或物理因素的影响，晶体结构或者其宏观物理化学性质发生改变的现象。见秦善编著《结构矿物学》，北京大学出版社，2011 年，第 35—36 页。

㉚ 秦善编著：《结构矿物学》，北京大学出版社，2011 年，第 37 页。

㉛ 戴君彦、阮秋荣：《解析库车提克买克墓地出土的天珠》，《博物院》2019 年第 6 期。

图3-15-1(a)

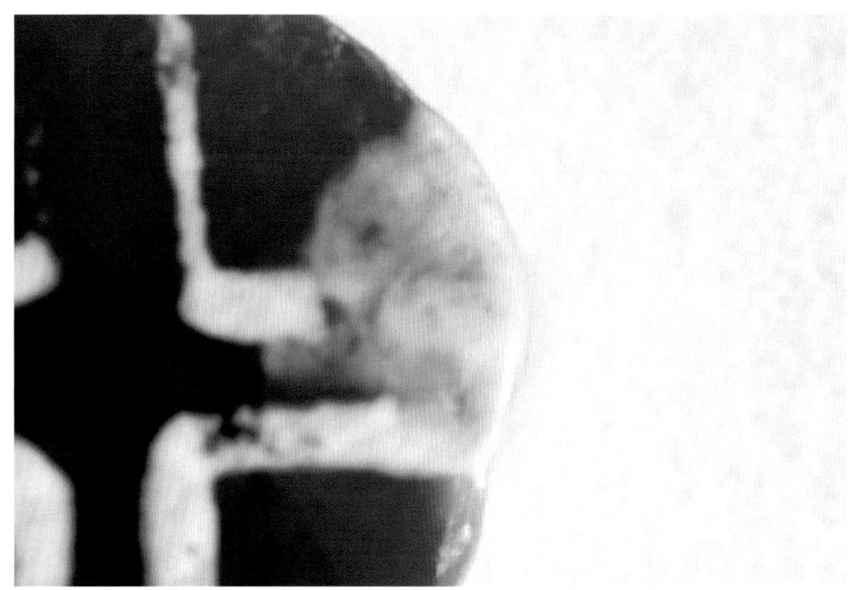

图3-15-1　圆片状蚀花红玉髓珠局部

图片解读：这颗蚀花红玉髓珠的一部分在风化淋滤过程中变得疏松，SiO_2晶体之间的孔隙增多，导致其内反射界面增多，从而增强了光线的折射作用和散射作用，降低了光线的透射能力，最终我们在宏观上看到这一部位发生了透明度下降、颜色变白等一系列次生变化。风化淋滤作用也使赋存于白色蚀花部位的碳酸钠渗流至周遭组织中，从而进一步加大了这一部位白色的明度。

图3-15-2(a)

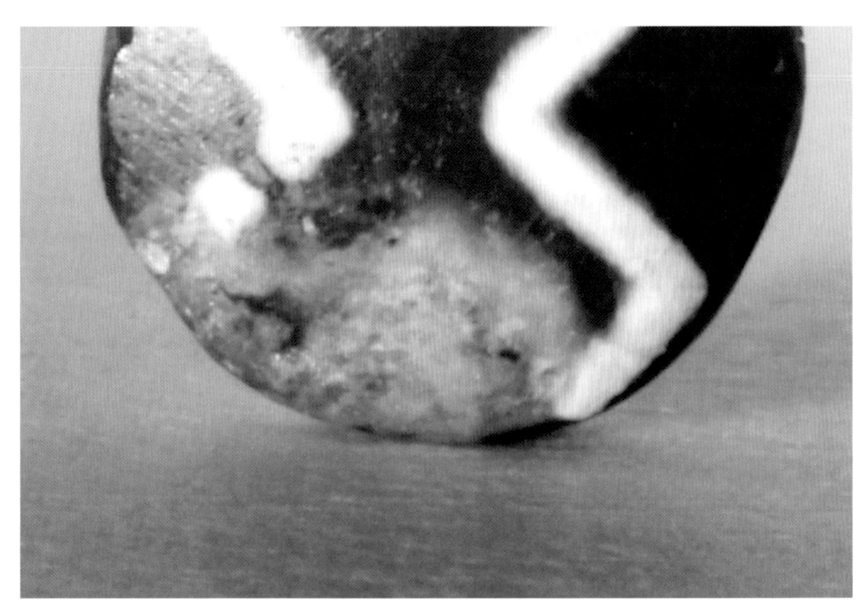

图3-15-2　圆片状蚀花红玉髓珠局部

图片解读：这颗蚀花红玉髓珠在经历了两千多年的受沁后，珠体的一部分产生了明显的晶体疏松现象，珠体有部分发生了变白失透的次生变化。还可观察到晶体脱落现象和白色花纹上浅淡的黄色沁现象。

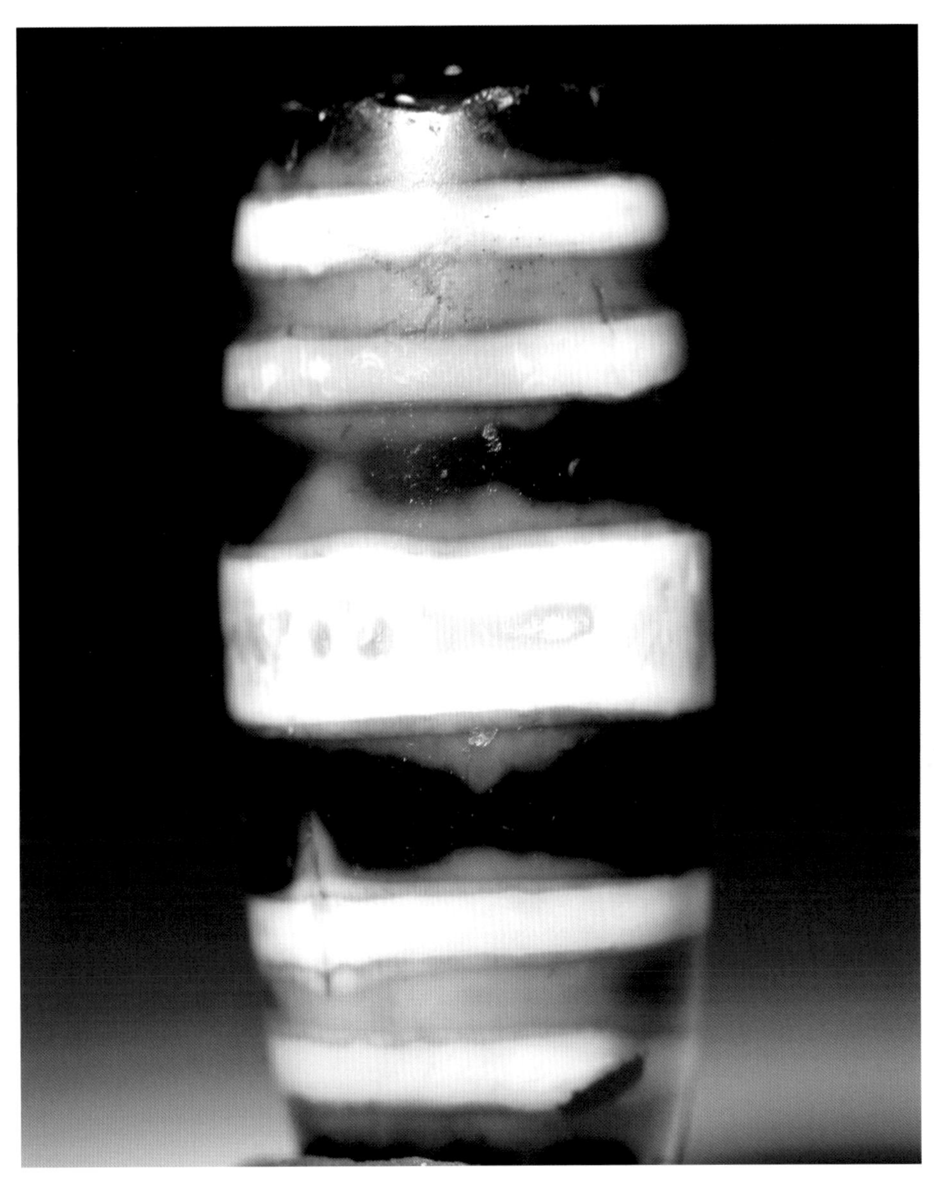

图3-15-3　圆柱状天珠

图片解读：这颗天珠在两千多年的埋藏过程中受周围环境的影响发生了次生变化，土壤中的热能使白玉髓珠体发生了变白失透的次生变化。当蚀染于珠体表层的黑色染料离子在风化淋滤过程中逐渐褪色之后，我们在褪色后的珠体部位能观察到已经变白失透的珠体。还可在乳白色的白色蚀花图案上观察到色沁现象。

图3-15-1、2、3：公元前7—前4世纪，塔什库尔干县吉尔赞喀勒墓地出土，中国社会科学院考古研究所新疆工作队藏。

图3-15说明：玉髓质珠子上形形色色的变白失透现象。

（九）橘皮纹现象与叶脉纹现象

经历过风化淋滤过程和渗透胶结过程的玉髓质文物表面在微观下不是特别平整、光滑，而是具有微小的凸起和凹陷。当我们用放大镜从某一角度观察时，会看到其表征很像橘子的表皮，故名橘皮纹现象；当我们用放大镜从另一角度观察时，还会看到一些珠子的表面呈显出许多不规则的微细纹路，看上去酷似树叶上细小的脉络纹理，故而称为叶脉纹现象。

形成橘皮纹现象和叶脉纹现象的深层因素均与玉髓质文物表层组织的化学组成和微观结构密切相关，另外还与器物的打磨、抛光程度及埋藏环境有关。从矿物学角度看，玉髓是由无数的 SiO_2 微晶体组成的，晶体通常为50—350nm 的颗粒，它们是平行纤维状、抛物线状或放射球粒状的集合体，这些集合体以或紧密或松散的形式混杂在一起形成了玉髓矿料，其中还含有少量分子水和内表面氢基水[32]，并且常常混杂有各种杂质。我们知道，器物的表层组织在受沁的过程中始终都是内部物质渗流析出以及外界胶体溶液渗入胶结的首经之地，玉髓质文物的表层在此过程中最早受到影响，其中的可溶性物质和吸附水风化淋滤析出后在组织中形成了许多新孔隙，越来越多的晶间孔隙使器表在微观下呈现出凹凸不平的状态，而加工过程中相对粗糙的打磨和抛光则进一步加剧了器表的不平整状态，当渗透胶结过程中形成的包浆逐渐覆盖于具有上述形貌的器物表面且有光线从某一角度照射时，光线就会在器物表面许许多多的凹凸面上发生散射，从而形成橘皮纹样的光影效果，使我们在放大镜下观察到所谓的“橘皮纹现象”，如图3-16-1、2、3、4。

图3-16-1（a）

㉜ 玛瑙中含有少量的水，按照其赋存状态大致可以分为3类：（1）孔隙或裂隙中的分子水，结合度较弱，低温下（100℃ ~200℃）就可以释放出来；（2）内表面氢基水，主要赋存在纤维颗粒边界、晶体缺陷或位错等位置，结合度较高；（3）石英晶体内部结构水，具有特征红外光谱谱峰，结合度非常高。实际情况下，不同类型分子水和结构水往往以不同比例共存。见陶明、徐海军《玛瑙的结构、水含量和成因机制》，《岩石矿物学杂志》2016年第2期。

图3-16-1　多棱玛瑙珠局部

图片解读：这颗玛瑙珠的珠体平面上有橘皮纹现象，是珠子在漫长的受沁过程中经历风化淋滤作用和渗透胶结作用后的综合结果。图中还可观察到晶体脱落后形成的土蚀坑、土蚀斑和土蚀痕现象。

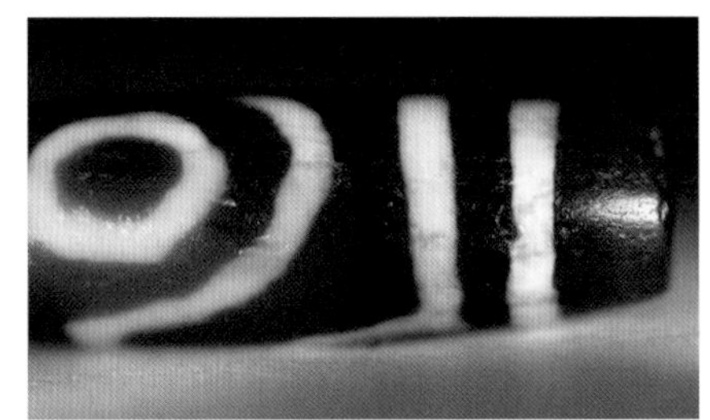

图3-16-2(a)

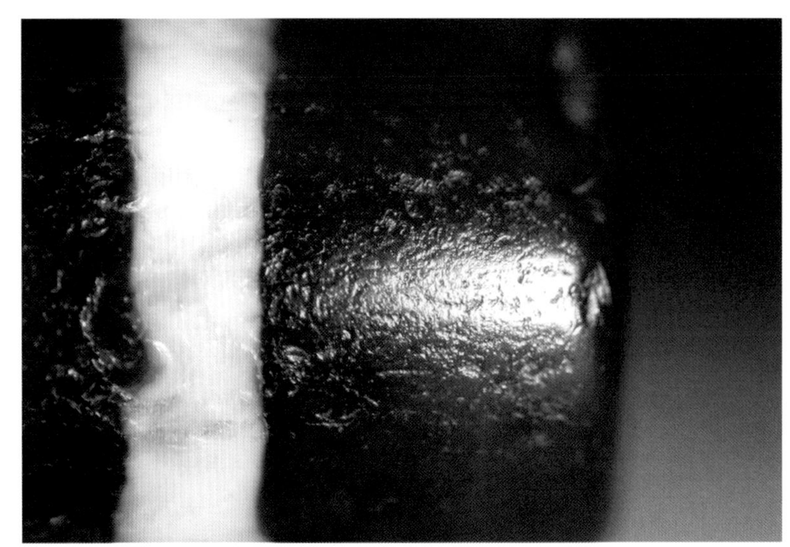

图3-16-2　圆柱状天珠局部

图片解读：这颗天珠的珠体表面并不特别平整、光滑，这是珠体经历过风化淋滤作用后的结果，当壤液中的胶体溶液在随后而至的渗透胶结过程中胶结于珠体表层且有光线从某一角度照射时，在放大条件下就能观察到橘皮纹现象。还可观察到珠体的表层晶体脱落后形成的土蚀斑和土蚀痕以及乳白色蚀花纹饰上的黄色沁现象。

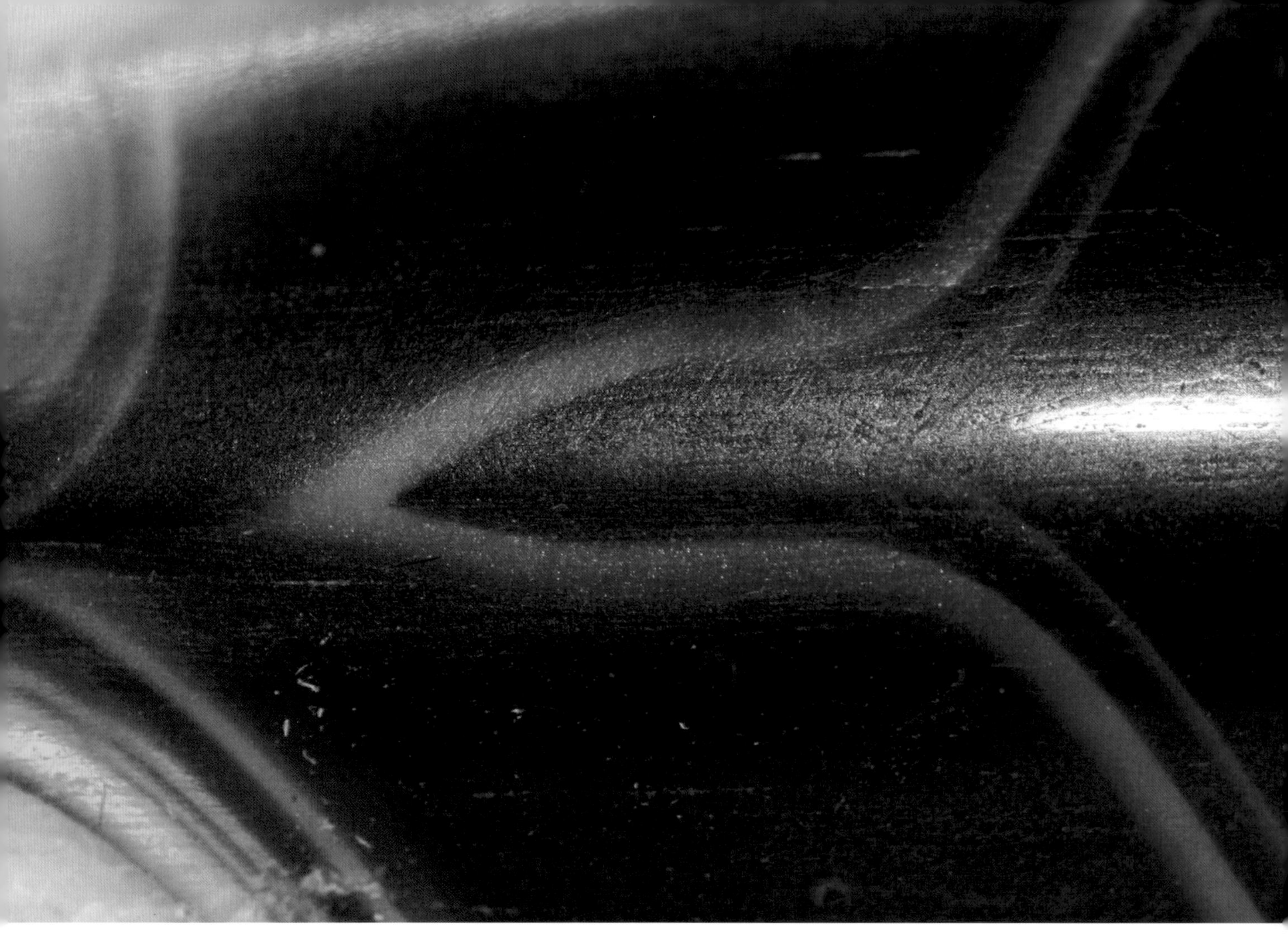

图3-16-3　圆柱状缠丝玛瑙珠局部

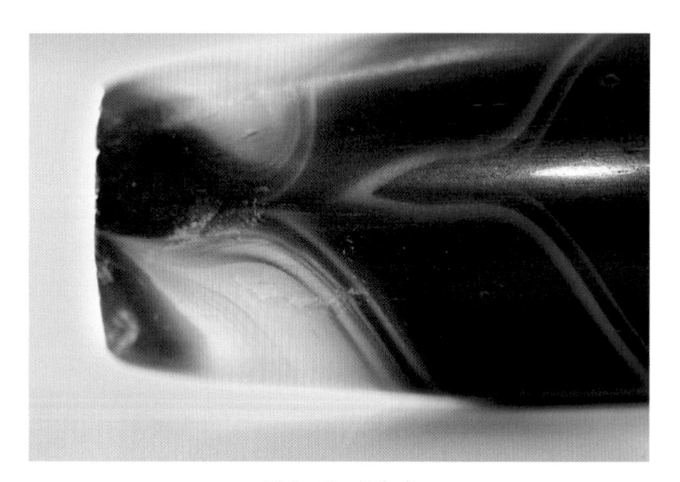

图3-16-3（a）

图片解读：这颗玛瑙珠的表面并不是特别平整、光滑，珠体表面还隐约残留少许打磨痕迹，其上覆盖有包浆。当光线从某一角度照射时，在放大条件下能观察到橘皮纹现象。

图3-16-4　竹节状玛瑙珠局部

图3-16-4(a)

图片解读：这颗玛瑙珠在漫长的受沁过程中发生了一系列次生变化，可以清晰观察到珠体表面布满橘皮纹现象。

图3-16-1：东汉，长沙市丝茅冲墓地出土，湖南省博物馆藏；图3-16-2：公元前6—前3世纪，库车县提克买克墓地出土，新疆维吾尔自治区文物考古研究所藏；图3-16-3：西汉，南昌市海昏侯墓地出土，江西省文物考古研究院藏；图3-16-4：西周中期，平顶山市应国墓地出土，河南省文物考古研究院藏。

图3-16说明：放大观察，可在玉髓质珠子上看到形态多样的橘皮纹现象。

玉髓质珠饰在埋藏入土后的受沁过程中，风化淋滤作用降低了器物表层SiO_2晶体的连结力，当风化淋滤作用与器表相关应力叠加时，就会在玉髓质器物表层结合力相对较弱的晶体间产生极其微细的裂纹，随后而至的渗透胶结作用又使得胶体溶液中的物质填充、胶结于这些微细裂纹中，从而在器表形成许多极其细微的纹路，其形貌特征酷似细小的叶脉纹路，从而使我们用放大镜在玉髓质珠饰的表面观察到叶脉纹现象，见图3-17-1、2。

图3-17-1 圆板状缠丝玛瑙珠局部

图3-17-1(a)

图片解读：这颗玛瑙珠表面大面积呈显出叶脉纹现象，还可观察到些许细微的打磨残痕。

图3-17-2　枣核状缠丝玛瑙珠局部

图3-17-2(a)

图片解读：这颗珠子的表面布满叶脉纹现象，其中白色珠体部位的叶脉纹现象呈显为黄褐色的微细纹路，这是此部位疏松的晶体间胶结有壤液中的致色元素所致。其实，来自壤液中的黄褐色色素元素同样胶结于黑色珠体部分，但由于黑色底不显色，只能观察到许许多多微细的叶脉状纹路。

图3-17-1：秦汉时期，札达县皮央墓地出土，西藏自治区札达县文物局藏；图3-17-2：西汉，咸阳市马泉墓地出土，陕西省咸阳博物院藏。

图3-17说明：放大可观察到叶脉纹现象遍布玉髓质珠子的表面。

（十）色沁现象

根据前文阐明的受沁机理，玉髓质文物自埋藏之日起就与周围物质发生着不可避免的相互作用，并由此不断改变着原有的性状，而埋藏环境中的一些色素元素则会使玉髓质珠饰的局部在颜色上发生一定程度的改变。埋藏的微观环境十分复杂，其胶体溶液中的色素来源也十分广泛，它们有的来源于土壤成土过程中所含的铁、锰等元素，有的则来源于周边埋藏的器物，如各种青铜器、铁器等。

我们知道，玉髓质文物在受沁过程中先后经历了风化淋滤阶段和渗透胶结阶段，风化淋滤作用使玉髓质珠饰的组织结构变得疏松，晶体之间的孔隙增大、增多，并由此给富含硅、铝、铁、锰等元素的胶体溶液提供了渗入的空间与通道，而稍后期的渗透胶结作用则使胶体溶液不断渗入并填充胶结于这些孔隙中。赋含有各类色素元素及硅、铝等元素的胶体溶液在受沁的漫长过程中渐渐地从器物表层沁入器物内里，并逐步渗透胶结于组织的晶间孔隙中，当色素元素富集于某些部位时就会使这里的色彩发生相应的变化，从而形成色沁现象。当色素元素混同于胶体溶液胶结附着于器物的表面时，我们就会在色素元素富集处观察到包浆的色彩发生了相应的微细变化。色沁现象在出土的玉髓质珠饰上很常见，它们的颜色深浅不一、色彩过渡自然、形态千变万化，如图3-18-1、2、3、4、5、6、7、8、9、10、11、12、13、14、15、16。

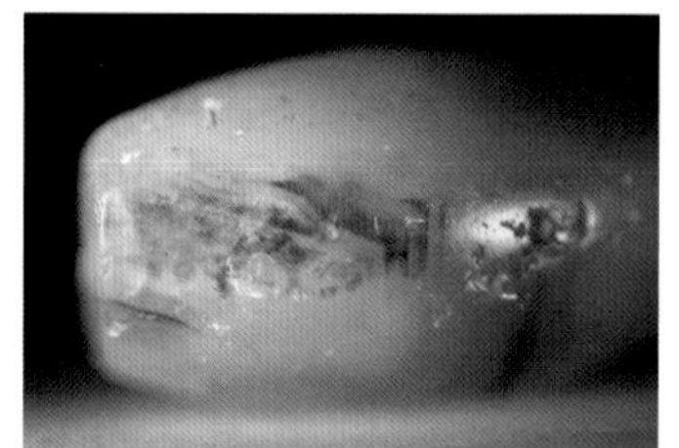

图3-18-1（a）

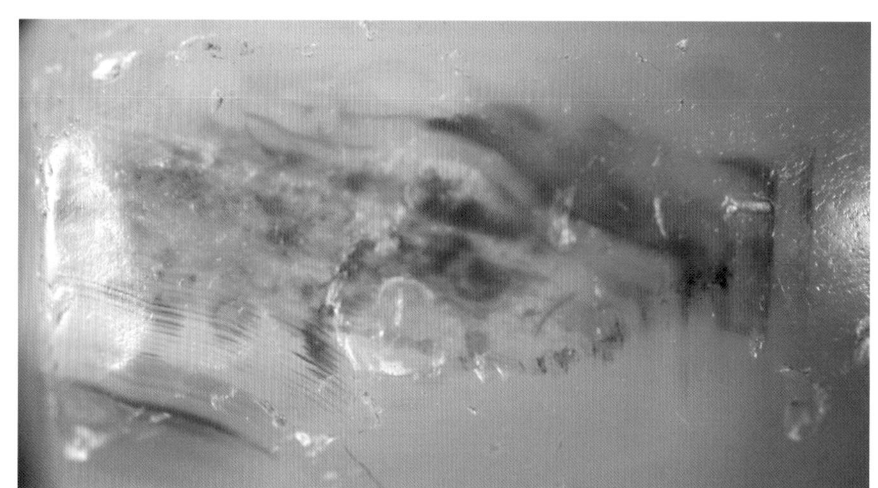

图3-18-1　枣核状玛瑙珠局部

图片解读：这颗白玛瑙珠在埋藏过程中发生了一系列次生变化，图中可看到明显的色沁现象，其红黄色的色沁在白色珠体的映衬下显得十分鲜艳。部分色沁现象的形态和色彩伴随着珠体表层组织的微观结构呈现出丝条状的韵律性变化。珠体上还有多处晶体脱落后形成的小土蚀坑和土蚀斑现象。

图3-18-2(a)

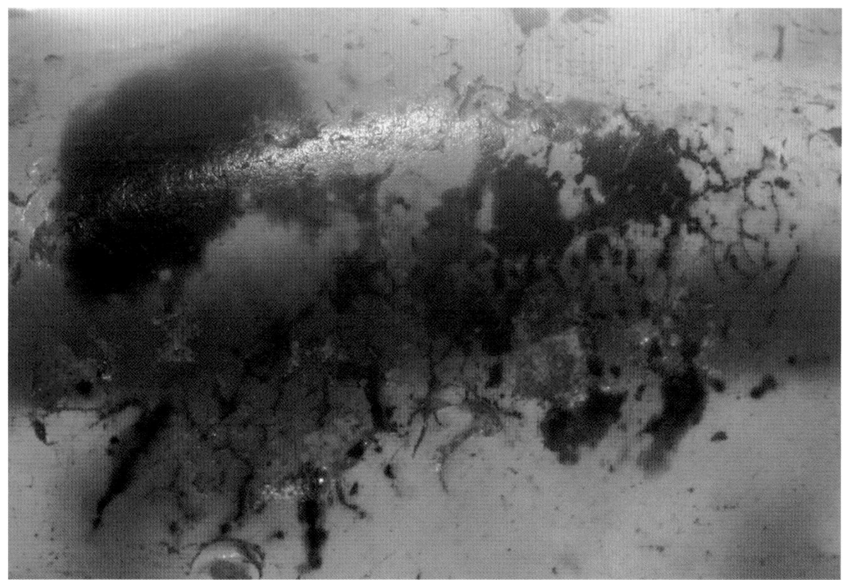

图3-18-2　枣核状玛瑙珠局部

图片解读：这颗玛瑙珠的珠体在受沁过程中产生了明显的色沁现象。图中可见，红色的色素元素或以团状、或以细丝状、或以点状形态赋存于珠体的表层组织中，它们形态多样、深浅不一、浓淡有别地自然分布着。还可观察到晶体脱落现象，脱落后的组织表面胶结附着有壤液成分。

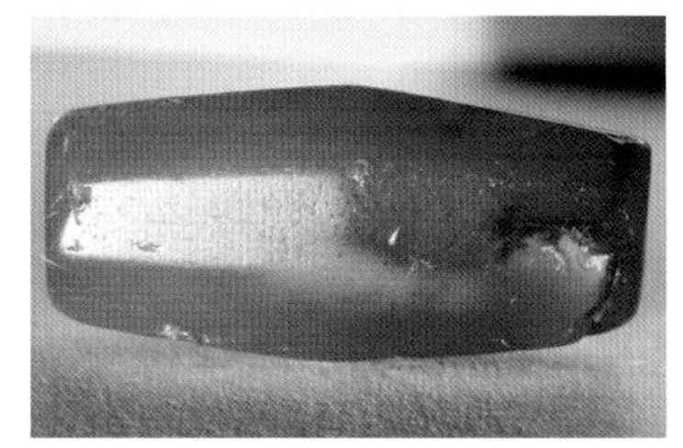

图3-18-3(a)

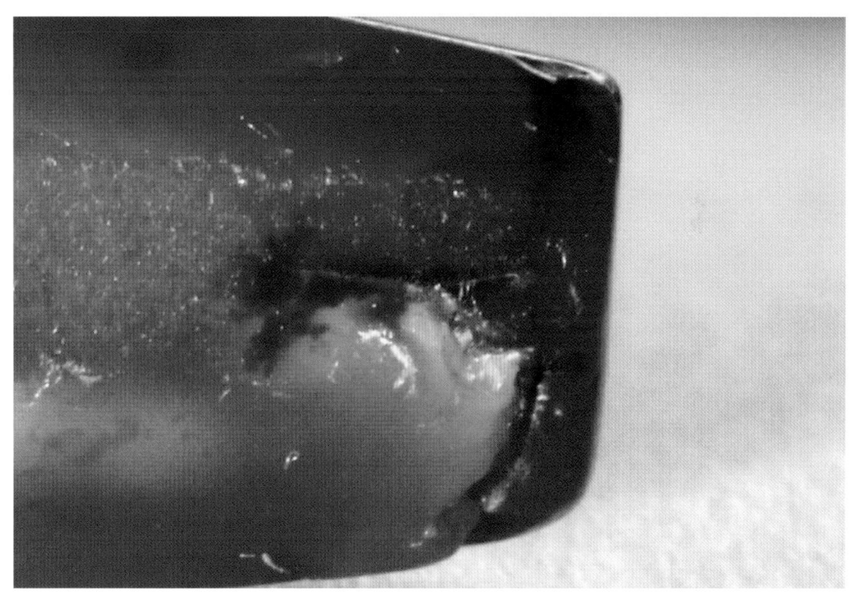

图3-18-3　多棱玛瑙珠局部

图片解读：这颗玛瑙珠局部受沁严重，珠体上具有明显的色沁现象、沁裂纹现象、晶体疏松现象和晶体脱落现象，这些受沁现象的综合表征是珠子在漫长的受沁过程中经历风化淋滤作用和渗透胶结作用后的结果。

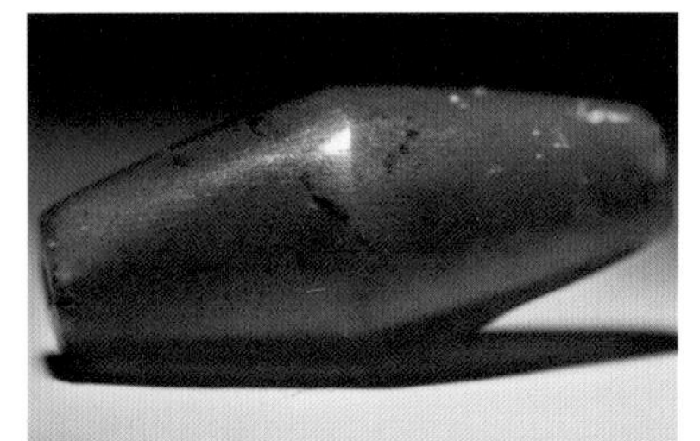

图3-18-4(a)

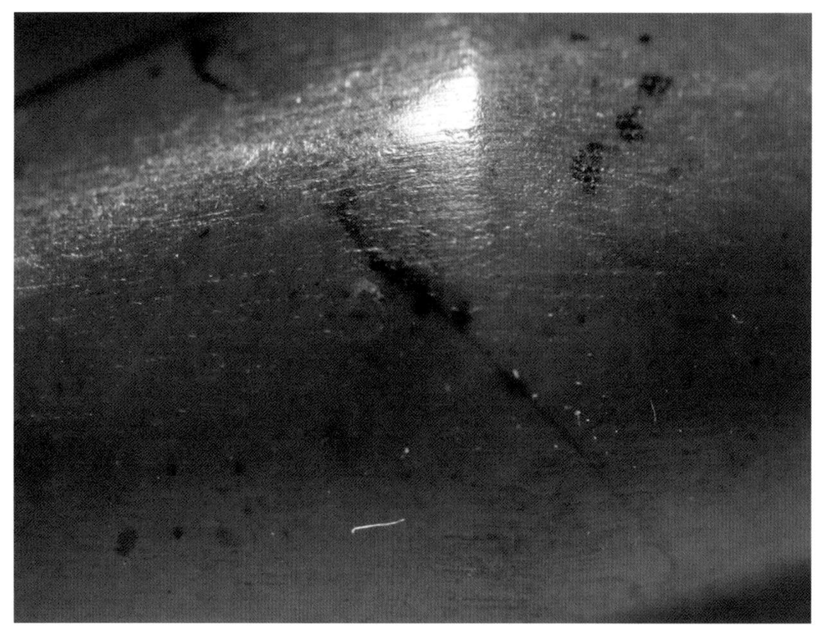

图3-18-4　枣核状玛瑙珠局部

图片解读：这颗玛瑙珠的表面具有明显的色沁现象，其黑色或红色的色素元素呈线状或点状非常自然地赋存于珠体的表层组织中，它们浓淡有别、形态多样、深浅不一。还可观察到橘皮纹现象。

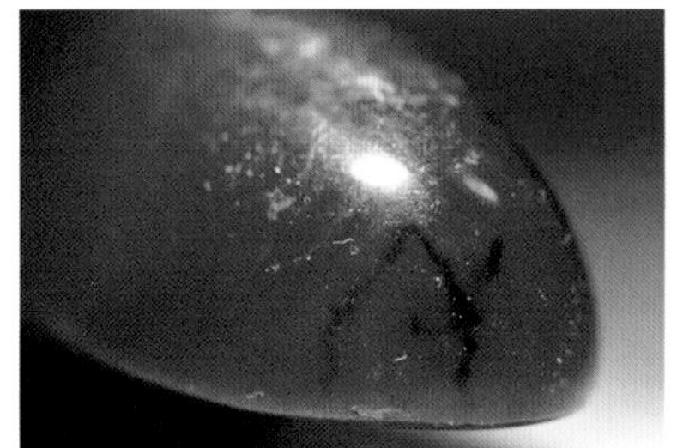

图3-18-5(a)

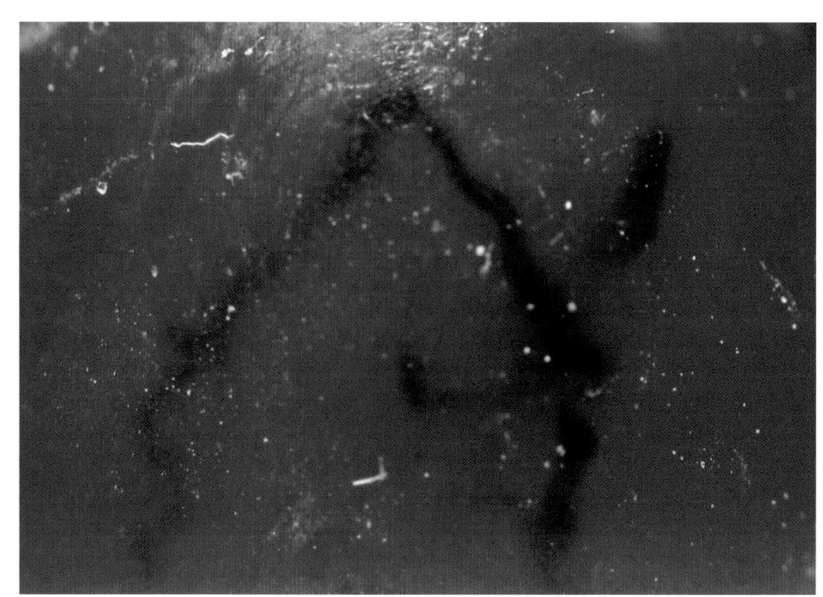

图3-18-5　红玛瑙带钩局部

图片解读：这件玛瑙带钩的局部在漫长的受沁过程中产生了色沁现象，它是土壤胶体溶液中的色素离子在渗透胶结的过程中渗透并充填在相对疏松的晶间孔隙中所产生的结果。图中可见色素离子的分布有深有浅、形态自然，而颜色亦浓淡有别。

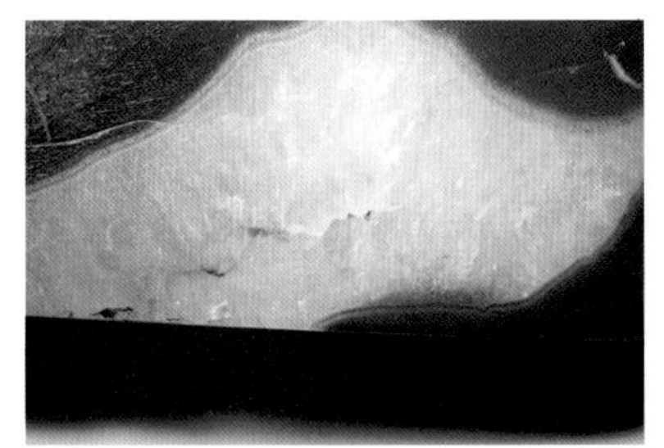

图3-18-6(a)

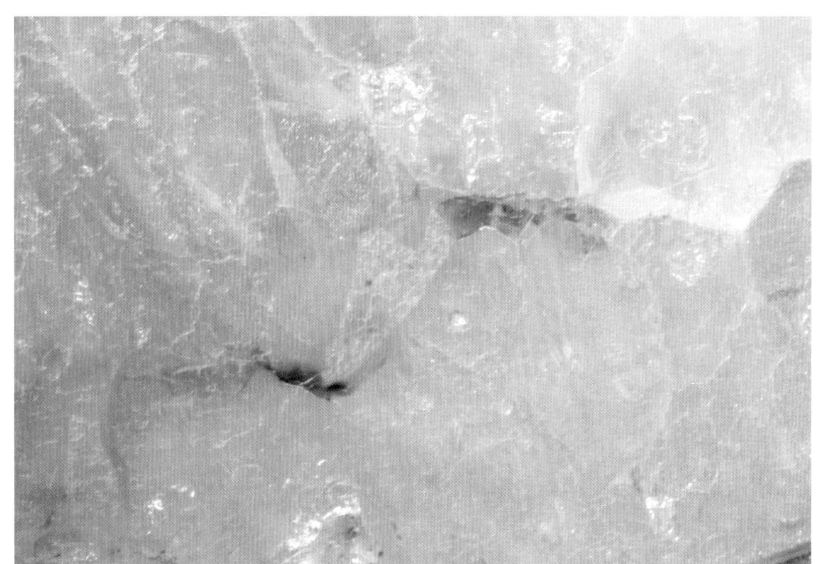

图3-18-6　红缟玛瑙剑璏局部

图片解读：这件玛瑙剑璏的一处包裹有发育不完全的石英晶体，它是含硅热液于空洞中形成隐晶质的玉髓后再结晶的产物。在这一部位的粗大石英晶体间渗透、胶结有绿色的色素元素，从而呈显出绿色的色沁现象。绿色沁浓淡不一，分布自然，很可能来自铜剑。

图3-18-7(a)

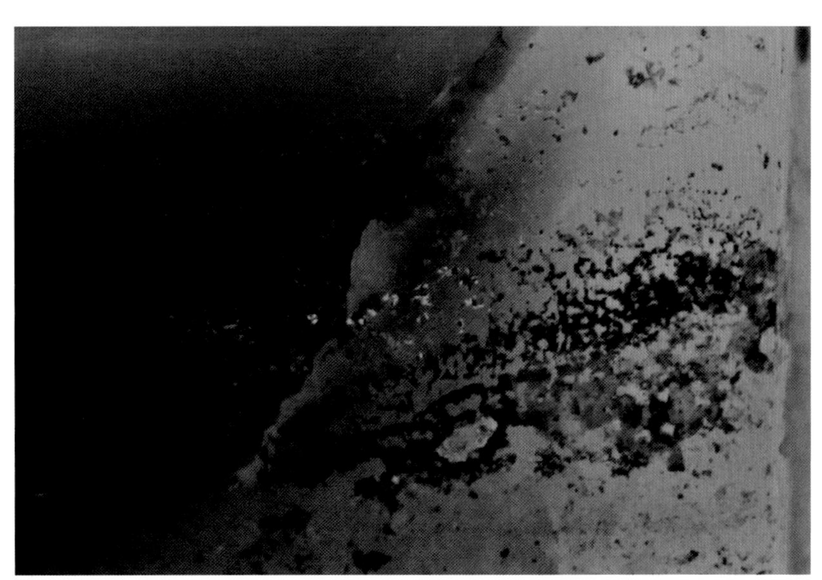

图3-18-7　红缟玛瑙剑璏局部

图片解读：这件红缟玛瑙剑璏的背面局部有明显的绿色沁现象，绿色的色沁有的渗透进入器物的表层组织，有的则胶结附着在器物的表面。绿色沁的色素元素很可能来源于铜剑。

图3-18-8(a)

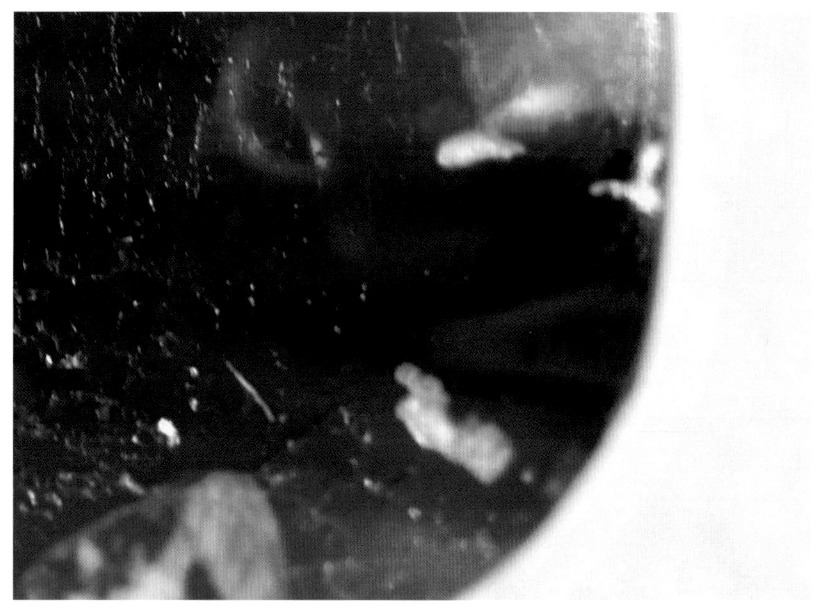

图3-18-8　蚀花红玉髓珠局部

图片解读：这颗蚀花红玉髓珠产生了色沁现象、沁裂纹现象、内风化现象、蚀色褪色现象，它们是珠子在漫长的埋藏过程中经历风化淋滤作用和渗透胶结作用后的综合结果。

图3-18-9(a)

图3-18-9　圆柱状天珠局部

图片解读：这颗天珠的黑色蚀花部位在强光下呈现出色彩不匀的棕黑色，其上有一些颜色相对较深的平行纤维状色素赋存现象，这种或长或短、或粗或细、颜色相对较深的纤维状色素的赋存状态与该部位组织中石英晶体的取向和拓扑结构特征等因素有着密切关系。

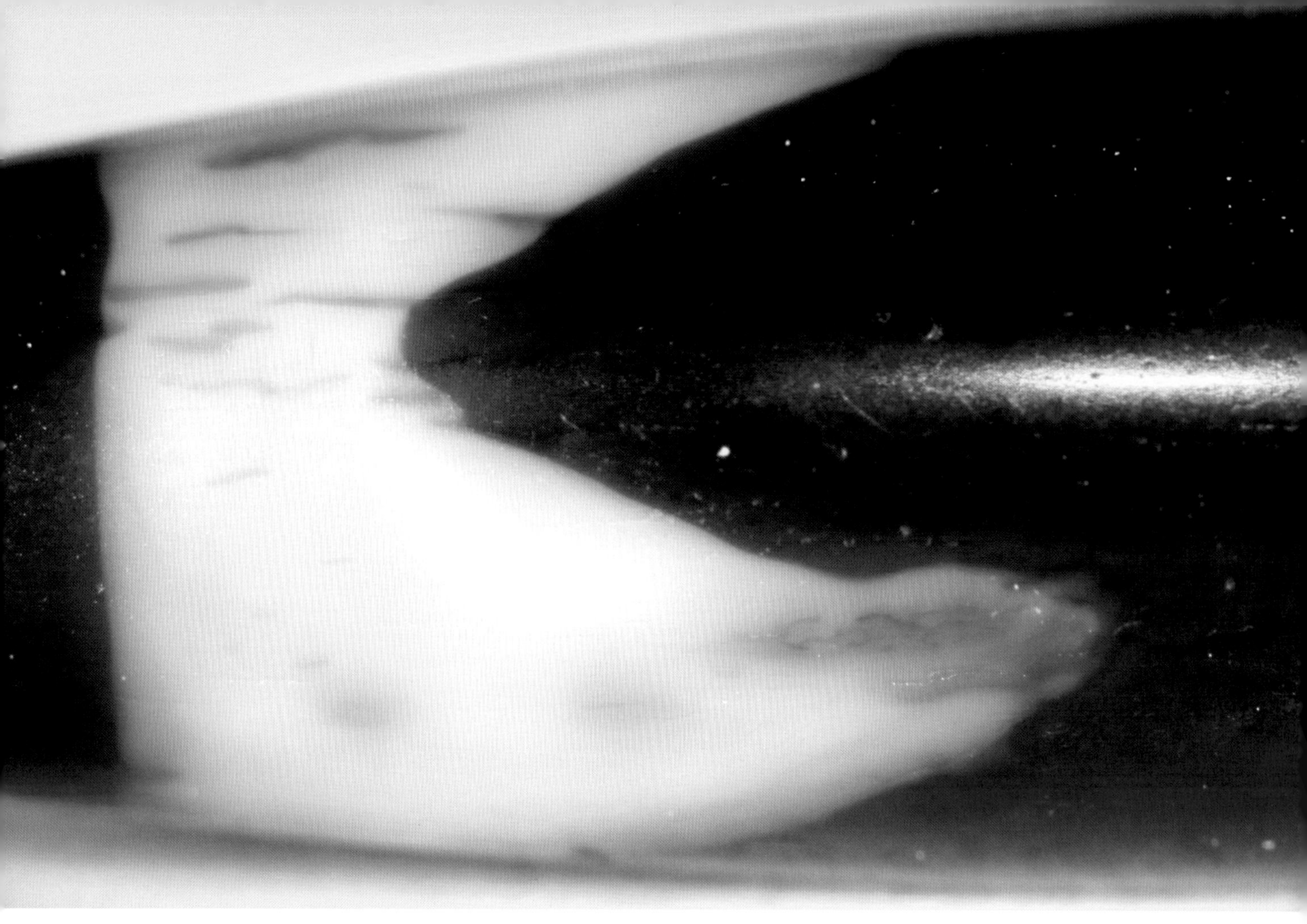

图3-18-10　圆柱状天珠局部

图3-18-10（a）

图片解读：这颗天珠的珠体在受沁过程中产生了色沁现象。可见黄色沁以多条短直的平行纤维状形态分布于珠体表层的白色蚀花部位和“黑”色蚀花部位，也有以轻薄的片状形态分布于白色纹饰上的。它们是壤液中的色素元素渗透胶结于珠体表层晶间孔隙中的结果，其形态与组织中石英晶体的取向和拓扑结构特征等因素有关。

图3-18-11　圆柱状天珠局部

图3-18-11(a)

图片解读：这颗天珠的白色蚀花纹饰上有非常明显的色沁现象，它是土壤胶体溶液中的色素元素在受沁过程中渗透胶结于珠体表层的结果。黄褐色的色沁分布自然，色沁的颜色有浓有淡，层次丰富。数条沁裂纹以及白色蚀花纹饰微凹于珠体其他部位。

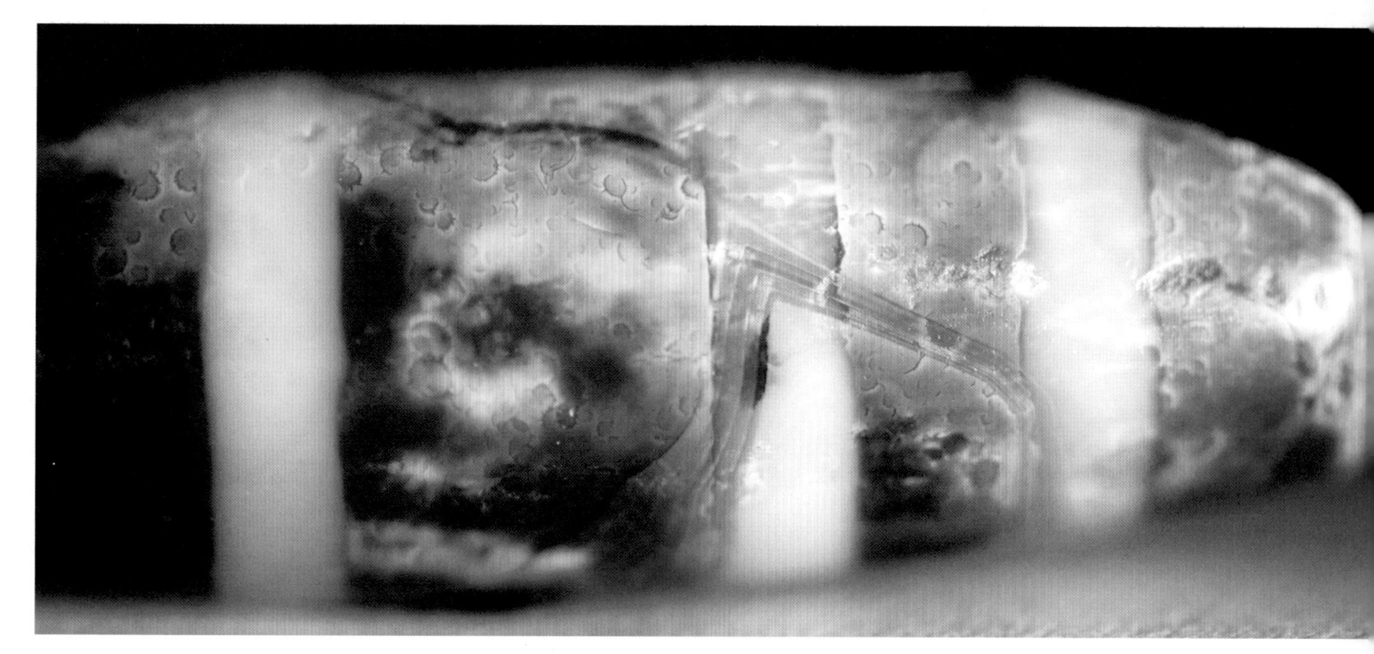

图3-18-12　圆柱状天珠局部

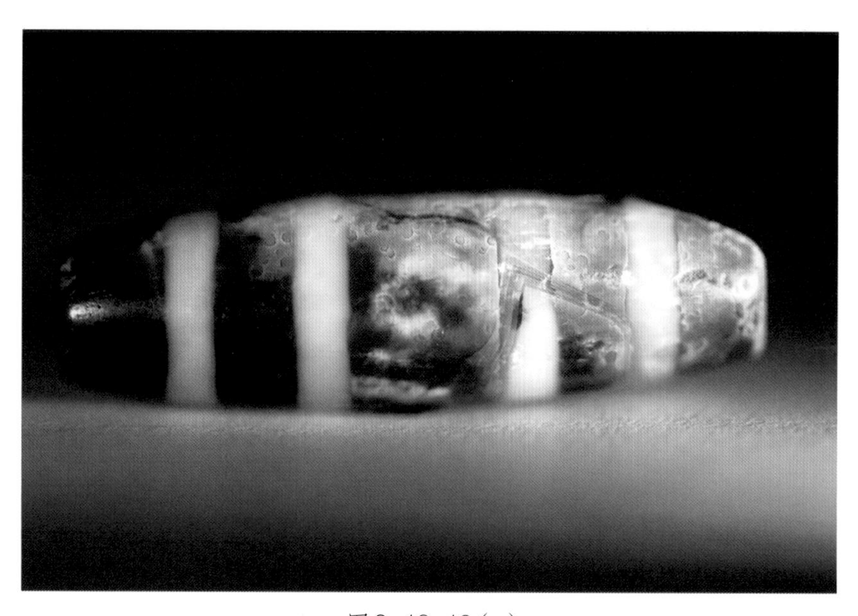

图3-18-12（a）

图片解读：这颗天珠的表面呈现出大面积的白色沁现象，它是胶体溶液中高含量的碳酸钙（或碳酸钠）在受沁过程中渗透胶结于珠体表层组织中的结果。白色沁浓淡有别、分布自然，其形态与珠体表层组织中石英晶体的取向和拓扑结构特征等因素密切相关。

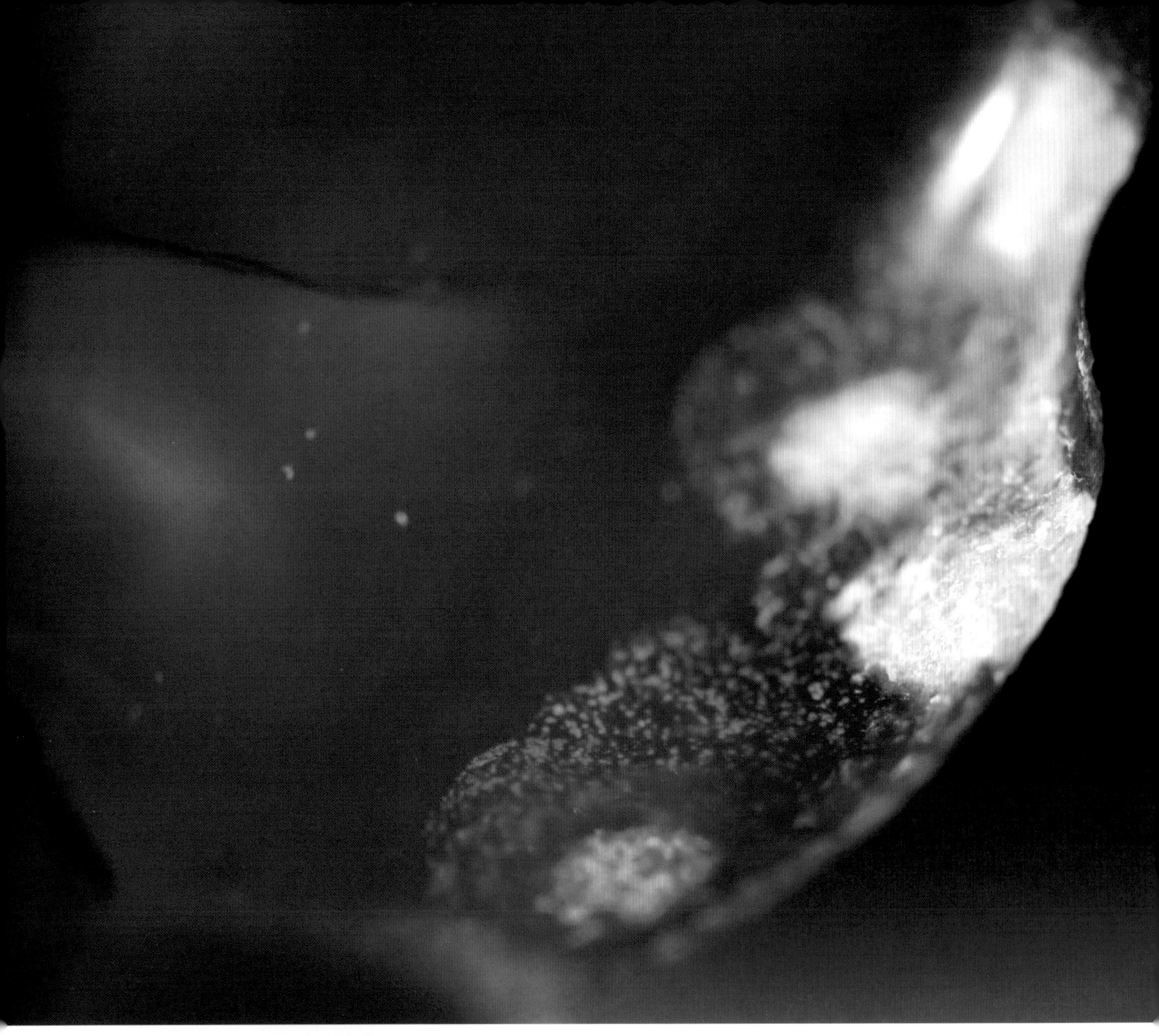

图3-18-13　玛瑙饰件局部

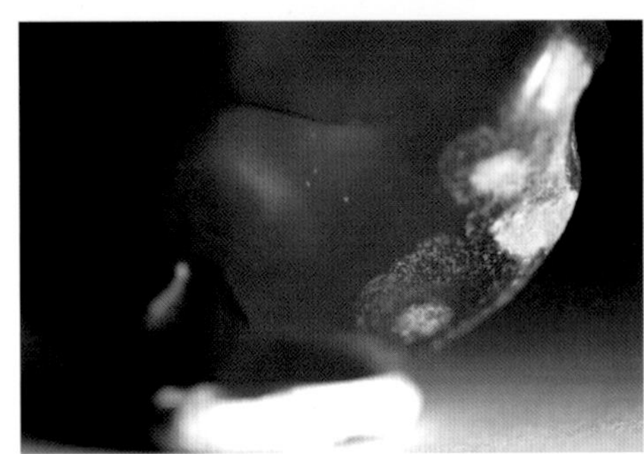

图3-18-13(a)

图片解读：这件玛瑙饰件的局部有白色的色沁现象，色沁部位呈白色—淡黄色，这是土壤中的碳酸钙（或碳酸钠）在渗透胶结的过程中胶结、填充于珠体表层组织中的结果。白色沁的周围组织中分布着许多淡黄色的点状物，它们很可能也是土壤中的上述物质渗透并胶结于相对疏松的珠体组织中的结果。

图3-18-14(a)

图3-18-14　圆柱状天珠局部

图片解读：这颗天珠的珠体上有明显的色沁现象，它是壤液中的黑色素元素在漫长的受沁过程中渗透胶结在晶间结合力较弱的部位时呈现的结果。珠体表面可观察到沁裂纹现象，还可见色素元素从沁裂纹处沁入珠体并沿着裂理面向珠体内部组织逐渐渗透的态势。珠体表面还有晶体轻微脱落后形成的土蚀斑和土蚀痕现象。

图3-18-15(a)

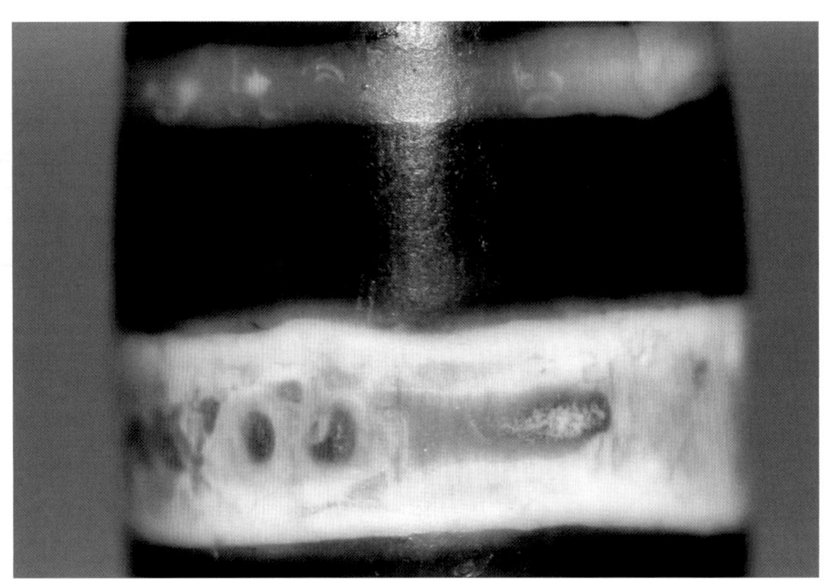

图3-18-15　圆柱状天珠局部

图片解读：这颗天珠受沁后在白色蚀花纹饰上呈显出明显的色沁现象，其黄褐色的色沁浓淡不一、富有层次，非常自然地分布于白色蚀花纹饰上。图中还可观察到在黑色蚀染部位有蚀色褪色现象，其裸露出来的白玉髓珠体则呈现出失透变白现象。

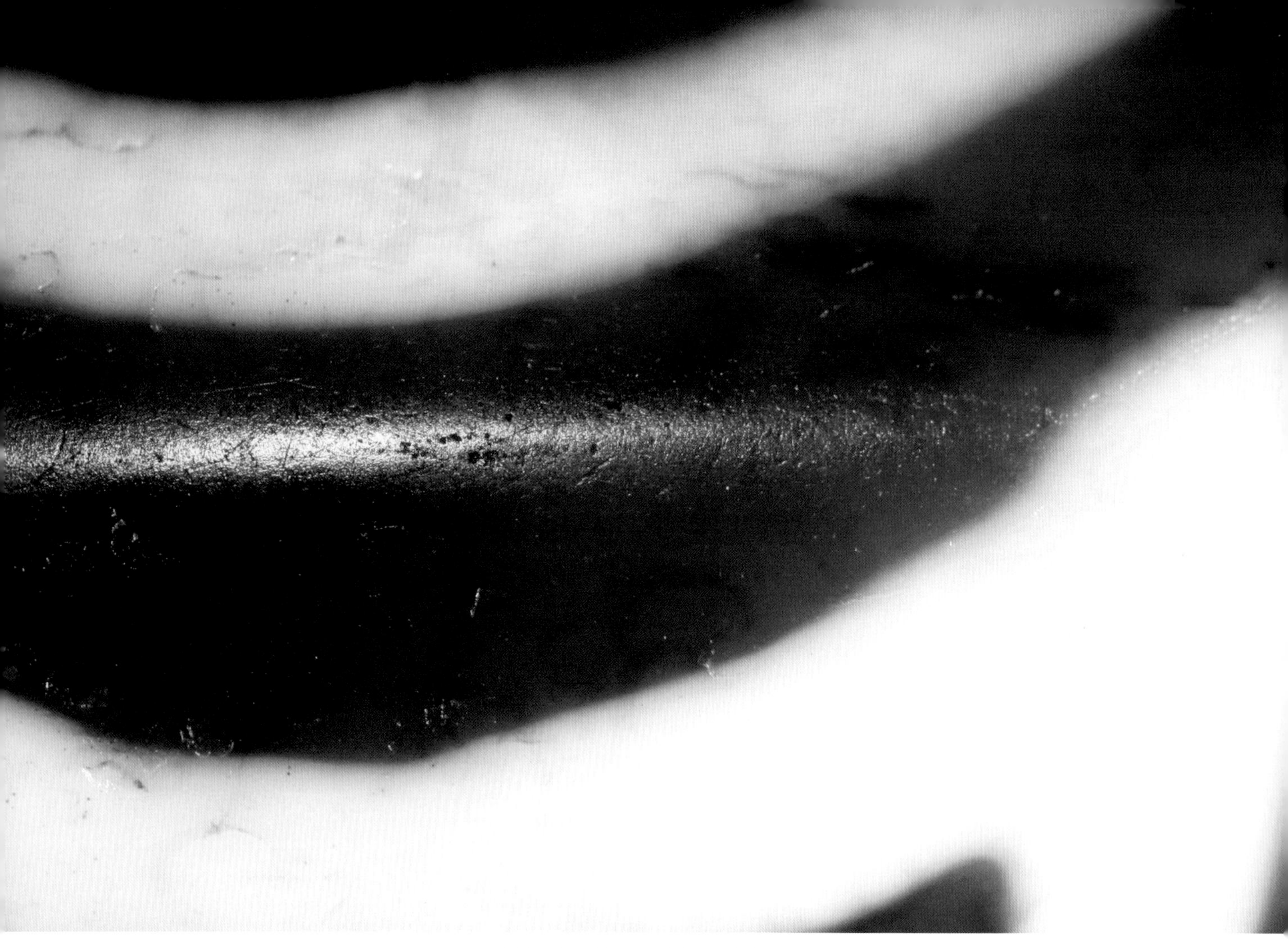

图3-18-16　圆柱状天珠局部

图3-18-16（a）

图片解读：这颗天珠的珠体上有多处深褐色的色沁现象，其色彩有深有浅，形态多呈圆弧状、短直纤维状等，它们与珠体表层组织中的微观结构密切相关，是珠体经历风化淋滤作用和渗透胶结作用后的综合结果。还可观察到一条细微的沁裂纹以及多处晶体脱落后形成的土蚀斑现象。

图3-18-1、2：汉代，湟中县多巴训练基地墓地出土，青海省湟中县博物馆藏；图3-18-3、8、11、14、15：公元前7—前4世纪，塔什库尔干县吉尔赞喀勒墓地出土，中国社会科学院考古研究所新疆工作队藏；图3-18-4、5、6、7、13：西汉，南昌市海昏侯墓地出土，江西省文物考古研究院藏；图3-18-9：春秋晚期，淅川县下寺墓地出土，河南省文物考古研究院藏；图3-18-10：公元前3—前2世纪，札达县曲踏墓地出土，西藏自治区札达县文物局藏；图3-18-12、16：公元前6—前3世纪，库车县提克买克墓地出土，新疆自治区文物考古研究所藏。

图3-18说明：玉髓质文物上多彩多姿的色沁现象。

玉髓质珠饰在长久的埋藏过程中受土壤环境的影响发生了一系列次生变化，其受沁的深层原因不仅与玉髓矿料的物理、化学性质密不可分，还与埋藏环境的具体状况密切相关。[33]玉髓质文物在受沁过程中所发生的风化作用主要是物理风化，以机械性地破坏 SiO_2 晶体间的结合力为主要特征，从而使珠体的晶间孔隙在受沁过程中不断地增大、增多，这也导致器物受沁部位的组织结构变得越来越疏松。整体而言，玉髓质文物在漫长的受沁过程中经历了风化淋滤作用和渗透胶结作用，其中风化淋滤作用使玉髓 SiO_2 晶体间的孔隙增大，弱化了 SiO_2 晶体间的连结力，从而导致晶体疏松，当这种次生变化发生在器物体内，就使我们观察到了内风化现象；当晶体疏松发生于器表时，就产生了晶体疏松现象；当相对严重的晶体疏松现象导致器表的部分晶体发生剥落，就形成了晶体脱落现象；当风化淋滤作用与器物的应力叠加，就会产生沁裂纹现象；受沁过程中的渗透胶结作用使富含 SiO_2 和 Al_2O_3 等的胶体溶液渗透并填充、胶结在珠体表层，从而形成了包浆现象；当包浆渗透胶结在并非十分平整、光滑的器表，又有光线从某一角度照射时，我们就会在放大镜下观察到橘皮纹现象；相对于产生橘皮纹现象的器表而言，当包浆渗透胶结的器物表层相对细腻、平整，又有光线从某一角度照射时，我们就会在放大镜下观察到叶脉纹现象；当赋存于壤液中的各种致色元素在渗透胶结过程中逐渐渗透进器物的晶间孔隙并填充于此，就会形成各种色沁现象；风化淋滤作用会导致玉髓质文物的 SiO_2 晶体在方向上发生一定程度的改变，由此在晶体间产生更多、更大的孔隙，而 SiO_2 晶体间孔隙的增多、增大使内反射界面也增多或增大，从而增强了光线的折射作用和散射作用，但降低了光线的透射能力，以致光线无法自由顺畅地通过玉髓质文物，最终我们在宏观上观察到受沁后的玉髓质文物发生了变白失透现象；对于人工蚀花而成的天珠和蚀花红玉髓珠而言，它们还会在受沁过程中产生蚀色褪色现象，这是由于经过人工蚀花制作而成的天珠和蚀花红玉髓珠，其黑色和白色的色素元素大多以离子形式赋存于珠体表层的微孔隙中，而受沁过程中的风化淋滤作用使这些晶体间的色素离子发生渗流和析出，这样就导致充斥于晶间的色素离子发生位置变化或数量减少，从而形成蚀色褪色现象。

㉝ 巫新华、哈比布、罗丹：《西藏考古发掘出土天珠的蚀花工艺与受沁现象探析》，《博物院》2019年第1期。

玉髓质文物具有多孔特性，其所有的受沁现象都是它们在漫长的埋藏过程中逐渐产生的次生变化，也是它们历经久远岁月洗礼后的有力鉴证。我们常常在同一件玉髓质文物上观察到多种沁像共存，这些次生变化之间存在着直接或间接的因果关系。虽然玉髓质文物上的沁像复杂而多样，但我们只要在深明玉髓矿料的化学、物理性状的基础上结合器物的具体埋藏环境以及受沁机理综合分析，就能发现各种沁像之间必然具有一定的系统规律性，而各种纷繁复杂的沁像都与埋藏环境之间存在着密不可分的联系。概言之，每一件玉髓质文物的沁像表征都与玉髓的物理、化学性质以及埋藏环境的具体状况紧密相关，而每一种沁像不仅具有器物在长久的风化过程中渐次形成的自然形态，且各沁像之间还必然具有系统的规律性。

第四章

天珠的受沁现象

本章主要以我国考古发掘出土及馆藏的22颗天珠为研究对象，采用“微痕考古”的方法对它们的沁像和古代工艺痕迹进行细部的观察研究。其中，21颗天珠为我国考古学家们通过科学的考古手段发掘出土，出土墓葬分别位于西藏自治区、新疆维吾尔自治区、青海省、河南省和湖南省；另1颗陈展于中国国家博物馆。

我们利用自然科学技术中的肉眼裸视、光学显微观察（放大镜、高清视频镜）、单反相机微距拍摄等观测手段，借助前辈学者对高古玉器次生变化的研究成果以及其他相关科学领域的知识，对每一颗天珠的沁像进行科学解析和阐释，进而揭示每一颗天珠在各自特有的埋藏环境中产生的系统性、规律性的次生变化，从而实现科学地论证传统的考古方法所不能认识或难以解释的相关问题。我们检测、观察的工作方法如下。

第一步为肉眼裸视观察：将标本进行相应的清理，先将珠子放入温水中浸泡约10分钟，取出后放在具吸水性的纸上晾干，以备观察。然后用肉眼裸视观察每一颗天珠在自然光下的状态，再用强光手电筒的光透射过天珠的珠体，以此观察珠体的透明度和内部形态特征。

第二步用40倍放大镜观察：初步观察赋存于珠体上的沁像及临近孔口的孔道特征；然后用手电筒的光从一端孔口射入天珠的孔道，并使光线从另一端孔口射出，借助光线的衍射状态观察整条孔道内壁的形态特征。

第三步用单反相机的微距镜头拍摄记录每一颗天珠珠体上的各种沁像和加工痕迹，以方便我们日后在电脑屏幕上再行放大观察其形态特征。

第四步为显微观察法：我们使用了HRV-200C高清视频镜，在放大10—70倍倍率环境下，对每一颗天珠的沁像和加工痕迹进行低倍的显微观察，并以此拍摄记录相关成像。

一、西藏自治区考古发掘出土的天珠

西藏自治区在2014—2018年陆续考古发掘出土的6颗天珠分别来自阿里地区札达县的曲踏墓地和皮央·东嘎遗址。其中，曲踏墓地Ⅰ区的年代为距今2000—1800年，Ⅱ区的碳十四测年数据有两个：M3距今2250±25年，M5距今2150±25年，其丧葬习俗与早期苯教关系密切[①]；皮央·东嘎遗址由格林塘墓地、东嘎遗址Ⅴ区墓群和皮央遗址萨松塘墓群组成，这是一处延续时间很长的遗址，其中格林塘墓地的年代为距今2725—2170年，相当于中原地区的秦汉时期[②]。

（一）曲踏墓地考古发掘出土的天珠

1. 圆柱状天珠（2014 Ⅱ区 M4：15）

图4-1-1

文物资料：天珠长28.48mm，珠体最大直径8.57mm，孔口直径分别为1.49mm和1.69mm。珠体呈圆柱状，珠体中间略粗，然后逐渐向两头收细，两端截平。珠体表面大部分被蚀染成深褐色，其间有乳白色相间的纹饰。乳白色纹饰为对称环绕于珠体两端的圆圈纹及从圆圈纹的内圈延伸出的交错排列的两排三角形，从而使珠体中间的深褐色部分形成了“之”字形纹饰。2014年出土于曲踏墓地Ⅱ区M4。

① 中国社会科学院考古研究所、西藏自治区文物保护研究所、阿里地区文物局、札达县文物局：《西藏阿里地区故如甲木墓地和曲踏墓地》，《考古》2015年第7期。

② 四川大学中国藏学研究所、四川大学考古学系、西藏自治区文物局：《西藏札达县皮央·东嘎遗址古墓群试掘简报》，《考古》2001年第6期。

为了获取更好的观察效果，我们在观察前对这颗天珠进行了清洗：先将天珠放入温水中浸泡10分钟左右，然后将珠子取出并放置于吸水性较强的纸上晾干，之后再用软布将珠体擦拭一遍，以清除水渍痕迹。当我们在自然光下用肉眼裸视法观察这颗天珠时，正如图4-1-1所见：这颗天珠的表面具有莹亮的光泽，是包浆包裹于整个珠体后带来的光泽感。这种光泽挺括而亮泽，并使人感到其有微微的厚度，与单纯的抛光带来的光泽感略有不同。结合本书第三章的相关内容可知：这颗天珠表面的润亮光泽来自埋藏环境中的硅、铝、铁等元素，这些元素以氧化形态存在于壤液中，它们在漫长的埋藏过程中渗透、胶结在天珠珠体的表层，从而形成了包浆。从这颗天珠一端露出的白玉髓珠体来看，珠体拥有很高的矿物质量，成珠时曾被工匠反复打磨抛光，从而呈现出“玻璃光泽”。这样的珠体表面拥有相对平整的底子，因此当壤液中富含 SiO_2 和 Al_2O_3 等的胶体溶液填充并胶结在珠体表层时，硅和铝等金属元素的富集会使天珠表面呈现出凝厚且更加莹亮的光泽，从而使我们观察到珠体表面不同于抛光带来的光泽感。图中还可观察到色沁现象、蚀色褪色现象以及珠体表面晶体轻微脱落后形成的土蚀痕现象。当我们用手指轻轻转动这颗天珠的珠体时，能感知到珠体多处具有切角倒棱工艺带来的轻微的不平整感。

图4-1-2

当我们用强光手电筒的光从1点钟方向和7点钟方向同时照射珠体时，可见珠体平整光滑，大部分不透光，但天珠的上端由于黑色蚀染元素褪色殆尽而透射出淡黄色的莹亮光辉。珠体上一处黑色纹饰和乳白色纹饰的交界处也透射出较莹亮的红色光辉，表明此处也发生了蚀色褪色。珠体上部的白色蚀花纹饰上有淡黄色的色沁现象，而其旁边的黑色纹饰上也有色沁现象发生，但由于黄褐色的色素离子渗透胶结于“黑”底上而几乎不显色，珠体下部的白色纹饰上也可观察到呈片状的黄色沁现象，如图4-1-2。

图4-1-3

当我们从2点钟方向和7点钟方向同时打光观察这一端部时，可见珠体具有润亮的光泽，表面隐约有细腻的橘皮纹现象；蚀色褪色的珠体部位呈显出天然白玉髓的色泽并透射出莹亮的光辉，孔道内壁还胶结有壤液成分。还可观察到在端部平面上有一处较大的晶体疏松现象，严重处发生了晶体脱落，部分脱落面上也胶结有壤液成分。孔口的边缘部位和这一端面的边缘部位都有大小不一、形态各异的土蚀坑现象，如图4-1-3。

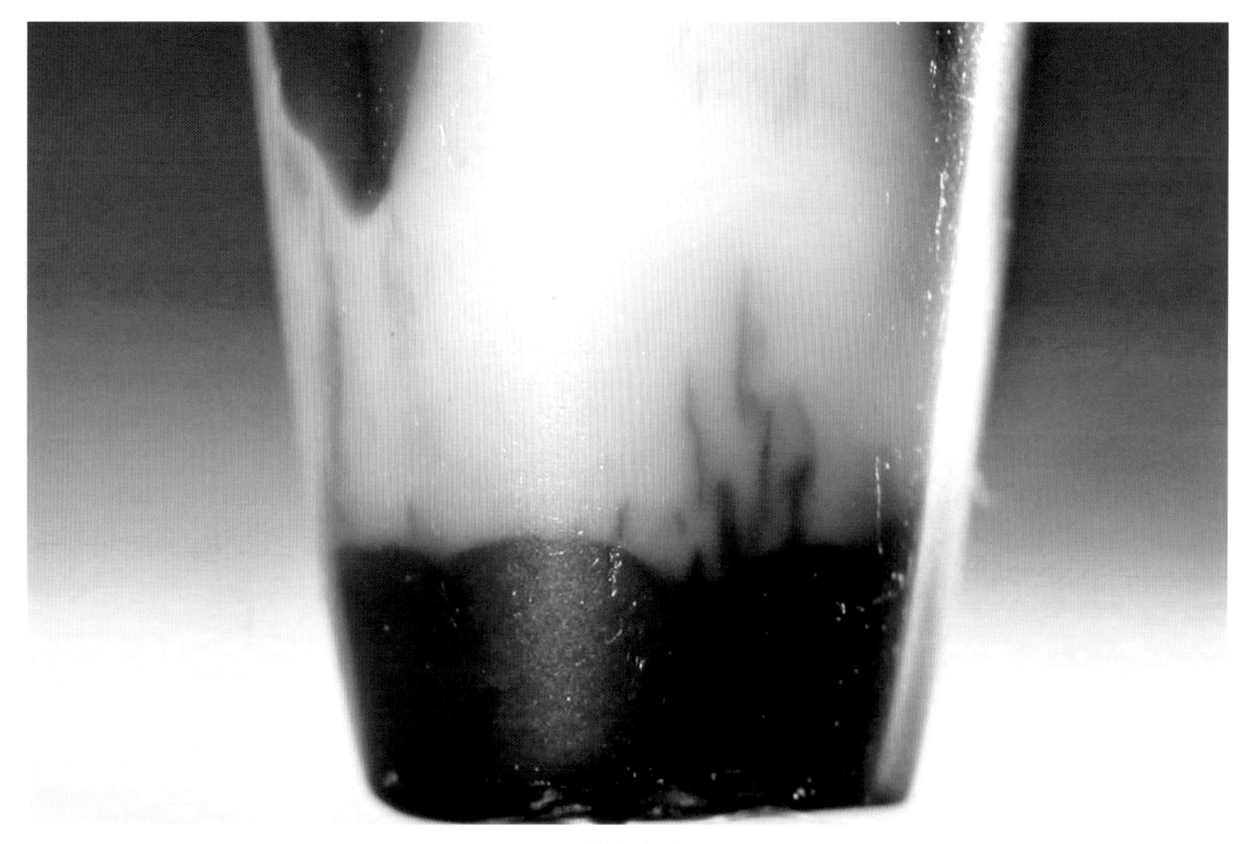

图 4-1-4

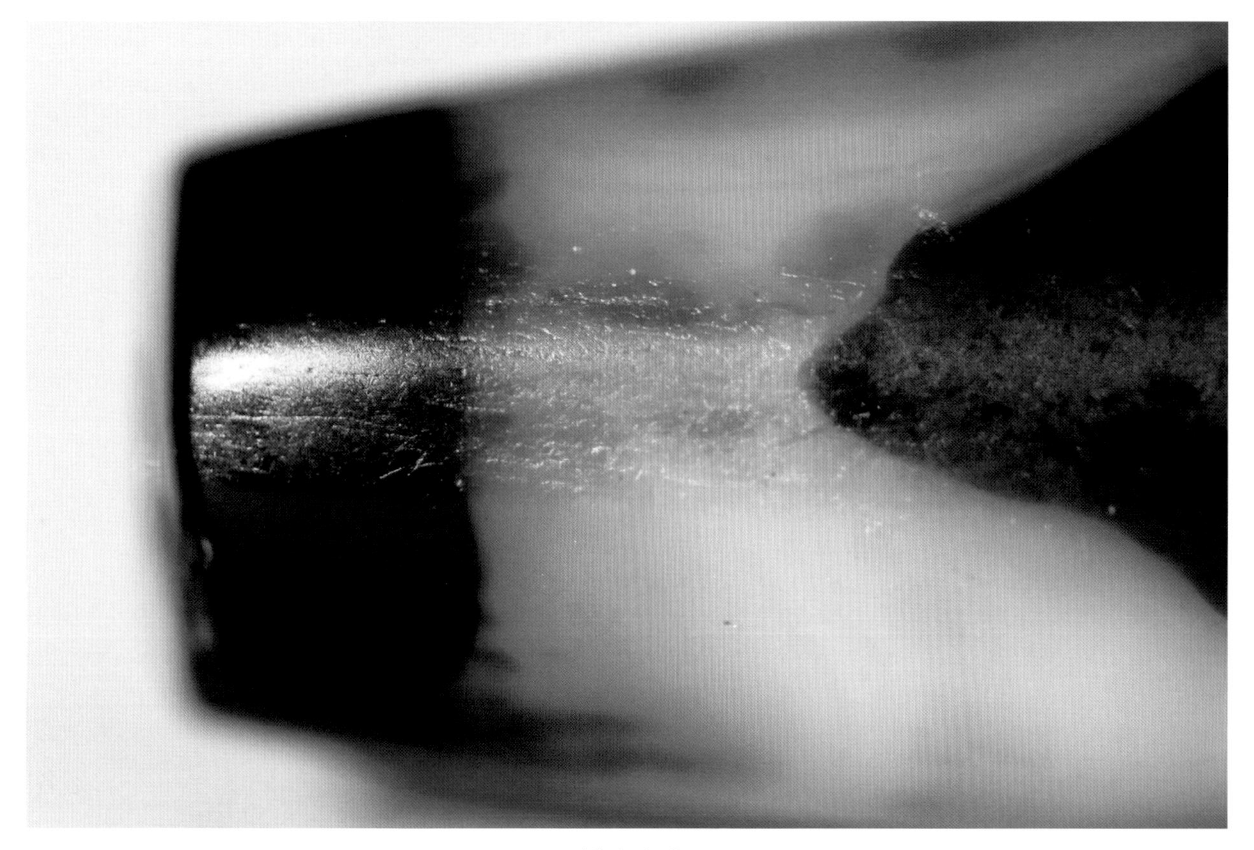

图 4-1-5

图4-1-4是珠体未发生蚀色褪色的一端，可清楚观察到白色蚀花部位有黄褐色的色沁，它们呈平行纤维状或淡淡的片状；而在珠体的黑色蚀染处也可观察到平行纤维状的黄褐色的色沁，由于其呈现于“黑”底而不易被发现，但仔细观察就能看到黄褐色的色素元素沿着珠体表层晶间相对较大的微孔隙沁入珠体内，其中色素元素填充胶结较多处的呈色相对较深，而色素元素渗透胶结较少处的呈色相对较浅。图4-1-5是此端珠体的另一面，可清楚观察到黄褐色的色沁现象分布于乳白色的蚀花纹饰上，它们浓淡有别，形态十分自然。还可在乳白色纹饰处看到较为细腻的橘皮纹现象。

图4-1-6

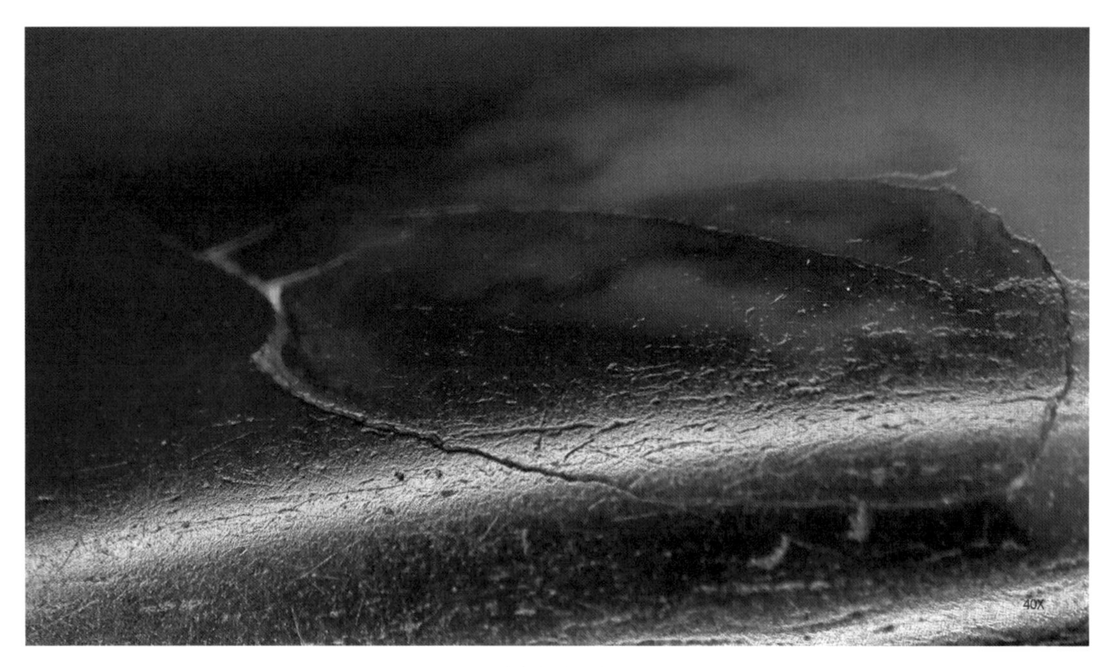

图4-1-7

从图4-1-6中可清晰观察到黄褐色的色沁现象，它们呈短平行纤维状或片状。这些色沁现象不仅分布在白色蚀花区域，还自然分布于“黑”色蚀染区域，其中一些短平行纤维状的黄褐色的色沁自然地从乳白色蚀花部位延伸至“黑”色蚀染部位；珠体的右端是受沁现象较为集中的一处，这一部位有色沁现象、沁裂纹现象、晶体疏松现象等。图4-1-7是在40倍显微镜下的成像，可以看到黄褐色的色素元素逐渐渗流并胶结在珠体表层原本被蚀染成乳白色的部位，因此呈现出黄褐色和乳白色相间的色素分布形态，而黄褐色的色沁分布自然、富有层次，色彩也浓淡有别，其边缘处如水墨般自然晕染开来。这一部位的珠体表层组织发生了晶体疏松现象，疏松组织的周边被粗细有别、蜿蜒曲折的沁裂纹包围着，能观察到沁裂纹始于何处又悄然隐匿于何处。

图4-1-8

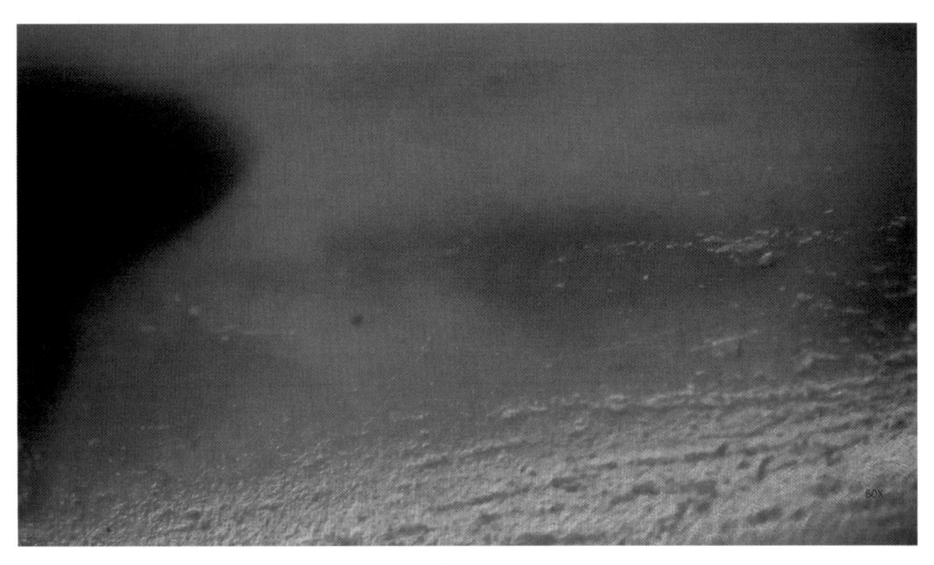

图4-1-9

从图4-1-8中可观察到珠体上的另一处黄色沁现象，它们呈片状分布于乳白色纹饰上，有浓有淡，形态十分自然。图4-1-9是这一部位在60倍显微镜下的成像，可见黄褐色的色沁如水墨般自然分布于白色花纹处，同时还可观察到橘皮纹现象、土蚀痕及土蚀斑现象。

图4-1-10

从图4-1-10中可观察到整个珠体较为光滑，其上有多条微细的沁裂纹现象；在白色蚀花纹饰上自然分布着多处黄褐色的色沁现象；珠体的下端还发生了明显的蚀色褪色现象。微细沁裂纹的形态非常自然，有粗有细、蜿蜒曲折，有的首尾相续，有的独立存在。珠体表面还有晶体发生少许脱落后形成的土蚀痕和土蚀斑现象。

图 4-1-11

图4-1-11是珠体在40倍显微镜下的成像，使我们对这一部位的微细沁裂纹的形态特征观察得更加清楚。图中可看见一些微细沁裂纹的旁边有土蚀斑现象，这是珠体表层的微晶体在漫长的风化淋滤过程中逐渐疏松、脱落后形成的自然形态。在土蚀斑的凹坑中和相对较粗的沁裂纹中还胶结附着有壤液成分。还可观察到隐约的橘皮纹现象。

图 4-1-12

图 4-1-13

从图 4-1-12 中可见珠体上赋存有一处发育不成熟的三角形石英晶体，它是成矿时含硅热液于空洞中形成隐晶质的玉髓后再结晶的产物。图 4-1-13 是此部位在 60 倍显微镜下的成像，其表层也被蚀染成黑色，此处的部分石英晶体已经脱落，石英晶体脱落后的凹陷处胶结附着有壤液成分。图中还可隐约观察到橘皮纹现象、土蚀斑现象。

图 4-1-14

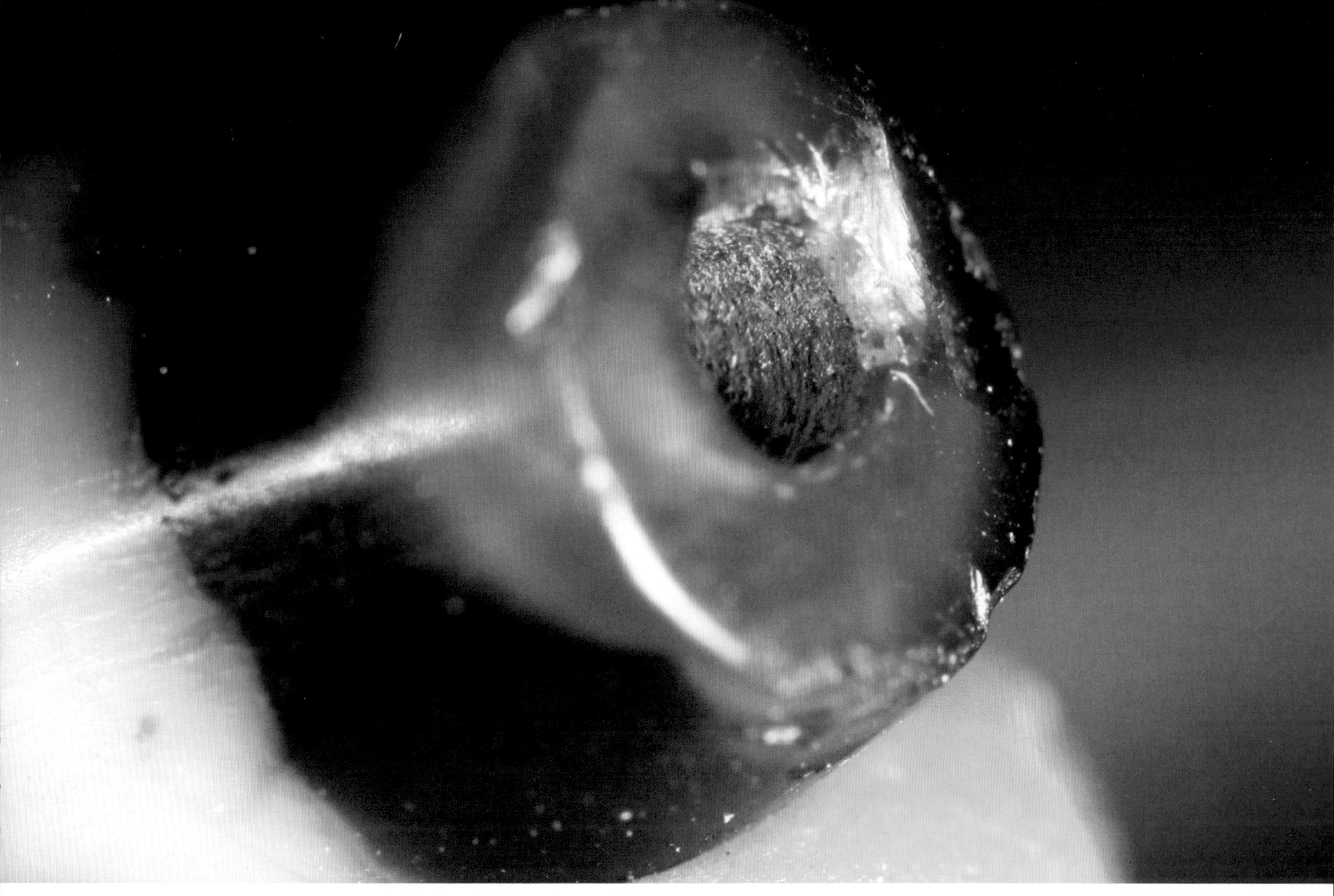

图4-1-15

当我们从正面观察这颗天珠在漫长受沁过程中产生了蚀色褪色的一端时，发现人工蚀染而成的“黑”色在受沁过程中已消失殆尽，裸露出白玉髓珠体的自色，见图4-1-14。图中可观察到端部平面上有晶体疏松现象以及由此形成的亮丽彩色斑面。此外，还有晶体脱落现象，仔细观察还隐约可见端部平面上残留有工痕。孔口的边缘部位和端部的边缘部位都产生了晶体脱落后形成的大小不一、各种形态的土蚀斑、土蚀坑现象。图4-1-15是从3点钟方向和7点钟方向同时打光观察蚀色褪色后的端部，端部平面上有晶体疏松和晶体脱落现象，后者正是前者恶化的结果。疏松的部位呈现出亮丽的彩色斑面，它是珠体表层的部分组织在漫长的风化淋滤过程中使微晶体间的结合力沿着较弱的网面变得松弛或在排列状态上发生相应改变的结果，当这些微晶体的排列形成某些特殊交角并有光线从特定方向照射时，就会因为光线的折射形成亮丽的彩色斑面。图中还可清楚观察到临近孔口的孔壁上有钻孔留下的旋痕，它们短小而不连续，是相对细腻的游离状解玉砂在金属工具的带动下琢磨过孔壁后留下的痕迹，而孔道内壁上还胶结附着有壤液成分。

图 4-1-16

图 4-1-17

图4-1-16是从正面观察珠体未产生蚀色褪色现象的一端，蚀染的“黑”色保存完好，还可观察到沁裂纹现象、晶体脱落现象、色沁现象，而孔道临近孔口处也被蚀染成“黑”色，较深处的孔道表面还附着有壤液成分。部分土蚀坑上还胶结有壤液成分。这一端部的截平面平直而光滑，曾被精细地打磨和抛光，在漫长的受沁过程中由于被包浆覆盖而具有挺括、润亮的光泽。图4-1-17是从侧面观察这一端面的成像，平行纤维状的黄褐色沁分布于乳白色蚀花纹饰上和“黑”色蚀染部位；端面的边缘处有晶体疏松脱落后形成的土蚀坑现象，一些土蚀坑的表面被包浆覆盖或胶结有壤液成分，它们形态各异且十分自然，其整体形态是珠体在经历了漫长的风化淋滤作用和渗透胶结作用后产生的综合结果。图中还可观察到在端部平面上有两条微细的沁裂纹，孔道壁上还胶结附着有壤液成分。

2. 圆板状天珠（2015 Ⅰ区 T7M1）

图4-2-1

文物资料：这颗天珠厚5.65mm，孔距21.96mm，孔径分别为1.60mm和1.66mm。珠体呈圆板状，珠体表层有人工蚀染的“黑”色底，一面具有人工蚀绘的乳白色圆圈纹。2015年出土于曲踏墓地Ⅰ区M1。

这颗天珠的表面具有较为莹亮的光泽，包浆之下的珠子表层并不是十分光滑平整，其上还残留着些许打磨痕迹，见图4-2-1。另外，人工蚀染而成的深褐色和乳白色的色彩分布得并不均匀，其色彩随着珠体的条带状结构而变化。

图4-2-2

当我们透光观察这颗天珠的正面时，发现珠体具有条带状结构特征，这一现象主要是珠体内部化学组成和微观结构的韵律性变化通过透明度和颜色差异在不同尺度的表征，如图4-2-2。另外，人工蚀花而成的黑、白两色部位的内反射光也随着珠体中的条带状结构和光线的移动而呈现出不同的光辉。图中还可观察到有一条钻孔横穿珠体中间，而钻孔的两个孔口分别位于圆板状珠体边缘的两端。

图 4-2-3

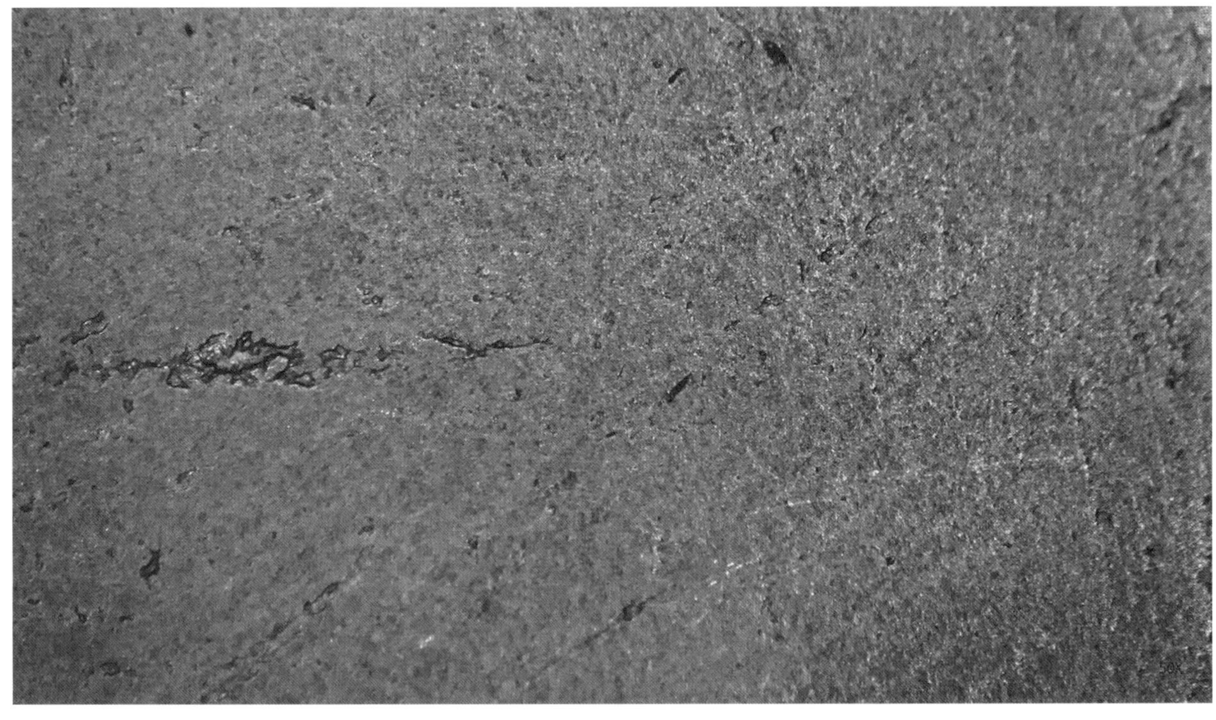

图 4-2-4

从图4-2-3中可发现这颗天珠的背面并不十分平整光滑，而是具有许多细小的土蚀痕，但整个珠体具有较为莹亮的光泽；珠体顶端有一处晶体疏松现象，疏松的裂理面折射出一片相对亮丽的黄褐色光辉，而裂理面的一部分延伸至珠子的表面并形成了细小沁裂纹；珠体内部具有条带状结构，边缘处有一个孔口。图4-2-4是珠体背面在50倍显微镜下的成像，可见其表面并不平整光滑，而是在较为粗糙的橘皮纹状态中杂糅着许多大小不一、形态各异的土蚀痕、土蚀斑以及隐约的直条状打磨残痕，上面胶结有壤液成分，一处较大的土蚀斑中则胶结有相对较多的壤液成分。

图4-2-5

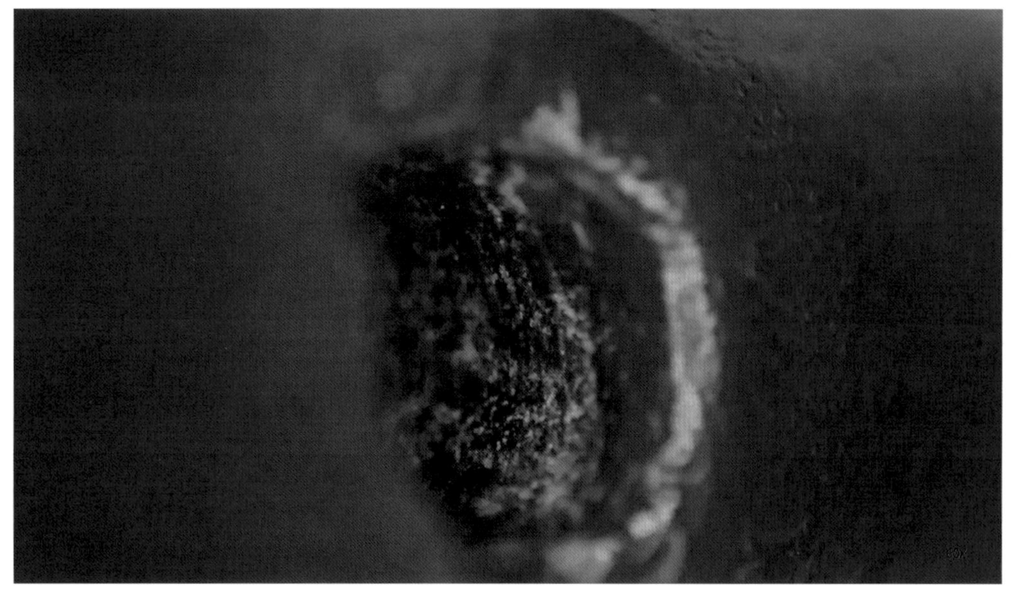

图4-2-6

图4-2-5是孔口在40倍显微镜下的成像，孔口边缘有部分晶体发生了脱落，周边组织呈现出橘皮纹现象。孔道内在临近孔口处也被蚀染成黑褐色，更深处的孔壁上胶结有壤液成分。图4-2-6是将孔口微调角度后在60倍显微镜下的成像，可以观察到孔口附近的孔壁状态，孔壁上有隐约的旋痕，是游离状解玉砂琢磨孔壁后留下的痕迹，而孔壁上附着有壤液成分。

图4-2-7

图4-2-8

图4-2-7中可观察到珠体背面有一处明显的晶体疏松现象，此处的晶体结构已沿着裂理面渐次变得疏松并呈现出相对明亮的斑面，部分裂理面延伸至珠体表面后形成一条沁裂纹；珠体表面呈较为细腻的橘皮纹样状态，其中杂糅着许多短而直的打磨残痕；珠体表层的晶体发生了程度不同的脱落，从而形成了土蚀斑和土蚀坑现象；珠体还产生了蚀色褪色现象。图4-2-8是珠体在50倍显微镜下的成像，其表面呈相对粗糙的橘皮纹样状态并夹杂着些许打磨残痕；一条沁裂纹沿着珠体边缘蜿蜒而出并向珠体背面延伸，逐渐变细后悄然隐匿于珠体之中。从透过此处的内反射光可以发现此部位组织中的晶体结构已经松弛，沁裂纹的边缘部位还产生了明显的晶体脱落现象。

3. 残断天珠（2015 Ⅱ区 T1M1）

图4-3-1

文物资料：珠体残长12.11mm，珠子的端部截面为圆形，直径6.28mm，保存完好一端上的孔径为1.93mm。这颗天珠的残断面为一个参差不齐的斜断面，断面孔径为1.76mm。珠体表面有人工蚀染的黑色底，上面环绕着两圈乳白色的圆圈纹。2015年出土于曲踏墓地Ⅱ区M1。

这颗具有黑白相间纹饰的天珠残段上产生了黄褐色的色沁现象，见图4-3-1。仔细观察，可见珠体并不特别平整光滑，而是具有许多大小不一、形态各异的土蚀痕、土蚀斑现象。从乳白色花纹蚀染较薄处还可观察到其底下的黑色底。

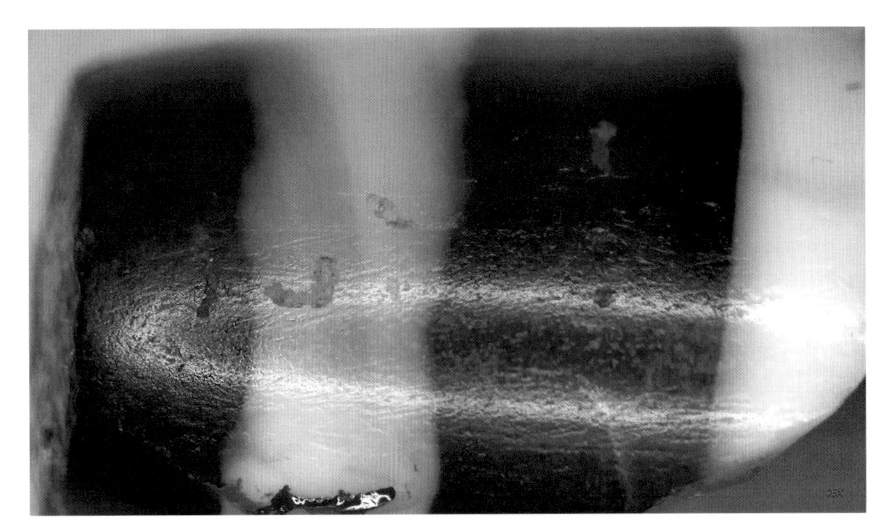

图4-3-2

图4-3-3

图4-3-2是珠体在25倍显微镜下的成像，包浆之下的珠体表面并不细腻、光滑，而是有许多土蚀斑和土蚀坑现象，这是珠体表层的微晶体在受沁过程中发生不同程度的脱落后留下的痕迹，其中还杂糅着许多轻微的打磨残痕。珠体表面多处胶结有壤液中的物质。图4-3-3是珠体白色蚀花部位和黑色蚀染部位在70倍显微镜下的成像，可以非常清晰地观察到珠体表面凹凸不平的形态特征，它与包浆一起形成了橘皮纹现象。珠子表面胶结附着有壤液中的物质。

图 4-3-4

图 4-3-5

图4-3-6

图4-3-4是珠体的另一面，可见珠体的光泽较为莹亮，而包浆之下的底子并不平整细腻，而是布满了土蚀痕、土蚀斑和土蚀坑现象。珠体上大面积地胶结、附着有黄褐色的壤液成分。图4-3-5、6是分别从两个角度来观察这颗天珠的残断面。它是一个参差不齐的斜断面，上面多处附着有黄褐色的壤液成分。这些黄褐色的壤液成分不但胶结在断裂面上，还附着于珠体表面，二者的胶结状态明显一致，表明珠体在埋藏入土时已经断裂；珠体为明度不太高的天然白玉髓材质，其色度与旁边人工蚀花而成的乳白色有很大的差异，两者的分界较为清晰。还可观察到黑色素元素进入珠体的程度受组织中石英晶体取向和拓扑结构特征等的影响出现了吃色深浅不一的现象，而在黑色素元素未能到达之处仍呈白玉髓的自色。还可看到晶体疏松现象和由此产生的五彩亮丽斑面，以及黄褐色的色沁现象。除此之外，还可观察到天珠残段的整条孔道内壁也被蚀染成黑色并附着有壤液成分，孔壁上残留着游离状解玉砂琢磨过后的痕迹。

图4-3-7

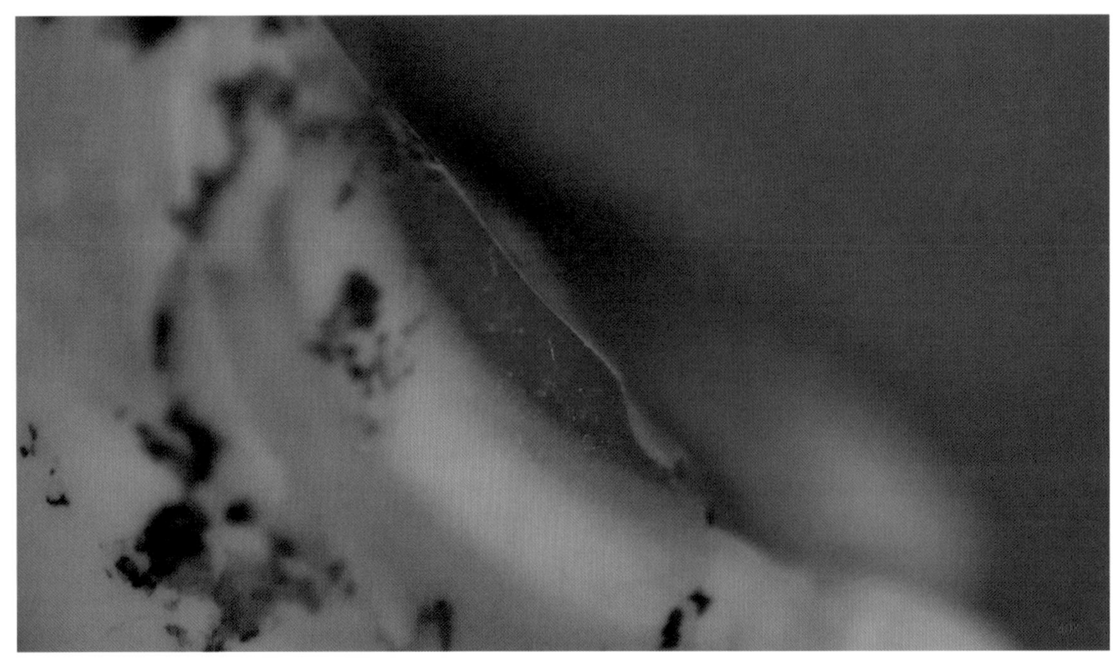

图4-3-8

图4-3-7是珠体在25倍显微镜下的成像，可观察到断裂面的乳白色蚀花部位与半透明的白玉髓珠体之间有着相对较为清晰的界限，珠体表面和残断面上均有壤液成分胶结。图4-3-8是这一部位在40倍显微镜下的成像，可更加清楚地观察到上述现象，且断裂面的乳白色蚀花部位与半透明的白玉髓珠体表面都有色沁现象并胶结有壤液成分。

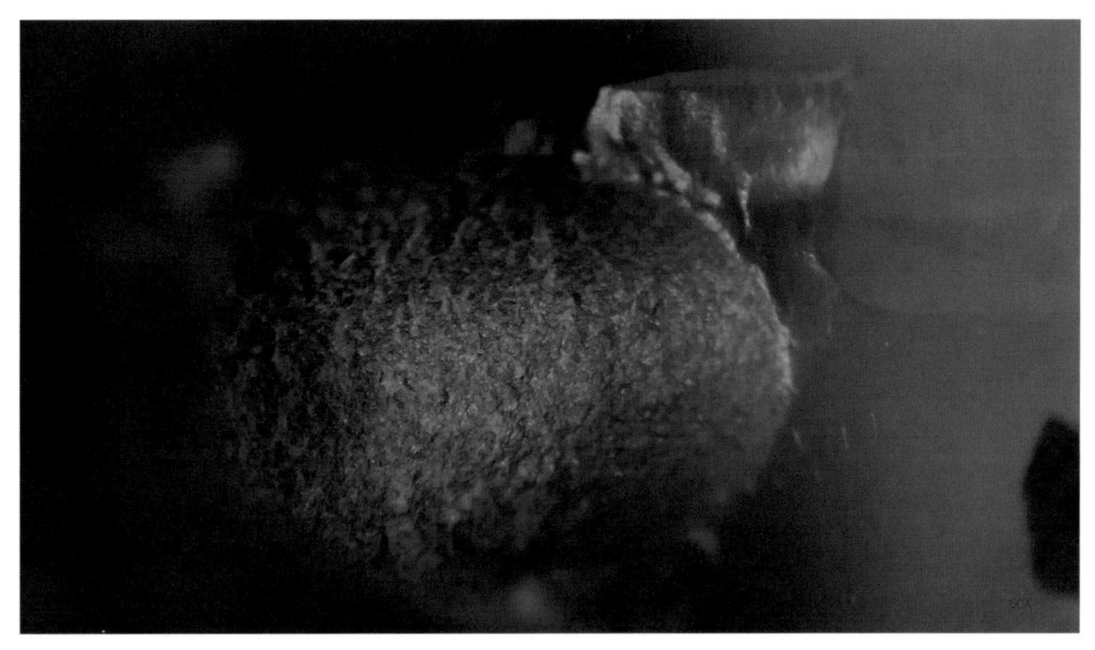

图4-3-9

图4-3-9是孔道内壁在60倍显微镜下的成像，可见孔道内壁也被染黑且十分粗糙，内壁上的凹陷处附着有较多的壤液成分。还可观察到在孔壁旁边的断裂面上有一处晶体疏松后产生的亮丽五彩斑面。

图4-3-10

图4-3-10为这颗天珠保存完好的一端，端部截面呈现出明显的凹凸不平状态，是此处被粒度相对较粗的解玉砂琢磨过后留下的痕迹。众所周知，工匠会在不同工序阶段选择不同粒度的解玉砂来打磨器物表面，而抛光前的打磨越精细，抛光后的效果越好。由此可见，此端截面并没有与珠体其他部位一同获得工匠的精细打磨与抛光，因此其底子并不平整细腻，但受沁的渗透胶结作用使含有大量SiO_2和Al_2O_3的胶体溶液填充胶结在其表层形成了包浆，使这一端部具有相对润亮的光泽。图中还可看到壤液成分不仅渗透胶结在珠体的圆柱面，还胶结在端部的截面和孔道的内表面。

4. 圆柱状天珠（2018 Ⅰ区 T1M4：6）

图4-4-1

文物资料：珠体呈圆柱状，中间略粗，然后逐渐向两头收细，两端截平。珠体长17.85mm，最大直径9.45mm，孔径分别为2.27mm和2.15mm。珠体表面大部分被蚀染呈黑色，中间蚀绘有一条宽的乳白色圆圈纹环绕着珠体。2018年出土于曲踏墓地Ⅰ区M4。

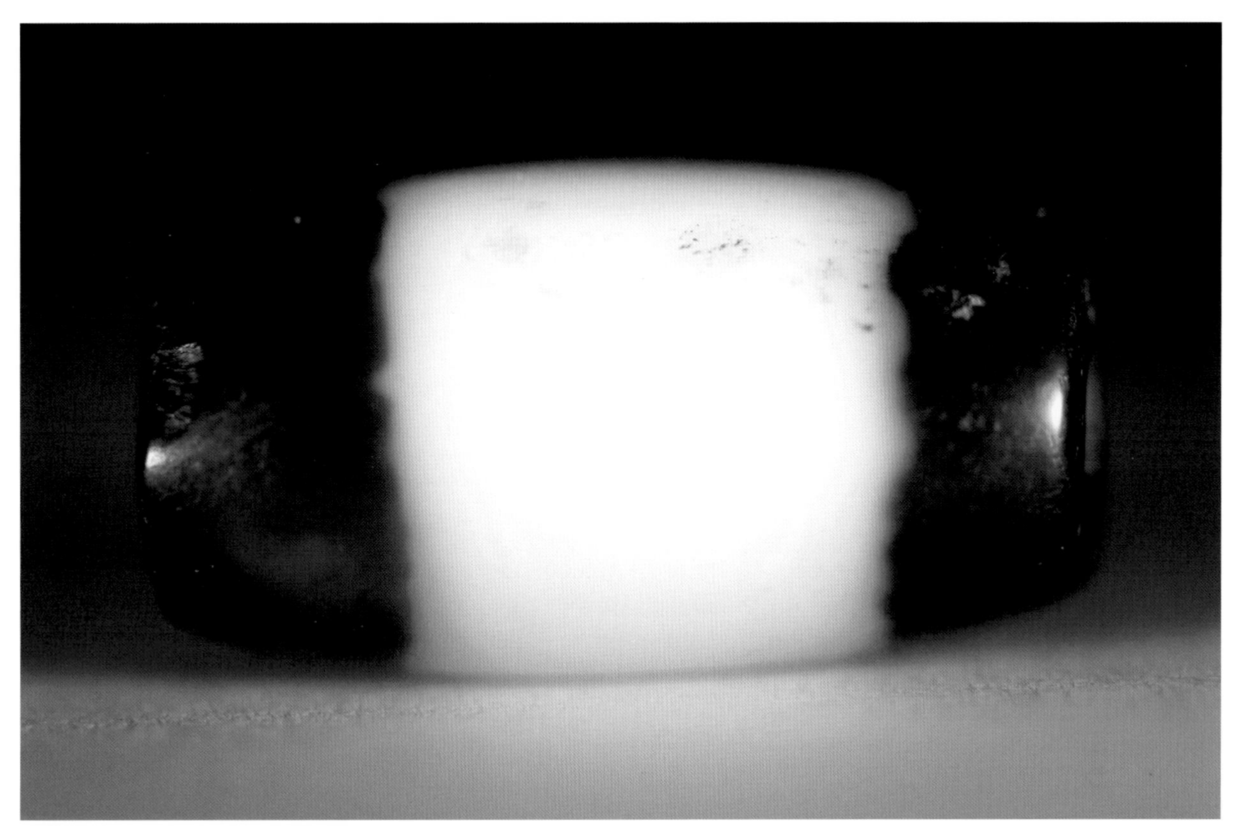

图 4-4-2

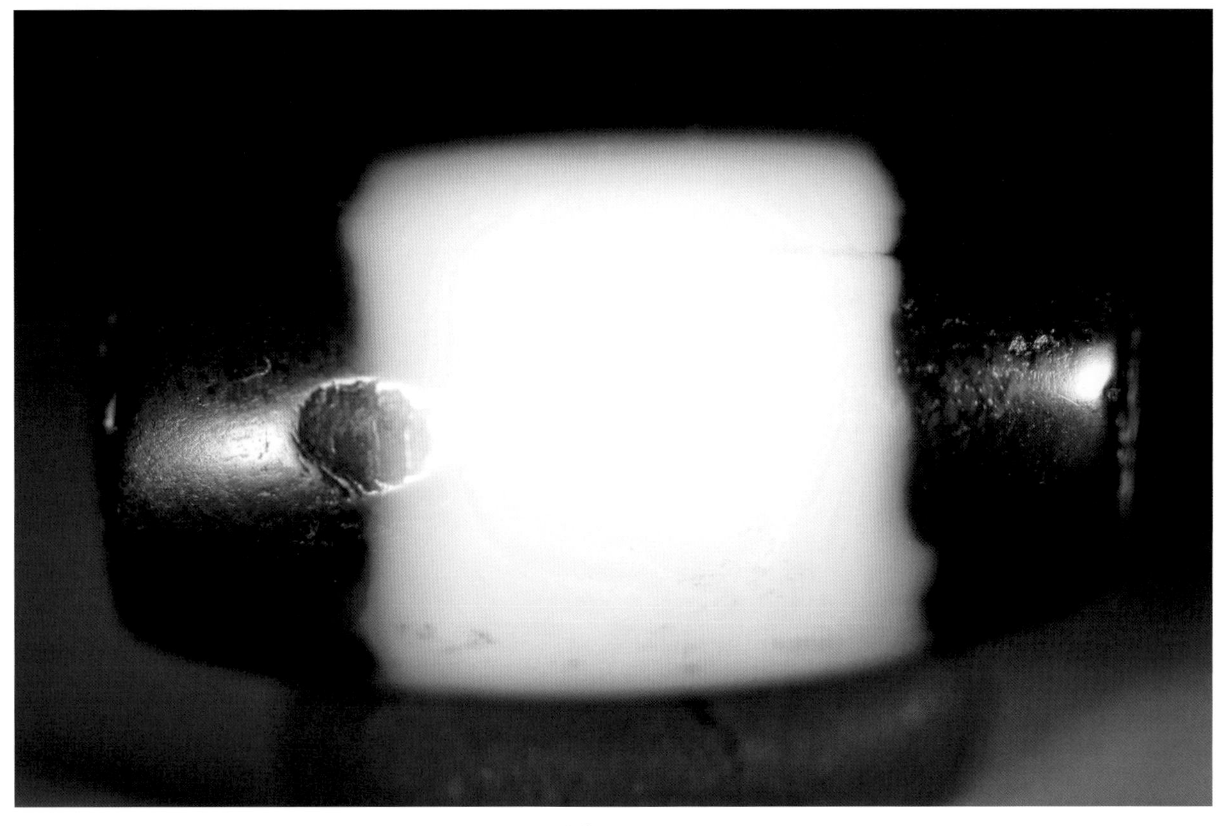

图 4-4-3

从图4-4-1中可见这颗天珠具有较为莹亮的光泽，这种光泽感与单纯抛光带来的效果不同，是土壤中富含硅、铝等元素的胶体溶液在受沁过程中渗透并胶结于珠体表层后形成的包浆所带来的光感效果。仔细观察，可见包浆之下的底子并不是十分平整细腻，这是珠体表层组织在风化淋滤作用下发生不同程度的晶体疏松、晶体脱落后的结果，从而使我们观察到大小不一、形态各异的土蚀斑和土蚀坑现象，而晶体脱落较多处还胶结有相对较多的土黄色壤液成分。图4-4-2是天珠的另一面，可观察到珠体上的“黑”色并不均匀，珠体一头临近端部处有明显的土蚀坑现象，土蚀坑的旁边还有一处蚀色褪色现象；珠体另一头近端部处也有晶体脱落现象，晶体脱落后产生的凹坑中胶结有较多的壤液成分。从图4-4-3中可以看到在珠体的黑色蚀染部位和白色蚀花部位间有一处较大的晶体脱落现象，从而形成了较为明显的土蚀坑，土蚀坑的旁边有一处色沁现象和一处蚀色褪色现象；另一头的黑色蚀染部位也有一处明显的色沁现象，黑褐色的色素离子有一小部分延伸至乳白色的蚀花纹饰上。

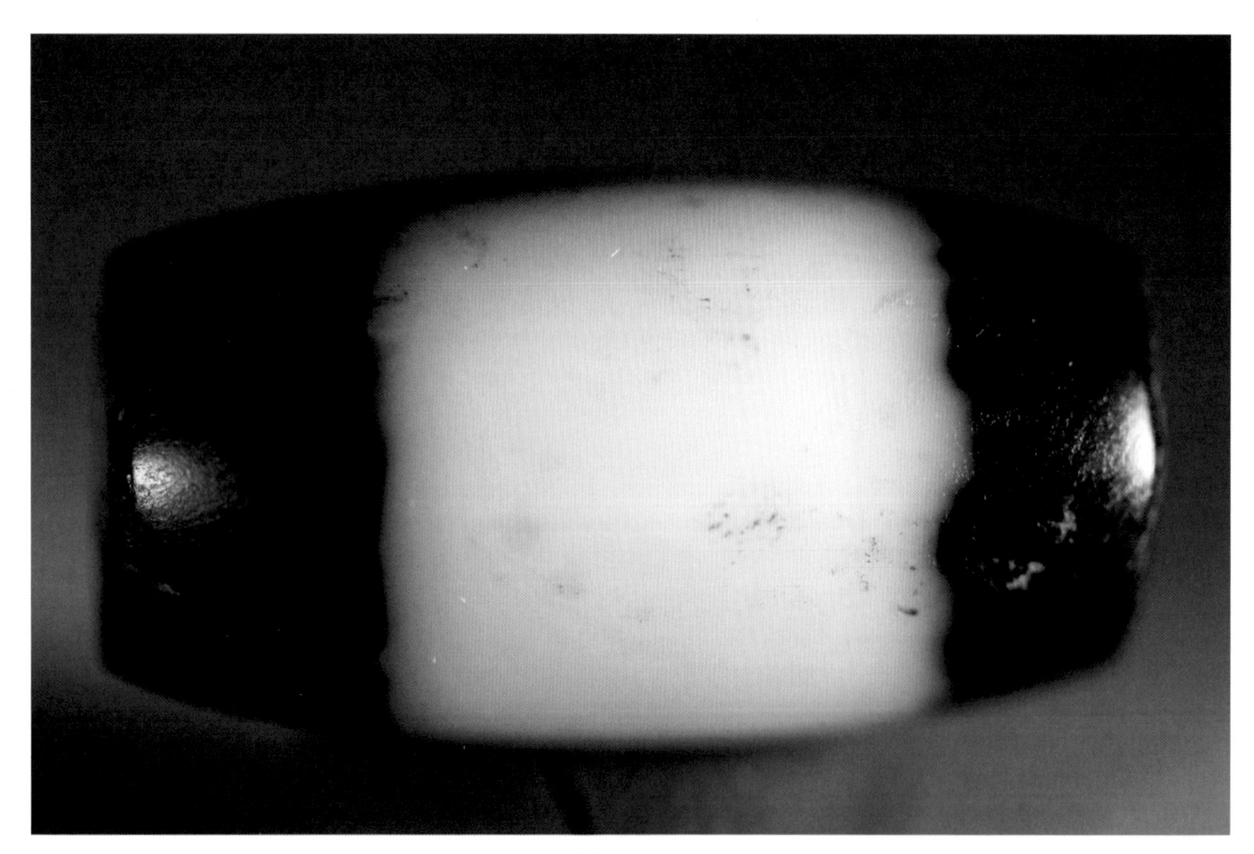

图4-4-4

从图4-4-4中可见珠子一头的黑色蚀染部位有一处较明显的土蚀坑现象和一些土蚀痕、土蚀斑现象；另一头的黑色珠体上则有一处明显的色沁现象和两处土蚀坑现象，土蚀坑的凹陷处胶结有壤液成分；白色蚀花部位也分布有许多土蚀痕和土蚀斑，其上胶结有黄色的壤液成分，从而形成了淡黄色的色沁现象。

图4-4-5

这颗天珠的端部在强光照射下呈微透明状，表面并不平整光滑且覆盖有包浆，从而呈现出润亮的光泽，见图4-4-5。其端部的截平面较为斑驳，在制作时显然没有获得工匠的细致打磨和抛光。此端面的组织在漫长的受沁过程中受风化淋滤作用的影响发生了晶体疏松和晶体脱落现象，从而加剧了表面的不平整状态，之后的渗透胶结作用又使壤液中的碳酸钙（或碳酸钠）渗透并胶结于表层组织的疏松处，由此产生了白色沁现象，于是这一端部整体呈现出斑驳陆离的状态。孔道内壁也附着有壤液中的白色物质，其物质属性与渗透胶结于端部截面的白色物质相一致。

（二）皮央·东嘎遗址考古发掘出土的天珠

1. 圆板状天珠（2018ZPG M1：7）

图4-5-1

文物资料：天珠呈圆板状，两孔间距为24.2mm，珠体厚7.03mm，珠体中间有一条直的钻孔，孔口直径为1.83mm和1.78mm。珠体大部分蚀染成深褐色，一面有一圈人工蚀绘的乳白色圆圈纹。2018年出土于格林塘墓地M1。

从图4-5-1中可观察到圆板状天珠的正面有一个人工蚀绘的乳白色圆圈纹，珠子的表面具有润亮的光泽，珠体上蚀染而成的“黑”色部分实际呈现为深褐色，颜色分布浓淡不匀。乳白色圆圈纹的“白”色也不均匀，而是在明度上具有高、低的差异。仔细观察，可见包浆之下的底子并不十分细腻、光滑，而是呈现为较为细腻的橘皮纹样状态。还可观察到珠体上有一处晶体疏松现象，还有土蚀痕和土蚀斑现象。

图4-5-2

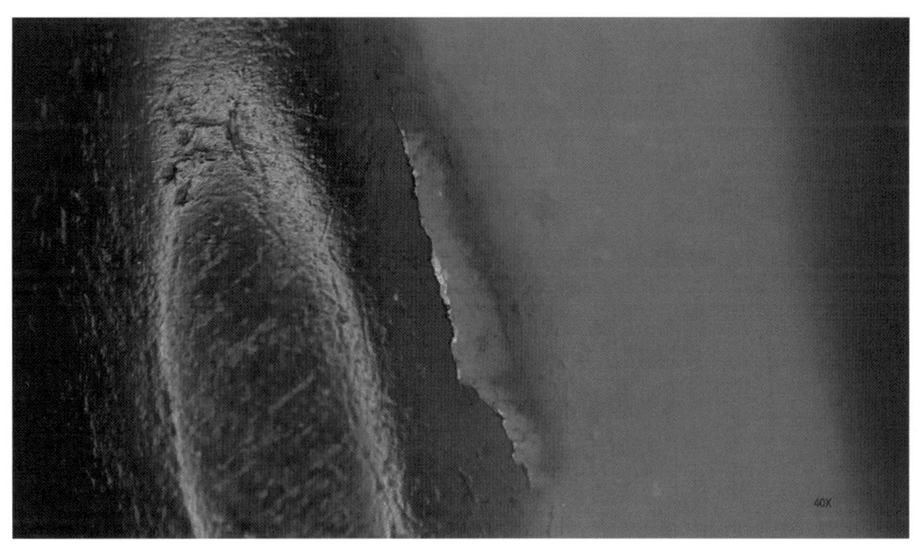

图4-5-3

从这颗天珠正面的透光照可见珠体具有隐约的丝条状结构并透射出亮丽的红黄色光辉，而人工蚀花而成的深褐色、乳白色的色彩随着珠体的丝条状结构的变化而微微变化，见图4-5-2。还可清楚看到这颗天珠的孔道细直，从两端对打而成，对打连接处呈非常明显的错位状态。图4-5-3是天珠正面的晶体疏松处在40倍显微镜下的成像，可明显观察到晶体疏松处呈长条薄刃状，由于光照的原因而呈显为微白色，“薄刃”的边缘有明显的晶体脱落现象。图中还可观察到珠体表面有包浆覆盖，并由此呈现出较为润亮的光泽，但包浆之下的底子粗糙不平，其中还夹杂着许多短直的打磨残痕。

图 4-5-4

图 4-5-5

从图4-5-4看天珠的背面，表面具有润亮的光泽，“黑”色也较为浓郁。珠体表面呈现出较为细腻的橘皮纹样状态，其中杂糅着短直的打磨残痕。还可观察到这颗天珠的背面有四处晶体疏松现象，其中两处较小，而另外两处则相对较大。图4-5-5是天珠背面的透光照，可见珠体中有隐约的丝条状结构。当缓缓移动光源时，珠体的红黄色莹亮光辉也伴随着细窄的丝条状结构而不断变化。图中还可清楚观察到这颗天珠的孔道状态，它细直而规整，是由金属管钻对钻而成，在对打连接处有双面定位发生偏差后形成的明显的台阶痕。珠体背面有两处相对较明显的晶体疏松现象。

图4-5-6

图4-5-7

图4-5-6是天珠背面的一处较大的晶体疏松处在25倍显微镜下的成像，组织中疏松的网面在特定方向的光照下呈现出迥异于周边组织的色彩，疏松网面的一端延伸至珠体表面并形成了一条显见的沁裂纹，沁裂纹的边缘还有少许晶体脱落现象。图4-5-7是天珠背面晶体疏松处的沁裂纹在50倍显微镜下的成像，这条沁裂纹粗细相间，宛如一条蚯蚓蜿蜒于珠体表层组织中，较粗的纹路处胶结有壤液成分，而疏松的网面则呈现出与周围组织略有差异的色泽。珠体表面并不是十分细腻、光滑，而是在粗糙不平的状态中夹杂着一些打磨残痕，整个珠体表面覆盖有壤液成分。

图4-5-8

从图4-5-8中可以清楚观察到这颗天珠一头的钻孔，珠体边缘具有润亮的光泽，边缘上还有一处晶体疏松现象；孔口边缘处的组织并不圆滑、完整，有部分孔口的晶体组织脱落了，其上覆盖有包浆，而一些晶体脱落较明显的地方还胶结有少许壤液成分。还可看到在临近孔口的孔道内壁上覆盖有包浆。

2. 日波墓地出土的残断天珠（2018ZPR M1：2）

图4-6-1

文物资料：珠体残长19.46mm，珠子保存完整的端部截面直径为9.82mm，孔径为1.28mm。这颗天珠的残断面参差不齐，断面孔径为1.11mm。珠体表层被蚀染呈黑褐色，再于其上蚀绘的白色线条将黑褐色底分割成菱形图案和沙漏形图案的组合图形。2018年出土于日波墓地M1，出土时位于墓室东部的炭屑间。

从图4-6-1中可见，这颗残断天珠表面有着质量并不太高的光泽，珠体上的“黑”色实为棕褐色—黑褐色，蚀绘而成的白色条纹大部分呈现为色泽深浅不一的黑褐色，但其质感与人工蚀染的黑褐色底有着明显差异。从残断面可看到珠体的自色为乳白色，那么制作珠体的矿料是半透明的玉髓还是乳石英[3]呢？前文有述，在 SiO_2 体系中，只要将半透明的玉髓（α－石英）加热至573℃就相变为乳石

③ 乳石英：灰白色、乳白色，玻璃光泽，断口油脂光泽，密度2.53g/cm^3。产于酸性火山岩或浅成岩中，并常以斑晶出现，为β－石英（高温石英），在常温常压下均已转化为α－石英，此时其密度增大至2.65g/cm^3。常压下当温度低于573℃就可相变为α－石英，后者仍保持β－石英的假象。见秦善、王长秋编著《矿物学基础》，北京大学出版社，2014年，第77页。

英，这颗残断天珠出土于墓室的炭屑间，炭屑赋含的温度很可能使半透明的 α-石英相变为乳石英，从而使我们现在观察到的珠体自色呈现为乳白色。仔细观察，可见白色蚀花线条上的黑褐色部位呈现为凹凸不平的小斑块状集合，而原本应为乳白色的蚀花线条大多数仅在线条边缘处保留着人工蚀花而成的乳白色。那么，乳白色蚀花纹饰上为什么会出现如此斑驳陆离的状态呢？这一现象与珠体的受沁有关：天珠在久远的埋藏岁月中不断地经历着风化淋滤作用和渗透胶结作用，风化淋滤作用使充斥于白色线条组织中的碳酸钠渗流、析出，从而使碳酸钠赋存较多处的组织结构变得相对疏松，随后而至的渗透胶结作用则使埋藏环境中的黑色碳元素逐渐胶结、充填于此处的表层组织间，于是在白色纹饰上呈现出黑褐色的斑块集合，其中碳元素赋存较多处的呈色相对较深，而碳元素赋存较少处的呈色相对较浅。图中还可明显看到：在珠体多处的黑褐色底上有黄白色物质胶结，这是埋藏环境中的碳酸钙（或碳酸钠）在漫长的受沁过程中胶结、填充于“黑”底组织中的结果，也是一种色沁现象。

图4-6-2

图4-6-2是珠体在30倍显微镜下的成像，珠体具有一定的光泽，但珠体表面并不细腻、平滑，而是呈现出橘皮纹样状态，其间杂糅着土蚀斑和土蚀坑，土蚀坑中还附着有壤液成分。人工蚀染而成的黑色底上有灰白色的色沁现象，而蚀花的白色线条上有黑褐—黄褐色的色沁现象，深色的色沁部分为小团块状集合体。

图 4-6-3

当我们换一个角度观察此面珠体，发现蚀染而成的黑褐色底具有相对较好的光泽，而白色蚀花纹饰上的黑褐色部分的光泽质量却相对较差，见图4-6-3。珠体黑褐色的底上有多处灰白色的色沁现象，还有一处沁裂纹现象。还可观察到这颗天珠的残断面为乳白色，残断面上胶结有壤液成分，而孔口边缘也由于包浆的覆盖而呈现出相对润亮的光泽。

图 4-6-4

图4-6-4是珠子另一面的透光照，可见珠体呈微透明—不透明状，表面略有光泽，珠体具有隐约的丝条状结构，而黑褐色的底色分布不匀，珠体色浅处的透光性相对较好，但白色蚀花纹饰部位完全不透光，其上布满了黑褐色的团块状斑块并有部分表层组织脱落的现象。还可观察到珠子端面的边缘处也有许多晶体发生了脱落，从而产生了大小不一的土蚀坑，其上有包浆覆盖后带来的润亮光泽。

图4-6-5

图4-6-6

从图4-6-5中可观察到珠子的又一面，珠体上分布着多条沁裂纹，中间部分的沁裂纹又细又长，横穿于黑色底与乳白色蚀花纹饰之间，另一条沁裂纹则从珠体的圆柱形表面延伸至珠子的残断面；珠子端部附近还有一条沁裂纹，也从圆柱形珠体表面延伸至珠体的端面，此条沁裂纹粗细有别，有白色的色沁现象，附近还有多处土蚀坑现象。图4-6-6是临近残断面的珠体在40倍显微镜下的成像，可见珠体表面并不平整光滑，而是布满了大大小小的土蚀斑和土蚀坑，一条长的沁裂纹从珠体表面蜿蜒至珠子的残断面，沁裂纹和土蚀坑中胶结有壤液成分。这条较长的沁裂纹附近还有多条纵横分布的沁裂纹，并可清楚观察到碳元素渗透胶结于白色蚀花纹饰上而产生的黑色沁现象。

图4-6-7

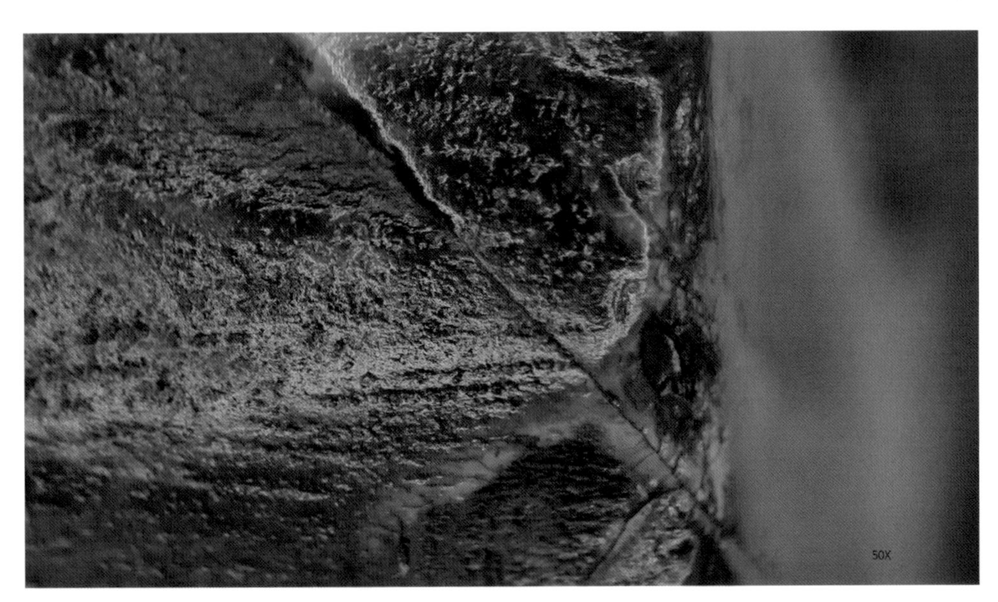

图4-6-8

图4-6-7是珠体临近端部的沁裂纹在25倍显微镜下的成像。此纹的一段相对较粗，是珠体表层组织中的微晶体在受沁过程中渐次发生了较多脱落后形成的自然形态，而另一段却细而直，并一直延伸至珠子的端部平面上。此段细直的沁裂纹贯穿了一处相对较大的土蚀坑，附近还有明显的白色沁现象。图4-6-8是珠体临近端部处在50倍显微镜下的成像，珠体表面呈橘皮纹样状态，有较好的光泽；端部边缘处布满了大小不一、形态各异的土蚀坑，部分凹坑中胶结有壤液成分；一条长的沁裂纹有一部分较粗，部分裂纹边缘胶结有壤液成分，其余部分则又细又直，整体呈显为受沁后的自然形态。仔细观察，可发现这条沁裂纹的附近还有白色的色沁和一条小沁裂纹。

图4-6-9

从图4-6-9中可以看到，珠体表面具有较好的光泽，从这一角度还能更好地观察到珠子端部的状态：珠体端部平面较为平直、光滑，但漫长的受沁过程使其周遭边缘布满了大小不一、形态各异的土蚀坑；端部平面上也有一些土蚀坑，多数土蚀坑上覆盖有包浆，其中一处大土蚀坑中胶结有较多的壤液成分。这个土蚀坑的旁边有一处晶体疏松现象，其疏松的网面呈显为灰白—灰黑色，其上有一条小沁裂纹现象。端部边缘处还有明显的灰白色色沁现象。临近端部的孔道内壁也被蚀染呈黑色，孔壁上胶结有少许壤液成分。

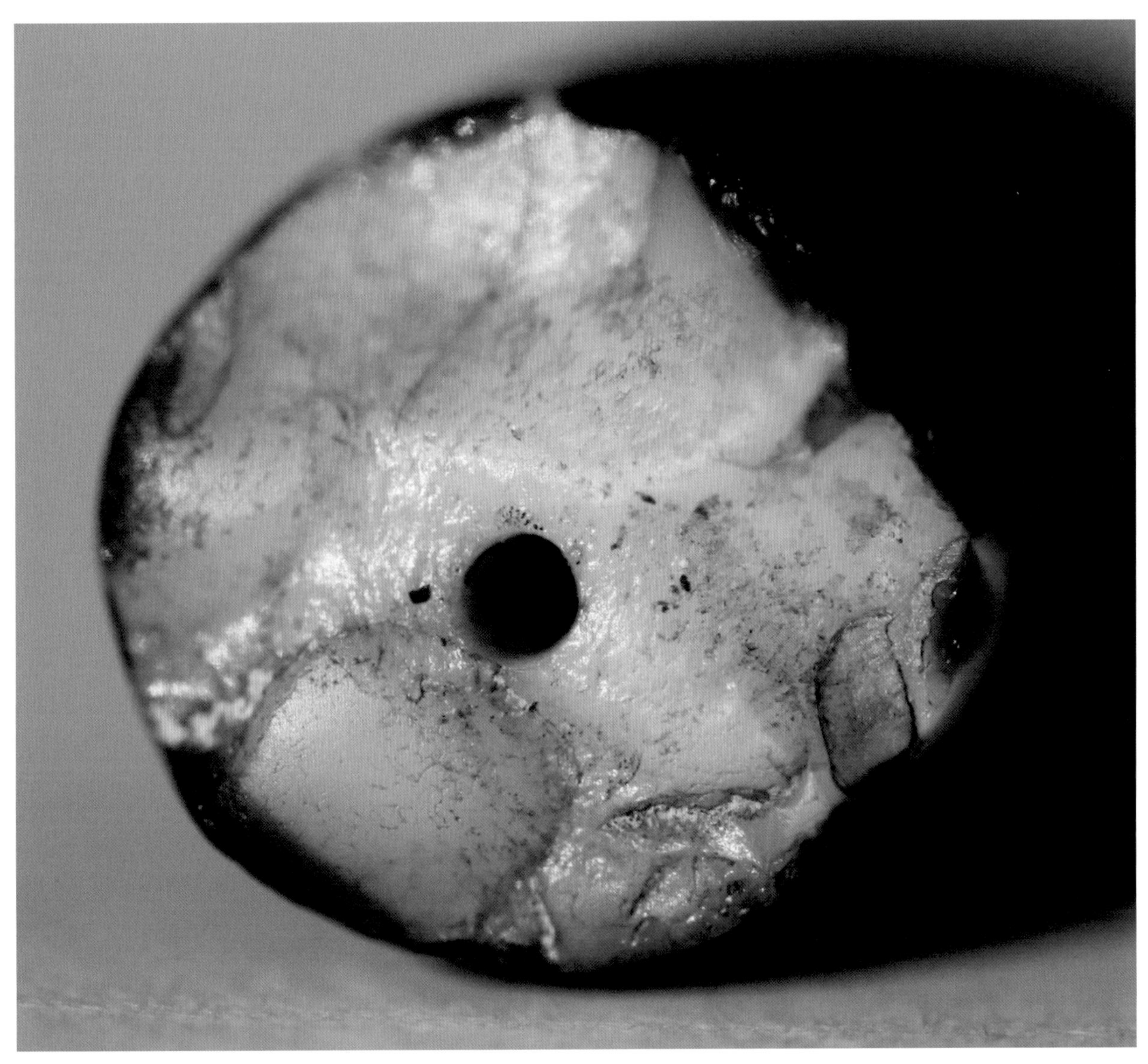

图 4-6-10

从图4-6-10中可见，这颗天珠的残断面参差不齐，孔道为略带黄色调的白色，而珠体自色为乳白色，大部分残断面胶结有壤液成分。仔细观察，可发现蚀花而成的黑色底与乳白色纹饰进入珠体并不深，它们的染色离子只是渗透进珠体的浅表组织中。还可观察到这一断面上有晶体疏松现象、沁裂纹现象和多处大小不一、形态各异的土蚀坑现象，许多土蚀坑中胶结有壤液成分。这颗天珠残断面上的多种受沁现象表明：它在埋藏入土时就已断裂，其断裂面在漫长的埋藏过程中同样经历了风化淋滤作用和渗透胶结作用。

二、新疆维吾尔自治区考古发掘出土的天珠

新疆地区自2009—2014年陆续考古发掘出土的10颗天珠分别来自库车县提克买克墓地和塔什库尔干县吉尔赞喀勒墓地。其中库车县提克买克墓地的年代为距今2455±35—2210±35年，即公元前6世纪—前3世纪，也就是战国至西汉时期[④]；塔什库尔干县吉尔赞喀勒墓地的年代为距今2600—2400年，墓地具有拜火教早期阶段的文化语境[⑤]。

（一）提克买克墓地出土的天珠

1. 圆柱状天珠（2009M13：12）

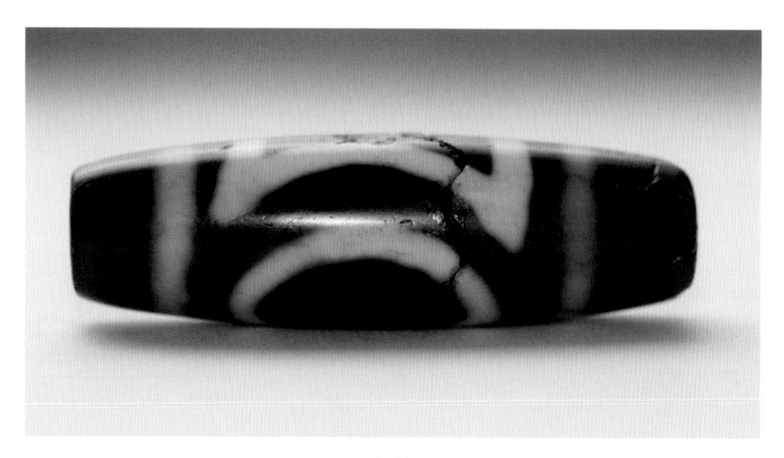

图4-7-1

文物资料：珠体长42.25mm，最大直径12.67mm，孔径分别为1.70mm和1.95mm。这颗天珠呈圆柱状，珠体中间略粗，然后逐渐向两头收细，两端截平。2009年出土于提克买克墓地M13。珠体表面大部分蚀染呈深褐色，圆柱面上有乳白色与深褐色相间的纹饰：在珠体两端临近端部的位置分别蚀绘有一圈乳白色的圆圈纹环绕着珠体，这两条乳白色圆圈纹之间的珠体上蚀绘了一个乳白色的圆圈纹和一个方形纹，圆圈纹略呈椭圆形，而方形纹中贴近圆圈纹的两条边框也被艺术化处理成圆弧线。这颗有"睛"天珠构图合理、纹饰优美，不但具有很高的艺术价值，还蕴含着古人深厚的宗教哲学思想。中亚锡尔河流域的维加罗克斯基泰古墓也曾出土了相同形制和图案的天珠，其年代为公元前7—前6世纪[⑥]。

---

④ 新疆文物考古研究所：《库车县库俄铁路沿线考古发掘简报》，《新疆文物》2012年第1期。

⑤ 中国社会科学院考古研究所新疆工作队、新疆喀什地区文物局、塔什库尔干县文物管理所：《新疆塔什库尔干吉尔赞喀勒墓地2014年发掘报告》，《考古学报》2017年第4期；中国社会科学院考古研究所新疆工作队：《新疆塔什库尔干吉尔赞喀勒墓地发掘报告》，《考古学报》2015年第2期。

⑥ Jeannine Davids-Kimball (ed.), *Nomads of the Eurasian Steppes in the Early Iron Age*. Berkeley: Zinat Press, 1995, p.218.

从图4-7-1中可见，这颗天珠的表面具有莹亮的光泽，深褐色的底子上蚀绘有乳白色纹饰，方形纹的两条贴近圆圈纹的边框被艺术化处理成圆弧形。数条沁裂纹分布于珠体上，一些沁裂纹中还有色沁现象。还可看到珠体多处有晶体脱落后形成的土蚀斑和土蚀坑现象。

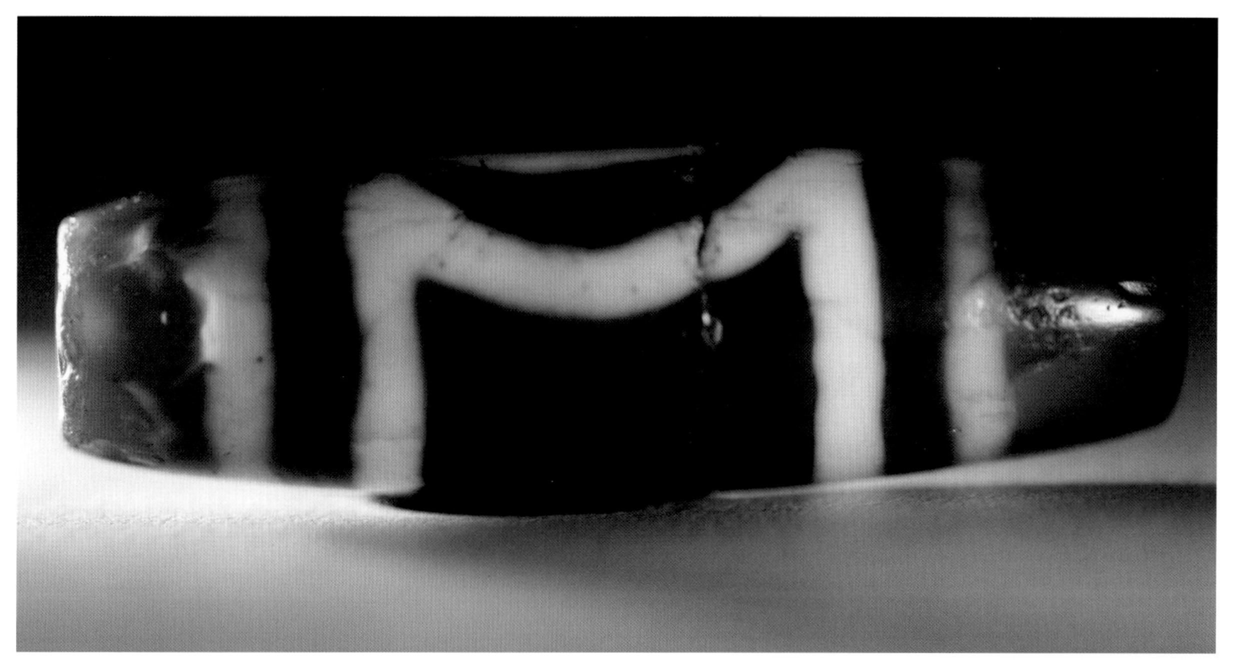

图4-7-2

用手电筒的光从约10点钟方向透射珠体，能看见珠体一头临近端部的地方透射出莹亮的光辉，另一处有小片黑色蚀染元素褪去后露出的灰白色珠体，其色度与旁边蚀花而成的乳白色纹饰明显不同，见图4-7-2。结合珠子另一端有一定的透明度来看，我们判断这颗天珠的白玉髓珠体仍在相当程度上保留了其天然的物理化学性状。为什么同一颗天珠的白玉髓珠体上会呈现出不同的透明度呢？其成因主要受微观埋藏环境中温度的影响：墓葬附近地表堆积的炼渣为炼铜后多次堆积而成，其堆积的时间、次数、先后顺序、炼渣的温度等都毫无规律可言，但炼渣带来的较高温度一定会通过土壤传递到墓葬土壤中，虽然大部分热能在传播过程中被消耗掉了，但仍有部分热量会到达并被保存在墓葬的土壤中，这种热能的影响断断续续。前章内容已阐明：热能在一定程度上的赋加，会使分布于玉髓孔隙中的分子水和赋存于纤维颗粒边界的内表面氢基水加快析出，从而使玉髓发生相变，产生“变白失透”的受沁现象。在一定温度下，由于玉髓的传热性不好，缓慢而持续的加热会使珠体受热较多的部位在一定程度上变白失透，受热较少的部位相变程度相对微弱，而热能不能到达之处则仍然保留着玉髓矿料原有的透明度，因此我们判断这样的珠体仅发生了相应的物理变化。图中还可看见沁裂纹现象和色沁现象。

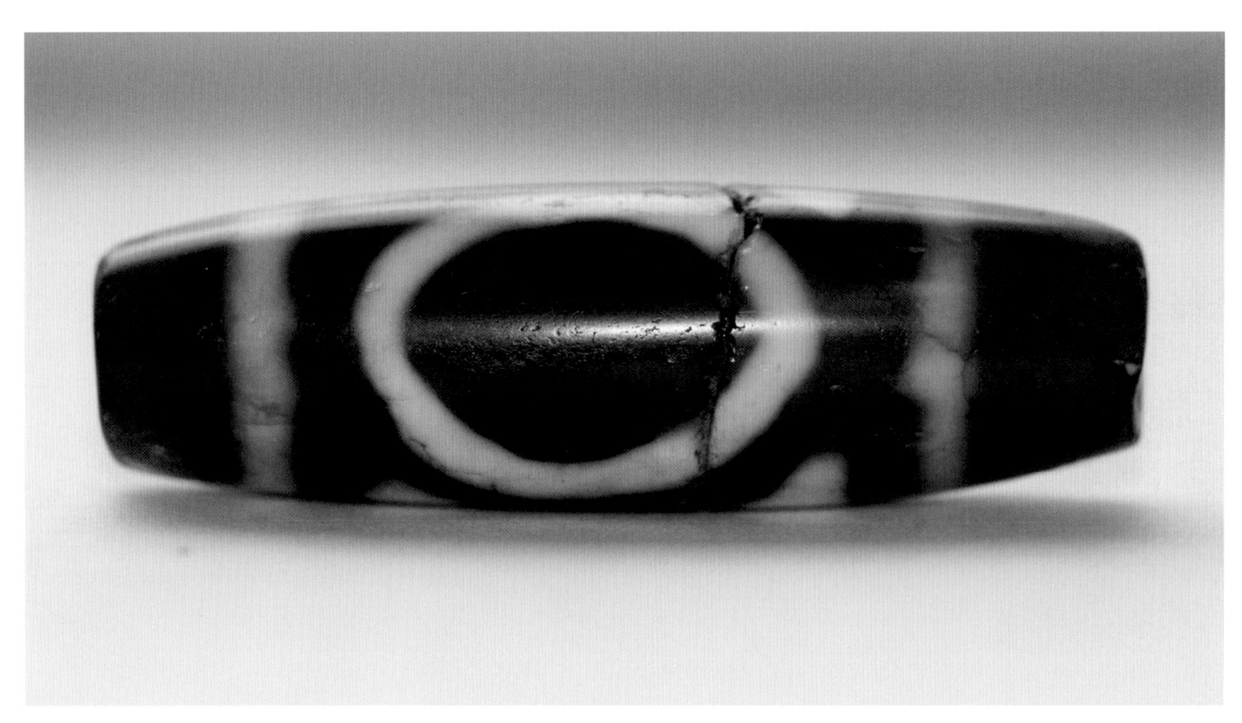

图 4-7-3

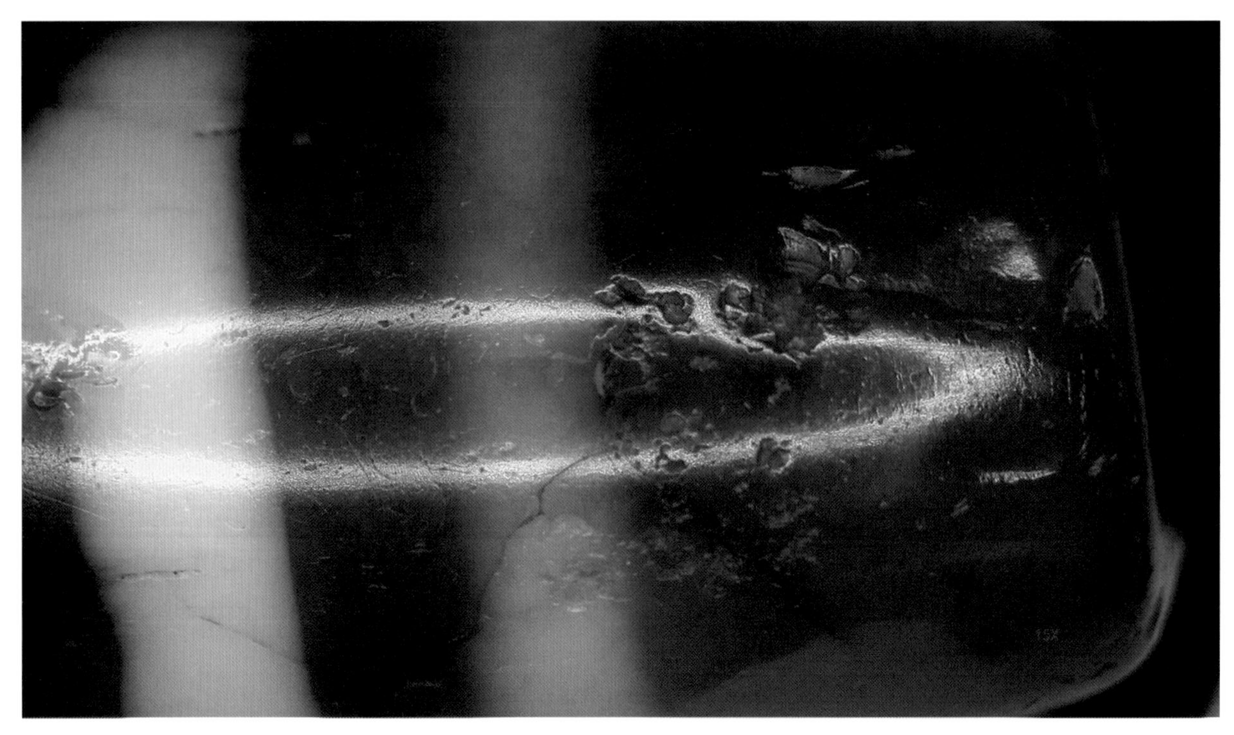

图 4-7-4

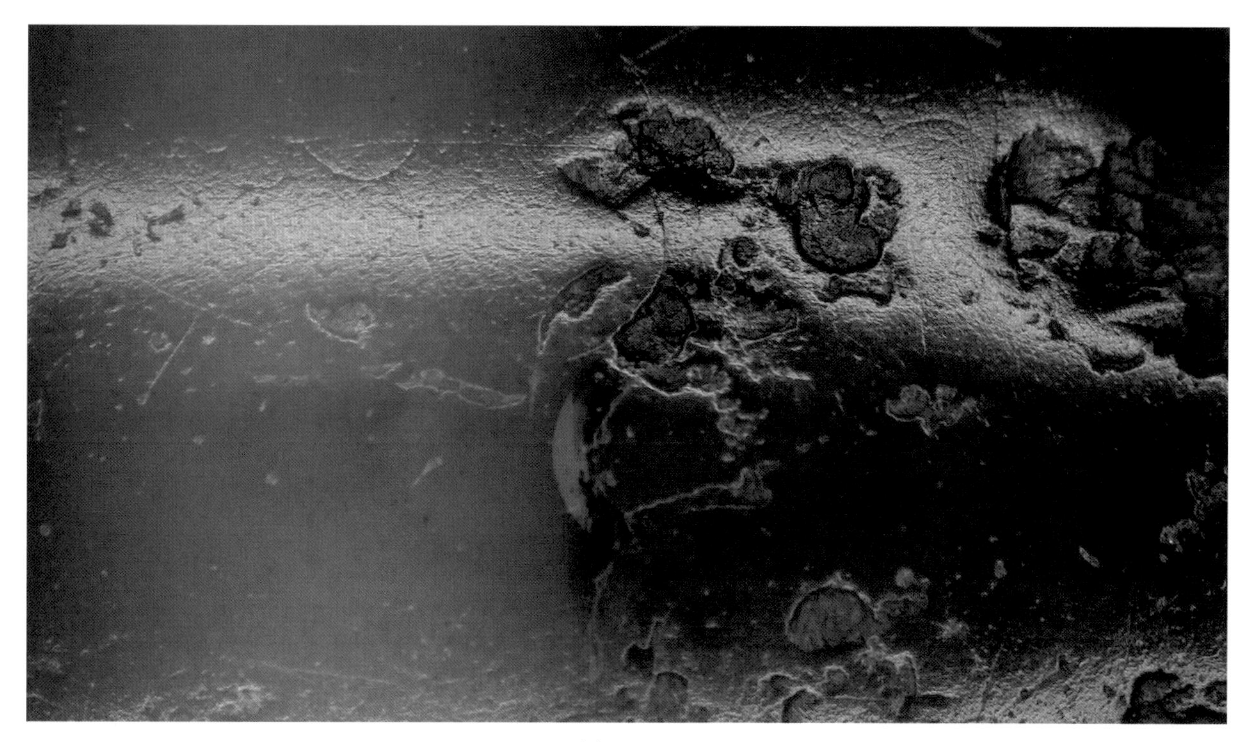
图 4-7-5

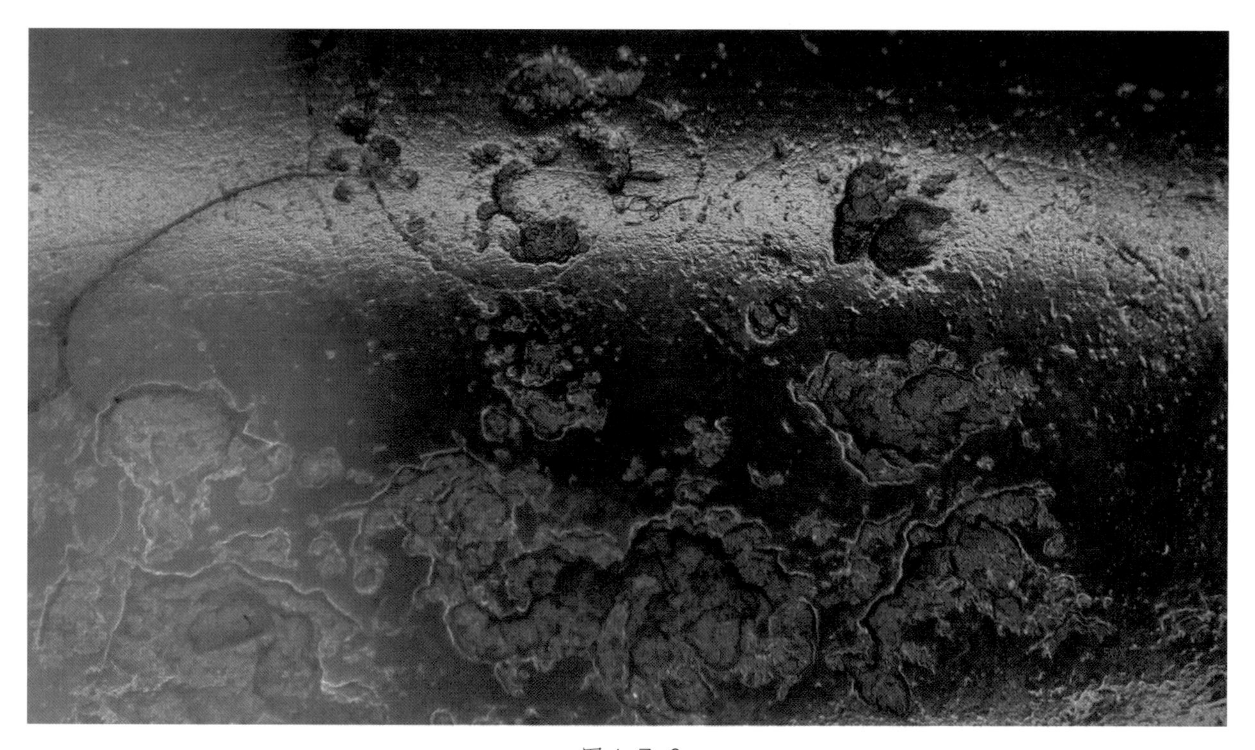
图 4-7-6

图4-7-3是珠体上蚀绘有白色圆圈纹的一面，圆圈纹被艺术化处理成椭圆形。珠体的光泽较为莹亮，其上有多条沁裂纹和多处色沁现象。珠体表面并不十分平整光滑，而是在漫长的受沁过程中产生了许多土蚀痕、土蚀斑和土蚀坑。图4-7-4是珠体在15倍显微镜下的成像，能清楚观察到珠体上的数条沁裂纹和多处土蚀坑现象，部分沁裂纹中还有色沁现象，土蚀坑上也有包浆或胶结有壤液成分。还可观察到蚀色褪色现象、晶体疏松现象。图4-7-5是这一部位的50倍显微成像，可见黑褐色致色元素充填在晶体疏松和晶体脱落部位，晶体疏松处有土黄色的壤液胶结在裂理面；珠体上有多处晶体脱落后形成的土蚀坑，它们大小不一、形态各异，凹坑上有包浆覆盖。还可观察到较为细腻的橘皮纹和小沁裂纹。图4-7-6是这一部位微调角度后在50倍显微下的成像，可清楚观察到橘皮纹现象、沁裂纹现象和晶体脱落现象。晶体脱落后形成了多个土蚀坑，它们大小各异、形态多样，其中两个凹坑间明显发生了晶体疏松现象，并由此产生了隐约的彩色斑面。这颗天珠的整个珠体都被一层有厚度的、莹亮的包浆包裹。

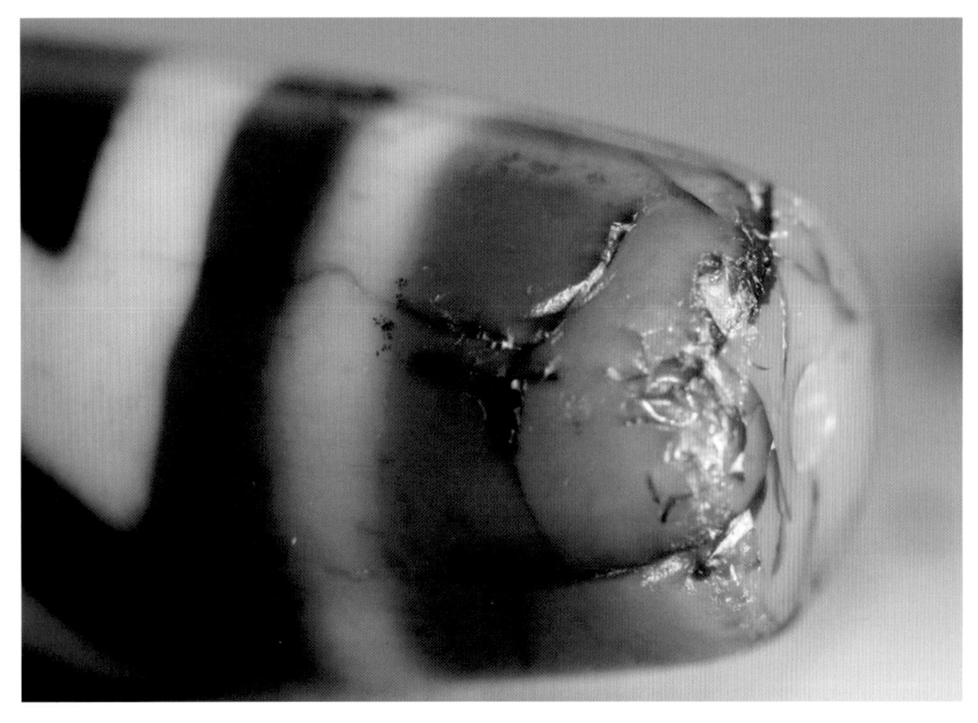

图4-7-7

从图4-7-7中可见数条沁裂纹无规律地分布于珠体，它们或粗或细、或深或浅、或交错或断续地从珠体一直蜿蜒至珠子一头的端部，多数沁裂纹被壤液中的铁元素沁染成褐红色，一些沁裂纹中的褐红色显然已沿着晶体疏松的裂理面延伸到珠体较深处。当多余的胶体溶液堆集在晶体相对疏松的部位和沁裂纹处时，就呈现出沁裂纹现象与色沁现象叠加的状态。还可观察到蚀色褪色现象、晶体疏松现象和晶体脱落现象。

图4-7-8

图4-7-8是该部位的一处土蚀坑在25倍显微镜下的成像，可见土蚀坑的形态非常自然，呈珠体表层组织在受沁过程中逐渐脱落后形成的自然形态，土蚀坑中覆盖有包浆或胶结有壤液成分，一些疏松的表层组织中还有红褐色的色沁现象。

图4-7-9

图4-7-9中可观察到珠体有明显的蚀色褪色现象，而在浅褐色的底子上还分布着一些深褐色的细纹，呈圆形、短直线形或半弧形，深浅不一地隐于珠体表层，从而形成了相应的色沁现象。色素元素渗入并赋存较多处正是晶体相对疏松的地方，其形态与珠体表层石英晶体的取向和拓扑结构特征等因素有关。还可观察到沁裂纹、土蚀坑现象。

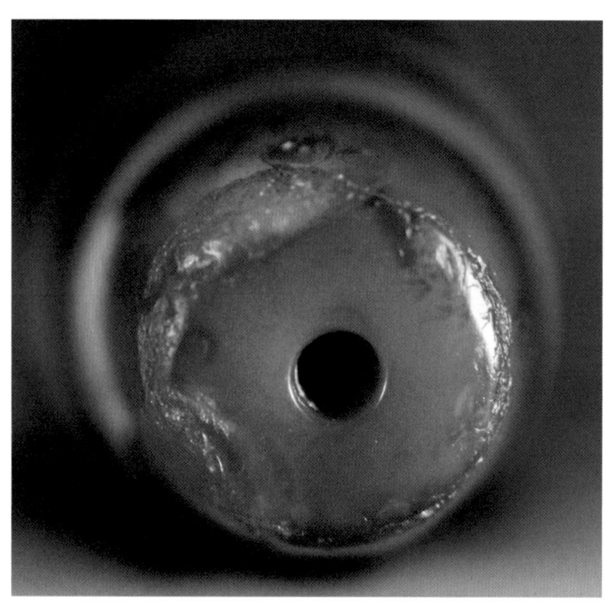

图4-7-10

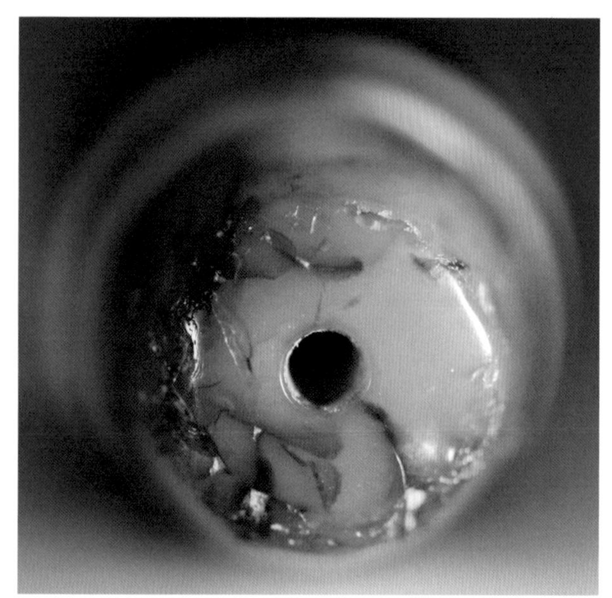

图4-7-11

图4-7-10是珠子一头的端部，可见珠体上人工蚀染的“黑”色大多数已褪去并残留为浅淡的黄褐色，一处还露出了半透明的白玉髓珠体，孔口位于端部平面的中间，其间附着有少许壤液成分。端部整体被包浆包裹，其边缘部位有晶体脱落现象、晶体疏松现象和色沁现象。图4-7-11是珠子另一头的端部，蚀染而成的黑色在漫长的受沁过程中产生了蚀色褪色现象，只残留少许色素元素赋存在表层晶体间，故而呈现出浅淡的黄褐色。多条沁裂纹从珠体延伸至微透明的端面，许多沁裂纹中有褐红色的色沁现象，色沁一直深入到珠体内部，它们是壤液中的致色元素沁染所致。还可观察到晶体疏松现象、晶体脱落现象，有少许壤液胶结在土蚀坑的凹陷处。还可看见孔口处附着有少许壤液成分。

2. 圆柱状天珠（2009M13：13）

图4-8-1

文物资料：天珠呈圆柱状，珠体中间略粗，逐渐向两头收细，两端截平。珠体长40.42mm，珠体直径13.13mm，孔径分别为2.07mm和1.95mm。2009年于库车县提克买克墓地M13出土。珠体表面大部分蚀染呈深褐色，圆柱面上有乳白色相间的纹饰：在珠体两端临近端部的位置分别蚀绘有一圈乳白色的圆圈纹环绕着珠体，在这两条乳白色圆圈纹之间的珠体上分别蚀绘有两个位置相呼应的圆圈纹，其间有两条白色纹饰呈“Z”形将这两个圆圈纹关联起来，使之形成“对立且有机统一”的组合关系。相同形制和图案的天珠也曾在锡尔河流域的维加罗克斯基泰古墓出土，其年代为公元前7—前6世纪[7]。

从12点方向透光观察这颗天珠，珠体呈微透明状，表面并不是十分平整光滑，其上有包浆包裹并呈现出润亮的光泽。珠体内部隐约有丝条状结构，见图4-8-1。还可见珠体表面分布有许多土蚀斑和土蚀坑现象，其上覆盖有包浆。

⑦ Jeannine Davids-Kimball（ed.）, *Nomads of the Eurasian Steppes in the Early Iron Age*. Berkeley: Zinat Press, 1995, p.218.

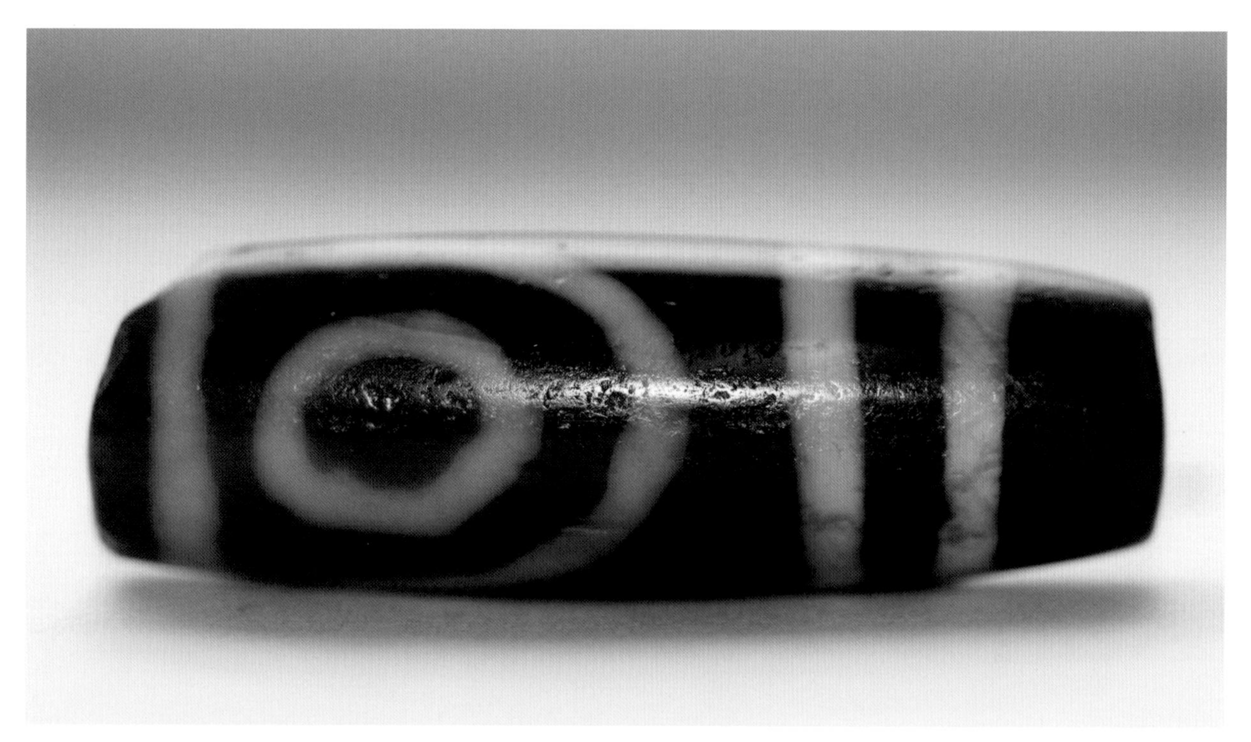

图4-8-2

从图4-8-2中可见珠体表面并不是特别平整、细腻，但具有莹润的光泽，这是珠子在漫长的受沁过程中被包浆逐渐包裹于经历风化淋滤作用后的珠体表层的结果。还可观察到乳白色蚀花纹饰上有黄褐色的色沁现象，珠体的其他部位还分布着许多大小不一、形态各异的土蚀斑和土蚀坑现象。

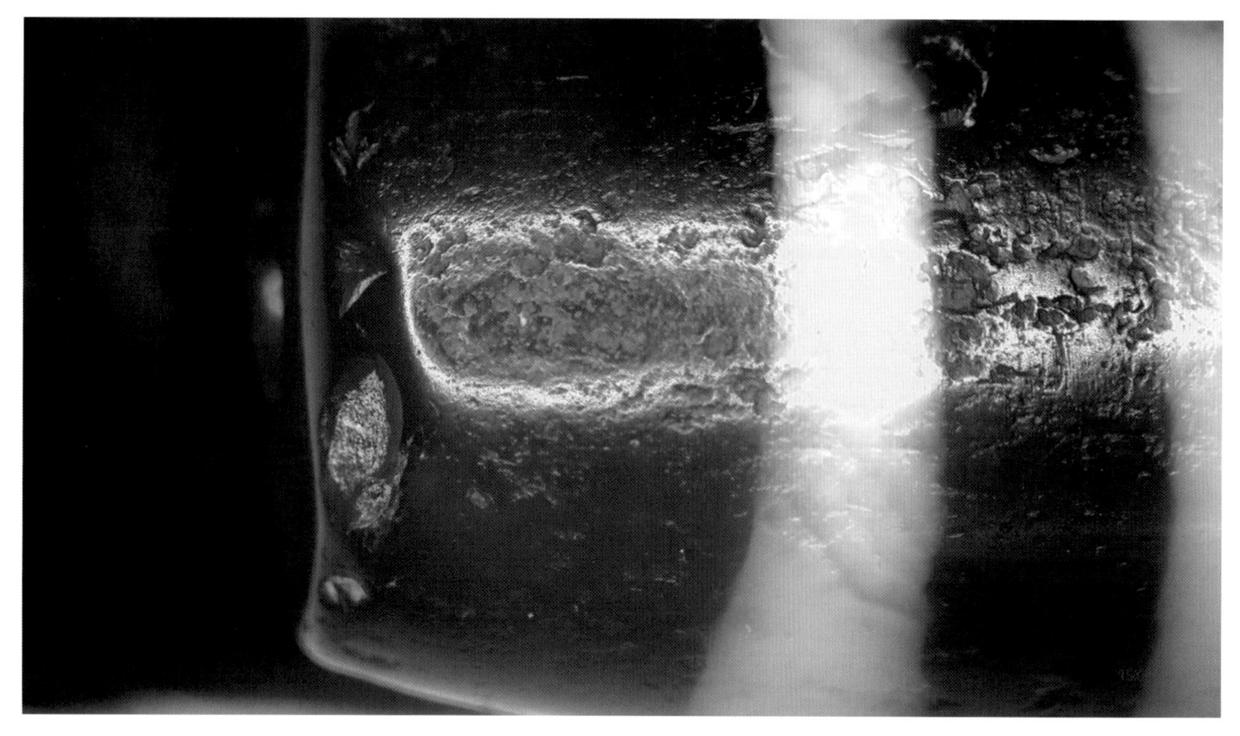

图4-8-3

图4-8-3是珠体一端在15倍显微镜下的成像，可见珠体表面分布着许多大小不一、形态各异的土蚀斑和土蚀坑，其上覆盖有包浆，而一些相对较大的土蚀坑中则附着有土黄色的壤液成分。图中还可观察到珠体内部有隐约的丝条状结构，乳白色蚀花纹饰上还有淡淡的黄色沁现象。

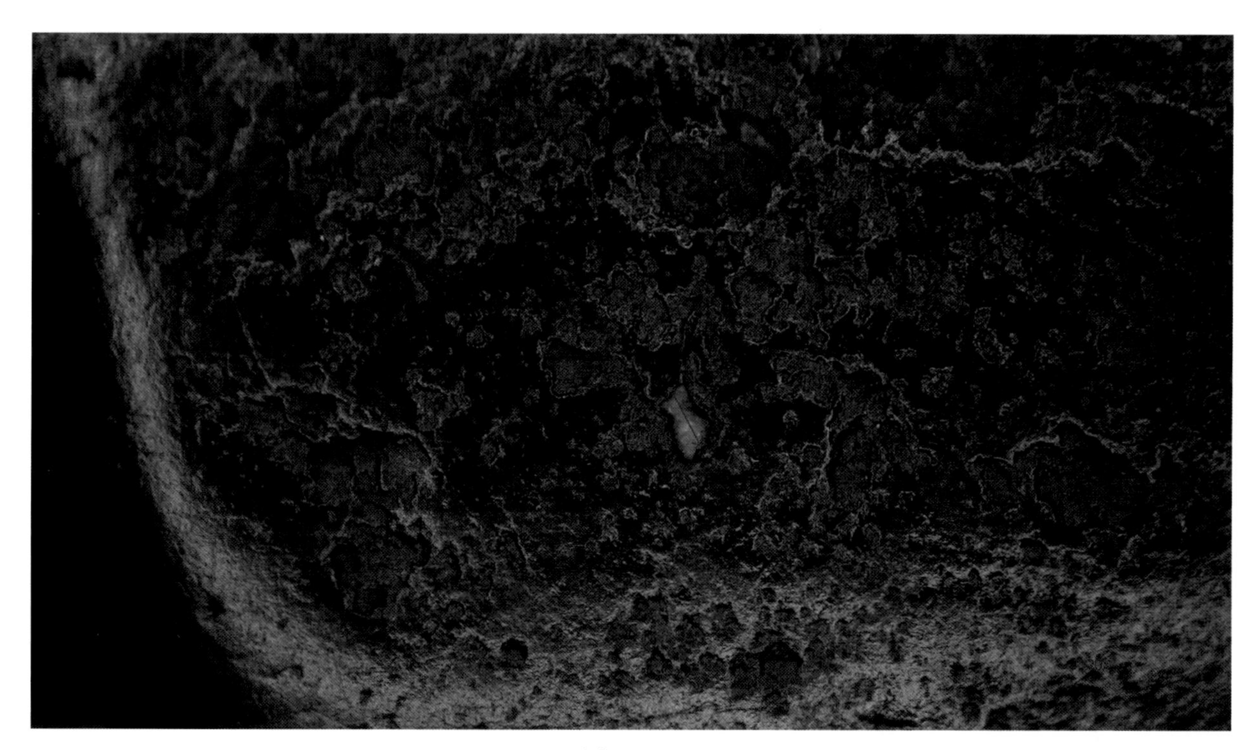

图4-8-4

图4-8-4是珠体的一端在70倍显微镜下的成像，能更加清楚地观察到此处珠体表面的微观形貌。珠体表面呈凹凸不平状：其中凸起处的表面具有莹亮的光泽且各凸起面在同一平面上，这一平面正是珠子成珠时的平面，曾被工匠细致地抛过光；而凹陷处则呈蜡状光泽，是珠体受沁后形成的小土蚀坑，土蚀坑的表面也覆盖有包浆，但由于未经抛光而呈现蜡状光泽。还可观察到有两处土蚀坑中填满了乳白色物质，其中一处略呈矩形的土蚀坑经测量后，其相距较远的两条边距仅为0.18mm。根据受沁机理推测：这些乳白色物质可能是壤液胶体中的物质在渗透胶结过程中填充于经历风化淋滤作用后形成的土蚀坑中，也有可能是原本赋存于珠体表层组织中的副矿物经历风化淋滤作用后的残留物。还可观察到明显的粗橘皮纹现象。

图 4-8-5

图 4-8-6

当我们用手电筒的光从11点方向透射珠体时，可以看到珠体呈微透明状，内部有隐约的丝条状结构，见图4-8-5。还可观察到珠体上分布有许多土蚀斑现象。图4-8-6是用手电筒的光从1点钟方向透射另一端珠体的成像，可见在微透明的玛瑙珠体上蕴含有隐约的丝条状结构，它主要源于矿体内部的化学组成和微观结构的韵律性变化。珠体表面分布有许多土蚀痕和土蚀斑现象。

图4-8-7

图4-8-8

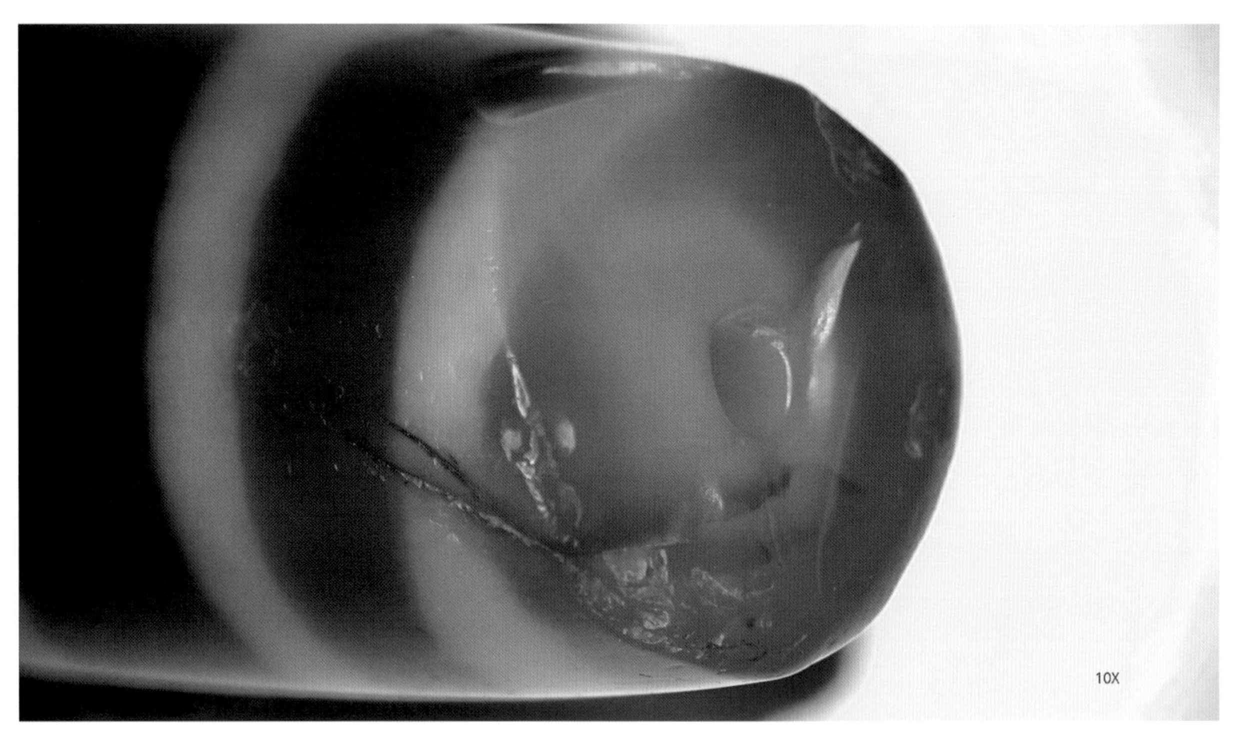

图 4-8-9

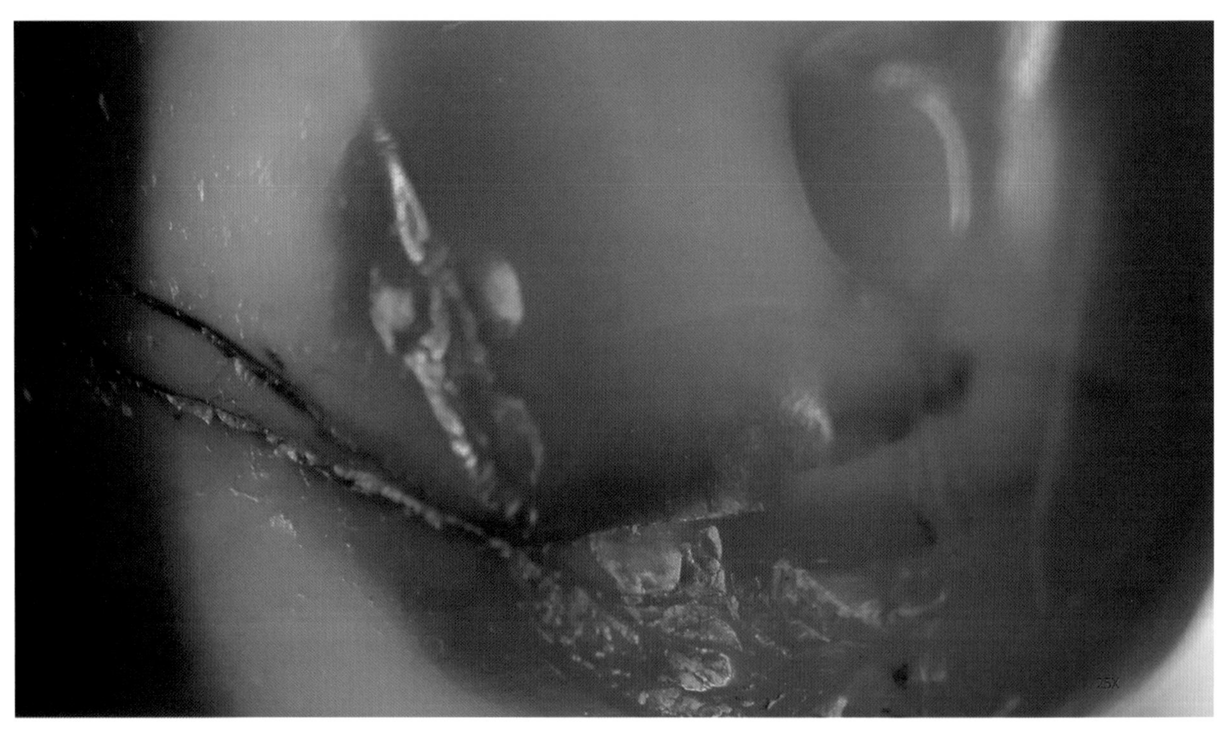

图 4-8-10

图4-8-7是珠子的另一面，可见珠体表面有润亮的光泽，珠体内有隐约的丝条状结构，珠体表面并不是特别平整光滑，而是分布着大大小小、形态多样的土蚀斑和土蚀坑。还可在珠体临近破损端的

圆柱面上观察到两条沁裂纹。图4-8-8是珠子残损一头的端部成像，其平面的大部分组织已经剥落，剥落处略呈次贝壳状，为蜡状光泽，其上有壤液中的红色素元素沿着柱状珠体表层沁入珠体深层组织后形成的色沁现象，还有晶体疏松和晶体脱落现象；残存的一小部分珠体端部截面呈月牙状，表面具有相对莹亮的光泽，表明此部位曾被抛光且有包浆覆盖，而包浆之下的底子则呈细腻的橘皮纹样状态。孔道的内壁细腻而光滑，呈蜡状光泽，看不到任何旋痕。图4-8-9是珠子残损的一端在10倍显微镜下的成像，圆柱状珠体上有两条沁裂纹，沁裂纹中充斥有红褐色元素。这两条沁裂纹在珠子端部平面的边缘处合为一条后继续向珠体内部延伸，并在深处的珠体组织中形成了裂理面，而壤液中褐红色的致色元素也沿着疏松的裂理面一直深入到珠体内部。还可观察到土蚀斑和土蚀坑现象。图4-8-10是此部位在25倍显微镜下的成像，可以更加清楚地观察到沁裂纹和色沁现象的形态特征。

图4-8-11

图4-8-11是天珠保存完好的一头端部，外缘处有晶体脱落后留下的土蚀斑和土蚀坑现象，其上覆盖有包浆。还可观察到端部的平面部位曾被非常精细地打磨抛光过，而在漫长受沁的过程中又有包浆渗透胶结于此，从而使这一部位呈现出光滑细腻的状态并具有莹亮的光泽。

3. 提克买克墓地出土的圆柱状天珠（2009M13：17）

图4-9-1

文物资料：天珠呈圆柱状，珠体中间略粗，逐渐向两头收细，两端截平。珠体长30.13mm，最大直径8.26mm。珠体有穿孔，两头端部的截平面各有一个孔口，一端孔口的直径为1.27mm，另一端孔口残破。珠体表面大部分蚀染呈深褐色，珠体的圆柱面上蚀绘有四个乳白色圆圈纹环绕着珠体，环绕在珠体中间的两条圆圈纹之间的间距相对稍大一些。2009年出土于库车县提克买克墓地M13。

从图4-9-1中可见这颗天珠的一端有残损，珠体表面有莹亮的光泽。这种光泽不同于单纯的抛光带来的光泽感，而是珠子在受沁过程中历经风化淋滤作用又逐渐被包浆包裹后产生的光泽感。还可明显看见珠体表层包裹有一些黑色斑块，它们的色彩浓淡有别，沿着矿体肌理的一定方向深浅不一地分布于珠体内，这些黑色斑块可能是珠体内部原有的杂质，也有可能是壤液中的黑色素沁入珠体表层组织后所致。还可观察到珠体内部隐约有丝条状结构，人工蚀花而成的白色和“黑”色均伴随着丝条状结构的变化而产生色彩浓淡的变化。珠体上有一些土蚀斑和土蚀痕现象，临近残损一端的珠体上淡淡地分布着白色沁现象。

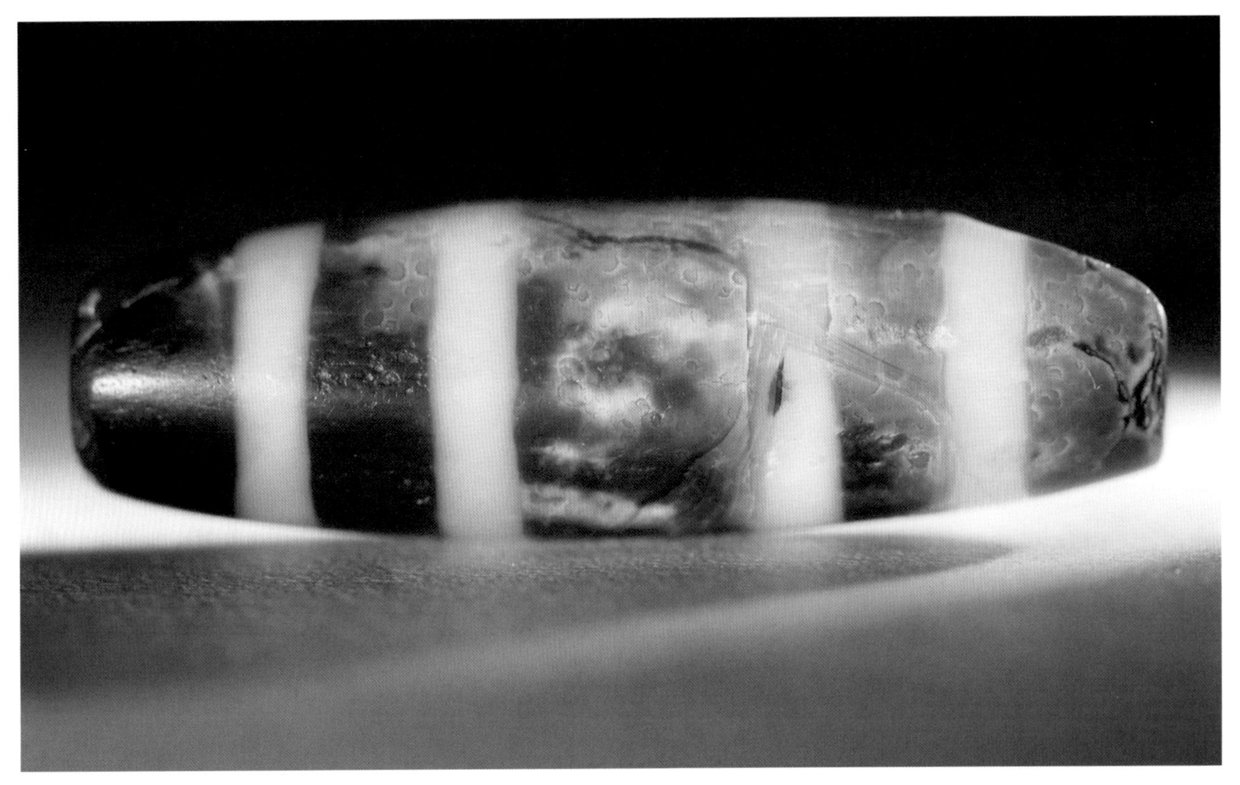

图4-9-2

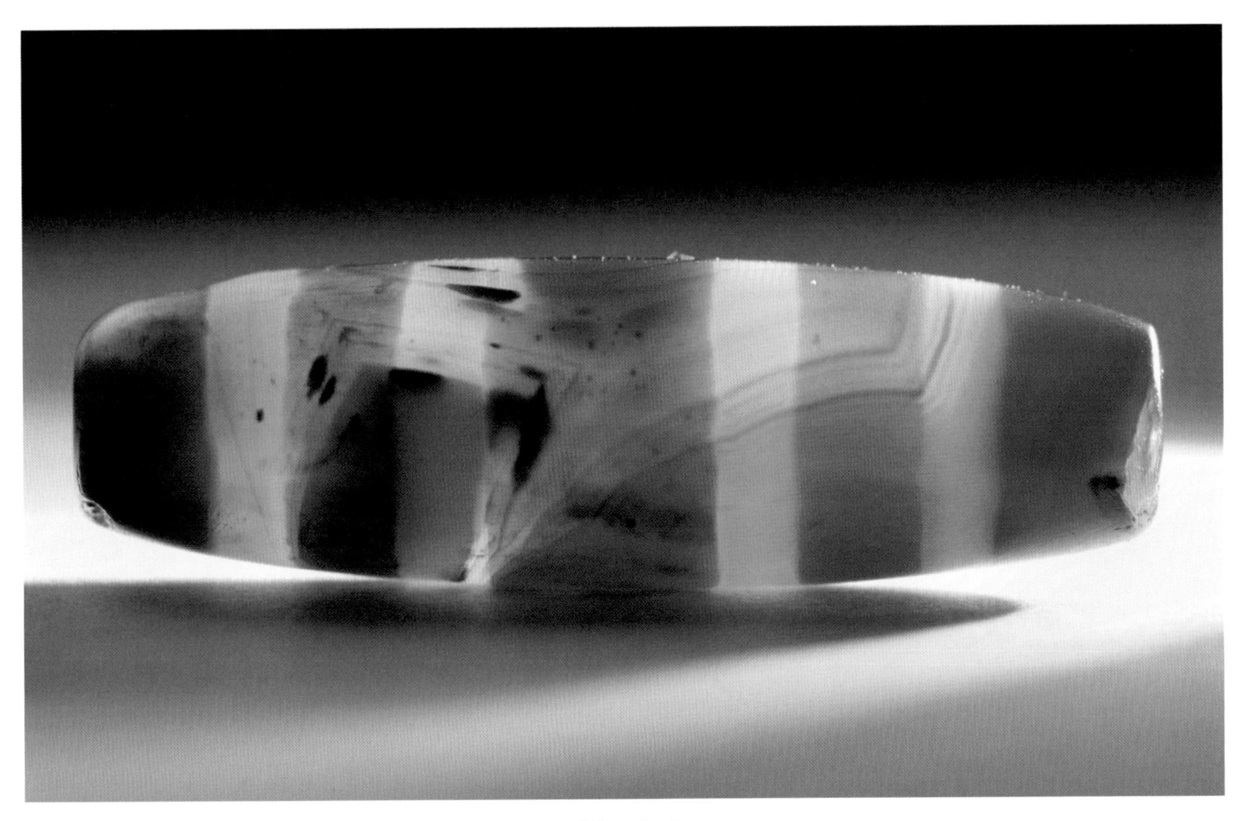

图4-9-3

图4-9-2是珠体的另一面，可更清楚地观察到珠体上的大量白色沁现象，它们浓淡不一，非常自然地赋存于珠体表层，一些白色沁的具体形态和色彩伴随着珠体内部的丝条状结构和晶体在珠体表层中的拓扑结构特征而变化多端。图中还可观察到黑色沁现象、蚀色褪色现象以及晶体脱落后形成的土蚀斑、土蚀痕和土蚀坑现象。还有一处沁裂纹现象。图4-9-3是透光观察这颗天珠的成像，当光线从1点钟方向透射过珠体时，整个珠体呈现出莹亮的内反射光，珠体内蕴含着明显的丝条状结构。由于玛瑙的纹带结构主要源于它内部的化学组成和微观结构的韵律性变化，而这种变化通过透明度和颜色差异不同程度表征出来[8]，因此珠体透射出来的光辉随着珠体的微微转动而不断变化。还可观察到珠体一头在临近端部处有明显的蚀色褪色现象，其附近还有黑色沁现象。

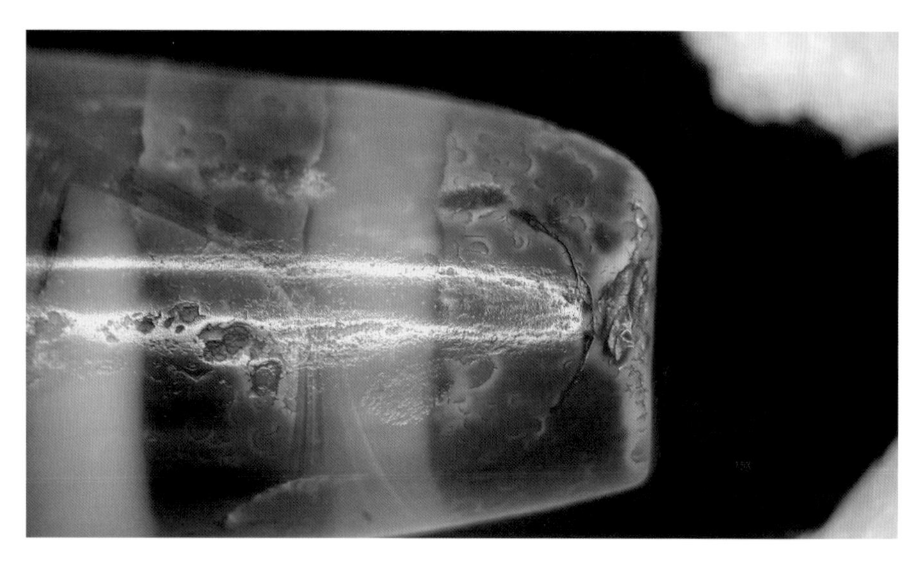

图4-9-4

图4-9-4是珠体一端在15倍显微镜下的成像，珠体表面具有包浆带来的润亮光泽，而大面积的白色则是富集于壤液中的碳酸钙（碳酸钠）渗透并胶结于珠体表层后出现的白色沁现象。碳酸钙（碳酸钠）渗透胶结在珠体表层的形态非常自然，有浓有淡，映衬出一些细小的圆圈状或半弧状的纹痕，这种细小的圆圈状、半弧状纹痕的形态与玛瑙珠体表层组织的微观结构有关：玛瑙内部的显微结构复杂，石英晶体的取向和拓扑结构特征与其集合体赋存状态密切相关[9]，因此壤液中的碳酸钙（碳酸钠）在珠体表层微孔隙相对较大处胶结富集得相对较多，此处的白色就相对浓郁，反之亦然。图中还可看到人工蚀染的颜色和白色沁都跟随着玛瑙条纹的变化而变化。还可观察到珠体在经历风化淋滤作用后形成的沁裂纹现象、晶体疏松现象以及土蚀斑、土蚀坑现象。

⑧ 陶明、徐海军:《玛瑙的结构、水含量和成因机制》,《岩石矿物学杂志》2016年第2期。

⑨ 陶明、徐海军:《玛瑙的结构、水含量和成因机制》,《岩石矿物学杂志》2016年第2期。

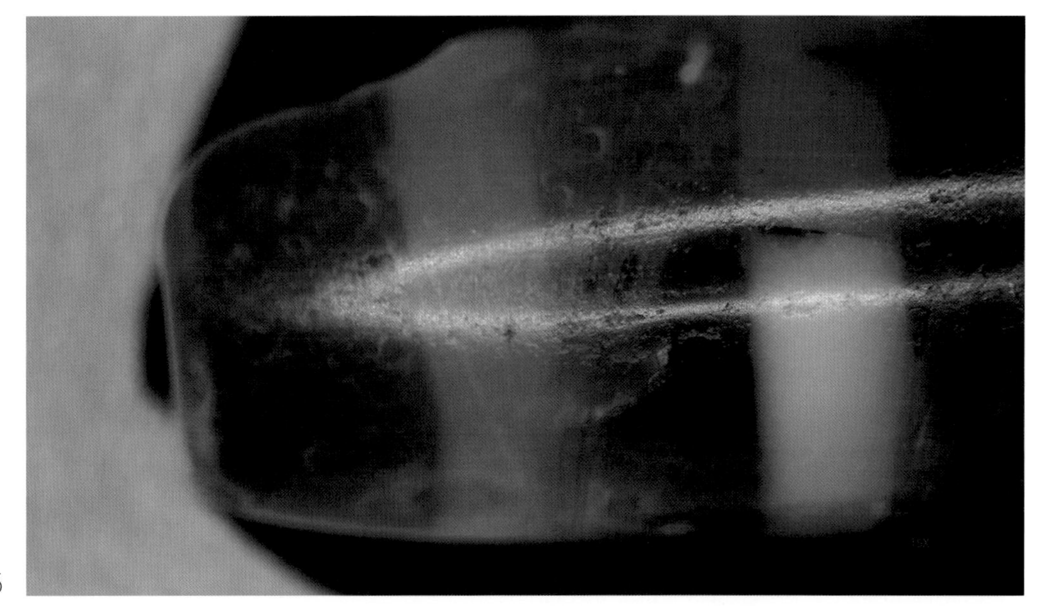

图4-9-5

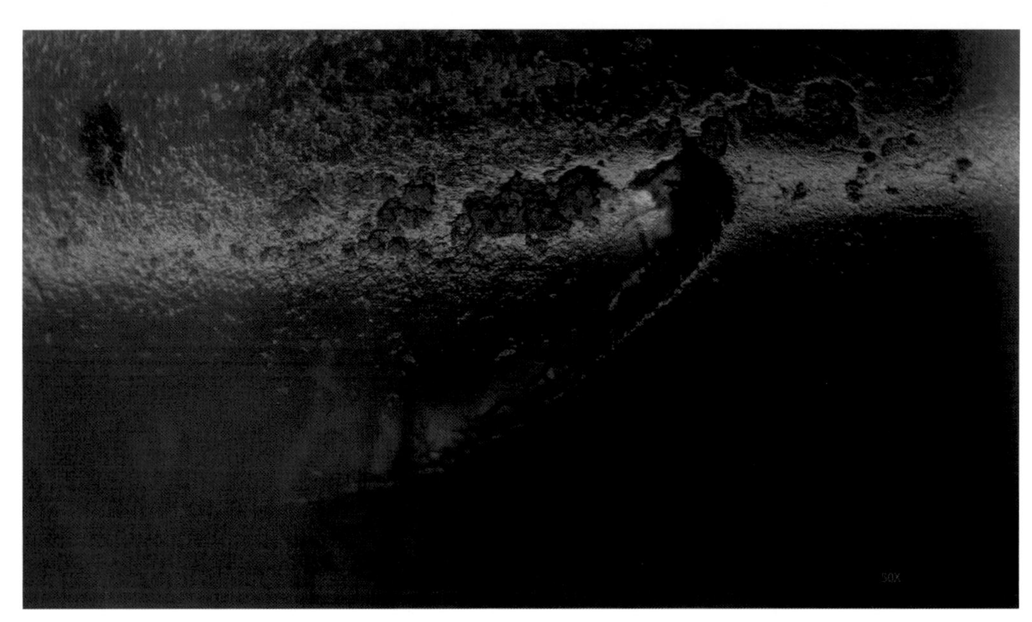

图4-9-6

图4-9-5是珠体一端在15倍显微镜下的成像，可观察到珠体具有丝条状结构，珠体表面具有包浆带来的莹亮光泽。还可观察到白色沁、土蚀斑和土蚀痕现象以及一处明显的晶体疏松现象和沁裂纹现象。图4-9-6是晶体疏松现象和沁裂纹现象在50倍显微镜下的成像，沁裂纹的上半段因受沁相对严重而沿着裂理的网面发生了晶体成片脱落的现象，晶体疏松层面沿着疏松的网面结构自然延伸至沁裂纹的下半段，然后悄然隐匿于珠体中，沁裂纹边缘还胶结有或多或少的壤液成分。还可观察到色沁现象、橘皮纹现象以及晶体脱落后形成的土蚀斑和土蚀痕现象。

图4-9-7

图4-9-7是珠体在15倍显微镜下的成像，可见珠体表面平整光滑，但通过反射光仍能观察到珠体表面密布着自然而细微的土蚀痕、土蚀斑，覆盖其上的包浆使珠体呈现出挺括、润亮的玻璃光泽。另外，由碳酸钙（或碳酸钠）的渗透富集形成的白色沁浓淡有别，疏密有致，其形态受石英晶体的化学组成和微观结构的影响而复杂多样，整体形态非常自然。

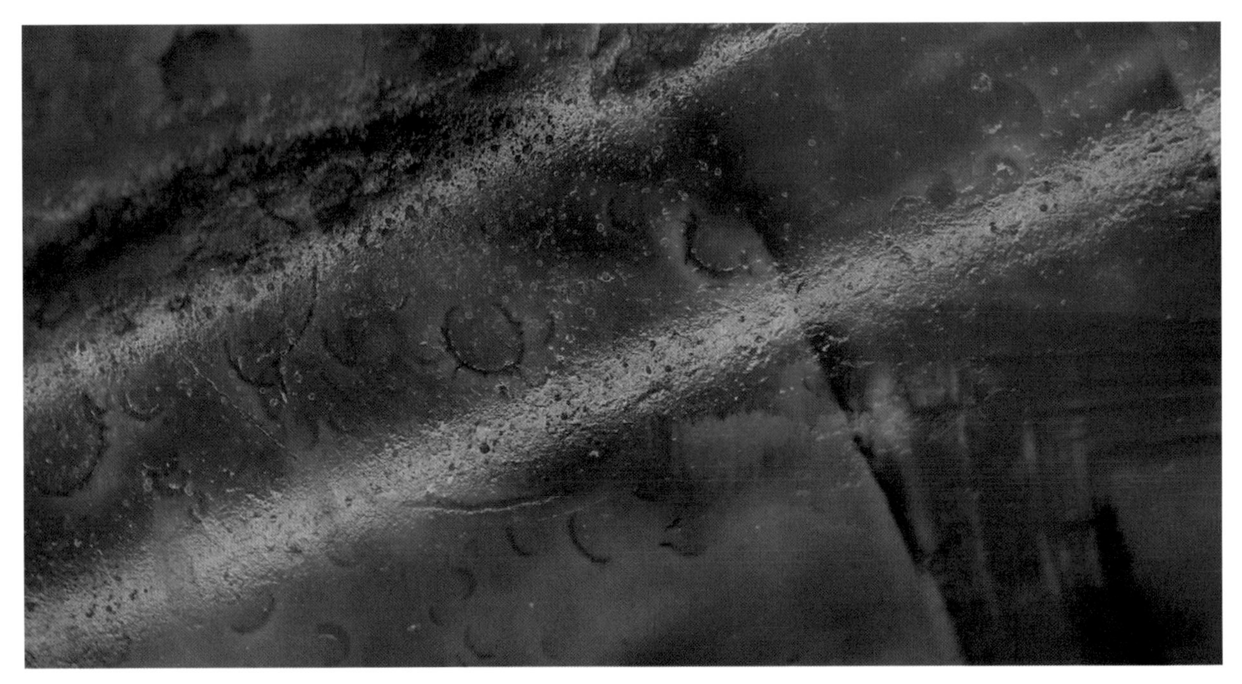

图4-9-8

图4-9-8是珠体在40倍显微镜下的成像，可以对上述现象观察得更加清楚：白色沁赋存于珠体表层组织中，它们的形态和色彩受表层组织中微观结构的影响而复杂多样，它们有浓有淡，映衬出一些细小的圆圈状或半弧状的纹痕，整体形态非常自然。还可观察到晶体脱落后形成的土蚀痕、土蚀斑和土蚀坑现象。

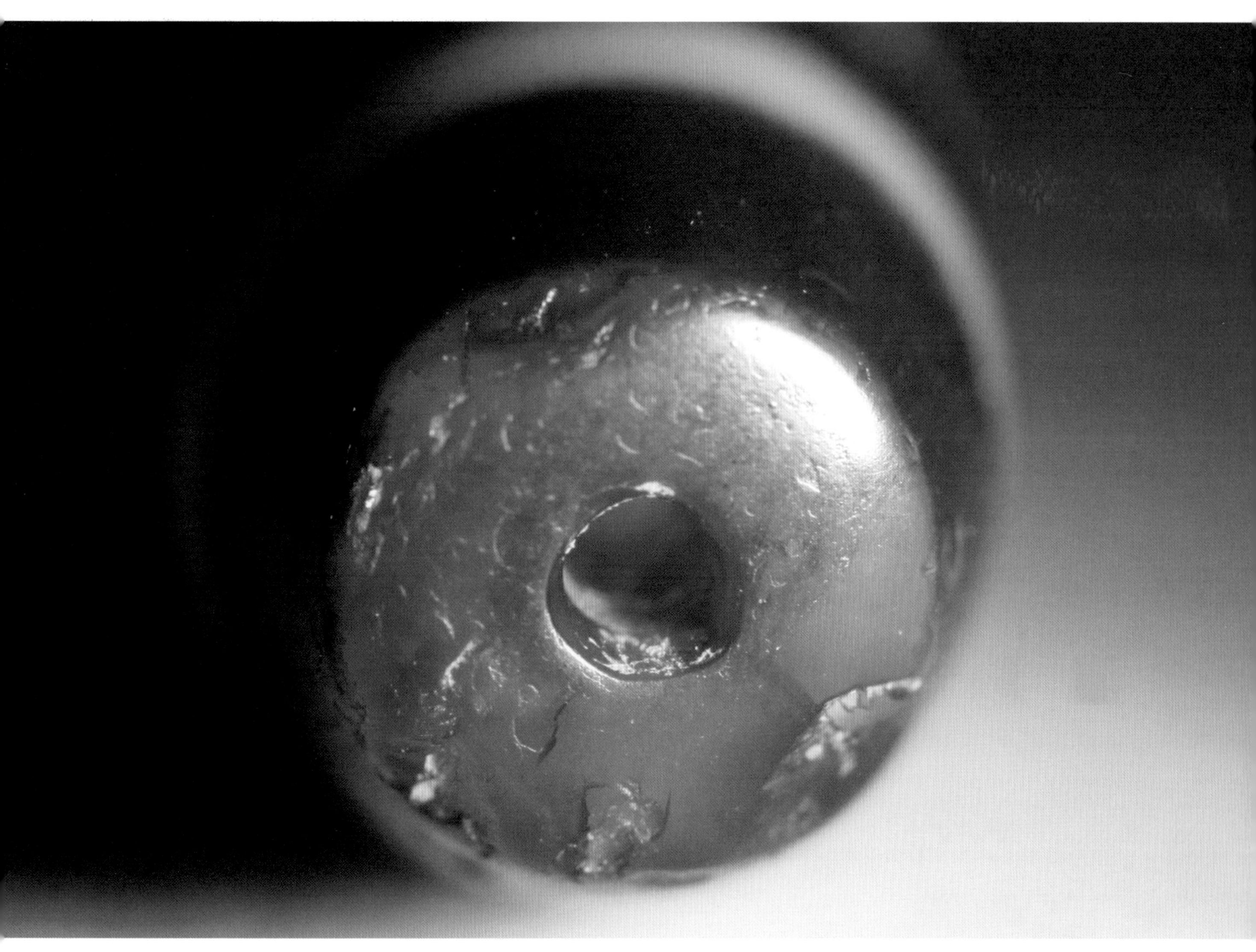

图4-9-9

图4-9-9是珠子一头保存完好的端部，端面较为平齐、光滑，表面被包浆覆盖，端部截面上有受沁后形成的晶体疏松现象、沁裂纹现象、色沁现象、晶体脱落现象以及较轻微的蚀色褪色现象。端部截面附近的珠体上还有一处明显的黑色沁现象。

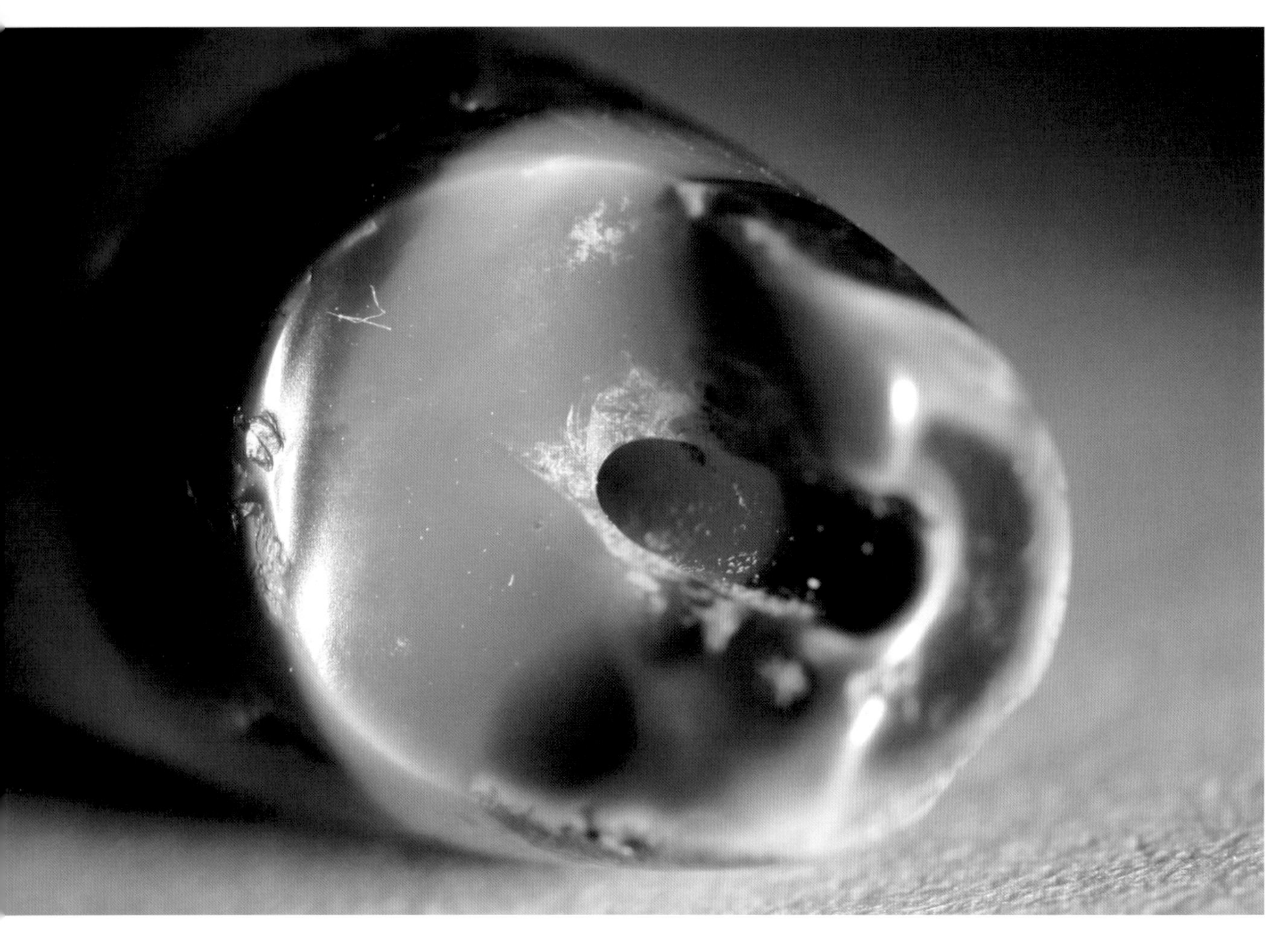

图4-9-10

图4-9-10是珠子残损一头的端部，可以很好地观察孔壁特征。孔壁相对光滑，无任何旋纹，这是使用精加工后的解玉砂钻孔后的结果，可以推测解玉砂的粒度非常均匀、细腻，在铁质管钻较高转速的带动下琢磨孔壁，而工匠在钻孔时还使用了坚固的夹具。孔壁呈蜡状光泽，这种光泽感与珠子残损面的光泽感不同，与端部截面曾被精细抛光又被包浆覆盖后所呈现的玻璃光泽也明显不同。还有壤液成分胶结在孔壁上。这颗天珠的孔道长度有30.13mm，分别从两头对钻而成，而管钻在钻孔的过程中因为磨损需要更换，且需要不断添加新的解玉砂，这样就在孔壁的相应位置留下一些细微的台阶痕和不连续的旋痕。用手电筒的光从珠子一头的孔口照射并让光从整条孔壁掠过时，肉眼可在另一头的孔口处观察到光线随着孔壁的高低而起伏的衍射现象。在双面对打的连接处还有较为明显的台阶痕，是双面定位出现细微偏差后导致对打略有错位而形成的，光线衍射的高低起伏也更加明显。

（二）吉尔赞喀勒墓地出土的天珠

1. 圆板状天珠（2014M32：7-6）

图 4-10-1

文物资料：这颗圆板状天珠厚10.23mm，两孔的间距为28.17mm，孔径分别为1.64mm和1.28mm。珠体表层有人工蚀染的黑色底，正面蚀绘了乳白色圆圈纹的变体图案，背面较为平直光滑。圆圈纹的变体图案是沿着珠子的圆板状外缘用双线蚀绘而成。圆圈纹的变体图案的内圈线和外圈线在临近变体圆圈纹开口处的部位逐渐收拢，图案的内圈线和外圈线最终以弧线形式连接在一起。这颗天珠与其他5颗圆柱状天珠一同出土于M32。

从这张天珠的正面图片中可以观察到珠子的表面并不十分平整光滑，而有许多土蚀痕、土蚀斑和土蚀坑，但具有莹亮的光泽，这是包浆覆盖于经历了风化淋滤作用后的珠体表面的结果，见图4-10-1。图中还可观察到：珠子上有两条较为细长的沁裂纹，它们并不续接，其中一条沁裂纹的端部有晶体疏松现象；乳白色的蚀花纹饰在受沁后微凹于珠体，此面珠体上出现了程度不同的色沁现象、蚀色褪色现象、晶体脱落现象；在珠子边缘临近孔口处还有一处明显的蚀色褪色现象，从而显露出白玉髓的白色。

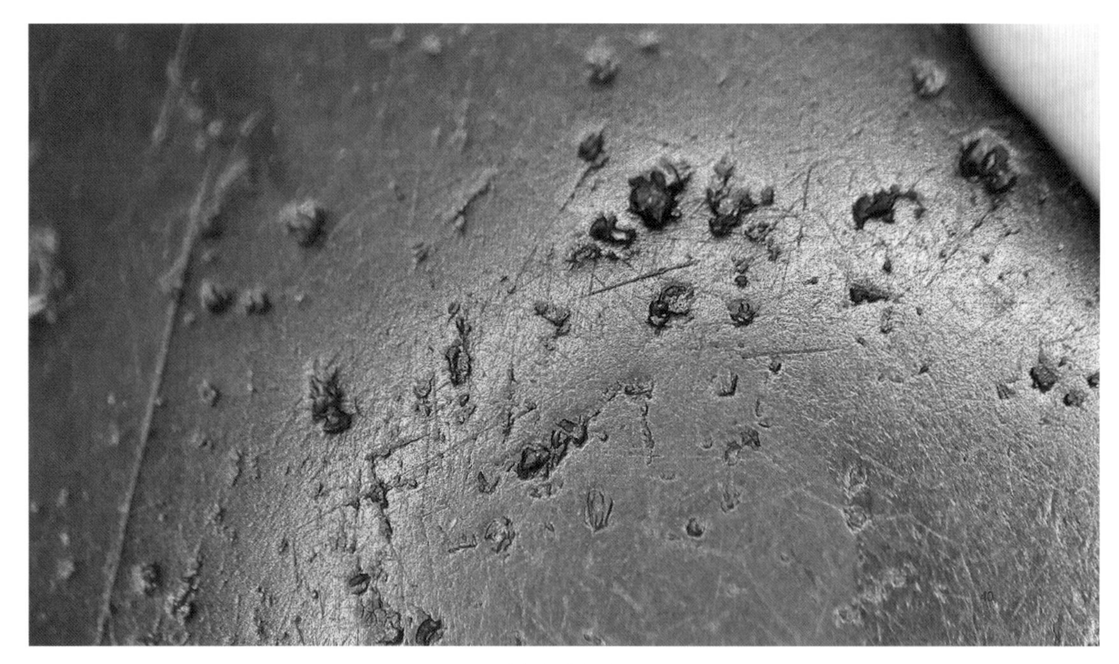

图4-10-2

图4-10-2是珠体的黑色蚀染部位在40倍显微镜下的成像，可清楚观察到珠体表面在受沁后变得凹凸不平，呈橘皮纹样状态，其中还无序分布着许多深浅不一、形状各异的土蚀斑、土蚀坑，以及一些打磨残痕，它们的表面都覆盖有包浆。

图4-10-3

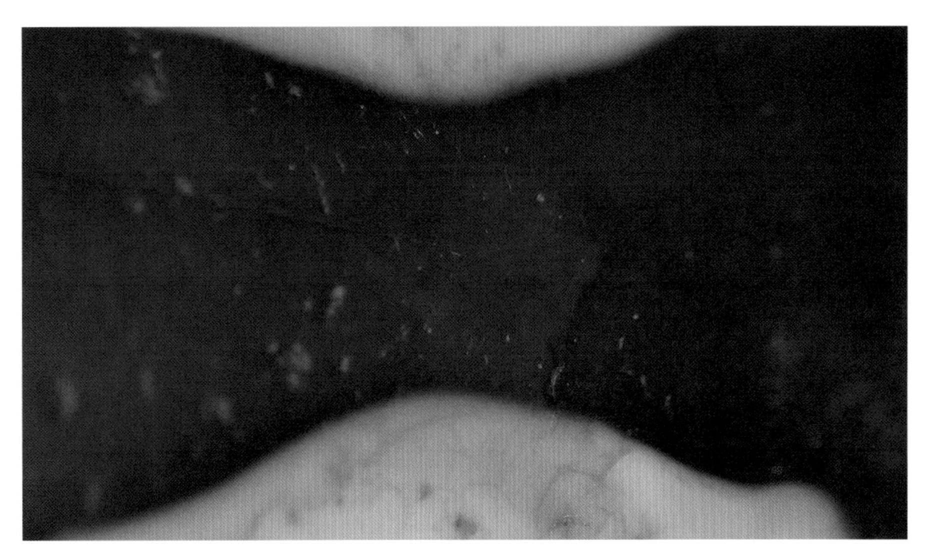

图 4-10-4

从图4-10-3可以清楚观察到珠体上的内风化现象，表明珠体的内部组织在历经了漫长的风化淋滤作用后逐渐发生了晶体疏松并产生了裂理面，当光线照射在裂理面上时，光的折射能力增强，从而使裂理面呈显出亮丽的斑面。珠子的表面有两条沁裂纹，沁裂纹中有黑色的色沁现象。白色蚀花纹饰微凹于珠体的黑色蚀染部位，其上有程度不同的色沁现象、蚀色褪色现象和晶体脱落现象。图4-10-4是内风化现象在40倍显微镜下的成像，可见裂理面仅赋存于珠体内部，并没有延伸至珠体表面，而一条沁裂纹的一端则延伸至此处珠体的表面。图中还可观察到土蚀斑、土蚀坑和色沁现象。

图 4-10-5

图4-10-5是天珠的透光照，珠体为半透明状并具有莹亮的内反射光，其光辉明艳亮丽。还可见在经历了漫长的受沁过程后，珠体表面由人工蚀花而成的黑色底和乳白色纹饰均发生了不同程度的蚀色褪色现象，珠体上还有两条细长的沁裂纹。

图4-10-6

图4-10-7

图4-10-6是天珠的背面照，可见珠体表面并不平整、光滑，上面无序分布着许多短直的打磨残痕，珠体多处有深浅不一、形态各异的土蚀坑和土蚀斑现象，一些土蚀坑的边缘还伴随着沁裂纹现象，珠体表面被包浆包裹。还可观察到一端珠体临近孔口的部位有蚀色褪色现象。图4-10-7是放大观察天珠背面较大的一处土蚀坑现象，珠体上人工蚀染的“黑”色在灯光的照射下呈现棕黑—棕红色，隐约可见有一条孔道横亘于珠体中间；在一端孔口的附近有一处晶体脱落后形成的较浅土蚀坑，凹坑部位的深层组织又发生了晶体疏松，并形成了新的裂理面，从而呈现出比周遭组织明亮的光辉，而部分裂理面延伸至珠体表面后形成了一条沁裂纹。珠体的中部还有两处内风化现象，它们只呈现出两块小的明亮斑面。珠体受沁较严重处有多个土蚀坑相关联、叠压的现象，一些土蚀坑的边缘伴随有沁裂纹现象，而部分土蚀坑的深处组织也发生了晶体疏松现象，从而呈现出迥异于周遭组织的内反射光。珠体表面具有包浆带来的莹亮光泽。

图4-10-8

图 4-10-9

图4-10-8是珠子一端的孔口，可见孔口为较规整的圆形，其上有少许壤液附着，孔口的周围有明显的蚀色褪色现象，人工蚀绘的乳白色明显褪去，而蚀染的“黑”色也几乎褪色殆尽，部分裸露出白玉髓的自色。珠体表面并不平整光滑，呈现橘皮纹样，其上还分布着多处土蚀斑和土蚀坑现象。珠体表面具有包浆带来的莹亮光泽。图4-10-9是珠子另一端的孔口，孔口呈圆形，临近孔口的孔壁上附着有壤液成分，孔口附近的珠体上还有多处土蚀坑现象，土蚀坑的表面有包浆覆盖。珠体背面的一处土蚀坑附近有一条沁裂纹一直延伸至珠体的边缘处。

2. 圆柱状天珠（2014M32：7-1）

图4-11-1

文物资料：这颗圆柱状天珠中间略粗，逐渐向两端收细，端部平齐。天珠长35.32mm，珠体直径为9.64mm，孔径分别为1.63mm和1.72mm。珠体表层有人工蚀染的“黑”色底，有5条蚀绘的乳白色圆圈纹环绕着珠体：珠体两端分别蚀绘有两条对称分布的细圆圈纹，珠体中间则环绕着一条粗圆圈纹。这颗天珠与其他4颗圆柱状天珠和1颗圆板状天珠一同出土于M32。

从图4-11-1中可见这颗天珠的表面具有莹亮的光泽，包浆之下的珠体表面并不十分光滑细腻，这些表征是珠体在漫长的受沁过程中历经风化淋滤作用和渗透胶结作用后的综合结果。珠体上布满土蚀痕和土蚀斑现象，人工蚀染的“黑”、白两色均有程度不同的蚀色褪色现象，乳白色纹饰上有淡黄色的色沁现象。

图 4-11-2

透光观察图4-11-2这颗天珠的另一面，可见离光线较近的上半段珠体呈微透明，珠体上显见一条透明度更高的条带状纹理结构，其内反射光迥异于其他部位的光辉。这条更加透明的条带状纹理是玛瑙的天然结构，很可能是玛瑙矿体中蕴含的斜硅石。斜硅石在玛瑙中普遍存在，与纹带结构有一定相关性。[10]由于斜硅石与石英具有相同的化学成分，但二者的具体结构不同，斜硅石的透明度相对更高，所以图中珠体内的条带状结构透射出更加明亮的光辉。另外，图中可见古人蚀染（绘）的黑、白两色在这一条带状结构上几乎不复存在，这与斜硅石特殊的石英晶体及其具体结构有关。珠体的下半段有一处晶体疏松和晶体脱落现象，乳白色蚀花纹饰上有淡黄色的色沁现象。

⑩ 陶明、徐海军:《玛瑙的结构、水含量和成因机制》,《岩石矿物学杂志》2016 年第 2 期。

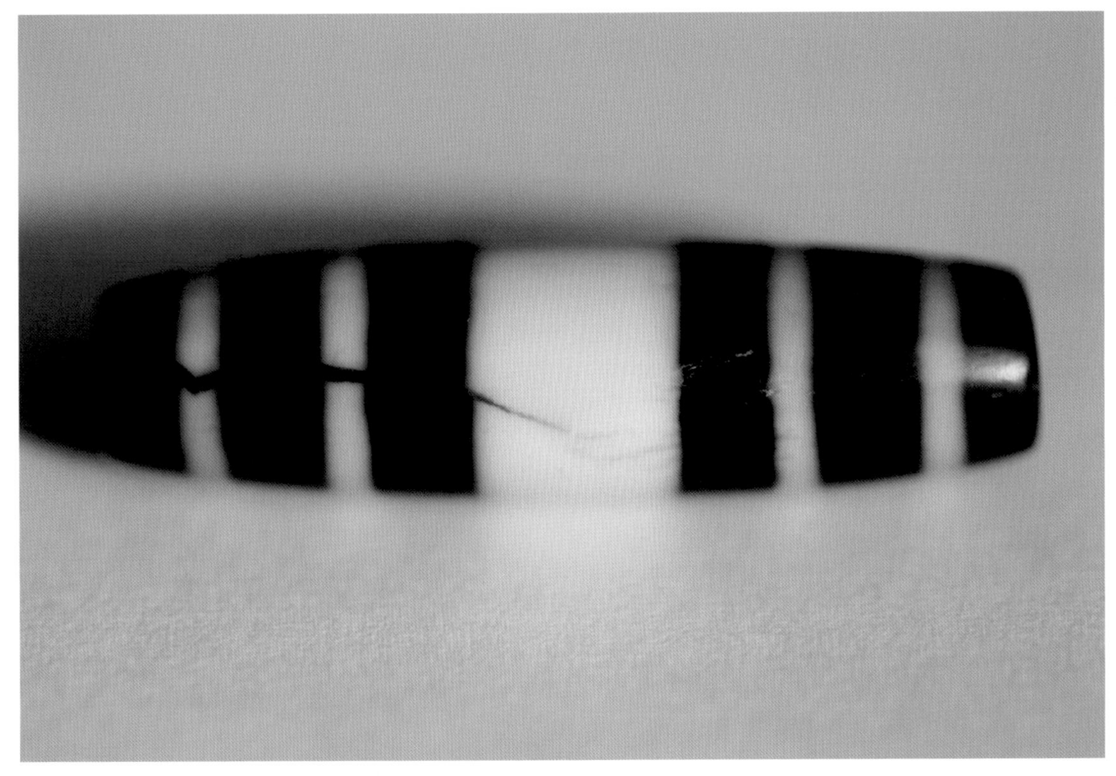

图 4-11-3

从图 4-11-3 中可以清楚观察到珠体蕴含的这条纹带状结构，其尾部附近有淡黄色的色沁现象和晶体脱落现象。珠体的表面并不十分平整、光滑，广泛分布着土蚀痕和土蚀斑现象，有的土蚀斑处胶结有少许壤液成分，整个珠体上都有包浆包裹。

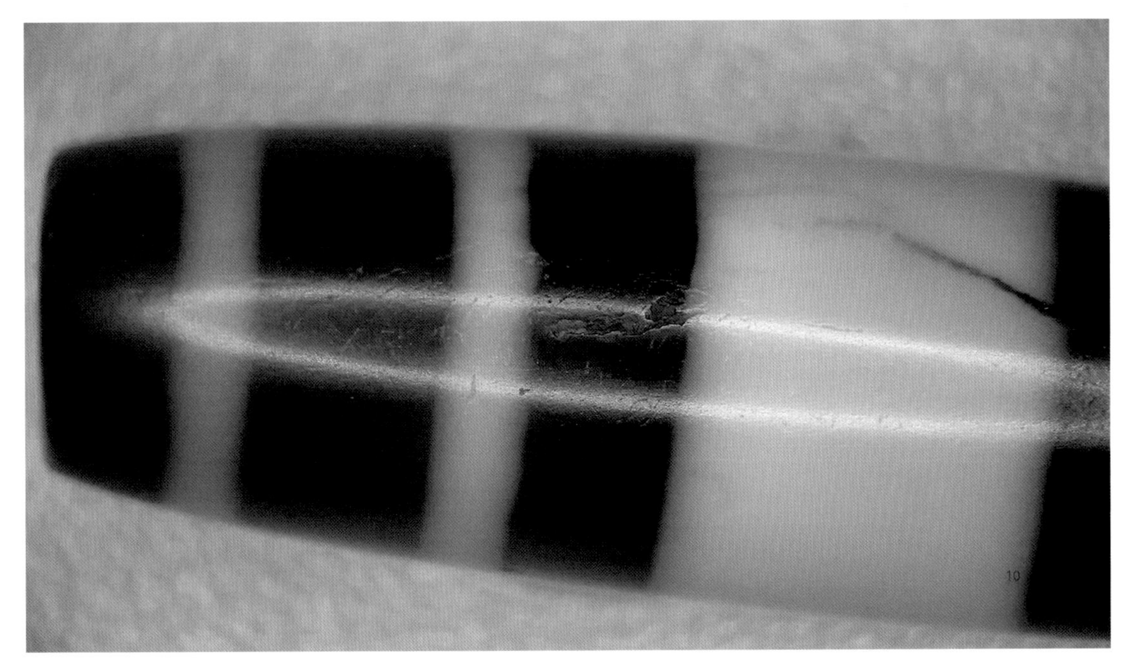

图 4-11-4

图4-11-5

图4-11-4是上述晶体脱落处在10倍显微镜下的成像，可见晶体脱落较严重处的表层组织发生了晶体成片脱落的现象，并形成了明显的土蚀坑，凹陷处有壤液成分附着，整个珠体上都有包浆包裹。图4-11-5是晶体脱落现象在40倍显微镜下的成像，可见珠体表面呈橘皮纹样状态，其间广泛分布着大小不一、形态各异的土蚀痕和土蚀斑现象，土蚀坑中有明显的壤液附着，土蚀坑旁边的珠体表层组织还出现了晶体疏松现象。

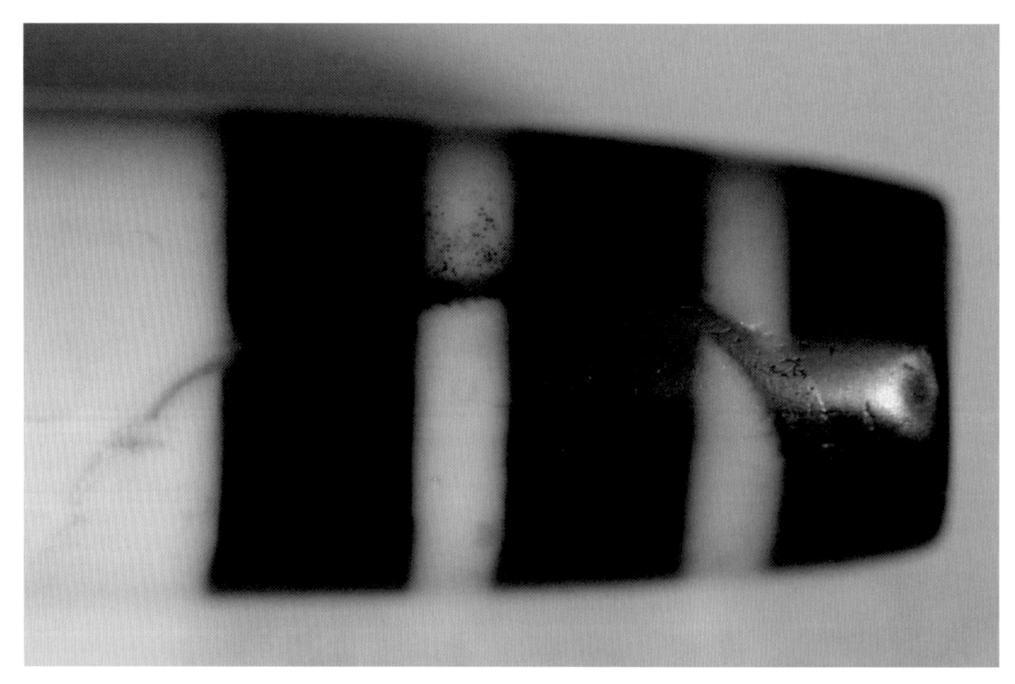

图4-11-6

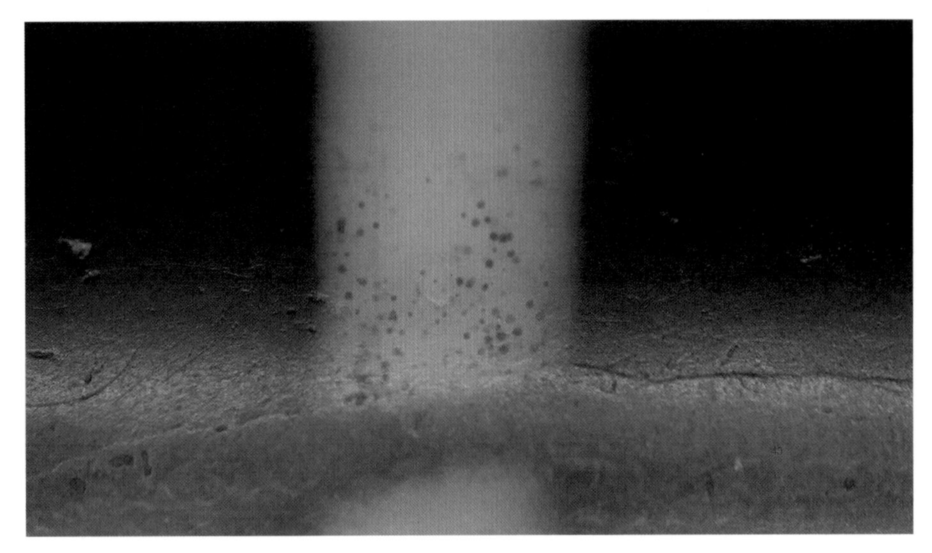

图 4-11-7

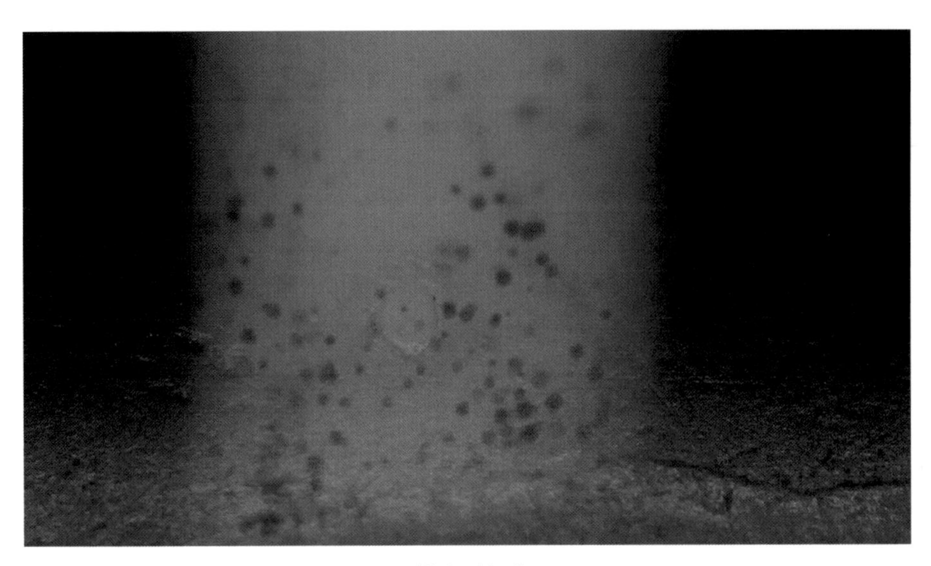

图 4-11-8

图4-11-6是珠子的又一面，可见珠体中由斜硅石构成的条带状结构延伸至此面珠体，蚀染（绘）的黑、白两色在这一条带状结构处几乎不复存在。珠体上人工蚀染（绘）的黑、白两色都普遍存在程度不同的蚀色褪色现象，白色蚀花纹饰上还有色沁现象。在条带状结构旁的一处乳白色蚀花纹饰上出现了褐黄色的色点。赋存于此处珠体中的铁元素在天珠的制作过程或埋藏过程中受温度升高的影响，低价铁变成了高价铁，故而呈现出褐黄色的色点。图4-11-7是色点集中处在40倍显微镜下的成像，可见这些褐黄色的色点呈圆形，它们在珠体表层组织中的分布具有层次感，很像鱼卵悬浮于乳白色的液体中。图4-11-8是在70倍显微镜下的成像，上述现象呈现更为清晰。珠体表面呈橘皮纹样状态，其间杂糅着土蚀痕、土蚀斑现象，还有一些短直的打磨残痕和一条微细的沁裂纹。

图 4-11-9

图 4-11-10

图4-11-9是珠子一头的端部，可见端部截面平齐，整体具莹亮的光泽，端部截面的外缘处无序分布着数处晶体脱落后形成的土蚀坑，一些凹坑中有壤液附着。还可见孔口呈不太规整的圆形，孔道内壁上也胶结有壤液成分。图4-11-10是珠子另一头的端部，可见此端截面略呈弧形，内、外缘处分布着数处形态各异的土蚀坑现象。隐约可见端部组织中包含着由斜硅石构成的条带状结构，还可观察到晶体疏松现象，其裂理面由此折射出相对亮丽的光辉；端部截面整体呈细橘皮纹样状态并覆盖有包浆。

3. 圆柱状天珠（2014M32：7-3）

图4-12-1

文物资料：这颗圆柱状天珠中间略粗，逐渐向两端收细，端部平齐。天珠长30.32mm，珠体直径为8.53mm，两头孔径均为1.33mm。珠体表层有人工蚀染的“黑”色底，有5条蚀绘的乳白色圆圈纹环绕着珠体：珠体两端分别蚀绘有两条对称分布的细圆圈纹，中间则环绕着一条粗圆圈纹。这颗天珠与其他4颗圆柱状天珠和1颗圆板状天珠一同出土于M32。

从图4-12-1中可见，这颗天珠表面由人工蚀染而成的黑色底大部分浓郁纯正，但一头临近端部处由于受沁产生的蚀色褪色现象而呈显为黑褐色，整个珠体具有润亮的光泽。珠体表面并不是十分平整、光滑，在漫长的受沁过程中产生了许多土蚀痕、土蚀斑及土蚀坑现象。在人工蚀绘而成的五条白色纹饰上均产生了较为严重的色沁现象，这些黄褐色的色沁有的呈片状，有的呈形状各异的斑块状，相互交错重叠，浓淡有别地无序分布，使白色蚀花纹饰看上去十分斑驳。图中还可看到在中间一条粗的白色蚀花纹饰上有数条沁裂纹。

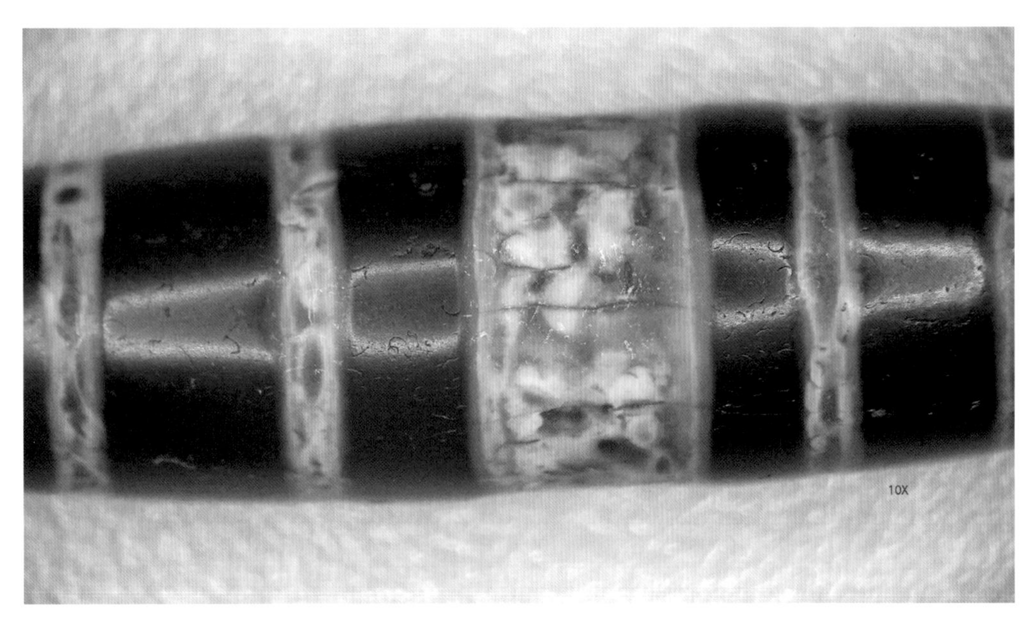

图4-12-2

图4-12-3

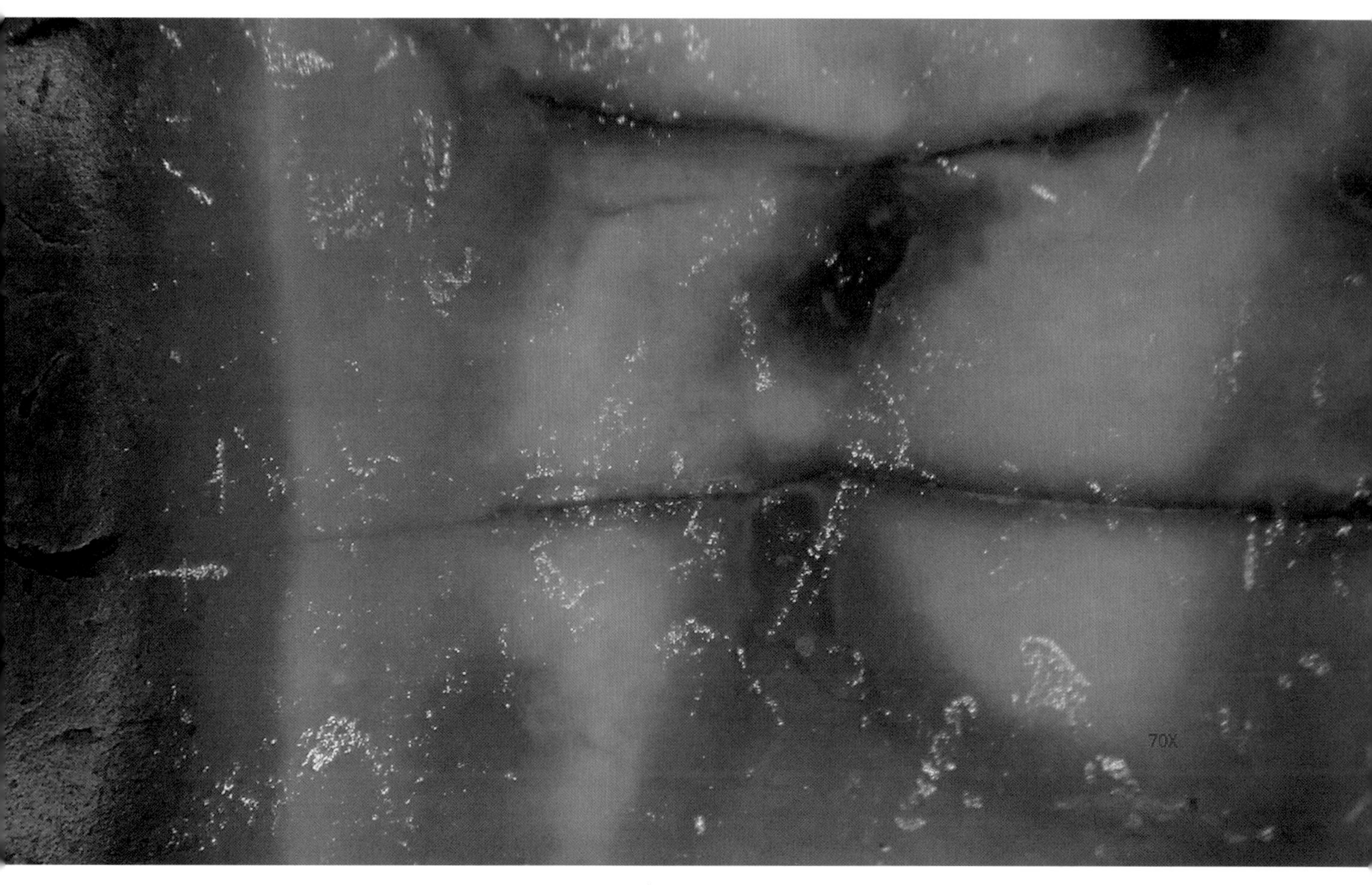

图 4-12-4

图4-12-2是珠体在10倍显微镜下的成像，可见珠体表面无序分布着许多土蚀斑和土蚀坑现象，黄褐色沁有浓有淡且富有层次，十分自然地分布于白色蚀花纹饰上，中间一条蚀花纹饰上还有五条沁裂纹略呈平行状态分布在斑驳的珠体上，珠体表面具有润亮的光泽。图4-12-3是上述部位在40倍显微镜下的成像，可见白色蚀花纹饰上的色沁现象在形态和色彩上都非常丰富，它们有的呈淡褐色，有的呈灰褐色，有的呈深褐色，各种色沁相互重叠交错，富有层次。三条沁裂纹十分自然地分布在斑驳的色沁现象间，沁裂纹中也分布着深褐色的色沁现象。黑色蚀花部位的表面光泽强于白色蚀花纹饰部位，此处的珠体表层并不光滑细腻，呈现细橘皮纹样状态，其间杂糅着弧形、半圆形及不规则形态的土蚀斑和土蚀坑现象。图4-12-4是70倍显微镜下的成像，上述现象呈现更为清晰。图中沁裂纹粗细有别，纤细的沁裂纹尾端渐渐隐匿于珠体之中，它们是珠体在漫长的风化淋滤过程中逐渐形成的自然形态。

图 4-12-5

图 4-12-6

图 4-12-7

图 4-12-8

图4-12-5是从正面打光观察这颗天珠，可见珠体表面具有润亮的光泽，黑色底呈浓郁的乌黑色，珠体上端有一定程度的蚀色褪色现象，从而呈现淡褐色。白色蚀花纹饰上的色沁现象明艳而斑驳，层次丰富，整体形态十分自然。中间那条粗的白色蚀花纹饰部位略微凹陷于珠体其他部位。图4-12-6是从顶部打光观察这颗天珠的成像，可见珠体端部的蚀色褪色处透射出明艳的黄色光辉，蚀染的黑色底纯正浓郁，乳白色的蚀花纹饰上布满了浓淡不同的深褐色色沁现象，珠体表面赋有莹亮的光泽。图中可更加清晰地观察到中间那条粗的白色蚀花纹饰部位微凹于珠体其他部位的现象。图4-12-7是从正面打光观察珠体上有蚀色褪色现象一端的成像，可见珠体表面具有润亮的光泽，珠体表面无序分布着大小不一、形态各异的土蚀斑和小土蚀坑现象。端部的蚀色褪色处由于褪色程度的不同呈现为黑色的过渡状态：黑色—深褐色—淡褐色，色沁层次分明、色彩丰富，十分自然地分布于乳白色蚀花纹饰上。图4-12-8是从2点钟方向打光观察这颗天珠的成像，可见珠体发生了蚀色褪色的一端透射出明艳的内反射光，并隐约具有丝条状结构特征；珠体上蚀花而成的黑、白色保存完好且不透光，乳白色纹饰上还有自然分布的棕褐色的色沁现象；珠体上端的端部截面边缘处也有一处蚀色褪色现象，从而裸露出一小片白玛瑙的自色。

图4-12-9

图4-12-10

图4-12-9是天珠发生了蚀色褪色现象的一头端部，可见此处珠体上蚀染的黑色大部分已褪色，从而裸露出微透明的白玛瑙珠体，部分表层组织的晶体间还残留着或多或少的黑色素。图中还可观察到端部截面在历经了风化淋滤作用后发生了晶体疏松和晶体脱落现象，还有色沁现象和沁裂纹现象。整个端部截面上覆盖有润亮的包浆，而孔道内壁也有壤液成分附着。图4-12-10是天珠的黑色蚀色保存得相对完好的一头端部，可见端部的截平面较为平整，外缘部位有多处发生了晶体脱落，从而形成了大小不一、形态各异的土蚀斑和土蚀坑现象。端部截面整体被包浆包裹，具有润亮的光泽。圆形截面上有一小片蚀色褪色现象。孔道内壁也被蚀染呈黑色并胶结有少许壤液成分，白色蚀花纹饰上有黄褐色的色沁现象。

4. 圆柱状天珠（2014M32-4）

图4-13-1

文物资料：这颗圆柱状天珠中间略粗，逐渐向两端收细，端部平齐。天珠长25.91mm，珠体直径为9.23mm，孔径分别为1.52mm和1.71mm。珠体表层有人工蚀染的“黑”色底，有5条蚀绘的乳白色圆圈纹环绕着珠体：珠体两端分别蚀绘有两条对称分布的细圆圈纹，中间则环绕着一条相对较粗的圆圈纹。这颗天珠与其他4颗圆柱状天珠和1颗圆板状天珠一同出土于M32。

从图4-13-1可以观察到这颗天珠的表面具有润亮的光泽，珠体表面并不十分细腻光滑，人工蚀染而成的“黑”底实为棕黑色，略偏红色调。珠体一头临近端部处有明显的蚀色褪色现象，从而裸露出白玉髓珠体的自色。珠体上有两处显见的黑色沁现象和一处土蚀坑现象。

图 4-13-2

图 4-13-3

用强光手电筒从珠子后方2点钟方向打光观察，珠体呈微透明状，而“黑”色底中的红色调更加浓郁，乳白色纹饰部位的色调不均匀且透光程度也不一致，见图4-13-2。珠体上端的蚀色褪色处显露出白玉髓珠体的自色，而珠体下端有两处黑色的色沁现象。还可在珠体上观察到表层晶体在受沁过程中发生程度不同的脱落后形成的土蚀痕、土蚀斑和土蚀坑现象。图4-13-3是略微调整观察面后，从11点钟方向打光观察这颗天珠的成像，可见珠体的“黑”色底呈明艳的橘红色调。蚀色褪色处的白玉髓珠体有隐晶质矿物的莹透感。珠体下端有两处显见的黑色沁现象，它们有浓有淡，由表及里地沿着珠体上的晶体疏松网面一直沁入珠体较深处。

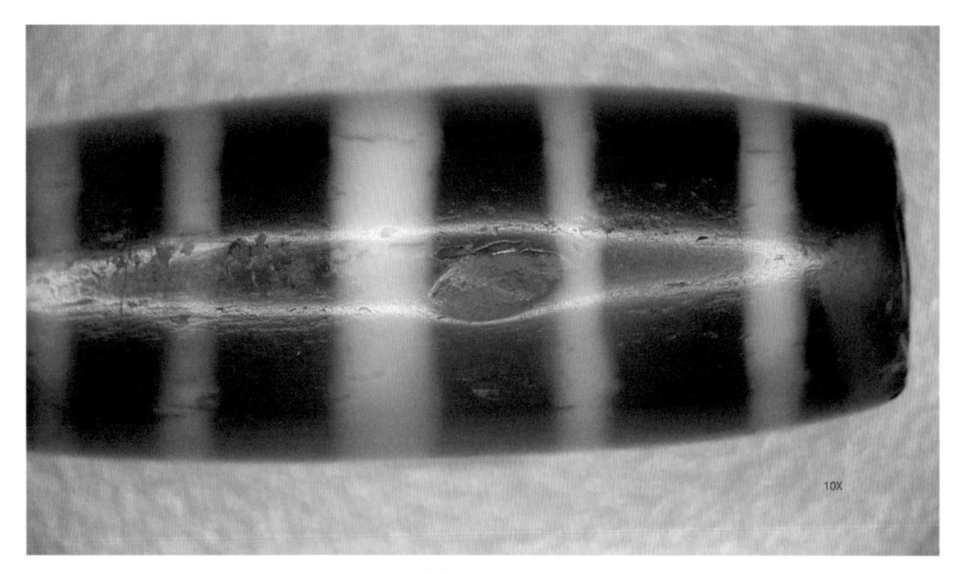

图4-13-4

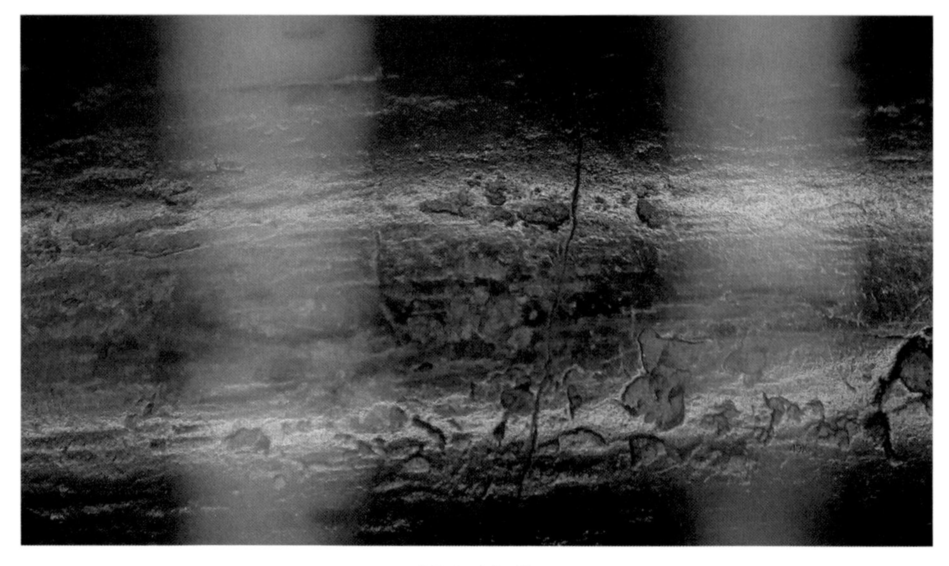

图4-13-5

图4-13-6

图4-13-4是此面珠体在10倍显微镜下的成像，它使我们清楚观察到珠体上大小不一、形态各异的土蚀坑现象。在临近珠体中间有一条黑色沁现象。珠体一端还有蚀色褪色现象。珠体表面不是很光滑、平整，有包浆覆盖。图4-13-5是珠体具有黑色沁的部位在40倍显微镜下的成像，可见珠体表面呈橘皮纹样状态，其间杂糅着许多形态各异、大小不同的土蚀斑和土蚀坑现象。一处条带状的黑色沁分布于两条白色蚀花纹饰间，具黑色沁的珠体表层还有一条明显的沁裂纹现象，沁裂纹呈经历过风化淋滤作用和渗透胶结作用后渐次形成的自然形态。珠体表面有包浆覆盖。图4-13-6是珠体具有土蚀坑的部位在40倍显微镜下的成像，可见珠体表面呈橘皮纹样状态且具有莹亮的光泽，其间杂糅着土蚀痕和土蚀斑现象，一处显见的椭圆形土蚀坑分布于两条白色的蚀花纹饰之间。仔细观察，可见土蚀坑的表层组织在漫长的风化淋滤过程中发生了程度不同的晶体脱落现象，晶体脱落较轻处仍保留着与珠体其他部位相同的表面光泽。椭圆形土蚀坑的上缘还有两处相对较小的土蚀坑，其表面被包浆覆盖，其中一个土蚀坑的表面还胶结有壤液成分。

图 4-13-7

图 4-13-8

图4-13-7是珠体的另一面，可见珠体表面并不十分光滑细腻，呈橘皮纹样状态，其间杂糅着土蚀痕与土蚀斑。图中可见一处柳叶形的黑色沁从珠体一头的端部边缘延伸至珠体的圆柱面。在其不远处的白色蚀花纹饰上也有一处黑色沁现象。此处的黑色沁呈团块状和圆点状的集合体，色彩有浓有淡，分布形态也深浅不一，整体状态十分自然。一条沁裂纹将上述两处黑色沁串联起来。这条沁裂纹始于珠子端部截平面的边缘，在延伸至珠体圆柱面的过程中逐渐变细，最后悄然隐匿于珠体之内。珠体另一头的端部处有一片蚀色褪色现象和隐约的内风化现象，珠体此处疏松的网面折射出相对明亮的内反射光。珠体上还有深浅不同、大小各异、形态多样的土蚀坑现象。图4-13-8是从珠体上方打光观察此面珠体的成像，可见微透的珠体表面并不十分光滑细腻，珠体上分布着大小不一、形态各异的土蚀坑现象。柳叶形的黑色沁从珠体上端的边缘部位延伸至珠体的圆柱面，此处的黑色沁有浓有淡，在珠体表层组织中的分布也深浅有致。整个珠体具有莹亮的光泽。

图4-13-9

图4-13-9是天珠一头的端部，其截面上有显见的蚀色褪色现象，蚀染而成的“黑”色大部分已褪色殆尽并裸露出白玉髓珠体的自色。图中可观察到经久的风化淋滤作用使此端部发生了程度不同的晶体脱落现象，从而产生了许多土蚀痕和土蚀坑现象。珠子端部有包浆包裹。图中还可见孔口呈圆形，部分临近孔口的孔壁裸露出白玉髓珠体的自色，孔壁上胶结有壤液成分。珠体的圆柱面上有一处内风化现象，呈显为一小片相对亮丽的斑面。

图4-13-10

图4-13-10是天珠的另一头端部，在强光的照射下呈艳丽的橘黄色，端部的截面上产生了程度不同的晶体脱落现象。图中还可见孔口呈圆形，孔壁也呈亮丽的橘黄色，这是蚀染的“黑”色素离子还有部分残存于孔壁表层组织中的结果。黑色沁现象和沁裂纹现象共存于珠体上。临近端部截平面的圆柱面珠体上有一处晶体疏松现象，呈显为一小片亮丽的斑面。珠体的整个端部都有莹亮的光泽。

5. 圆柱状天珠（2014M32：7-2）

图4-14-1

文物资料：这颗圆柱状天珠中间略粗，逐渐向两端收细，端部平齐。天珠长30.41mm，珠体直径为9.33mm，孔径分别为1.32mm和1.41mm。珠体表层有人工蚀染的黑色底，并有5条蚀绘的乳白色圆圈纹环绕着珠体：珠体两端分别蚀绘有两条对称分布的细圆圈纹，中间则环绕着一条粗圆圈纹。这颗天珠与其他4颗圆柱状天珠和1颗圆板状天珠一同出土于M32。

从图4-14-1中可见珠体一头临近端部处有一处明显的蚀洞现象，蚀洞略呈椭圆形，凹陷处为混杂的黑色和黑褐色，凹洞是沿着玛瑙矿体的自然解理逐渐风化而成，其外围轮廓非常自然，与周边组织形成有机的结合；凹洞周缘由于在受沁过程中产生了蚀色褪色而裸露出半透明的白玛瑙珠体，部分白玛瑙珠体上还有红色的色沁现象，一小部分的白玛瑙珠体上还残留着少许乳白色的蚀花纹饰。珠体表面有润亮的光泽，珠体上蚀花而成的黑、白两色均有蚀色褪色现象。蚀色褪色较为明显处具有白玛瑙的莹透感，且蚀色褪色现象是伴随着玛瑙的丝条状结构的变化而变化的。五条乳白色的人工蚀花纹饰上布满了黄褐色的色沁。它们有浓有淡、疏密有致，非常自然地分布在白色纹饰上。不仅在白色花纹上有黄色沁现象，在珠子蚀染的深色部位也有黄色的入沁现象，只是当沁入的色素元素叠加于珠体的黑褐色部位时，很难将它与黑褐色的底色区分开来，从而不易观察到。图中还可观察到在另一头珠体上有一处土蚀坑现象，凹坑表面有包浆覆盖。

图 4-14-2

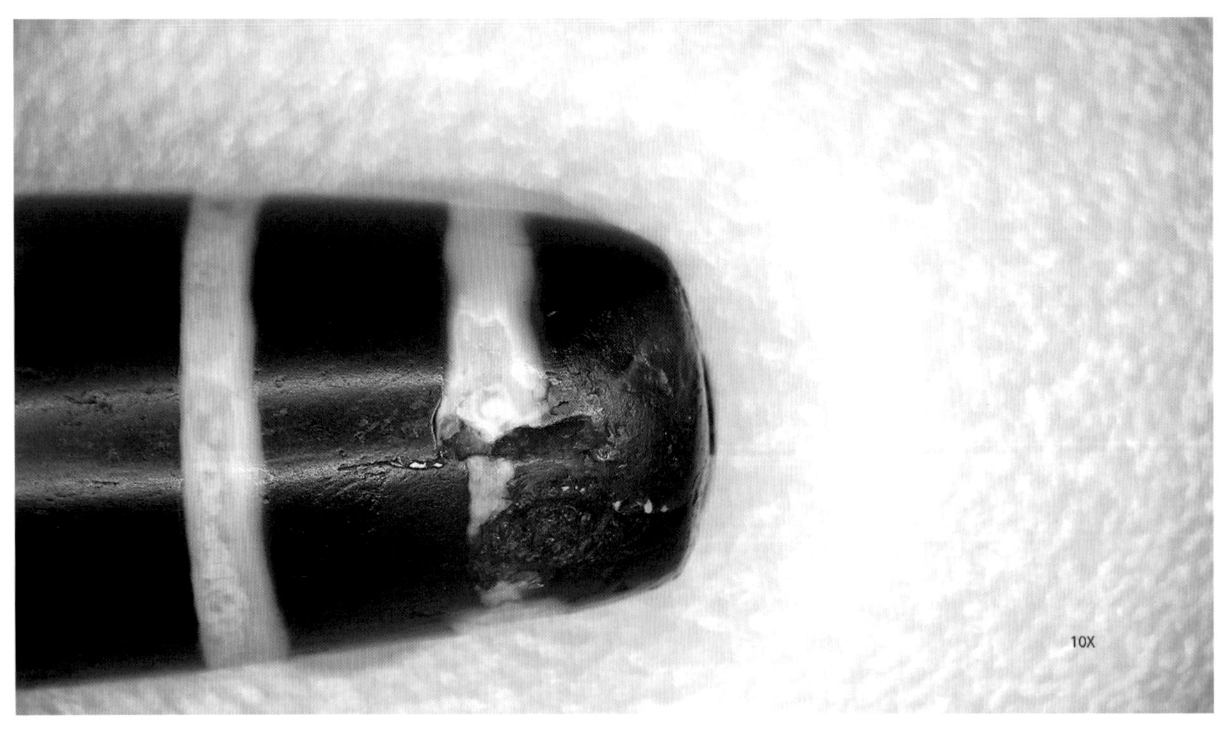

图 4-14-3

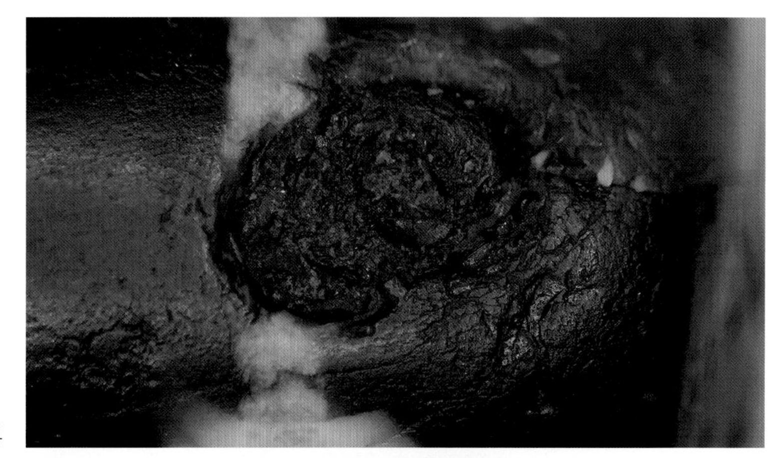

图 4-14-4

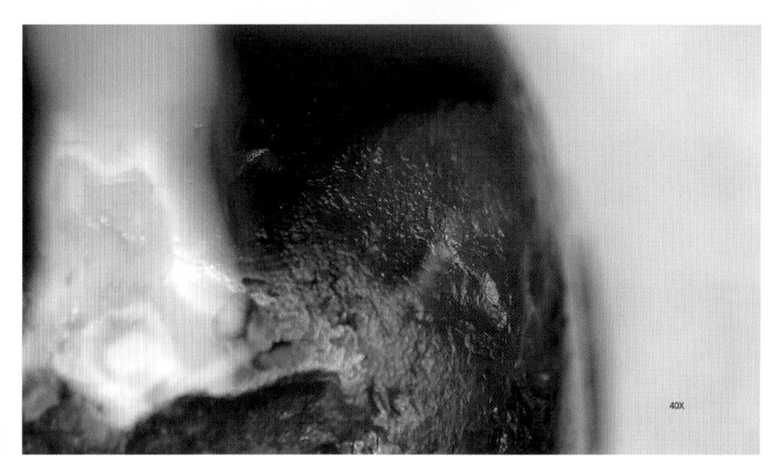

图 4-14-5

用强光手电筒从2点钟方向打光观察这颗天珠，可更清晰地观察到珠体的透光性，其表层蚀花而成的黑、白两色伴随着玛瑙的丝条状结构而变化多端，见图4-14-2。图中还可见乳白色的蚀花纹饰微微凹陷于珠体的黑色蚀染部位，其上分布有黄色沁现象。图4-14-3是具有蚀洞现象的一端珠体在10倍显微镜下的成像，可见蚀洞的表面参差不平且胶结有壤液成分，蚀洞的周围有较大面积的蚀色褪色现象，裸露出的部分白玛瑙珠体上有红色的色沁现象。蚀洞的附近有一条沁裂纹，一直延伸至珠体的端部。珠体具红色沁部位的部分表层组织发生了不同程度的晶体脱落，从而形成了大小不一的土蚀坑，其中一处土蚀坑相对较大且较深，乳白色的蚀花纹饰在此处及蚀洞现象处几乎褪色殆尽，仅稍有残余。乳白色蚀花纹饰的边缘及附近有两条沁裂纹，其中一条沁裂纹中胶结有壤液成分。图4-14-4是晶洞现象在40倍显微镜下的成像，可见晶洞内参差嶙峋，凹陷处附着有黄褐色的壤液成分。晶洞的周边组织表面不平整光滑，呈橘皮纹样状态，其间杂糅着大小不一、形态各异的土蚀斑和土蚀痕现象。图4-14-5是珠体的蚀色褪色部位在40倍显微镜下的成像，可见此处为半透明状，其表层组织中有红色沁现象，珠体表面呈粗糙的橘皮纹样状态，其间还杂糅着大大小小的土蚀坑现象。乳白色纹饰上有黄色沁现象，整个珠体表面都被包浆覆盖。

图 4-14-6

图4-14-6是珠体的另一面，可清楚观察到玛瑙珠体内的丝条状结构，蚀染于珠体表层组织中的黑色素的分布状态伴随着珠体的丝条状结构而具有浓淡、深浅的变化。还可见人工蚀染的五条乳白色纹饰上分布着浓淡不匀、富有层次的黄色沁现象。珠体一头的端部有蚀色褪色现象。中间宽的白色蚀花纹饰上也有蚀色褪色现象，其旁边还有一处浅浅的土蚀坑现象，凹坑的表面覆盖有包浆。

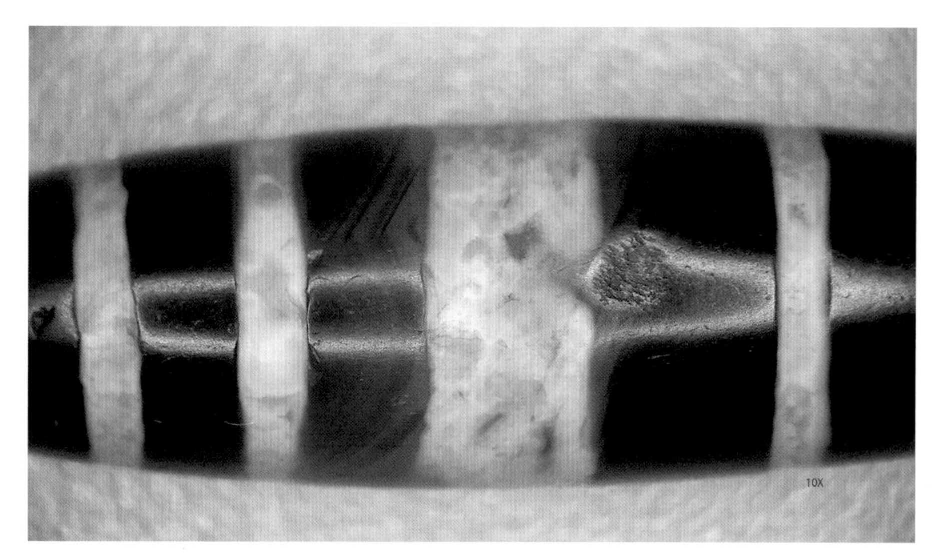

图 4-14-7

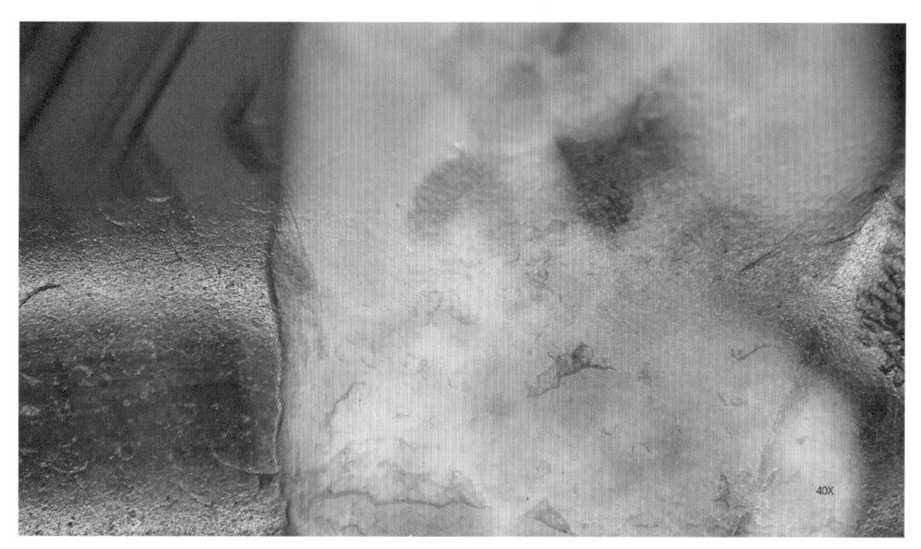

图 4-14-8

图4-14-7是此面珠体在10倍显微镜下的成像，可见珠体表面具有包浆带来的莹亮光泽，包浆之下的珠体表面不是特别光滑，其上分布有土蚀坑现象及蚀色褪色现象。图中可见一处面积较大的土蚀坑的表面参差不平，其上覆盖有包浆，这是珠体的表层晶体在漫长的受沁过程中沿着疏松的结构渐次脱落后，又有包浆渗透胶结于组织表面所形成的自然形态；还可见乳白色蚀花纹饰上分布有自然的黄色沁现象。图4-14-8是土蚀坑现象旁边的部位在40倍显微镜下的成像，可见“黑”色蚀染部位的光泽略强于乳白色蚀花纹饰部位，二者的表面都不太光滑：黑色蚀染部位呈细橘皮纹样状态且有蚀色褪色现象，乳白色蚀花纹饰部位的表面则更加斑驳。二者表面都分布有许多大小不一、形态多样的土蚀斑和土蚀坑现象，乳白色蚀花纹饰上还分布有浓淡不匀、富有层次的黄色沁现象。

图 4-14-9

图 4-14-10

图4-14-9是珠体保存相对完好的一头端部，呈乌黑色且表面有光泽。图中可见端部的珠体上分布着土蚀斑和土蚀坑现象。临近孔口的孔壁被蚀染为黑色，其上附着有少许壤液成分；乳白色蚀花纹饰上布满了黄色沁现象，它们浓淡不匀，富有层次。图4-14-10是珠体受沁较为严重的一头端部。此头端部十分斑驳，其上有一处显见的晶体疏松现象，疏松的端部组织由于对光线的折射作用增强而呈显为较周遭组织更为明亮的较大斑块状。这一明亮的斑块两端各分布着一处晶洞现象。端部的截平面上还分布着许多土蚀坑，一些土蚀坑中胶结有壤液成分；孔口下方的黑色截面上还有一处面积较小的晶体疏松现象，孔口的孔壁上附着有壤液成分。

6. 圆柱状天珠（2014M32：7-5）

图4-15-1

文物资料：这颗圆柱状天珠中间略粗，逐渐向两端收细，端部平齐。珠体表层有人工蚀染的黑色底，有五条蚀绘的乳白色圆圈纹环绕着珠体：珠体两端分别蚀绘有两条对称分布的细圆圈纹，中间则环绕着一条粗圆圈纹。这颗天珠长22.92mm，珠体直径为10.43mm，两端的孔径均为1.41mm。这颗天珠与其他4颗圆柱状天珠和1颗圆板状天珠一同出土于M32。

从图4-15-1中可见，这颗天珠表层由人工蚀花而成的黑色底发生了程度不同的蚀色褪色，裸露出的珠体还出现了变白失透现象，具体表现为本应是半透明的玛瑙珠体逐渐变白且透明度也趋于降低。图中还可见中间那条较宽的乳白色蚀花纹饰上分布有黄褐色的色沁现象；临近一头端部的窄圆圈纹处有明显的黑色沁现象；另一头的珠体上自然分布有细小的黑褐色点状物。珠体表面具有莹亮的光泽。

图4-15-2

从图4-15-2可观察到此面珠体内包含有一块呈梯形的、发育不成熟的石英晶体；多处人工蚀染的黑色底发生了蚀色褪色，从而裸露出白色的珠体。结合透光观察，可见此处珠体产生了轻微的变白失透现象；乳白色的蚀花纹饰上自然分布着黄色沁现象；珠体的一端有一处明显的土蚀坑现象。整个珠体表面具有莹亮光泽。

图 4-15-3

从上方打光观察这颗天珠，可见珠体上蚀色褪色较严重处透射出明亮的内反射光；乳白色蚀花纹饰上有褐黄色的色沁现象，有的乳白色蚀花纹饰在明度上发生了不同程度的变化，还可见珠体上有数处显见的土蚀坑现象，见图4-15-3。

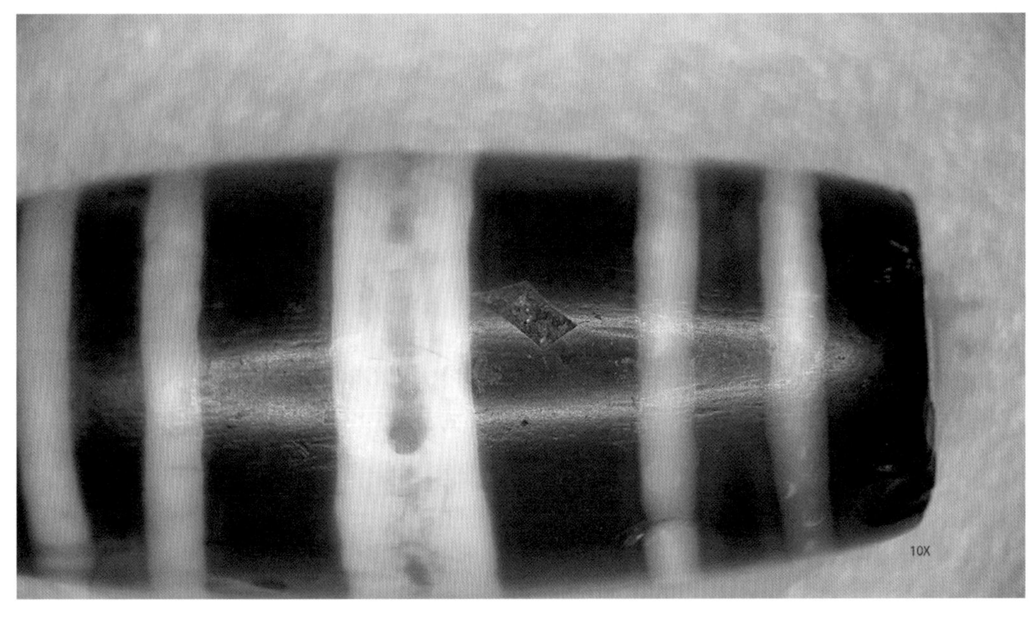

图 4-15-4

图 4-15-5

图4-15-4是珠体在10倍显微镜下的成像，可见珠体的表面并非十分光滑细腻，其上分布着许多土蚀痕、土蚀斑，端部还有显见的土蚀坑现象。图中还可见人工蚀花的乳白色纹饰上有色沁现象，乳白色纹饰在明度上也有不同程度的变化；整个珠体表面被莹亮的包浆包裹。图4-15-5是此处珠体在40倍显微镜下的成像，可见珠体表面呈橘皮纹样状态，其间杂糅着土蚀痕、土蚀斑和小土蚀坑；可见发育不成熟的石英晶体处也在漫长的风化淋滤过程中产生了表层晶体脱落的现象，严重处胶结有壤液成分；乳白色蚀花纹饰上有浓淡不匀的黄色沁现象，整个珠体表面覆盖有包浆。

图 4-15-6

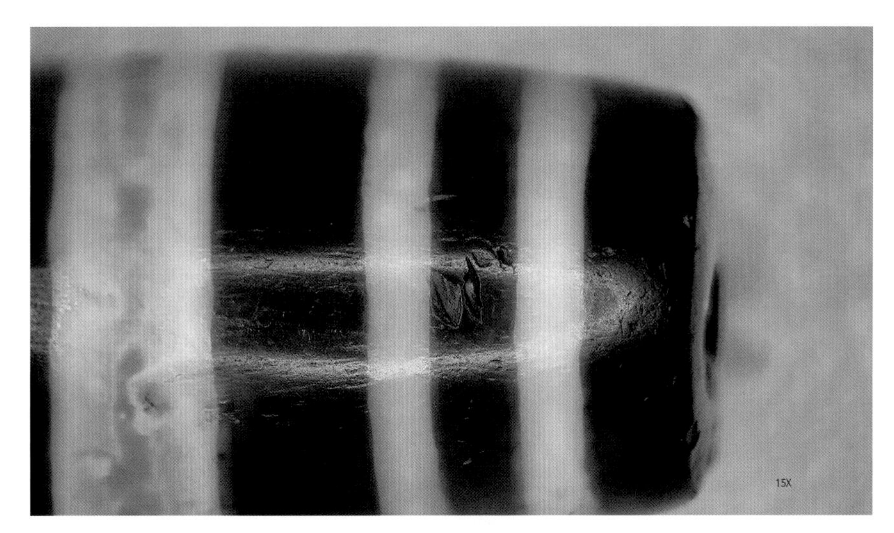

图 4-15-7

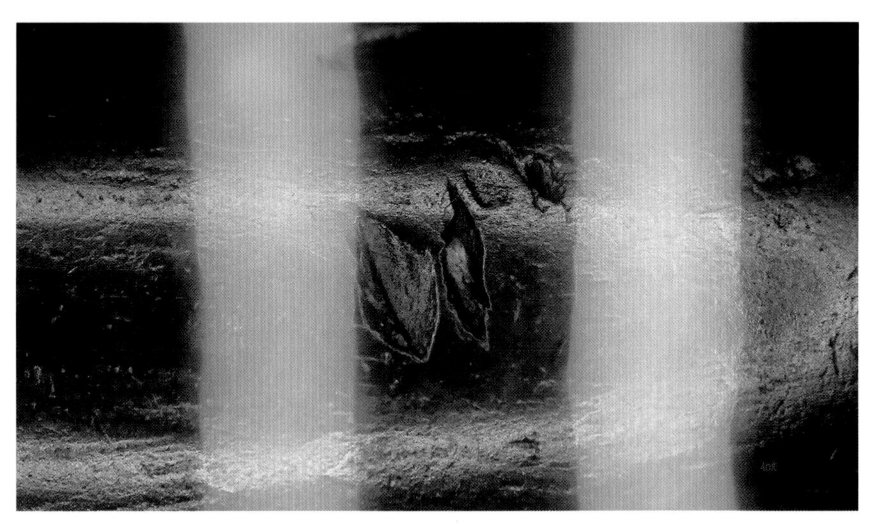

图 4-15-8

图4-15-6是从另一面观察珠体，可见珠体上有一处集中分布的土蚀坑现象，这三个土蚀坑深浅不一、形态各异，其中一处凹坑内胶结有壤液成分。图中还可观察到蚀色褪色现象及黄褐色的色沁现象，而整个珠体表面有较为莹亮的光泽。图4-15-7是珠体在15倍显微镜下的成像，可见珠体表面分布着许多土蚀痕、土蚀斑，还有一处显见的土蚀坑现象。土蚀坑的表面覆盖有包浆，其中一个土蚀坑上胶结有土黄色的壤液成分。还可观察到色沁现象和一小片蚀色褪色现象，珠体表面包裹有包浆。图4-15-8是珠体在40倍显微镜下的成像，可见珠体表面有润亮的包浆，包浆之下的底子并不平整、光滑，而是呈橘皮纹样状态，其间杂糅着许多土蚀痕和土蚀斑现象；土蚀坑形态各异，表面覆盖有包浆，其中一个土蚀坑中还胶结有壤液成分；乳白色蚀花纹饰上有褐黄色的色沁现象，有的乳白色蚀花纹饰在明度上发生了不同程度的变化。

图 4-15-9

图 4-15-10

图4-15-9是珠体一头的端部，可见乌黑平齐的端部截面并不平整、光滑，其上分布着大大小小的土蚀斑和土蚀坑现象。图中可见端部截面外缘的晶体脱落现象较为严重，从而呈显出相对较大的土蚀坑且有少许晶体疏松现象；临近孔口的孔壁被蚀染成黑色，但更深处的孔壁处则为白玉髓的自色。珠体表面有包浆覆盖。图4-15-10是珠体另一头的端部，可见平齐的端部截面为浓郁的黑色，表面被润亮的包浆覆盖，其上分布着大小不一、形态各异的土蚀痕和土蚀坑现象；临近孔口处的端部截面上有一处明显的晶体疏松现象；白色蚀花纹饰上有黄褐色的色沁现象；孔壁上胶结有壤液成分。

7. 圆柱状天珠（2013M11：22）

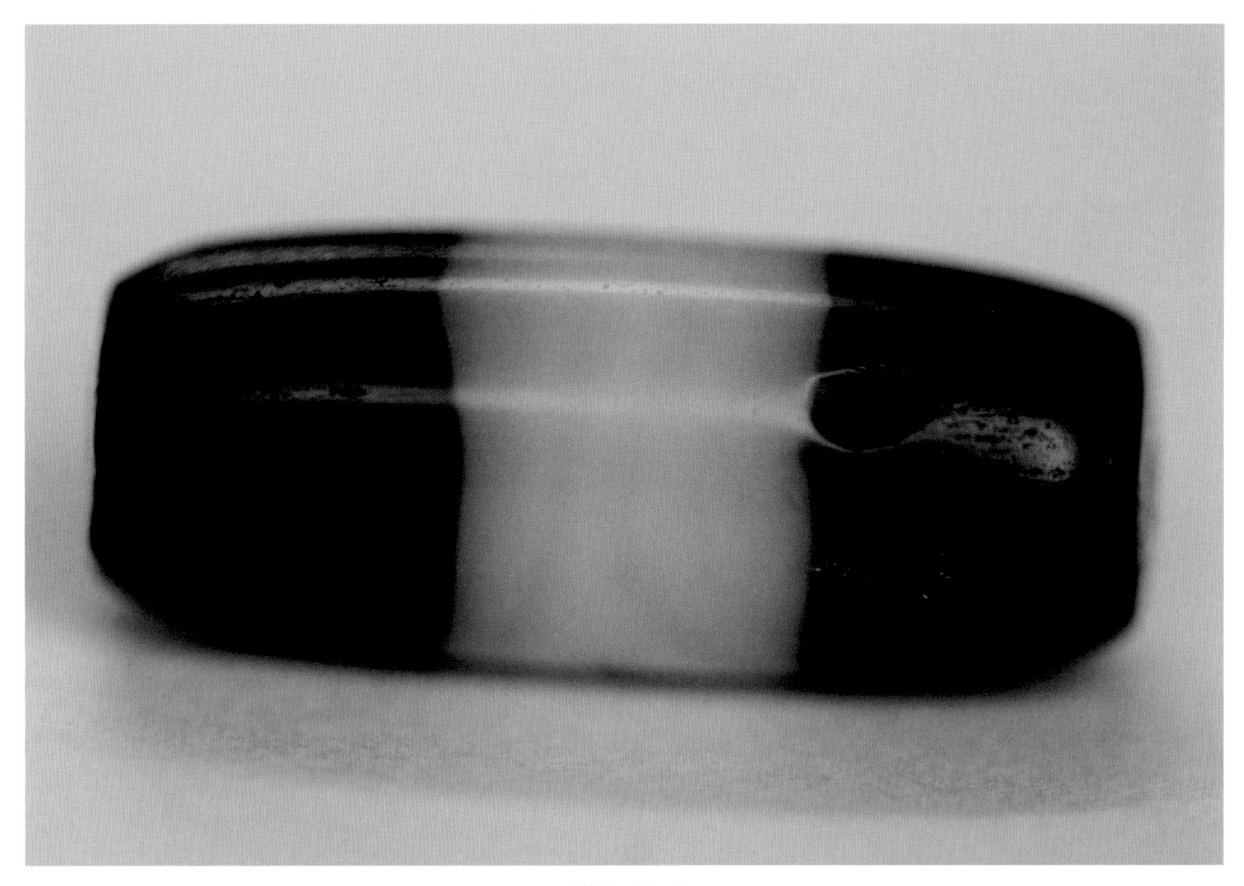

图4-16-1

文物资料：这颗圆柱状天珠中间略粗，逐渐向两端收细，端部平齐。珠体表层有人工蚀染的黑色底，中间蚀绘有一条乳白色粗圆圈纹环绕着珠体。天珠长20.46mm，珠体直径为8.23mm，孔径分别为1.46mm和1.62mm。这颗天珠与5颗蚀花红玉髓珠一同于2013年出土于M11。

从图4-16-1中可见这颗天珠的珠体上有一处显见的土蚀坑现象，此处相对较大的一处土蚀坑上覆盖有包浆；整个珠体表面分布着许多形态不同的土蚀斑，一些土蚀斑上还胶结有少许壤液成分，整个珠体上有包浆覆盖。

图4-16-2

图4-16-2是珠体的另一面，可见乳白色蚀花部位包含有一处矩形的、发育不成熟的石英晶体，此处呈显为矿体的自色，其周遭的乳白色蚀花纹饰部位有隐约的条带状结构。珠体上端的边缘处有晶体脱落现象，在珠体下端的圆柱面珠体上隐约有一条沁裂纹。珠体表面具有润亮的光泽。

图4-16-3

从珠体后上方打光观察这颗天珠，可见珠体上端蚀染的黑色部位有蚀色褪色现象，从而裸露出白玛瑙珠体的自色，见图4-16-3。图中还可见珠体中部的白色蚀花纹饰上有隐约的条带状结构，透射出相对明亮的光辉。珠体下端的黑色蚀染部位分布着土蚀斑和小土蚀坑现象；临近端部处有一条弯的沁裂纹。

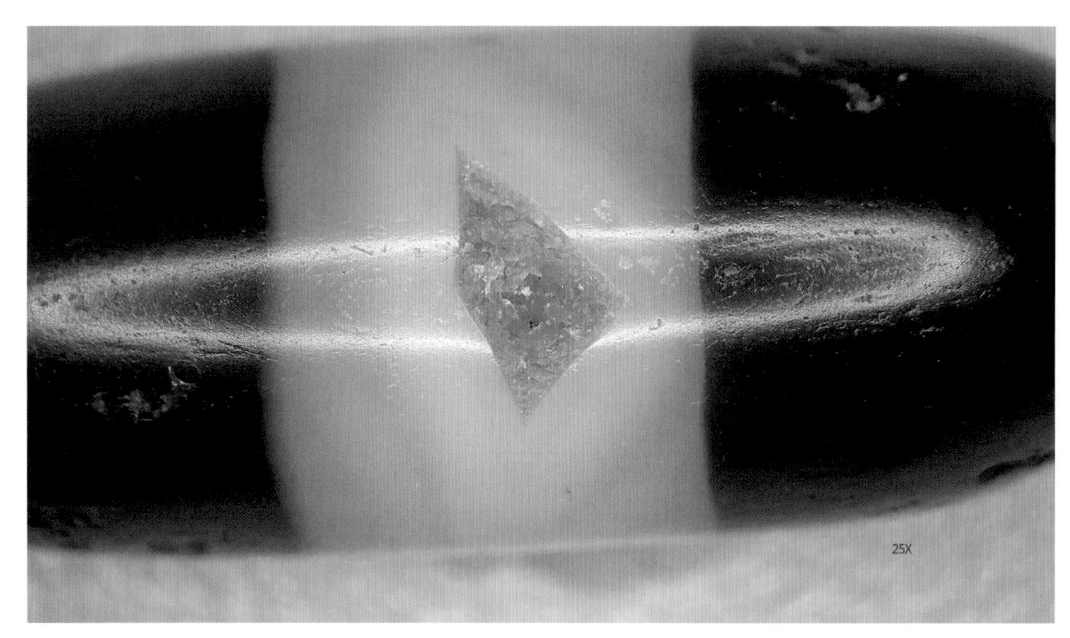

图 4-16-4

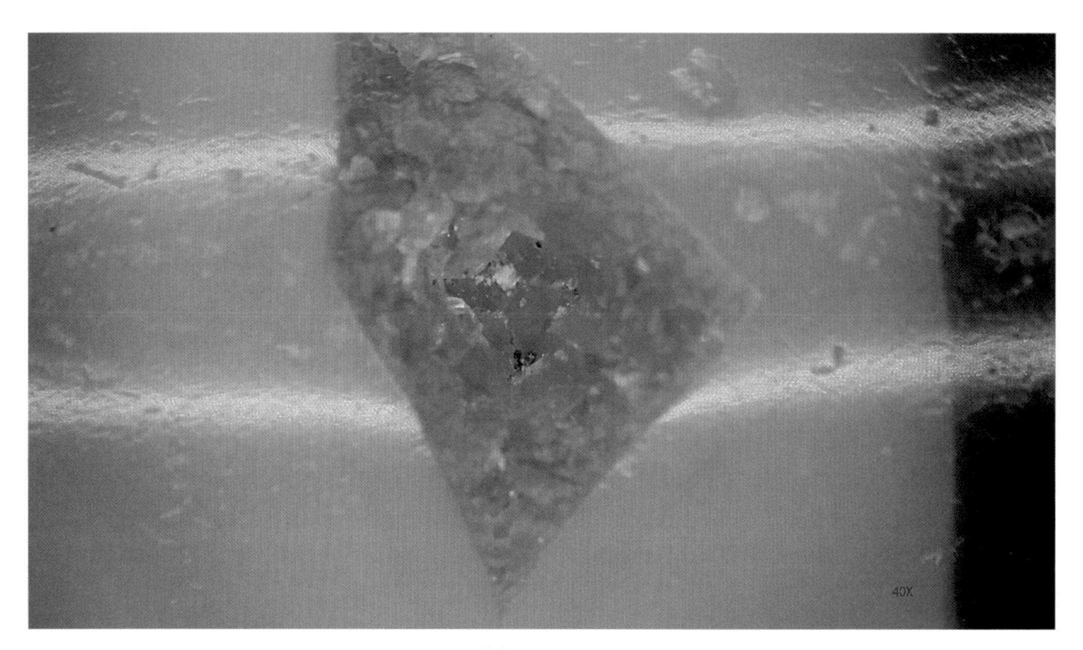

图 4-16-5

图4-16-4是珠体在25倍显微镜下的成像，可见珠体表面并不平整、光滑，其上分布着许多土蚀痕和土蚀斑现象，还有表面晶体疏松的现象。从图中可以清楚观察到发育不成熟的石英晶体，其呈显为晶体的自色且表面凹凸不平，凹坑深处胶结有壤液成分。图4-16-5是珠体在40倍显微镜下的成像，更清晰地呈现出发育不成熟的石英晶体的状态：其中的一些杂质在风化淋滤过程中被溶解析出，从而在此处的中间部位形成了一个虫穴似的小凹洞，凹洞处胶结着些许壤液成分；珠体其他部位的表面分布着土蚀痕和土蚀斑现象；珠体表面具有莹亮的光泽。

图 4-16-6

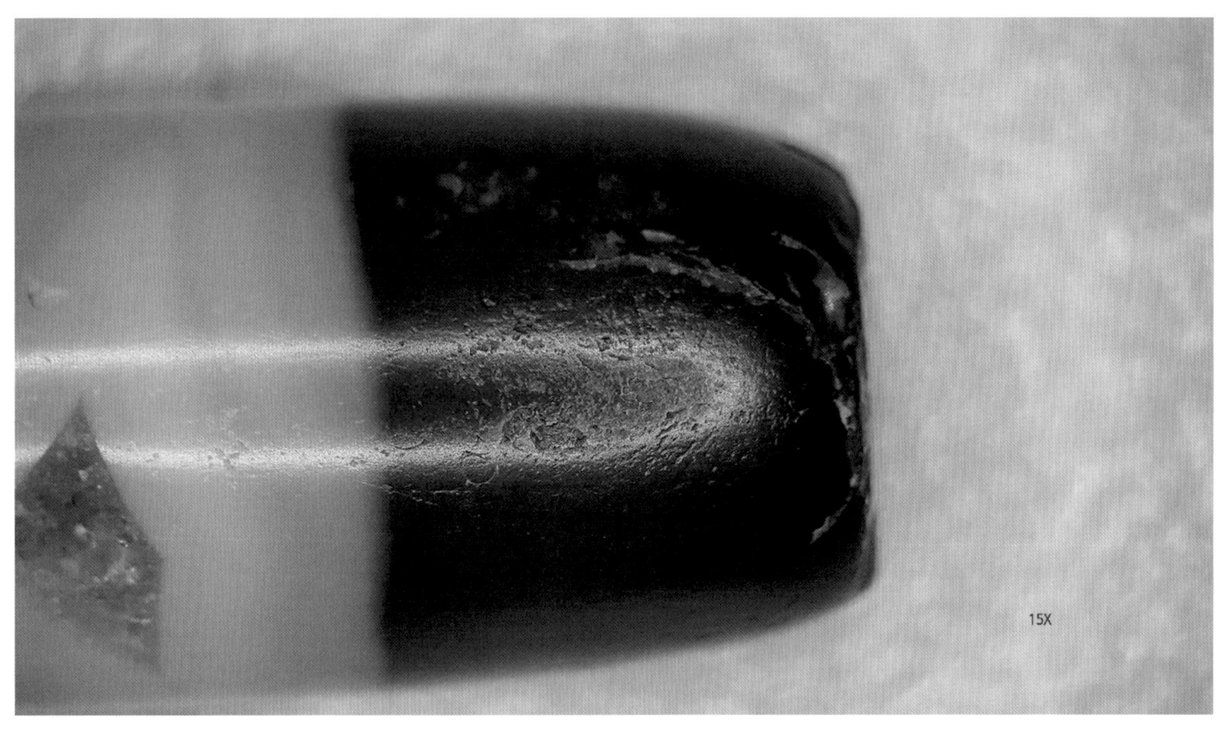

图 4-16-7

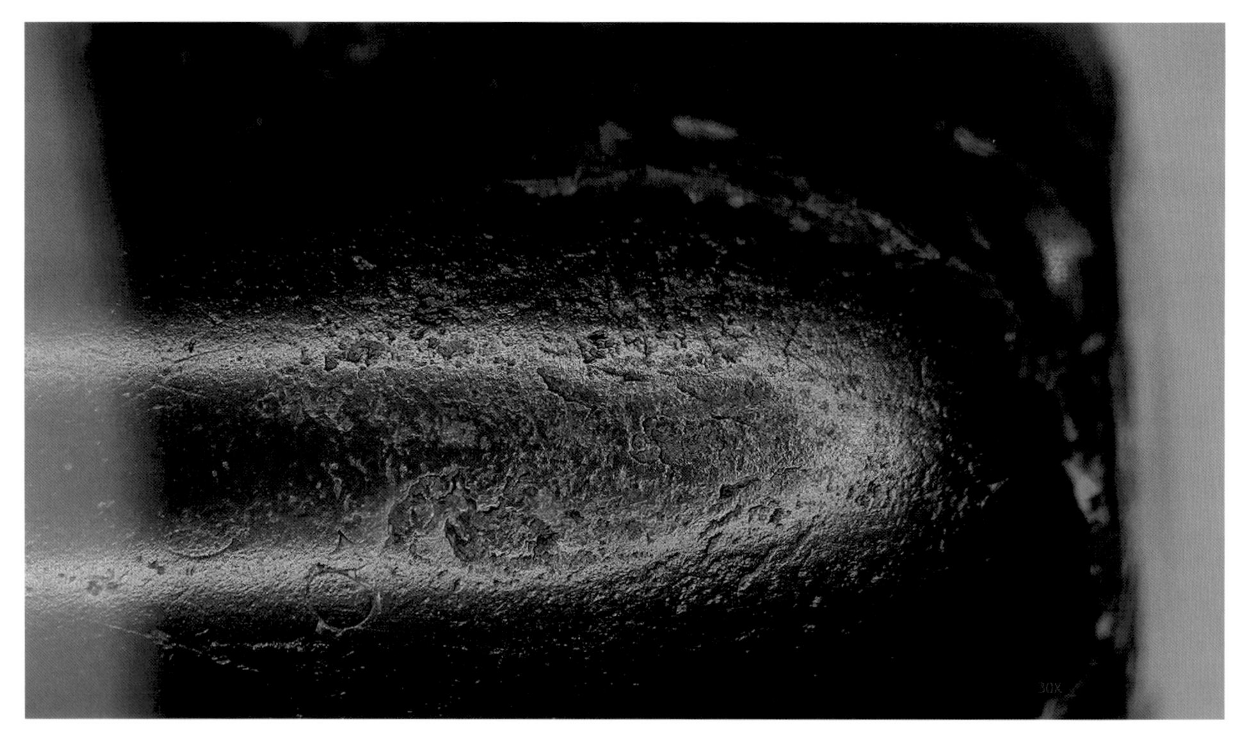

图4-16-8

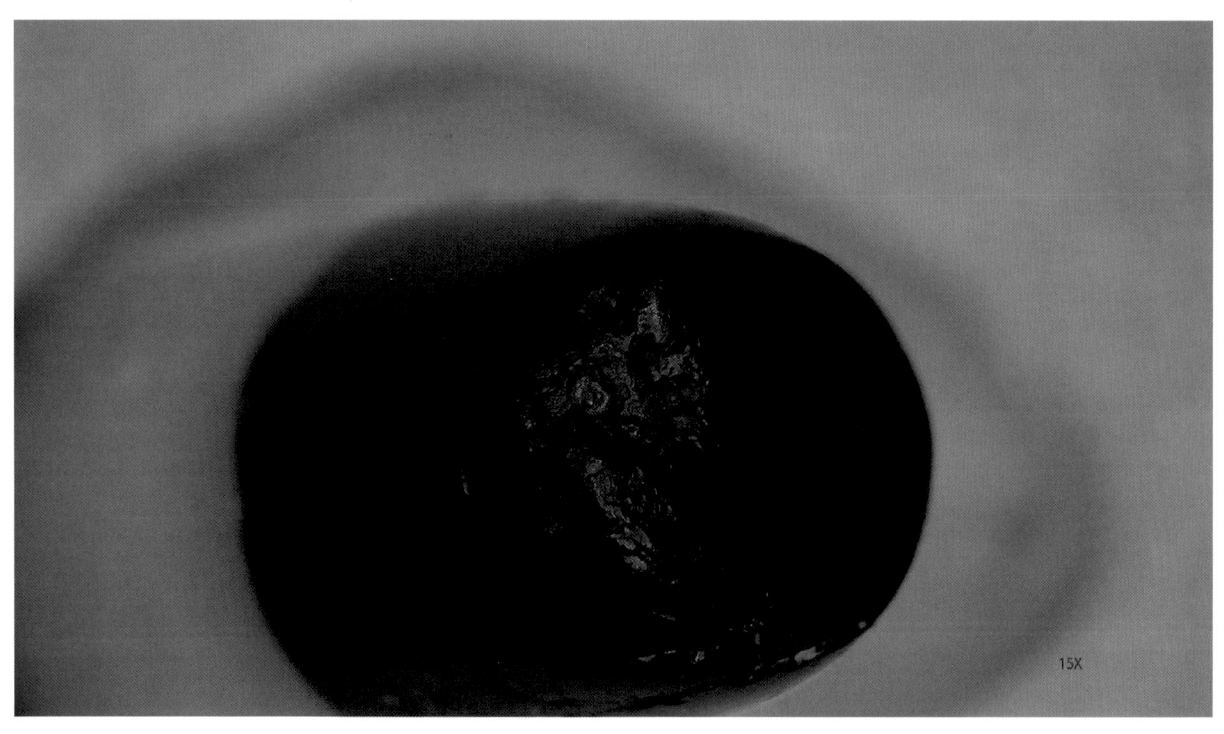

图4-16-9

图4-16-6是从正面打光观察这颗天珠，可清楚观察到珠体一端的蚀色褪色现象和另一端的沁裂纹现象；珠体中间的白色蚀花纹饰上还有一处发育不成熟的石英晶体；黑色蚀花部位的珠体表面还分布有许多形态各异的土蚀斑和土蚀坑现象，其上有包浆覆盖。图4-16-7是珠体在15倍显微镜下的

成像，可清楚观察到位于端部附近的沁裂纹的形态以及端部边缘的晶体脱落现象，沁裂纹的边沿还有隐约的晶体疏松现象；人工蚀染的黑色部位具有橘皮纹样的表面特征，其上分布着大小不一、形态各异的土蚀斑现象；白色蚀花纹饰部位具有隐约的条带状结构，其中包含有一处发育不成熟的石英晶体。图4-16-8是上述黑色蚀花部位在40倍显微镜下的成像，可见珠体的表层组织在漫长的受沁过程中变得斑驳不平，是珠体表层组织在漫长的风化淋滤作用下晶体渐次脱落后形成的自然形态，其上胶结有包浆；一条弓形沁裂纹分布于此面珠体上，沁裂纹的边沿有晶体疏松现象。图4-16-9是珠体一头端部在15倍显微镜下的成像，可见端部截平面上有程度不同的晶体脱落现象，从而形成了深浅不一、形态各异的土蚀坑和土蚀斑，部分凹坑处胶结有壤液成分；孔口呈圆形，临近孔口的孔壁被蚀染成黑色。

图4-16-10

图4-16-10是珠体另一头的端部，可见珠体端部的表面具有润亮的光泽，端部截平面上有程度不同的蚀色褪色现象，部分裸露出白玛瑙珠体的自色。端部截面上布满了土蚀斑和土蚀坑现象，还可见沁裂纹和晶体疏松现象；临近孔口的孔壁被蚀染成黑色，其上还胶结有壤液成分。

三、青海省考古发掘出土的天珠

这颗天珠于2004年出土于多巴基地的汉代墓葬M5，该墓地是青海省湟中县博物馆协同青海省考古研究所为配合多巴国家高原体育训练基地的基本建设而进行的考古发掘⑪。

圆柱状天珠（2004M5：5）

图4-17-1

文物资料：这颗圆柱状天珠中间略粗，逐渐向两端收细，端部平齐。珠体表层有人工蚀染的“黑”色底，蚀绘有4条乳白色圆圈纹环绕着珠体。4条白色圆圈纹2条为一组分别蚀绘于珠体的两端。这颗天珠长50.02mm，珠体直径为12.03mm，珠子端部截面上各有一个钻孔，孔径分别为1.62mm和2.05mm。2004年出土于多巴训练基地M5。

从图4-17-1中可见这颗天珠的表面具有挺括、莹亮的光泽，人工蚀染的“黑”底实为黑棕色，珠体上有两处较大的沁裂纹：一条位于珠体中间部位，另一条则位于珠体端部位置；另外，珠体上还分布着土蚀痕、土蚀斑和土蚀坑现象，珠体表面被包浆覆盖。

⑪ 资料由青海省湟中县博物馆的李汉财馆长和唐小娟老师提供。谨致谢忱。

图 4-17-2

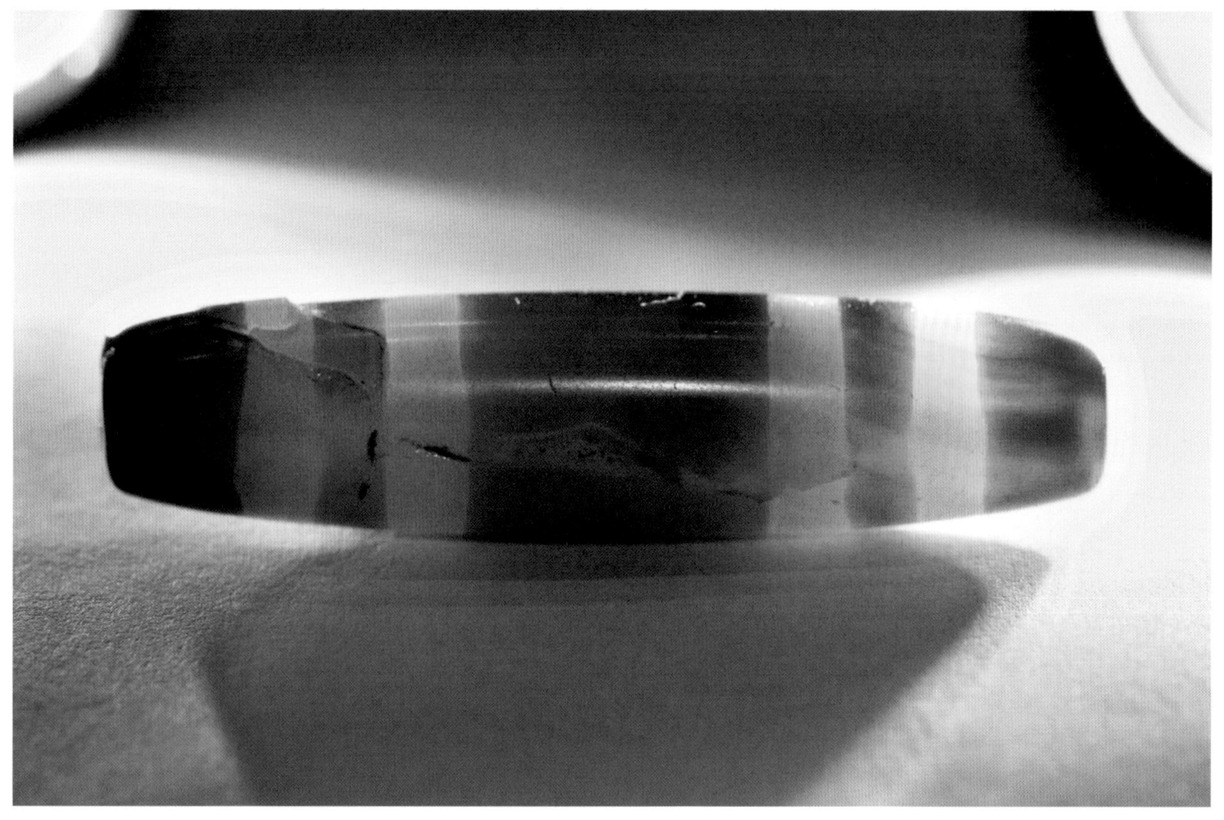
图 4-17-3

图4-17-2是珠体的另一面，分布着数条显见的沁裂纹，这些沁裂纹曲折交错、粗细有别地蜿蜒于珠体上，沁裂纹较粗处还胶结有壤液成分。图中还可观察到有一处发育不成熟的石英晶体赋存于珠体中，附近有一处较明显的土蚀坑现象，珠体表面具有润亮的光泽。图4-17-3是透光观察此面珠体，可见整个珠体透射出亮丽的内反射光，一端珠体内具有隐约的丝条状结构；珠体内赋含一处发育不成熟的石英晶体，其旁边的珠体内部有一片较大的内风化现象，图中可观察到内风化现象的疏松网面。发育不成熟的石英晶体的另两侧各有一条沁裂纹；珠体另一端的受沁程度相对较重，从而形成了数条较粗的沁裂纹，沁裂纹的裂理面一直深入珠体深处，从而使这些沁裂纹包围的端部组织产生了深入肌理的晶体疏松现象，其与发育不成熟的石英晶体间的珠体上有明显的土蚀坑现象，较大的土蚀坑中胶结有黑色的壤液成分。

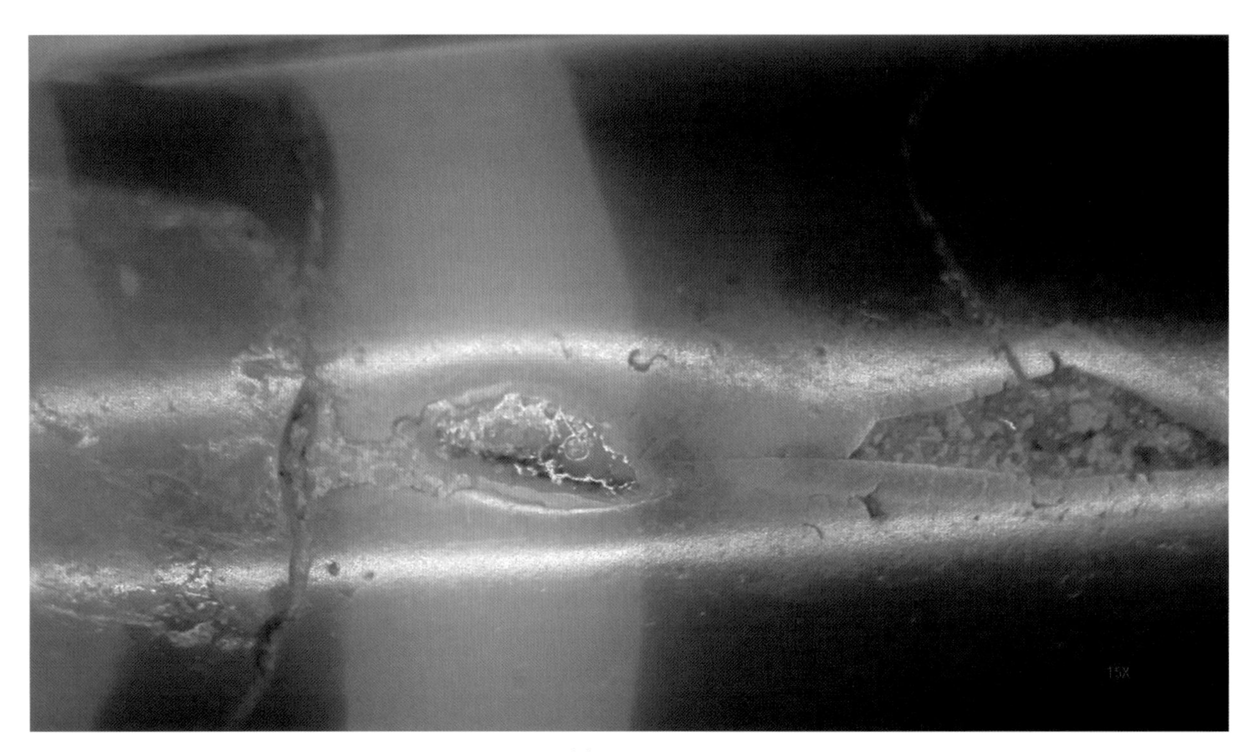

图4-17-4

图4-17-4是珠体上述部位在15倍显微镜下的成像，可见土蚀坑旁有一条较粗的沁裂纹，这条沁裂纹旁边的珠体组织的表层产生了晶体疏松现象。珠体内赋存有一处发育不成熟的石英晶体，其与土蚀坑之间分布着一条细微的沁裂纹。土蚀坑的表面胶结有黑褐色的壤液成分和包浆，珠体表面也有包浆覆盖。

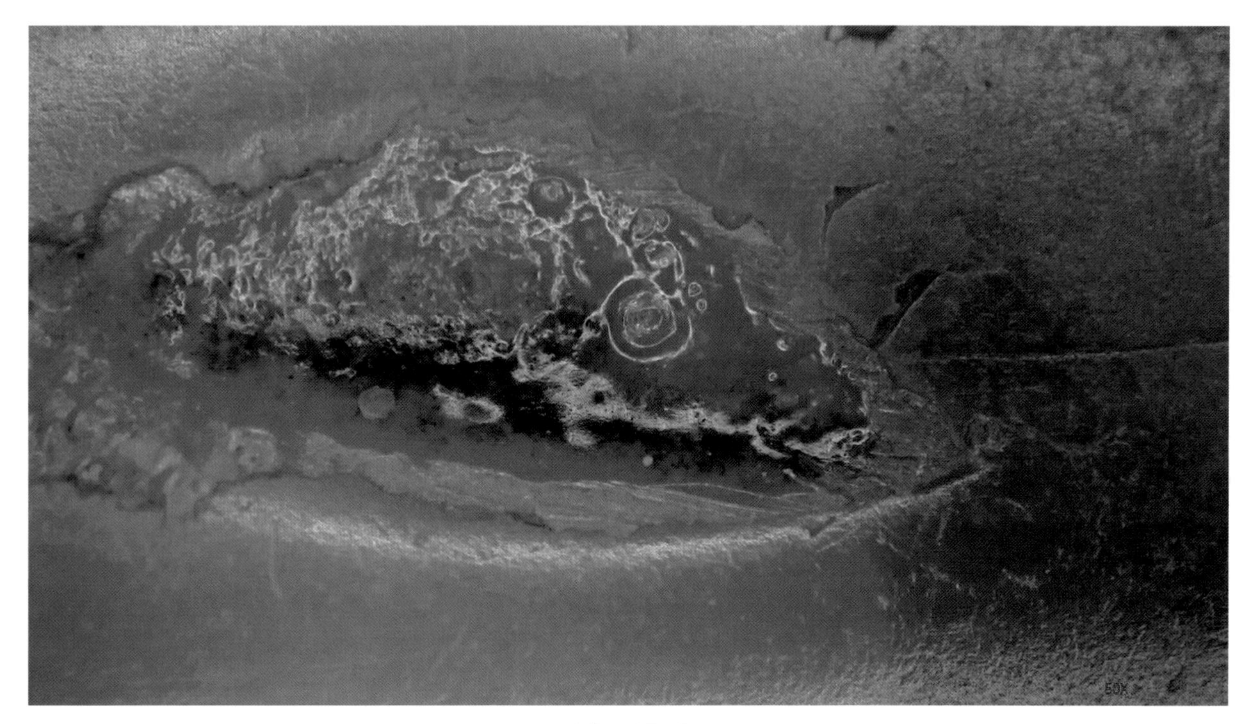

图 4-17-5

图4-17-5是珠体在50倍显微镜下的成像，可清楚观察到土蚀坑内的状态：在其表层组织的深处渗透胶结有黑、褐色物质，凹坑表面凹凸不平，呈粗橘皮纹样状态，且大部分表面具有包浆带来的挺括润亮的光泽。土蚀坑的周边组织也呈橘皮纹样状态，其间杂糅着土蚀痕、土蚀斑、小土蚀坑及沁裂纹现象，其表面也有莹亮的光泽。

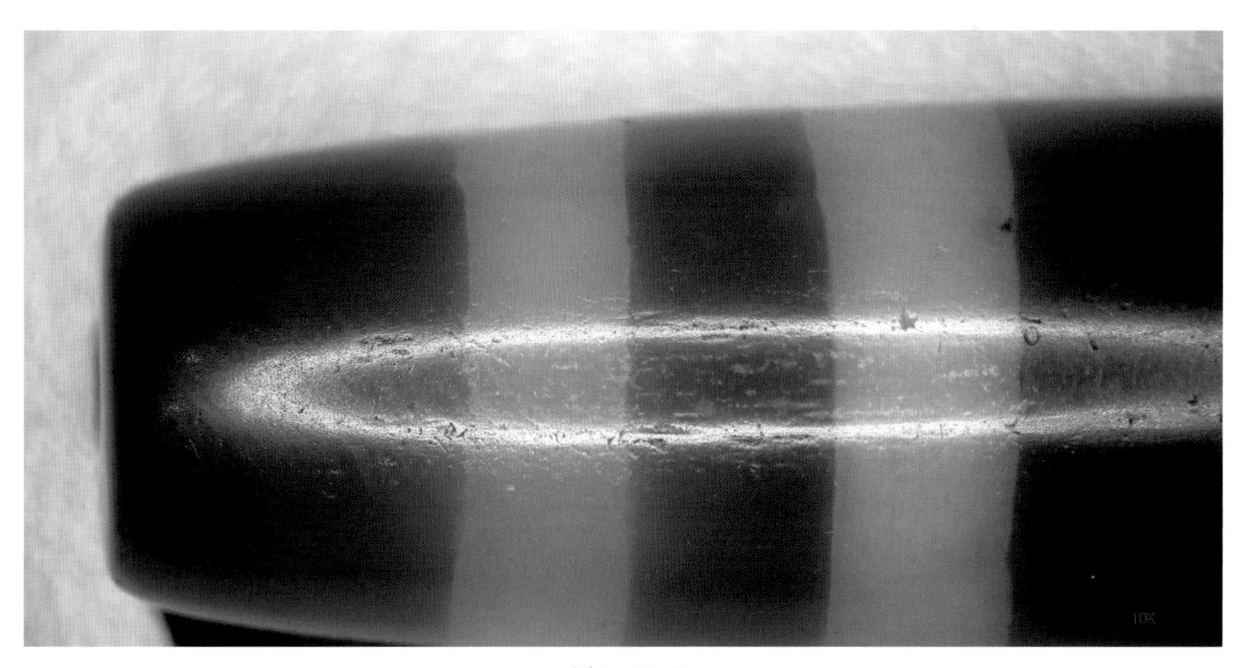

图 4-17-6

图4-17-7

图4-17-6是珠体在10倍显微镜下的成像，可见珠体表面并不十分细腻、光滑，其上分布着许多深浅不一、形态各异的土蚀痕和土蚀斑，一些土蚀痕、土蚀斑上胶结有少许壤液成分。图4-17-7是珠体在40倍显微镜下的成像，可见珠体表面呈橘皮纹样状态，其间杂糅着大大小小、形态各异的土蚀痕和土蚀斑现象，珠体表面具有莹亮的光泽。

图4-17-8

图 4-17-9

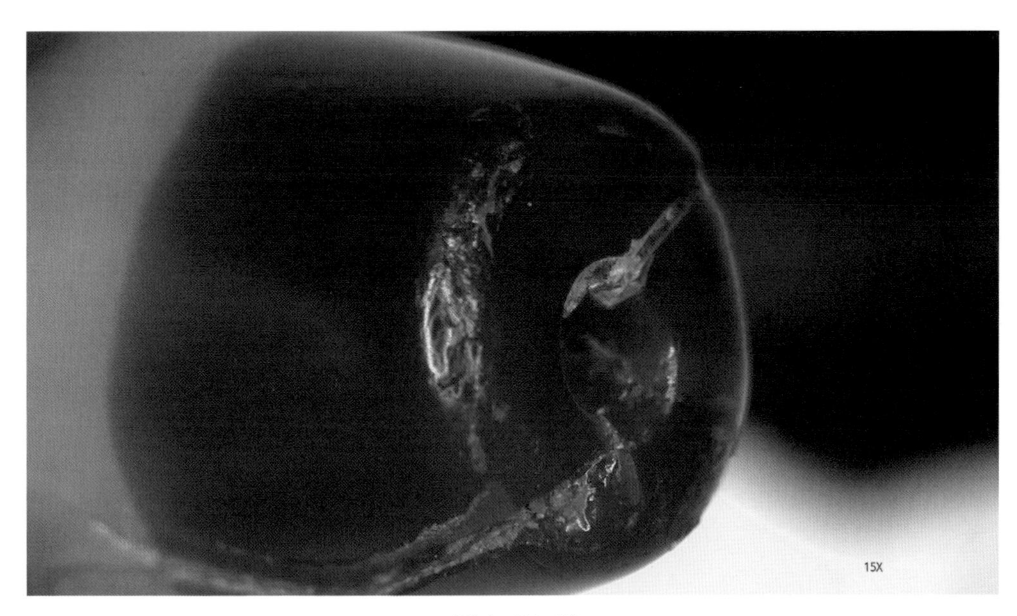

图 4-17-10

从2点钟方向打光观察珠体受沁较严重的一端，可清楚看到一条粗沁裂纹分布于珠体的圆柱面和端部截面上，此处的沁裂纹相对粗且深，其裂理面深入珠体组织深处，裂理面上有黑色的色沁现象，见图4-17-8。此条沁裂纹的尾端与另一条弯折的沁裂纹相连，弯折的沁裂纹中部分胶结有黑色的壤液成分。图4-17-9是珠体此端的截平面，可观察到粗沁裂纹延伸至端部截面并一直发展至孔口，沁裂纹中充填、胶结有壤液成分；整个端部截面由于受沁较严重而显得斑驳，其边缘处的表层组织在风化淋滤过程中发生了相对严重的晶体脱落；端部截面上还可观察到另一条沁裂纹和一处明显的晶体疏松现象，可见组织中疏松的网面一直延伸至珠体表面，从而形成了一条微细的沁裂纹；端部的三条沁裂纹一直深入至孔道壁上，孔道壁上还胶结着些许壤液成分。图4-17-10是此端珠体在15倍显微镜下的成像，可清楚观察到一条粗沁裂纹的裂隙间胶结有壤液成分；端部的另一条粗沁裂纹的裂隙间有晶体疏松现象；一条细沁裂纹也延伸至孔壁，孔壁上还胶结有壤液成分；端部截面的外缘部分有晶体脱落后形成的土蚀斑和土蚀坑现象，其上有包浆覆盖。

图4-17-11

图4-17-11是珠体另一端的截平面，此端珠体受沁程度较轻，表面相对平直光滑，具有莹亮的光泽。图中可明显观察到端部的表层组织在漫长的风化淋滤过程中产生了内风化现象，其疏松的网面在光线的照射下呈显为一块明亮的斑面；端部截面的外缘有少许晶体脱落现象；孔口呈圆形，孔壁处透射出黄色的光辉。

四、河南省考古发掘出土的天珠

1978年，河南省淅川县下寺楚国贵族墓地出土了3颗天珠。这3颗天珠分别出土于M1和M3，墓地年代为春秋晚期[12]。

1. 圆柱状天珠（1978M1：89）

图4-18-1

文物资料：这颗圆柱状天珠中间略粗，逐渐向两端收细。珠体表层有人工蚀染的“黑”色底，其上蚀绘有两条乳白色的椭圆形圆圈纹环绕于珠体。这颗天珠长35.83mm，珠体直径为8.12mm，珠子端部截面上各有一个钻孔，孔径分别为2.52mm和2.63mm。1978年出土于下寺楚国墓地M1。

从图4-18-1中可见，这颗天珠的表面具有挺括、润亮的光泽，珠体两端的“黑”色较为浓郁，而中间珠体的“黑”色在漫长的受沁过程中发生了蚀色褪色，从而呈显为黑褐色；珠体的表面并不是十分光滑细腻，而是分布着土蚀痕、土蚀斑现象；珠体的中间部位有一条小沁裂纹，其中有黑色沁现象；在珠体的一头端部还有蚀色褪色现象。

⑫ 河南省文物研究所、河南省丹江库区考古发掘队、淅川县博物馆：《淅川下寺春秋楚墓》，文物出版社，1991年，第102、240、319页。

图 4-18-2

图4-18-2是天珠的另一面，可见珠体中间蚀染而成的“黑”色在风化淋滤过程中产生了蚀色褪色，充斥于珠体表层组织晶体间的部分黑色素析出后使之颜色变浅，呈显为黑褐色。此段珠体上有许多短平行纤维状的色沁现象，其形态取决于珠体表层组织的显微结构，与石英晶体的取向和拓扑结构特征等因素密切相关；中间珠体上有一处小土蚀坑；珠体两端的黑色较为浓郁，其上分布着一些土蚀斑和小土蚀坑现象。

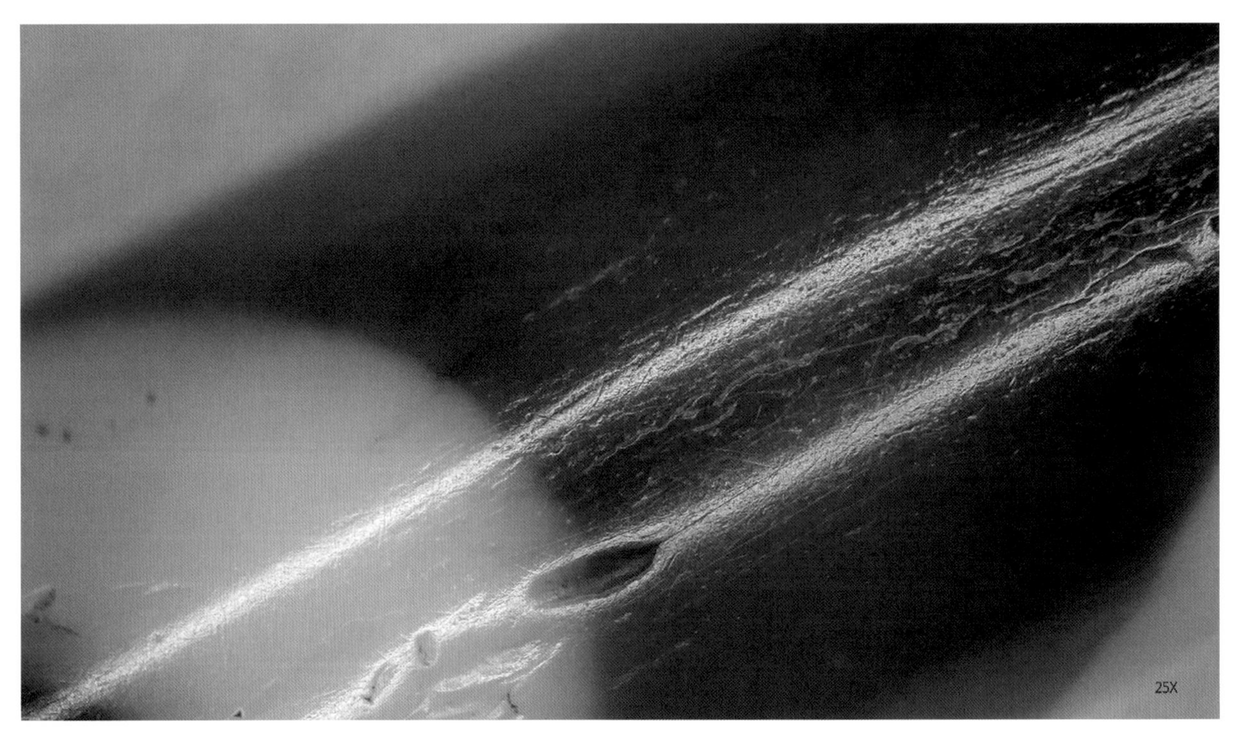

图 4-18-3

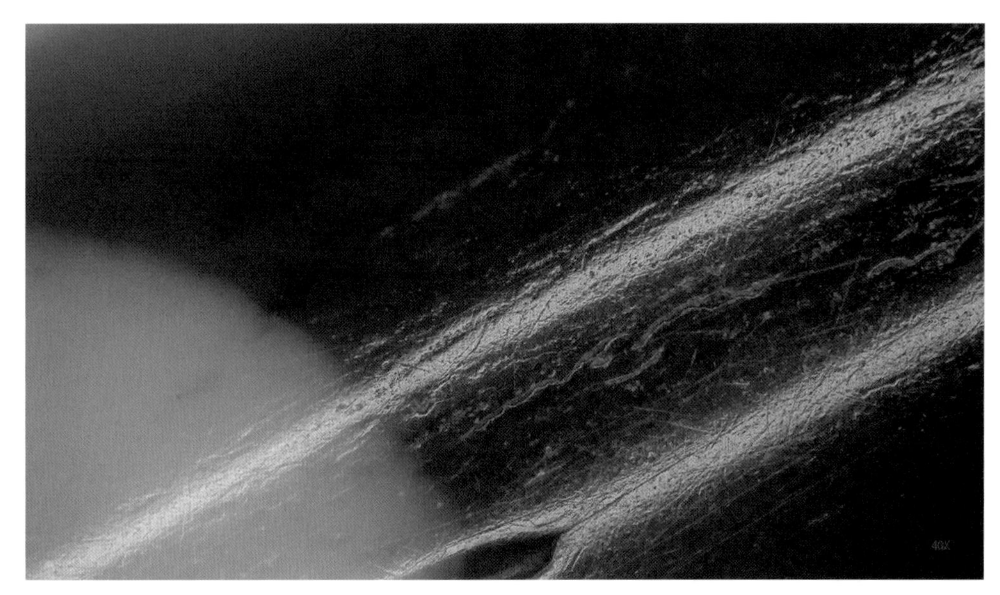

图 4-18-4

图4-18-3是珠体在25倍显微镜下的成像，可见珠体表面并不十分细腻光滑，而是呈橘皮纹样状态，其间杂糅着许多深浅不一、形态多样的土蚀痕、土蚀斑和土蚀坑现象，珠体上有挺括、润亮的光泽。图中还可观察到微细的沁裂纹现象、色沁现象和蚀色褪色现象。图4-18-4是此处珠体在40倍显微镜下的成像，可见珠体表面的微细沁裂纹蜿蜒曲折，其旁边的表层组织隐约有疏松的趋势，沁裂纹和一些相对较大的土蚀斑中胶结有壤液成分；另外，呈橘皮纹样的珠体表面有莹亮的光泽，其中杂糅着些许短直的打磨残痕。

图 4-18-5

图 4-18-6

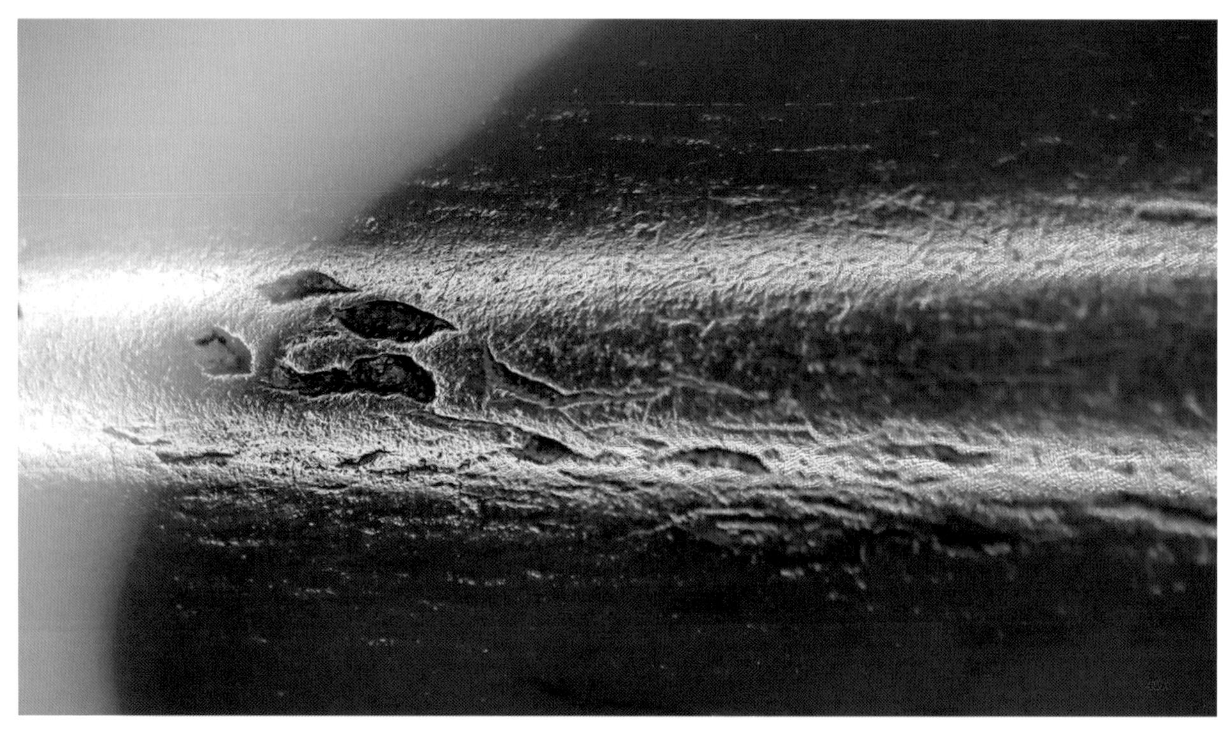

图 4-18-7

图4-18-5是另一处珠体在45倍显微镜下的成像，可清楚观察到黑色蚀染部位和乳白色蚀花部位的珠体表面都不是非常细腻、光滑，而是呈橘皮纹样状态，其上杂糅着许多深浅不一、大小各异、形

态多样的土蚀痕、土蚀斑。图中还可观察到三处显见的土蚀坑现象，其中两处较大的土蚀坑中胶结有壤液成分；此处珠体上还有数条沁裂纹，它们有的首尾相续，其中一条沁裂纹的边沿处隐约有晶体疏松现象，而珠体表面具有润亮的光泽。图4-18-6是珠体在70倍显微镜下的成像，上述受沁现象呈现更加清楚：一条沁裂纹的旁边组织中有晶体疏松现象，沁裂纹旁边的土蚀坑中附着、胶结有壤液成分；一条直而长的打磨残痕贯穿于黑色底和乳白色纹饰间，残痕上胶结有壤液成分；杂糅于橘皮纹样珠体表面的一些小土蚀坑中也胶结有壤液成分。图4-18-7是又一处珠体在40倍显微镜下的成像，可见珠体表面呈橘皮纹样状态，其间杂糅着许多土蚀痕和土蚀斑，还有数个显见的土蚀坑，在土蚀坑的凹坑处附着胶结有壤液成分，整个珠体表面有挺括亮泽的包浆覆盖。

图4-18-8

图4-18-8是珠体受沁相对较为严重的一头端部，可见此处珠体表层蚀染而成的黑色底由于蚀色褪色现象而呈显为色彩不匀的黑褐色，数条略呈平行状态的纤维状色沁现象分布于此，它们长短不一，有的首尾相续，有的单独赋存。这种丝条状色沁现象的成因与珠体表层组织中石英晶体的分布、取向及其拓扑结构特征等因素有关；此处珠体上还有两处显见的小土蚀坑现象，凹坑中胶结有壤液成分。

图 4-18-9

图 4-18-10

透光观察这颗天珠，可见珠体一端微微透明，而珠体中间和另一端的透明度相对稍高，珠体内有玛瑙矿体所具有的丝条状结构特征，见图4-18-9。图4-18-10是珠体透明度相对较好的一头端部，图中可见此端珠体有明显的蚀色褪色现象，并具有一定程度的透光性，珠体表面有莹亮的光泽；珠体端部截面并不平齐，位于中间的孔口相对较大，孔口边沿通过一个斜面使之整体微凹于端部的截面，这种现象是工匠在打孔后又对孔口进行了整体修整后的结果；孔道壁上附着有少许壤液成分。

2. 圆柱状天珠（1978M1：91）

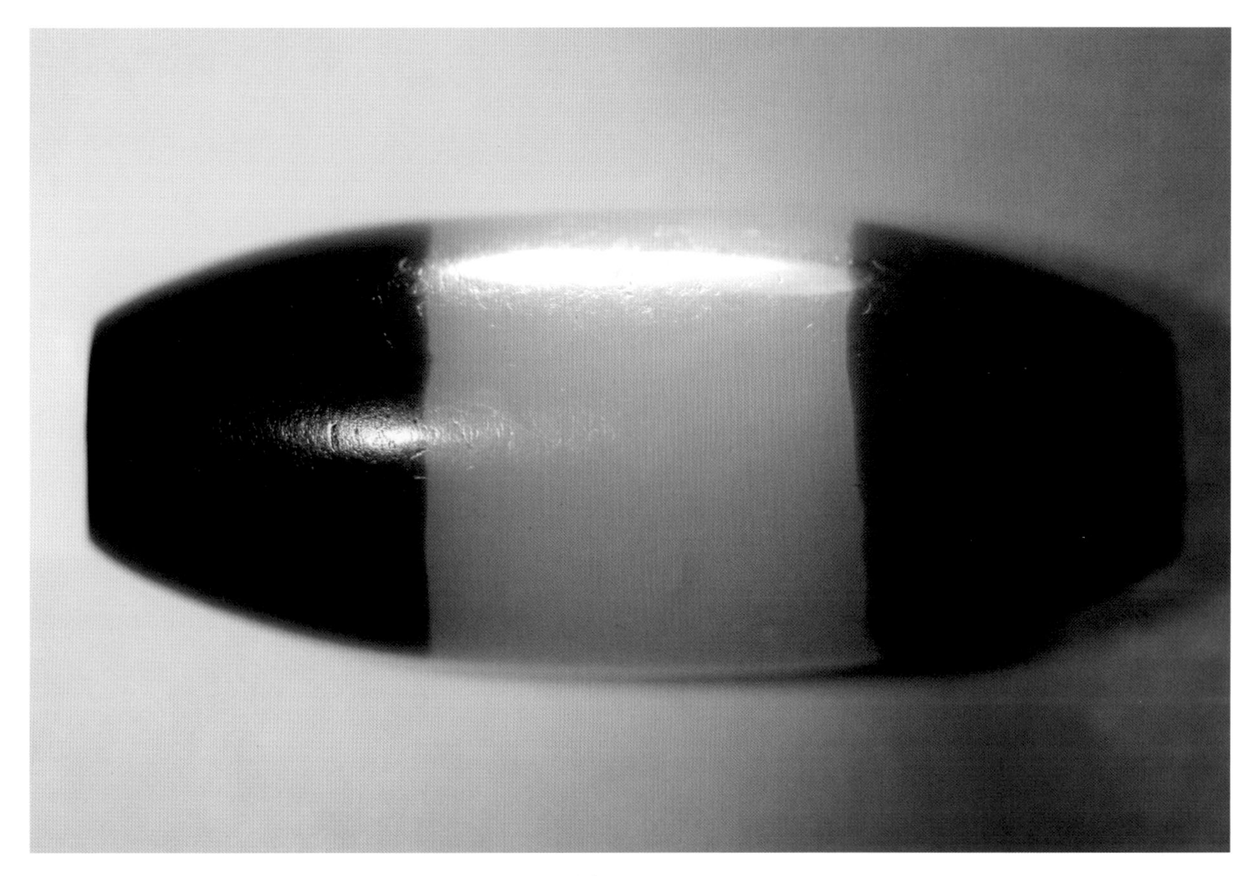

图 4-19-1

文物资料：这颗圆柱状天珠中间略粗，逐渐向两端收细，端部平齐。珠体表层有人工蚀染的“黑”色底，中间蚀绘有一条乳白色宽圆圈纹环绕于珠体。这颗天珠长 26.27mm，珠体直径为 9.15mm，珠子端部截面上各有一个钻孔，孔径分别为 2.12mm 和 2.16mm。1978 年出土于下寺楚国墓地 M1。

从图 4-19-1 中可见，这颗天珠的珠体呈微透明状，表面并非十分细腻光滑，具有包浆带来的挺括而润亮的光泽。图中可观察到人工蚀染的“黑”色在一端珠体上呈显为较为浓郁的黑棕色，另一端则呈显为棕褐色。黑色底相对较浅一端的透明度略强于色彩较深的一端，而在颜色较深一端的珠体上还有一条细小的沁裂纹。

图 4-19-2

图 4-19-3

透光观察这颗天珠，可见珠体呈半透明状，人工蚀染而成的“黑”色部位透射出莹亮的棕褐色光辉。在“黑”色相对较浅的一端可隐约观察到孔道的形态，而在“黑”色相对较深的一端珠体上可观察到一条细小的沁裂纹，沁裂纹中还有色沁现象，见图4-19-2。人工蚀绘而成的乳白色纹饰部位也略透明，其上分布有三处显见的小土蚀坑现象，珠体表面具有莹亮的光泽。图4-19-3是珠体一端的放大图，可见上述沁裂纹并非完整的一条，而是由三条小沁裂纹大致呈首尾相续的状态组合而成，沁裂纹中还渗透胶结有黑褐色的色素元素。

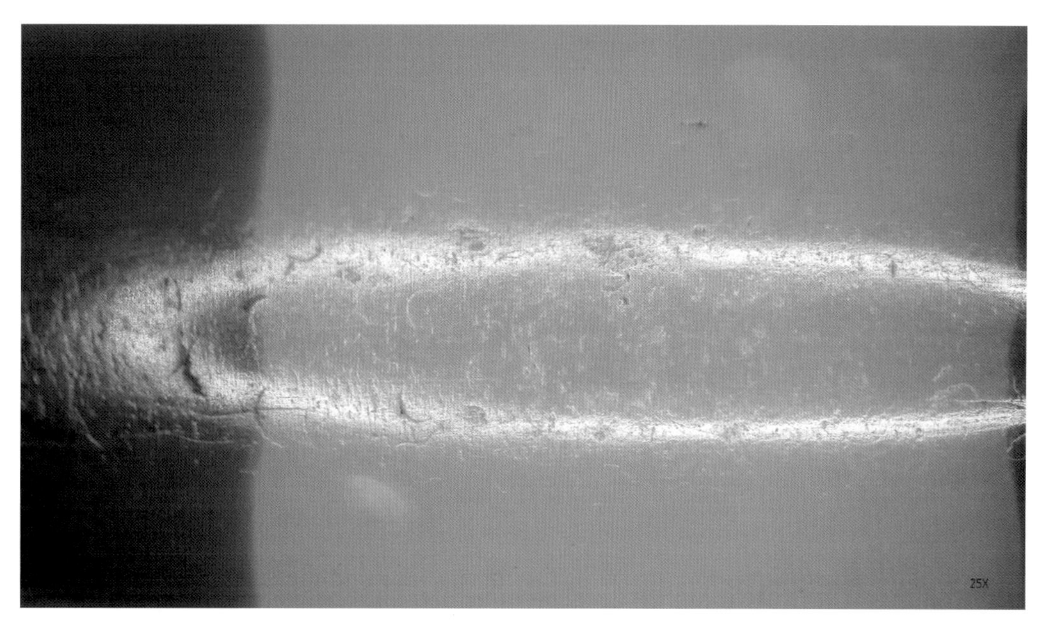

图4-19-4

图4-19-5

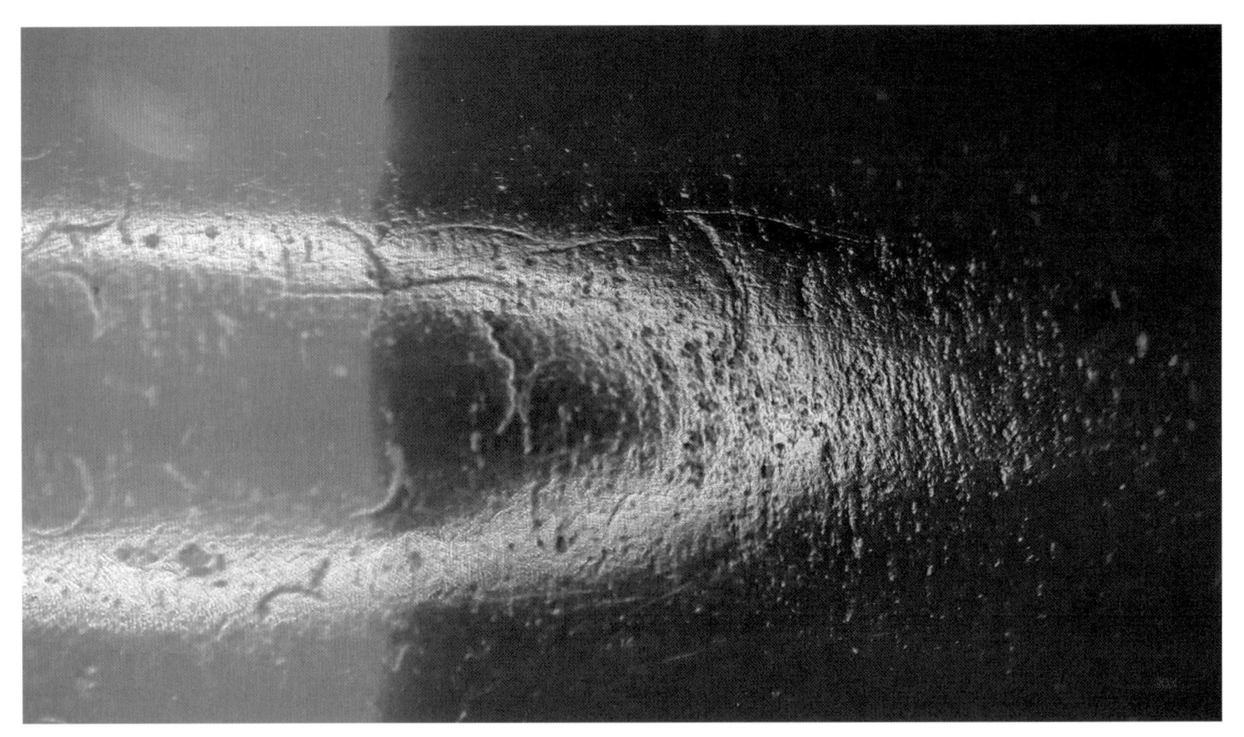

图 4-19-6

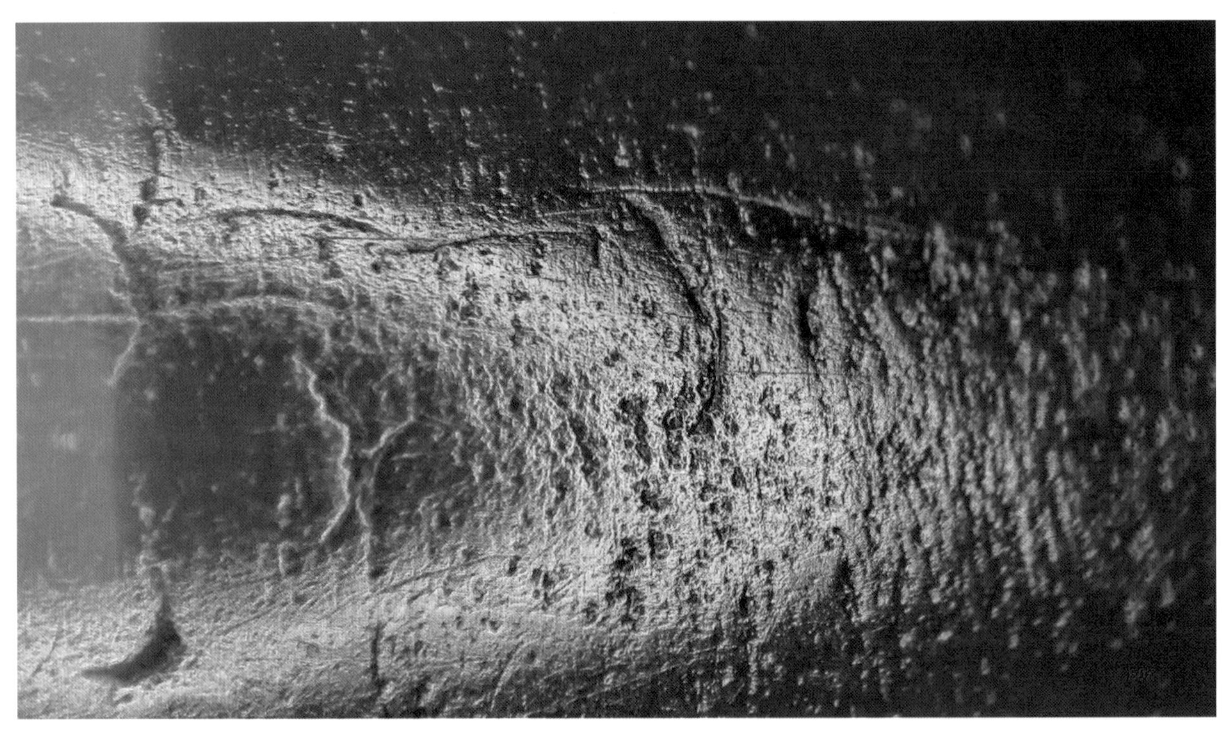

图 4-19-7

图4-19-4是珠体在25倍显微镜下的成像，可见珠体表面并不细腻光滑，而是呈细橘皮纹样状态。图中可见，不论是黑色底还是乳白色蚀花部位的珠体表面都杂糅着许多形态多样、深浅不同的土蚀

痕、土蚀斑和土蚀坑，其上有润亮的包浆覆盖。图4-19-5是珠体在45倍显微镜下的成像，可以更加清楚地观察到乳白色蚀花纹饰部位的状态：橘皮纹样的珠体表面分布着许多土蚀痕、土蚀斑和小土蚀坑，它们的深浅、大小、形态受珠体的受沁程度和表层组织中石英晶体的取向及拓扑结构特征等因素的影响而各有不同，珠体表面有润亮的光泽。图4-19-6是珠体的乳白色蚀花部位与黑色蚀染部位在40倍显微镜下的成像，可见珠体表面呈相对较粗的橘皮纹样状态，其间杂糅着许多土蚀痕、土蚀斑和土蚀坑，还有数条长短不一的沁裂纹。还可见一些半弧形的土蚀斑和一条沁裂纹横亘于黑、白两色区域，珠体表面有莹亮的光泽。图4-19-7主要是珠体的黑色蚀染部位在60倍显微镜下的成像，可见珠体呈粗橘皮纹样状态，这是珠体在历经了漫长的风化淋滤作用后形成的自然形态，其间杂糅着许多土蚀痕和土蚀斑，还有数条沁裂纹，珠体表面有润亮的光泽。

图4-19-8

从图4-19-8中可以看到珠体一端的黑色蚀染部位赋含有一处显见的内风化现象，珠体表层组织中疏松的裂理面折射出异于周边组织的光辉，而裂理网面并未延伸至珠体表面。还可隐约观察到珠体另一端的黑色蚀染部位处具有沁裂纹和土蚀斑现象，珠体表面赋有润亮的光泽。

图 4-19-9

图4-19-9是珠体具有内风化现象一端的放大图，可见赋存于珠体表层中的内风化现象呈显为一小片斑斓亮丽的彩色斑面，其表面无沁裂纹伴生，珠体表面具有润亮的光泽。

图 4-19-10

图4-19-10是珠体另一头的端部，可见圆柱面珠体上有数处半弧形土蚀斑现象，它们有的单独分布，有的交错重叠，其形态与珠体表面石英晶体的取向和拓扑结构特征等因素密切相关。还可观察到珠子端部的截平面平齐，其上有晶体疏松、晶体脱落现象；孔口在截面上的占比相对较大，临近孔口的孔壁也被蚀染成黑褐色，其上胶结有壤液成分。

3. 圆柱状天珠（1978M3：37）

图4-20-1

文物资料：这颗圆柱状天珠中间略粗，逐渐向两端收细，端部平齐。珠体表层有人工蚀染的“黑”色底，中间蚀绘有一条乳白色宽圆圈纹环绕于珠体。这颗天珠长25.85mm，珠体直径为8.33mm，珠子端部截面上各有一个钻孔，孔径分别为2.05mm和2.09mm。1978年出土于下寺楚国墓地M3。

从图4-20-1中可见，这颗天珠的表面具有润亮的光泽，珠体两头由人工蚀染而成的“黑”色实为色彩不匀的棕黑色，中间蚀染的白色纹饰整体略带淡淡的黄色调。珠体表面并不十分光滑平整，其形态与单纯抛光后的表面截然不同，而是呈显为很细腻的橘皮纹样状态，其间杂糅着细小的土蚀痕和土蚀斑。图中还可见珠体上有隐约的丝条状结构。

图4-20-2

透光观察这颗天珠，可见珠体为半透明，深色蚀染部位的透明度略高于白色蚀花部位，从而透射出琥珀色的迷人光辉，还可较为清楚地观察到孔道的形状，见图4-20-2。珠体中间的白色纹饰部位有隐约的丝条状结构，珠体表面有一些细小的土蚀斑。

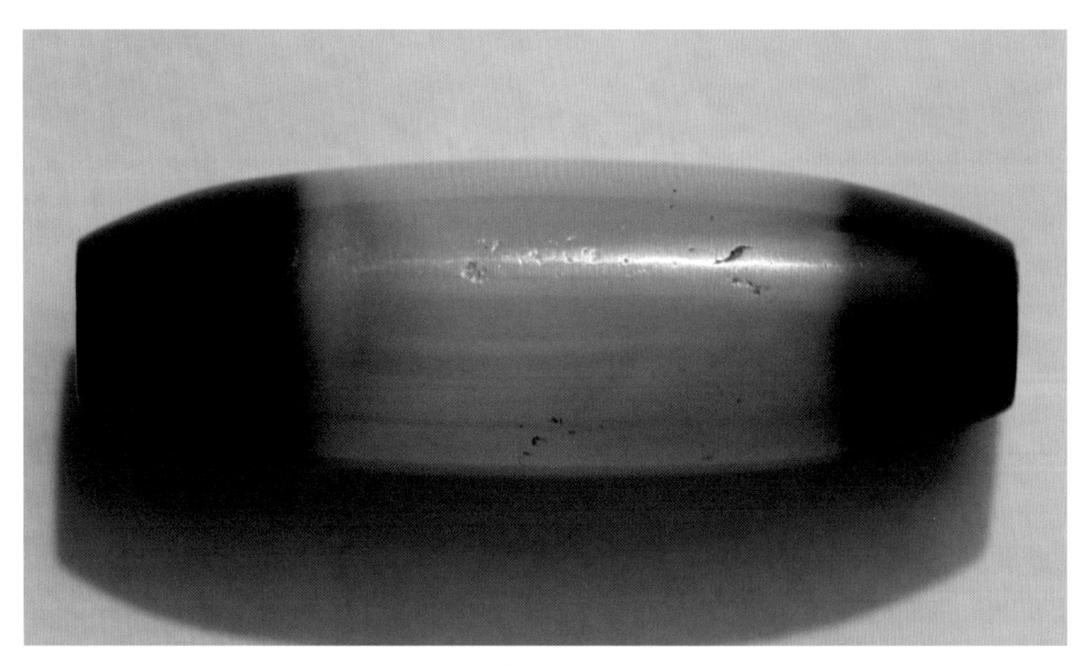

图4-20-3

图 4-20-4

图 4-20-5

图4-20-3是珠体的另一面，可见珠体表面光滑平整，但有别于单纯抛光后的表面特征，而是呈显为非常细腻的橘皮纹样状态，其间杂糅着土蚀痕、土蚀斑和小土蚀坑，一些土蚀坑的凹坑中胶结有壤液成分，珠体表面的光泽挺括、润亮。图4-20-4是此处珠体在30倍显微镜下的成像，可较为清楚地观察到珠体表面的细橘皮纹样状态，以及杂糅其间的土蚀斑和土蚀坑现象，它们的表面都附着、胶结有或多或少的壤液成分。图4-20-5是珠体在60倍显微镜下的成像，图中可见此处相对较大的一处土蚀坑的长度仅仅为1.24mm，其凹坑内胶结有厚薄不匀的壤液成分。

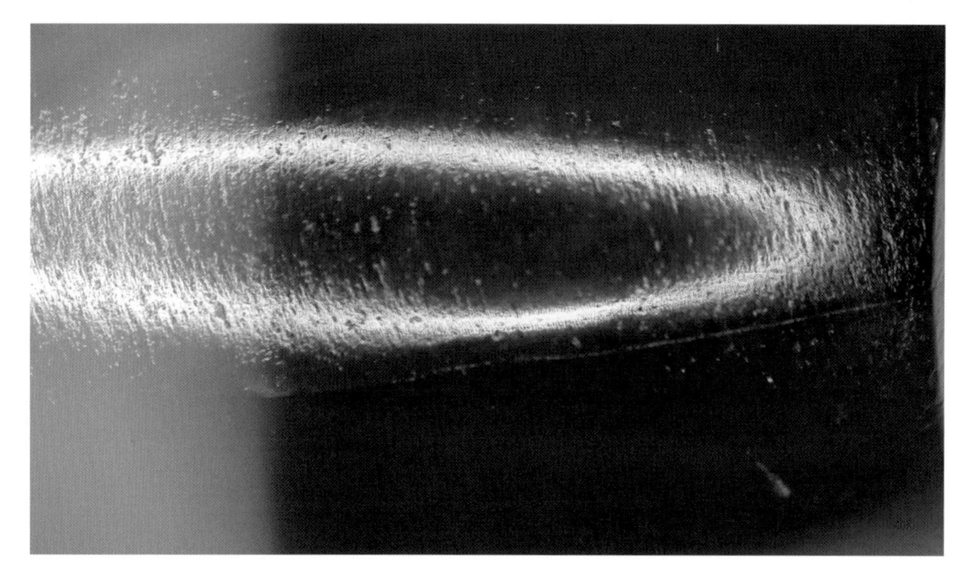

图4-20-6

图4-20-7

图4-20-6是珠体一头端部的圆柱面在40倍显微镜下的成像，可见珠体表面为非常细腻的橘皮纹样状态，其间杂糅着土蚀痕、土蚀斑和小土蚀坑，还有一条细长的沁裂纹从珠体的圆柱面一直延伸至端部的截平面。珠体表面具有润亮的光泽，仔细观察可见这条沁裂纹的大部分充填、胶结有壤液成分，其尾端伴随着晶体疏松现象，而整条沁裂纹呈显为历经了漫长的风化淋滤作用和渗透胶结作用后的自然形态。图4-20-7是上述部位在70倍显微镜下的成像，可见橘皮纹样状态的珠体表面分布着许多大小不一、形态各异的土蚀痕、土蚀斑和小土蚀坑，充填于沁裂纹中的壤液成分胶结得并不连续、均匀，而是断断续续、深浅不一的形态。沁裂纹的尾端隐匿于珠体之中，此处的珠体组织呈渐趋疏松的态势。

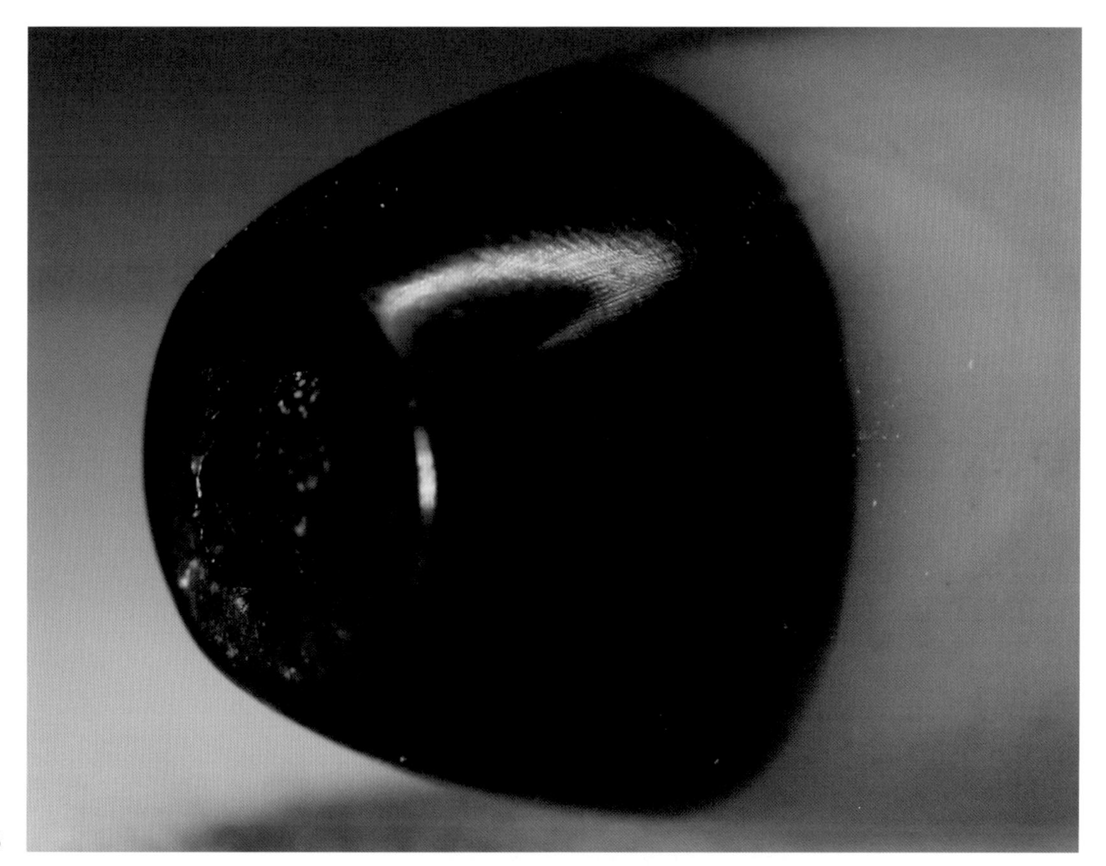

图 4-20-8

图 4-20-9

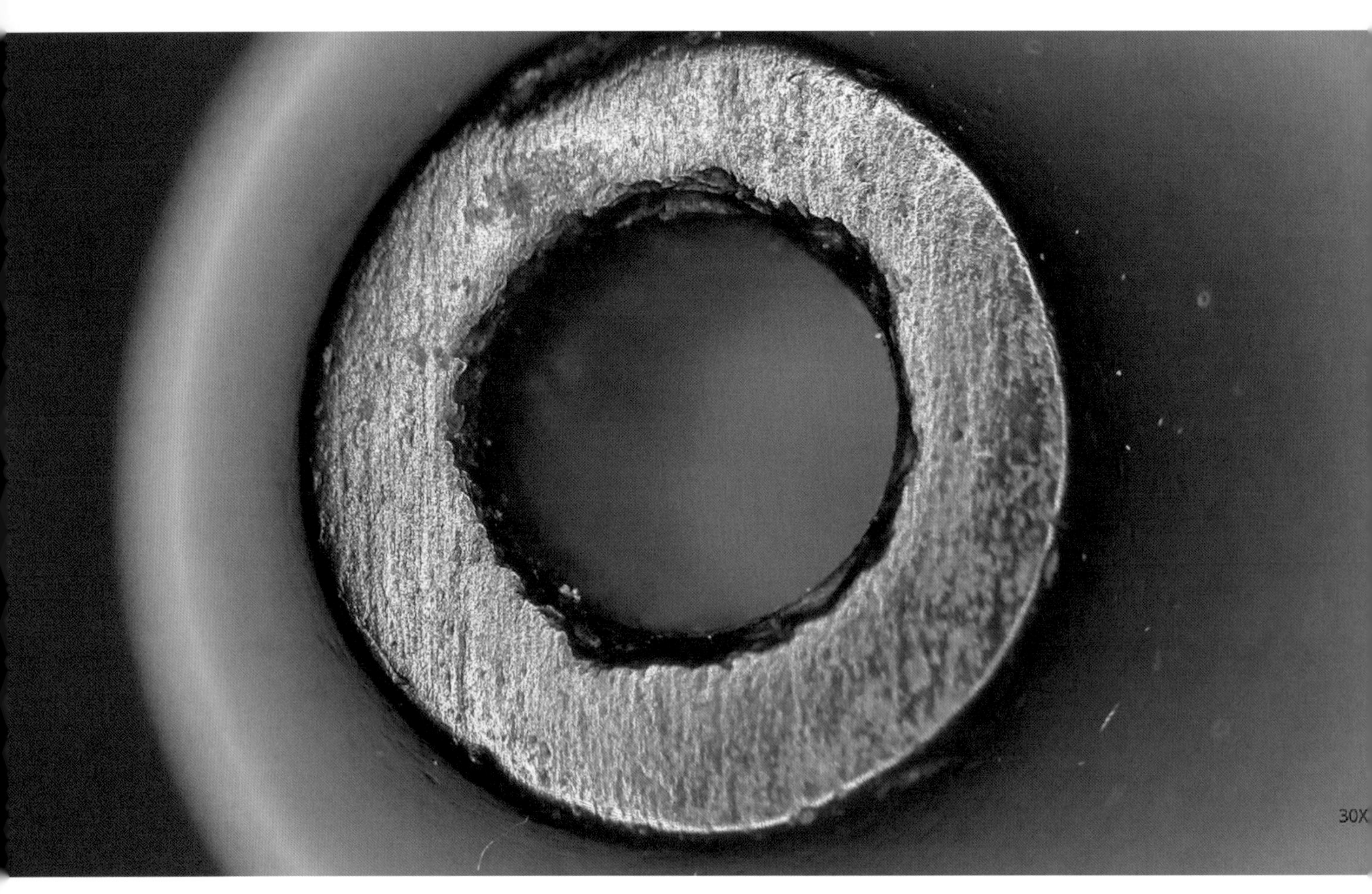

图 4-20-10

图4-20-8是珠体端部的放大图，可见珠体表面具有润亮的光泽，人工蚀染而成的“黑”色部位有一条深色的沁裂纹，沁裂纹的一端隐匿于黑色蚀染部位的边缘处，另一端则延伸至端部的截平面并消失在孔口处。图中可见端部的截平面上附着、胶结有较多的壤液成分，孔口有晶体脱落现象，孔壁上也胶结有壤液成分。图4-20-9是放大观察珠体另一头的端部，可见珠体表面具有润亮的光泽，珠体端部的截平面中央有一个圆形的孔口，临近孔口的孔壁上有晶体疏松现象和晶体脱落现象，孔壁上还附着胶结有壤液成分。图4-20-10是珠体的截平面在30倍显微镜下的成像，可见此部位的表面呈凹凸不平的橘皮纹样状态，其间布满了深浅不一、形态各异的土蚀斑及土蚀坑，一些凹陷处还胶结有壤液成分，而截平面整体具有包浆带来的莹亮光泽；孔口的边沿组织参差不平，其上胶结有壤液成分；截平面的外缘处有或轻或重的晶体脱落现象，从而形成了大小不同的土蚀坑现象，其凹坑处胶结有壤液成分。

五、湖南省考古发掘出土的天珠

1975年，湖南省长沙市咸家湖陡壁山西汉墓地M1考古发掘出土了1颗天珠。这颗天珠是组玉佩中的构件[13]。

圆柱状天珠

图4-21-1

文物资料：这颗圆柱状天珠中间略粗，逐渐向两端收细，端部平齐。天珠长17.95mm，珠体直径为9.79mm，端部各有一个钻孔，孔径分别为2.02mm和1.98mm。天珠珠体表层有人工蚀染的黑色底，其上蚀绘有乳白色纹饰：在珠体的两端各有一个圆圈纹环绕于珠体，每个圆圈纹上又衍伸出两个锐角三角形，从而使珠体中间的乳白色图案呈显为两组相互咬合的三角形。1975年出土于长沙市咸家湖陡壁山墓地M1。

从图4-21-1可见，这颗天珠在长达两千多年的受沁过程中发生了次生变化，从而产生了相应的蚀像。图中可见，珠体的表层组织在风化淋滤过程中发生了明显的晶体脱落现象，其具体表征为大小

⑬ 湖南省博物馆编、喻燕姣主编：《湖南出土珠饰研究》，湖南人民出版社，2018年，第150页。

不一、深浅有别且形态各异的土蚀痕、土蚀斑和土蚀坑，它们随机分布于珠体的浅表层。上述受沁现象的具体表征与珠体表层组织的化学组成、石英晶体的取向及其拓扑结构特征等因素密切相关。我们知道：风化淋滤作用常对那些晶体间连结力弱的部位产生相对显著的影响，因此珠体表层组织中连结力相对较弱的晶体结合力在持续不断的风化淋滤过程中逐渐变得越来越小，从而导致微晶体间的结合力持续恶化，最终使微晶体陆续从珠体表层组织中渐次脱落，从而形成土蚀痕、土蚀斑和土蚀坑现象。珠体表层组织中晶体间连结力的强弱又与其化学组成、石英晶体取向、拓扑结构特征等在集合体中的赋存状态相关，所以珠体表层的微晶体在漫长的受沁过程中总是沿着那些结合力弱的晶体间持续地渐次脱落，于是使这颗天珠的表面呈现出各式各样的晶体脱落现象，它们呈半圆形、半弧形或不规则形，其表面覆盖有包浆或胶结有壤液成分。图中还可看到一处明显的土蚀坑现象，它的凹坑相对较深，凹坑表面有包浆覆盖；还可观察到珠体上有两条小的沁裂纹，沁裂纹上分布有色沁现象；珠体上还具有丝条状结构，整个珠体表面有莹亮的包浆包裹。

图 4-21-2

图4-21-2呈现的是调换珠体角度后观察到的现象：珠体表面由人工蚀染而成的“黑”色在漫长的受沁过程中发生了蚀色褪色，从而在强光照射下呈显为色彩不匀的棕褐色。图中还可观察到珠体上有

隐约的丝条状结构，蚀色褪色现象伴随着珠体的丝条状结构的变化而变化；黑色蚀花部位有一处显见的土蚀坑和数条沁裂纹现象，土蚀坑上覆盖有包浆，沁裂纹上也有色沁现象和晶体疏松现象共存；珠体表面还自然地分布着许多形态多样的土蚀斑现象，整个珠体具有莹亮的光泽。

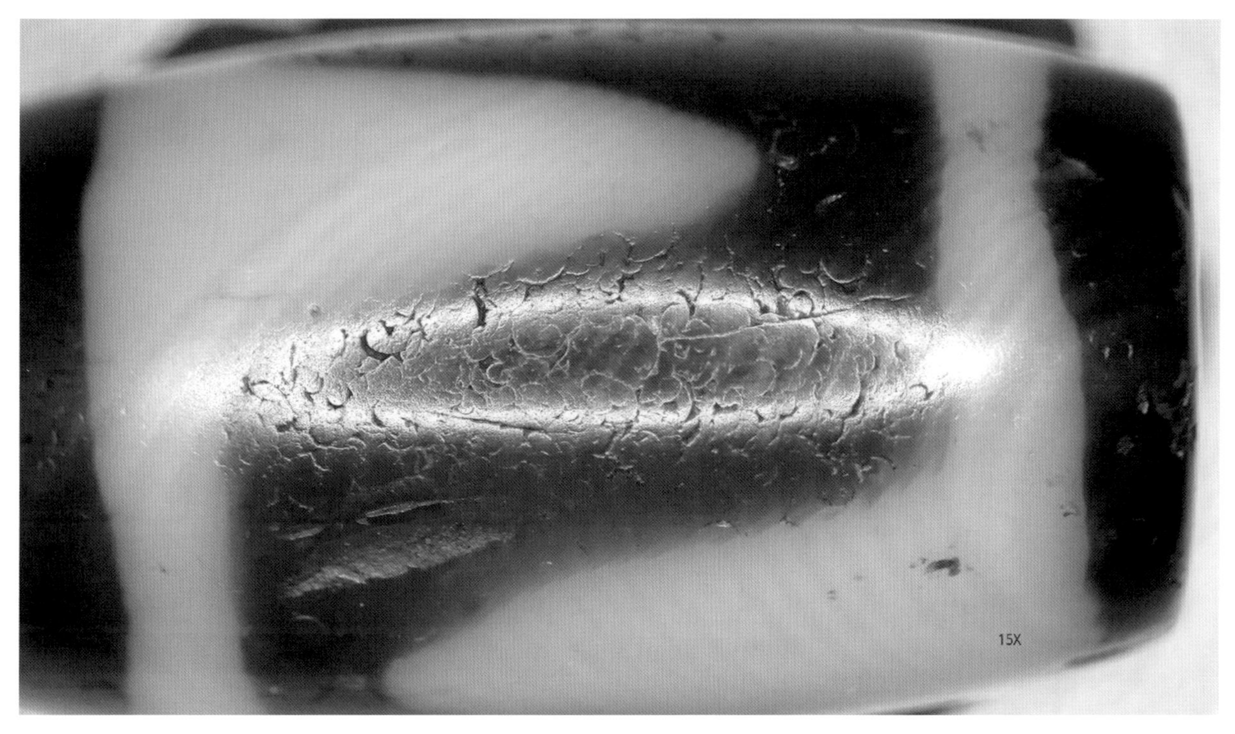

图 4-21-3

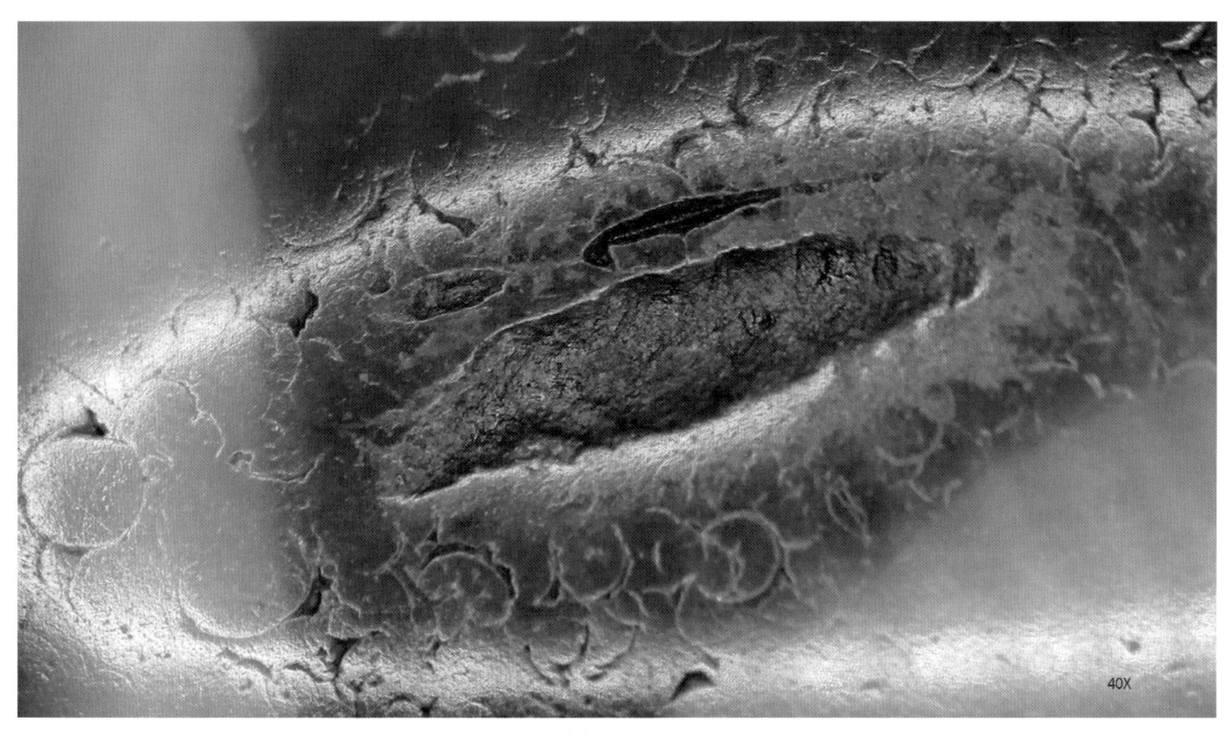

图 4-21-4

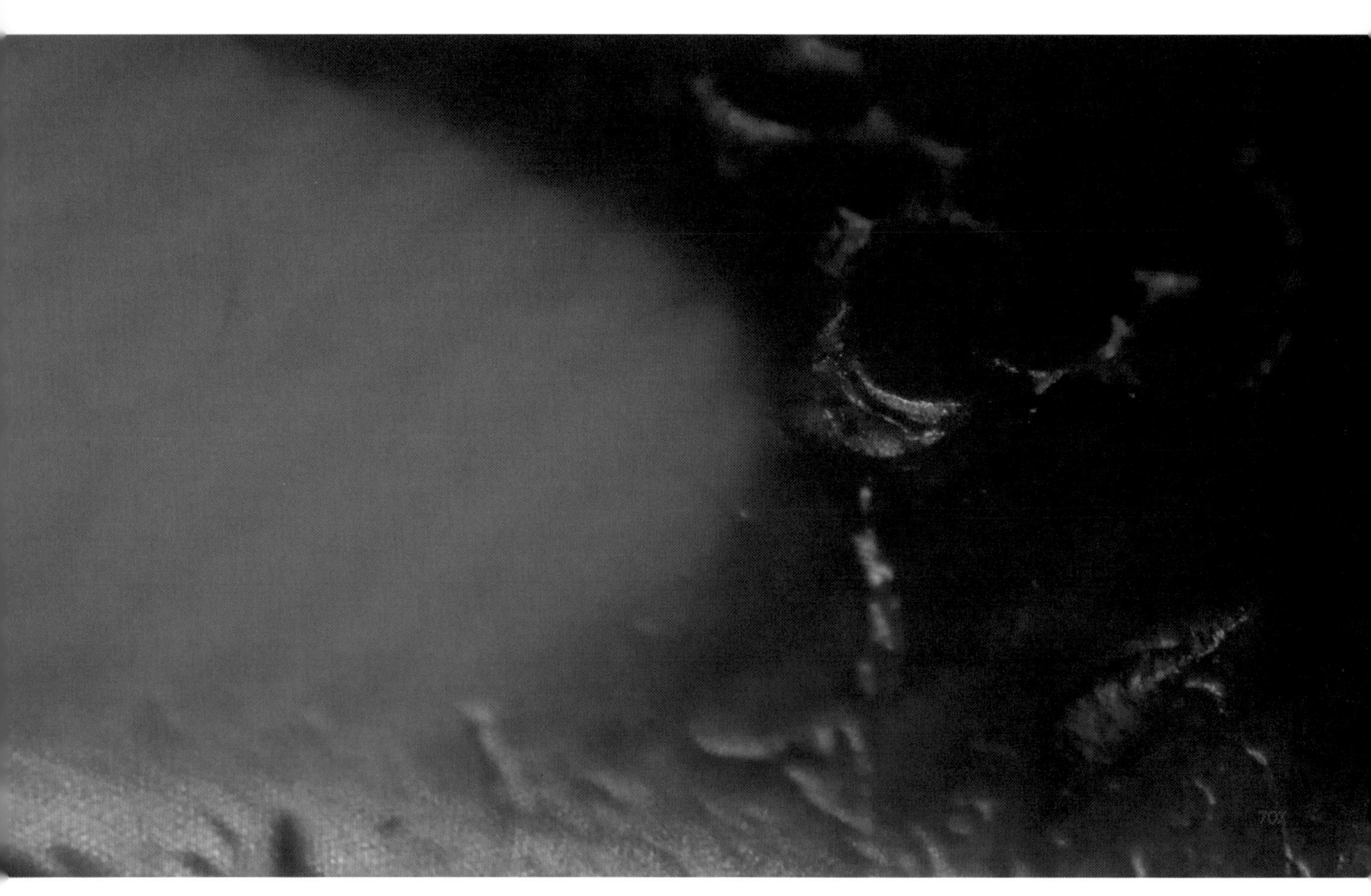

图4-21-5

图4-21-3是珠体在15倍显微镜下的成像，可见珠体具有隐约的丝条状结构，“黑”色底和乳白色花纹的色彩伴随着珠体的丝条状结构的变化而变化。珠体表面分布着许多土蚀斑和数条沁裂纹，这些土蚀斑呈半圆形、半弧形和不规则形，土蚀斑的表面覆盖有包浆或胶结有少许壤液成分；一处半圆形的土蚀斑的边缘组织发生了晶体疏松现象，从而呈现出一小块亮丽的彩色斑面。整个珠体具有莹亮的光泽。图4-21-4是土蚀坑部位在40倍显微镜下的成像，可见珠体表面普遍呈细橘皮纹样状态，其间杂糅着许多半圆形、半弧形和不规则形的土蚀斑，它们交错重叠且相伴而生，其表面都有包浆覆盖；还可见一处明显的土蚀坑呈柳叶状，凹坑处有较厚的包浆覆盖。图4-21-5是珠体表层晶体发生了疏松、脱落后形成的土蚀斑现象在70倍显微镜下的成像，可见此处半圆形土蚀斑的整体形态并不规整，其凹陷处高低不平，土蚀斑的边沿处也参差不齐，整体呈显为经历了漫长风化淋滤作用后的自然形态；图中还可观察到土蚀斑附近的珠体表层组织显然也在受沁过程中产生了晶体疏松现象，从而呈显为一块亮丽的五彩斑面。

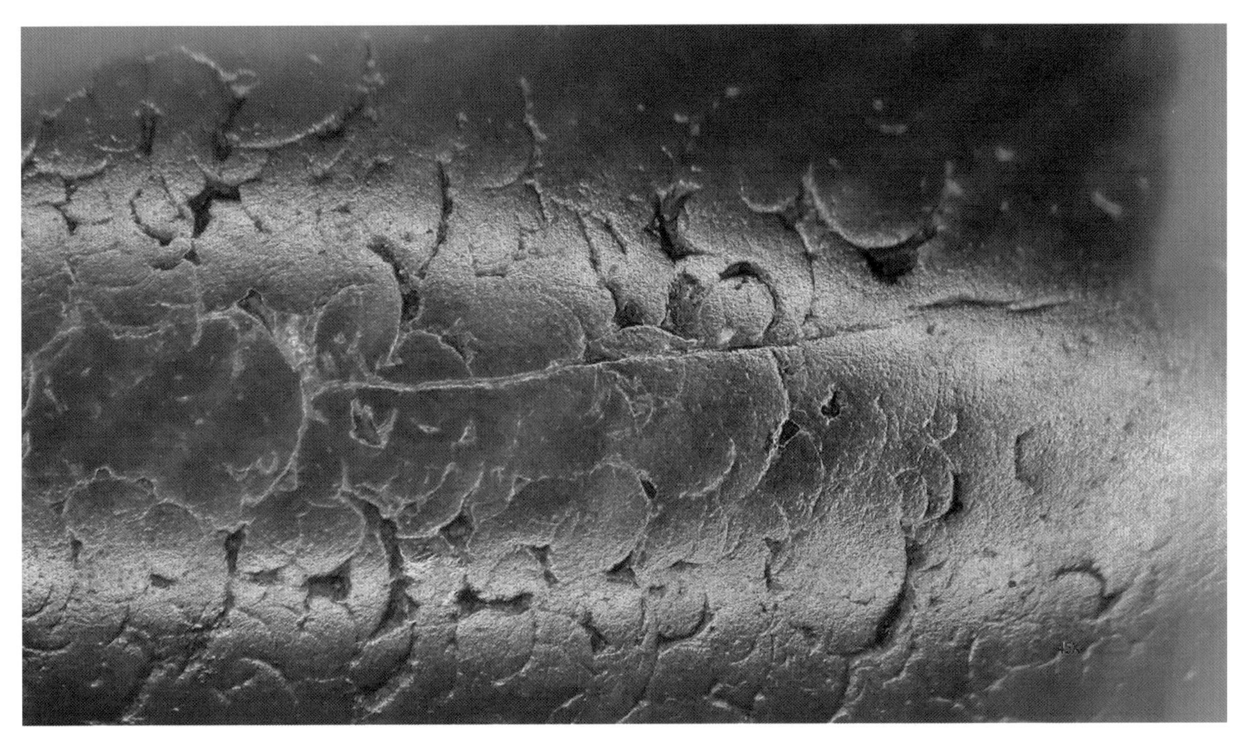

图4-21-6

图4-21-7

图4-21-6是珠体在45倍显微镜下的成像，可清楚观察到珠体表面并不是十分光滑、细腻，而是呈显为细橘皮纹样的状态，其间无规律地杂糅着许多土蚀斑和小土蚀坑。一些土蚀斑呈半圆形或半弧形，其外观形态并不规整，底部也不平整、光滑，还有一些土蚀坑则呈不规则状，其深浅也各不相

同，它们的表面被包浆覆盖着。珠体的表层有一条直的沁裂纹，其端部发轫于珠体表层组织的晶体疏松处，尾端渐隐于珠体之中，在其不远处又延伸出两条断续的小沁裂纹，而整条沁裂纹的形态粗细不一、深浅有别，是珠体表层组织经历了漫长的风化淋滤作用和渗透胶结作用后形成的自然形态，珠体表面具有莹亮的光泽。图4-21-7是珠体在70倍显微镜下的成像，可见珠体表面呈显为较粗糙的橘皮纹样状态，其间分布着许多半圆形、半弧形的土蚀斑，一些土蚀斑的边沿处恶化成相对较深的小土蚀坑；还有一些小土蚀坑随机分布于珠体表面，其上有包浆覆盖或胶结有少许壤液成分；还可清楚观察到这条沁裂纹粗细有别、深浅不一，其一端位于珠体表层的晶体疏松处，另一端则隐匿于另一处珠体间，部分沁裂纹中胶结有壤液成分。

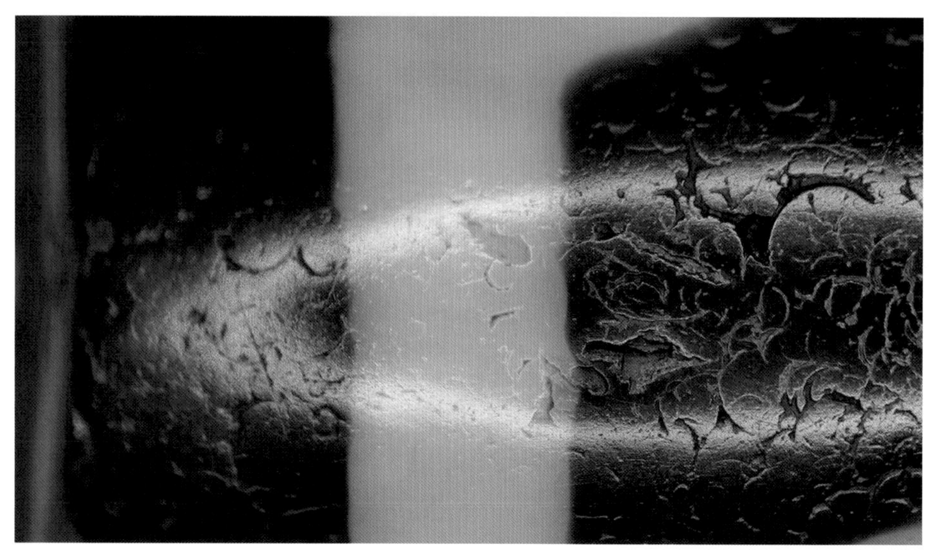

图4-21-8

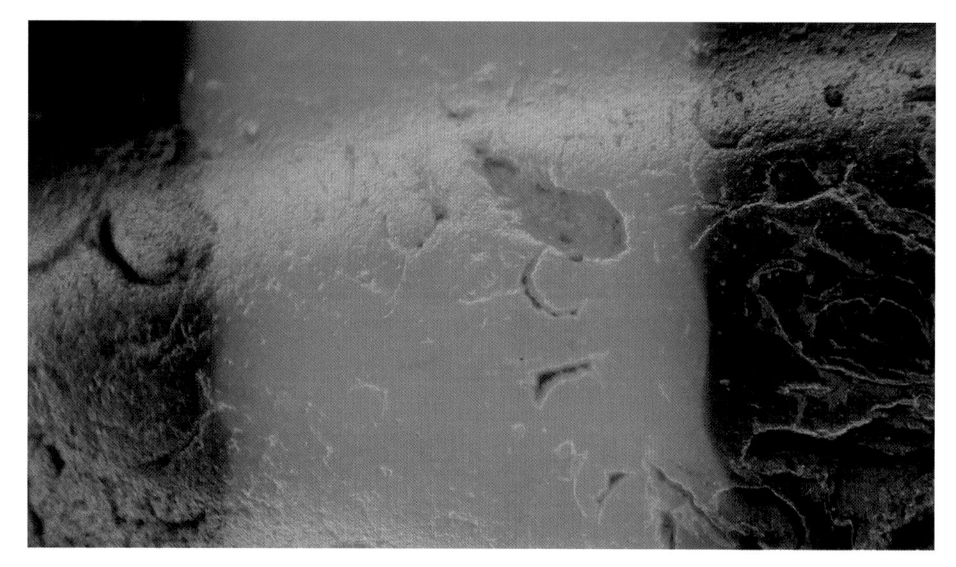

图4-21-9

图4-21-8是另一处珠体在30倍显微镜下的成像，可见珠体表面呈显为细橘皮纹样状态，其间无序分布着许多土蚀斑和土蚀痕，它们的形态受珠体表层石英晶体的取向及拓扑结构特征等因素的影响而多种多样。土蚀斑及土蚀痕的凹陷处有包浆覆盖，整个珠体表面有润亮的光泽。图4-21-9是珠体在70倍显微镜下的成像，可见黑、白两色珠体表面呈显为相对较粗糙的橘皮纹样状态，其间无规律地分布着土蚀痕、土蚀斑和土蚀坑现象，它们的凹陷处被包浆覆盖或胶结有少许壤液成分，珠体表面有润亮的光泽。

图4-21-10

图4-21-10是珠体一头的端部在15倍显微镜下的成像，可见端部截平面具有莹亮的光泽，但光泽之下的底子并不十分平整、光滑，而是呈显为非常细腻的橘皮纹样状态，其间杂糅着半弧形、短线形的土蚀斑及其他大小不一、形态各异的土蚀坑。它们的表面或被包浆覆盖，或胶结有壤液成分，是此处珠体在久远的埋藏过程中历经风化淋滤作用和渗透胶结作用后的自然形态。临近孔口的孔壁被蚀染成黑色，更深处的孔壁则略微透光；珠体端部的圆柱面上也分布着许多半圆形、半弧形或其他形态的土蚀斑和小土蚀坑。

图 4-21-11

当我们透光观察珠体另一头的端部时，可见珠体上具有丝条状的纹理结构，人工蚀花的“黑”、白色部位的内反射光也伴随着丝条状结构的变化而变化，珠体表面具有一定的光泽，见图 4-21-11。图中还可观察到端部圆形截平面的外缘部分有土蚀斑和小土蚀坑现象；珠体的圆柱面上也分布着许多半圆形、半弧形的土蚀斑。

六、中国国家博物馆藏的天珠

这颗陈展于中国国家博物馆常设展柜中的天珠无明确的出土记录，由国家文物局文物代管单位——中国文物信息咨询中心于2010年划拨过来，展示牌标注为“战国”及“蚀花髓管饰”。

圆柱状天珠

图4-22-1

文物资料：这颗圆柱状天珠中间略粗，逐渐向两端收细，端部平齐。天珠长53.37mm，珠体直径为13.87mm。珠体两端的截平面上各有一个孔口，孔径分别为1.72mm和1.92mm。珠体表层残留有人工蚀染的“黑”色底，长久受沁后已蚀色褪色为浅棕色，珠体上还有蚀绘而成的“白”色纹饰：在珠体的两端各有两个圆圈纹环绕于珠体，中间有折线纹、弧线纹和7个圆圈纹有序排列而成的组合图案。白色蚀绘纹饰在漫长的埋藏过程中由于受沁而几乎褪色殆尽。

从图4-22-1可见，这颗天珠表面由人工蚀花而成的“黑”底和“白”色纹饰都在漫长的受沁过程中产生了蚀色褪色现象，其中：“黑”底部位表层组织中的部分黑色染料在风化淋滤作用下析出珠体，但珠体表层微晶体间的孔隙中仍残留了相对较多的黑色素，从而使这一部位的颜色呈显为浅棕色。本书第二章已阐明，古代工匠是用碳酸钠作为有效成分在玉髓珠的表层蚀绘乳白色花纹的，其着色的实质是在表层组织晶体间的微孔隙中充斥许许多多的碳酸钠，从而使白色纹饰在宏观上呈显为乳白色。天珠在埋藏过程中所经历的风化淋滤作用和渗透胶结作用恰恰是在相对开放的环境中进行的，因此土壤中的水分不断地渗透进珠体，又携带着珠体中的可溶性物质不断析出并由此循环往复地进行风化淋滤作用，而碳酸钠相对易溶于水，其在风化淋滤过程中析出珠体表层的速率也相对较快，因此这颗天珠在水分较为充足的埋藏环境中发生的受沁机理主要是：足量的水分在漫长的受沁过程中将原本充填于珠体表层晶体间的碳酸钠渐次溶解并析出，直至白色蚀花纹饰部位的表层晶体间不再赋存有碳酸钠，这样就使白色蚀花部位发生了严重的蚀色褪色现象，从而几乎裸露出白玉髓珠体的自色。但仔细观察，我们发现这颗天珠的白色蚀花纹饰部位并非完全为白玉髓珠体的自色，而是带有淡淡的黄色调，表明此处的表层晶体间实际依然残留着少许“黑”底的色素元素。那么，为什么这颗天珠的黑色底部位产生的蚀色褪色现象相较于白色蚀花纹饰处而言相对较轻呢？我们知道，充斥于黑底表层组织晶体间的黑色染料并不像碳酸钠一样较容易溶于水，黑色底子部位的“黑”色素元素虽然也同样经历了风化淋滤作用，但其被水解带出的速率却远弱于白色花纹处碳酸钠的溶解析出，所以“黑”底部位的珠体表层仍保留有相对较多的“黑”色素元素，从而呈显为显见的棕黄色。仔细观察，还可看到珠体表面并不特别光滑；珠体上分布着数条长短不一的沁裂纹现象，一些沁裂纹中还伴有色沁现象，珠体表面具有莹亮的光泽。

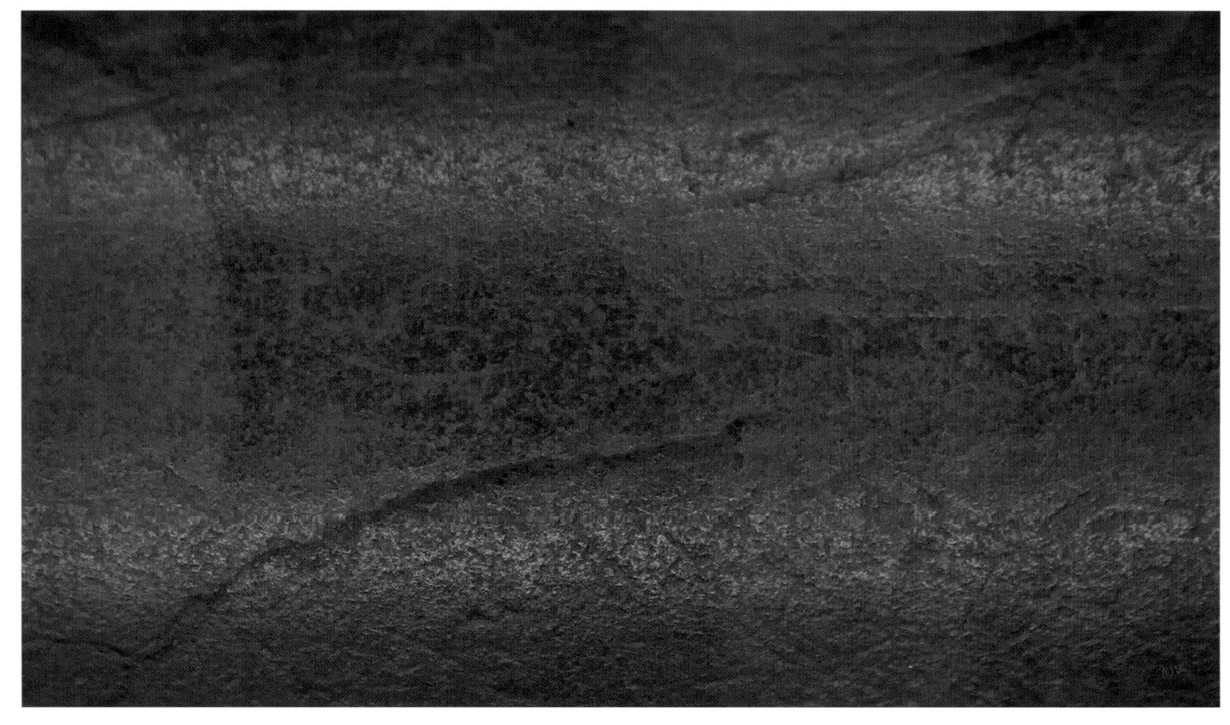

图 4-22-2

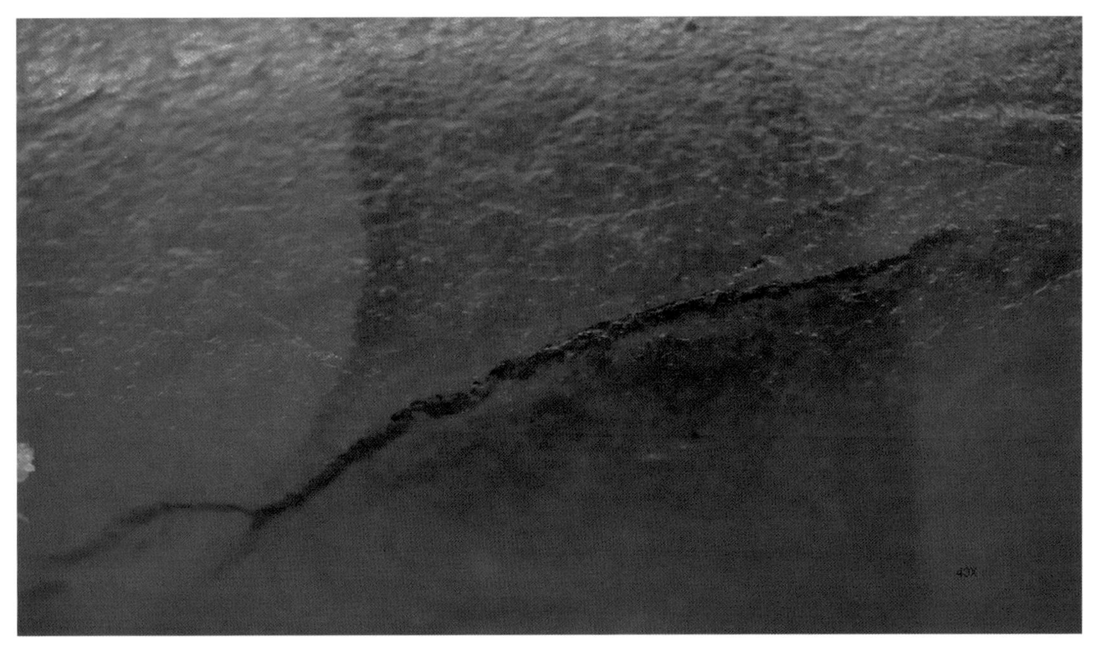

图 4-22-3

图4-22-2是珠体在30倍显微镜下的成像，可见珠体的表面并不细腻光滑，而是呈典型的橘皮纹样状态；“黑”底部位的棕色较“白”色纹饰部位的颜色略为浓郁；一条沁裂纹蜿蜒于珠体上，它并没有在珠体表面形成明显的裂纹，但壤液中的色素元素却较多地胶结于沁裂纹相对疏松的表层晶体间。珠体表面还杂糅着一些打磨残痕，其上有包浆覆盖。图4-22-3是珠体在40倍显微镜下的成像，可见珠体表面呈橘皮纹样状态，其上还有一条断断续续的沁裂纹，有色素元素渗透、胶结于沁裂纹中并向珠体深处继续渗透蔓延。

图 4-22-4

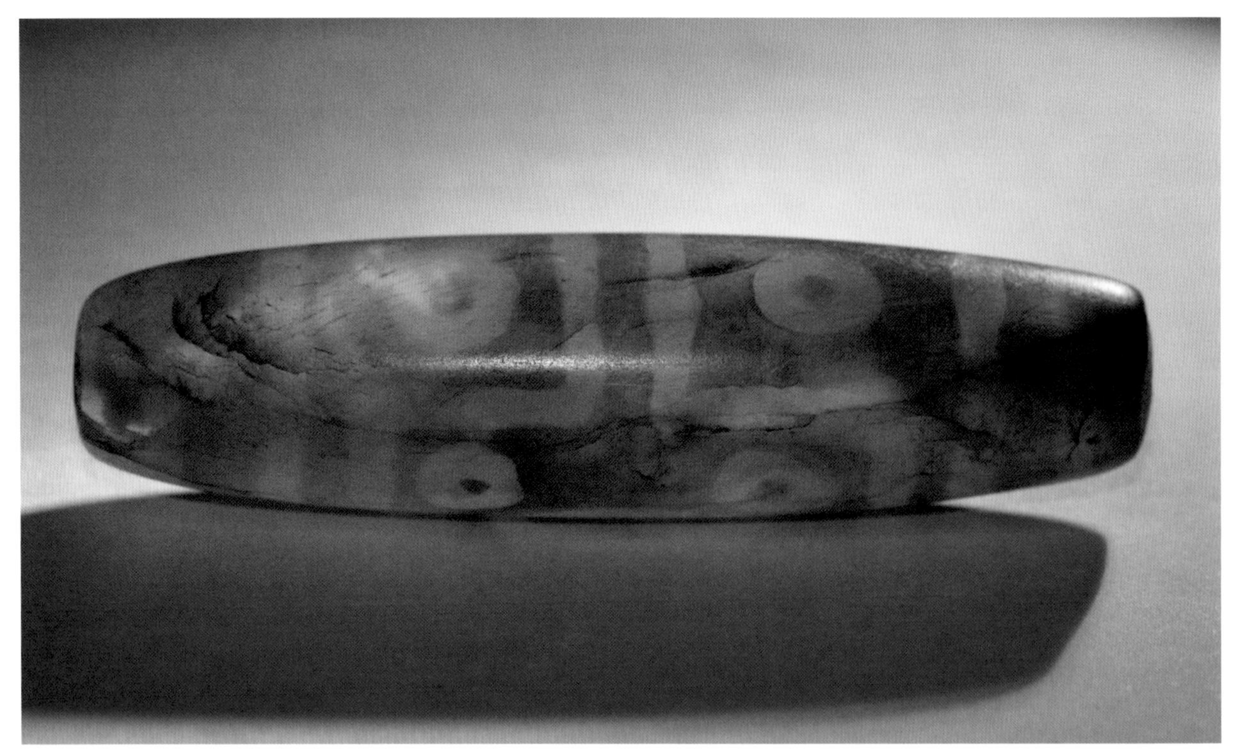

图 4-22-5

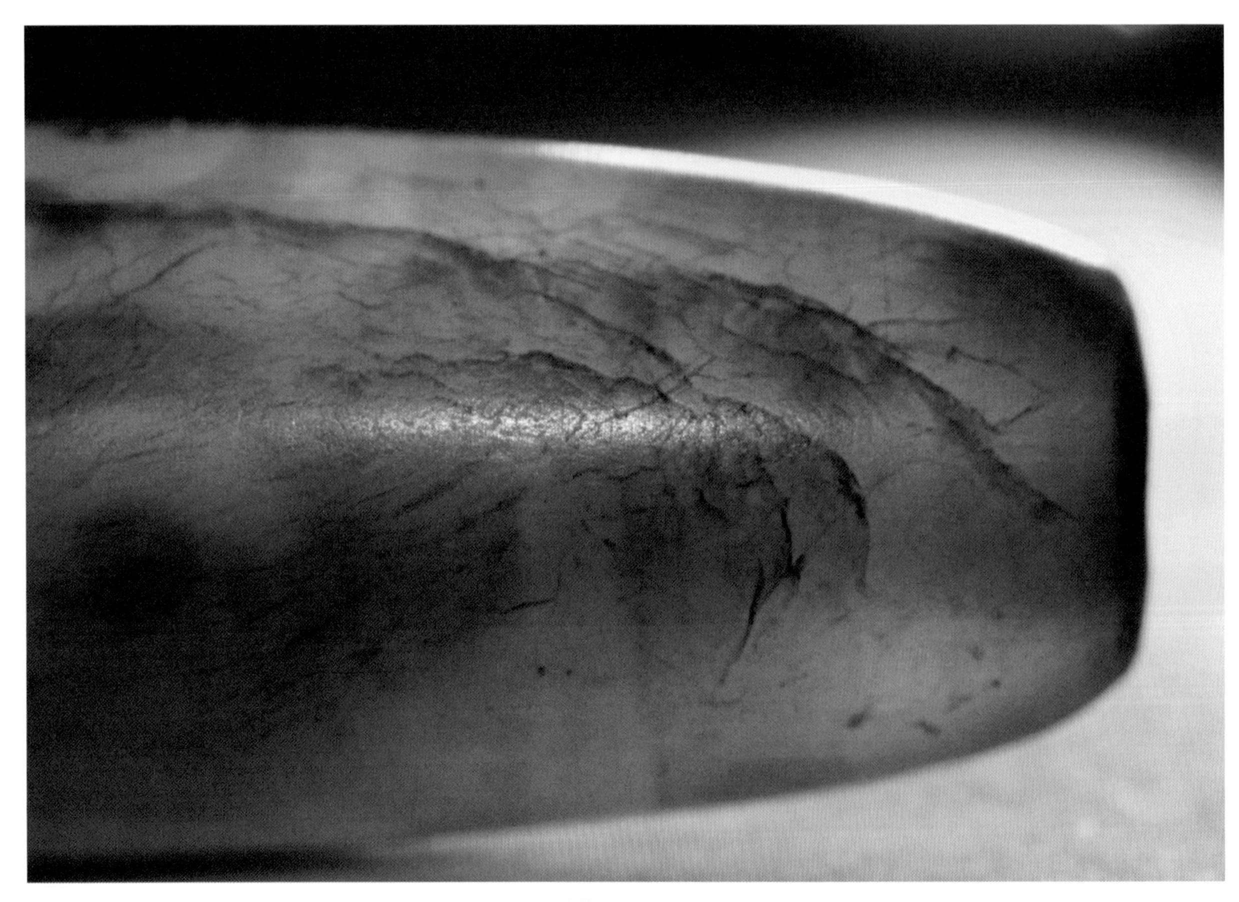

图 4-22-6

图4-22-4是珠体的另一面，图中可见珠体表面为非常细腻的橘皮纹样状态且具有莹亮的光泽。图中可观察到“白”色蚀花纹饰已在漫长的风化淋滤过程中消退殆尽，“黑”底部位的颜色深浅不匀；珠体上分布着许多沁裂纹，它们有的细若游丝，有的蜿蜒曲折，有的首尾相续，形态丰富多样，一些沁裂纹中渗透胶结有壤液中的色素元素，从而伴随着色沁现象；珠体上还分布着一些小土蚀斑。图4-22-5是透光观察此面珠体，可见其表面并不特别平滑细腻；珠体上分布着多条形态各异的沁裂纹，一些沁裂纹中伴随着色沁现象，可以明显观察到色素元素沿着沁裂纹周边的疏松组织逐渐渗入珠体的深处；还可看到珠体内部发生了较为严重的晶体疏松现象，从而使赋存于珠体组织中的裂理面折射出相对明亮的内反射光。图4-22-6是珠体上沁裂纹相对集中的部位，可见珠体表面呈细橘皮纹样状态，许多大大小小的沁裂纹分布在珠体表层，它们有粗有细，有的蜿蜒曲折，有的细若游丝，有的首尾相接，有的还伴随着色沁现象，其整体状态呈显为经历了漫长的风化淋滤过程和渗透胶结过程后的自然形态。

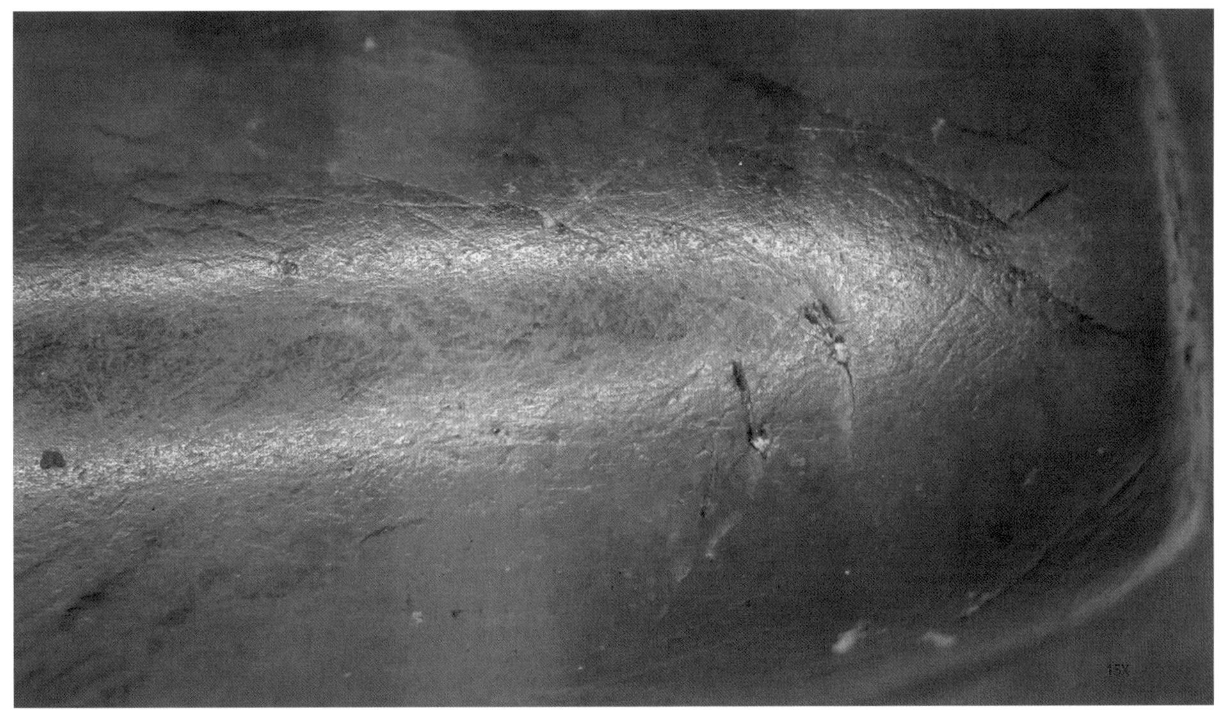

图4-22-7

图4-22-7是此处珠体在15倍显微镜下的成像，可见珠体表面并不十分细腻、光滑，而是呈显为橘皮纹样状态，其间杂糅着数条小沁裂纹。图中还可观察到一些疏松的表层组织中有色沁现象，但其表面并没有明显的沁裂纹，这是珠体所在环境中的色素元素在漫长的受沁过程中逐渐渗透并赋存于相对疏松的表层组织中的结果。还可见有一些小土蚀坑无序地分布于珠体上，两处显见的小土蚀坑中还胶结有乳白色的壤液成分，旁边伴随有小沁裂纹和晶体疏松现象，整个珠体表面具有莹亮的光泽。

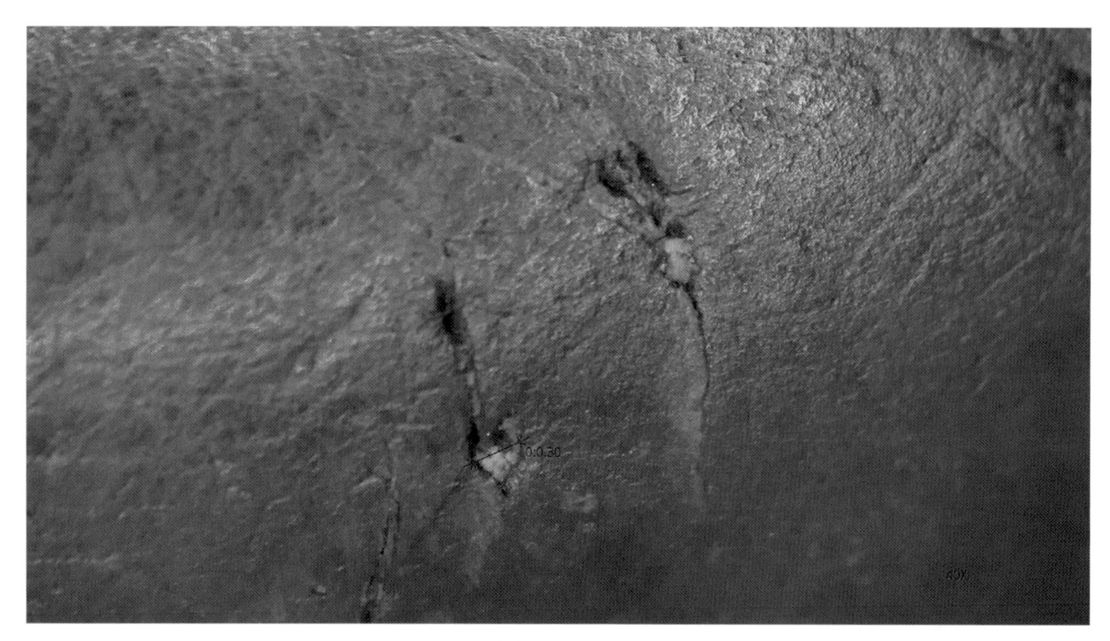

图4-22-8

图4-22-9

图4-22-8是珠体在40倍显微镜下的成像，可见两处形状不规则的土蚀坑分布于橘皮纹样状态的珠体表层。一个土蚀坑呈蝌蚪状，它实际上是由3个更小的土蚀坑组合而成，其凹坑中胶结有黑褐色的壤液成分，其中一个小土蚀坑中还胶结、填充着乳白色的壤液成分，从这个小土蚀坑延伸出一条沁裂纹，恰似“蝌蚪”的小尾巴；另一处不规则的土蚀坑是由一个长条形小土蚀坑和一个不规则小土蚀坑组合而成，不规则小土蚀坑的两条边之间的距离仅为0.3mm，其凹坑处分别胶结有黑褐色和乳白色的壤液成分，在不规则小土蚀坑的边缘组织上还有晶体疏松现象和微细的沁裂纹现象。图4-22-9是珠体

在70倍显微镜下的成像，可以对土蚀坑的细节观察得更加清晰：壤液成分在凹坑内的填充、胶结是富有层次的，显然是先有黑褐色壤液成分的胶结附着，再有乳白色壤液成分的胶结、填充，这一现象表明此处珠体所处的微观环境在漫长的受沁过程中发生了相应的变化。

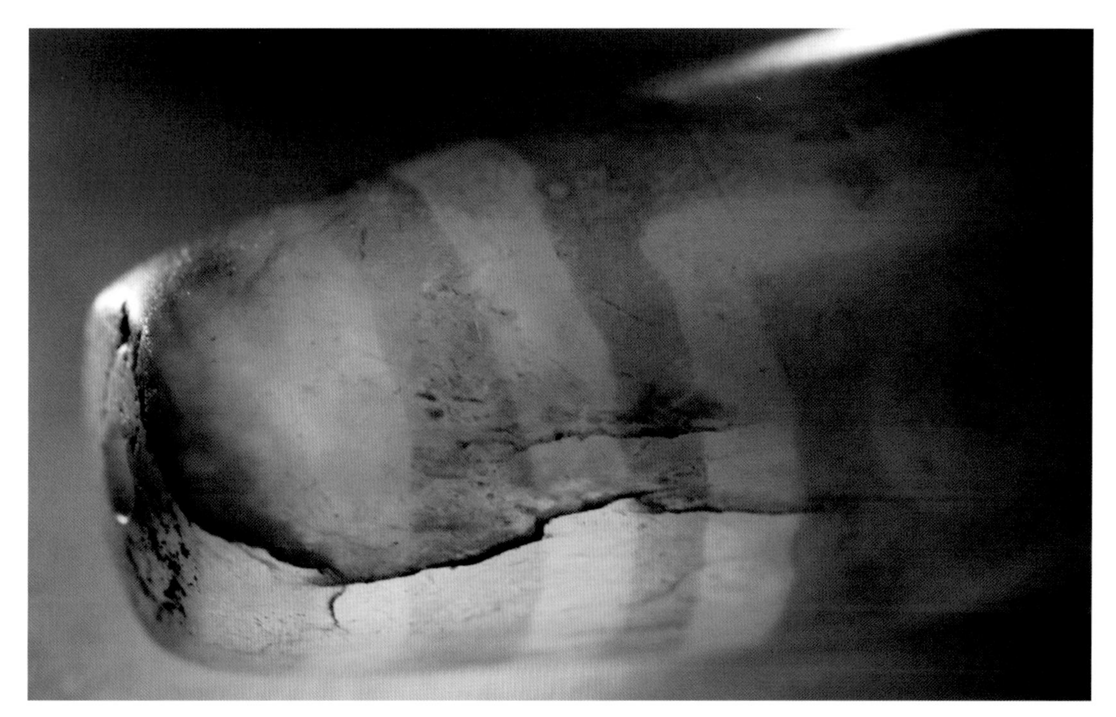

图4-22-10

图4-22-11

图4-22-10是透光观察珠体的另一端，可见珠体透射出莹亮的内反射光，并可隐约观察到珠体内有内风化现象。一条大沁裂纹分布于珠体的端部截面并一直延伸至珠体的圆柱面，仔细观察可见这条大沁裂纹是由3条沁裂纹首尾相续组合而成，较粗的沁裂纹中伴随有黑褐色的色沁现象，色素元素渗透进珠体并沿着疏松组织逐渐胶结并赋存于裂理面上；一条小沁裂纹位于大沁裂纹的旁边，其中也渗透胶结有黑褐色的色素元素；端部的截平面上也胶结、附着有黑褐色的壤液成分。结合图4-22-11，可见这条大沁裂纹横亘于珠体端部，并对端部组织形成了较为严重的影响，从而在珠体中形成了较大的裂理面，裂理面上渗透胶结有少许壤液成分。端部截面粗糙不平，其上胶结、附着有黑褐色的壤液成分；位于端部截面的沁裂纹相对较粗，裂纹中也充填、胶结有较多的黑褐色壤液成分。

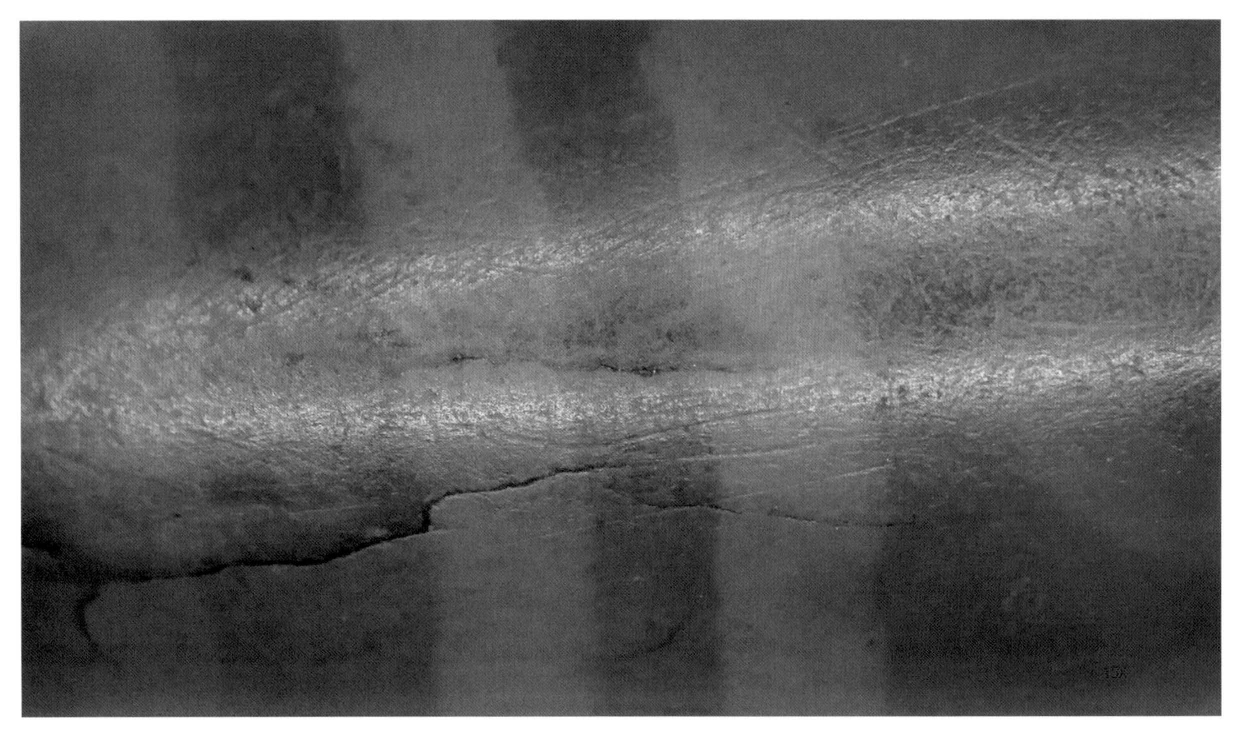

图4-22-12

图4-22-12是珠体在15倍显微镜下的成像，可见珠体表面呈典型的橘皮纹样状态，其上有包浆带来的莹亮光泽。图中还可观察到一条相对较大的沁裂纹呈弯折状分布于珠体上，裂隙严重处胶结有较多的黑褐色壤液成分，而这条沁裂纹的两端在逐渐变细、变浅后悄然隐匿于珠体之中。仔细观察，可见这条沁裂纹的两旁还各有一条小沁裂纹：其中下边的一条小沁裂纹在珠体表面具有细微的裂隙，部分裂隙中胶结有黑褐色的壤液成分；上边的一条小沁裂纹的裂隙并不明显，但其组织中却显见有黑褐色的色沁现象。

图 4-22-13

图4-22-13是珠体在40倍显微镜下的成像，可见珠体表面呈橘皮纹样状态，其间杂糅着数条打磨残痕，珠体表面有光泽。图中可见一条较大的沁裂纹横穿过珠体的“黑”色底和“白”色纹饰部位，这条沁裂纹粗细有别，蜿蜒曲折，相对较粗的裂隙中胶结、附着了较多的黑褐色壤液成分，整条沁裂纹呈显出历经了漫长的风化淋滤过程和渗透胶结过程后的自然形态。

图 4-22-14

图4-22-14是图4-22-12中较大沁裂纹上面的那条小沁裂纹在60倍显微镜下的成像，可见珠体呈粗橘皮纹样状态，表面有光泽。这条小沁裂纹在珠体表面的形态并非是一条连贯的裂纹，而是由数条形态十分自然的微小裂纹首尾相续组合而成，其中受沁相对严重处呈显为小土蚀坑的表征，凹坑处还胶结有较多的黑褐色壤液成分，而此部位整体呈显为经历了漫长受沁过程后的自然形态。

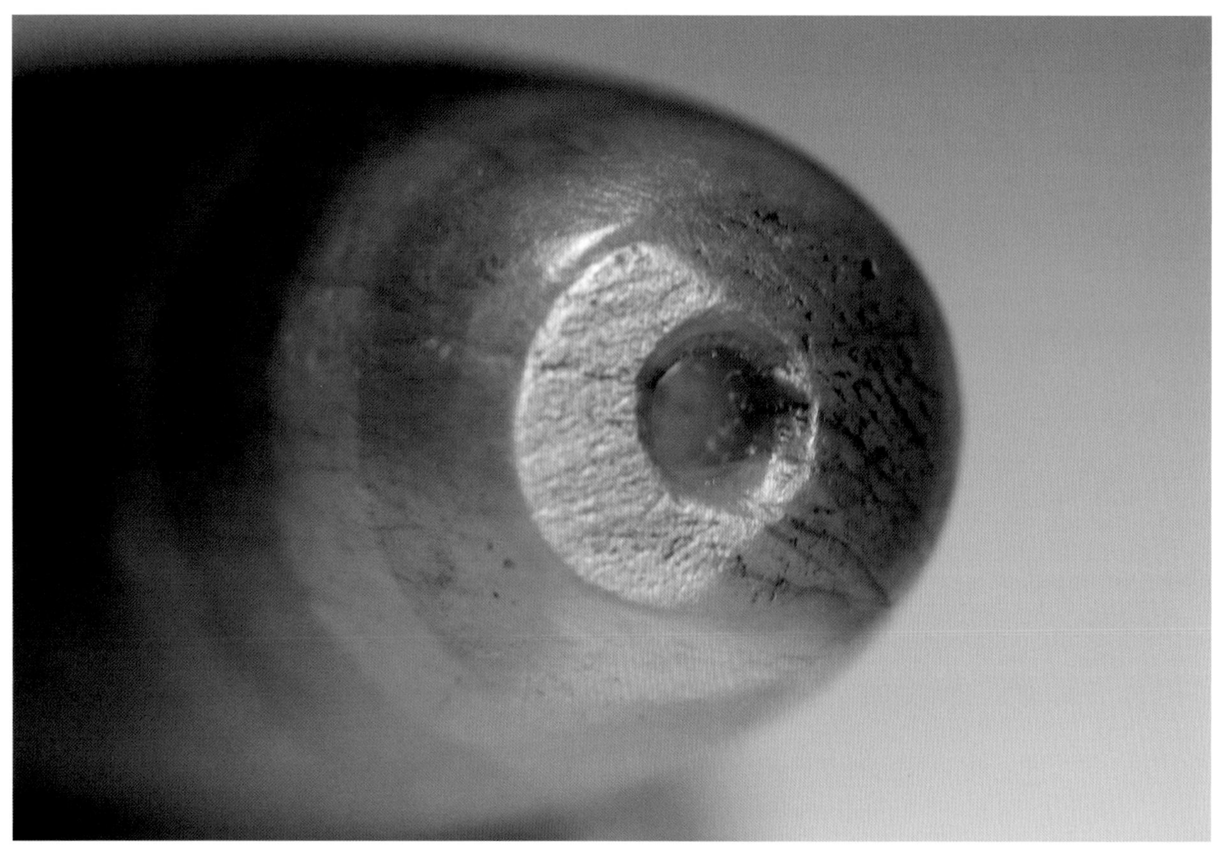

图4-22-15

图4-22-15是珠体端部的放大图，可见珠体表面具有包浆带来的莹亮光泽，包浆之下的底子并不平整光滑，端部截面处的底子则更为粗糙，显然端部截面在制作过程中没有获得与珠体的圆柱面同样细致的打磨抛光。图中还可观察到此端截面并不平齐、规整。从端面的整体状态可以推测：古代工匠在钻孔后又因为某种原因对端部截面进行了相应的修整。仔细观察，可在端部截面上看到呈细丝条状的色沁现象及小土蚀坑现象，凹坑处胶结有黑褐色的壤液成分；还可看到孔口的边沿处也曾被工匠稍作修整，端部截面上有一条小沁裂纹延伸至孔壁深处，另一边孔口处也赋存有一条小沁裂纹，沁裂纹中胶结有黑褐色的壤液成分，整个端部截面的表面覆盖有包浆。

正如本书图片所示，我们观察研究的22颗天珠的形状为圆柱状和圆板状，它们是古代工匠在白玉髓珠体表层蚀染了黑色底，又于其上蚀绘了乳白色纹饰后获得的艺术品。受限于古代的工艺技术，我们所观察的22颗天珠的珠体上都保留有工匠在成型、钻孔、打磨、抛光工序中所携带的痕迹信息。另外，受每一位古代工匠调配黑色蚀染剂时所用原材料和具体操作方法等因素的影响，天珠表层的“黑”色底色本就具有多种色调，之后它们又在各自特有的埋藏环境中因受沁而产生了蚀色褪色现象，因此导致每一颗天珠的“黑”色底的色调各有不同。

受沁带给天珠的次生变化不仅体现在珠体上的蚀色褪色现象，漫长受沁过程中的一“失”和一“得”两个风化作用使天珠的玉髓质珠体产生了系统性的次生变化：风化淋滤作用使珠体产生内风化现象、沁裂纹现象、晶体疏松和晶体脱落现象、蚀色褪色现象、橘皮纹现象、叶脉纹现象、蚀洞现象、珠体变白失透现象、白色蚀花纹饰微凹于珠体表面的现象；而紧随而至的渗透胶结作用则使珠体产生了包浆现象和色沁现象等。由于风化淋滤作用和渗透胶结作用在受沁过程中的相随相伴，导致上述次生变化往往相伴而生，而每一颗天珠的珠体上常常赋存有多种沁像，因此，每一颗天珠珠体上的沁像之间具有一定的关联性与规律性，从而使整个珠体呈显为历经了漫长受沁过程后的自然形态，也是它们历经悠久岁月洗礼后的有力鉴证。

第五章

天珠的文化寓意

诚如本书之前内容所介绍的，我们研究讨论的22颗天珠中有21颗考古发掘出土自公元前7—公元3世纪的古墓葬；另1颗陈展于中国国家博物馆的展柜中。那些具有特殊艺术表现形式的古代工艺品出现在墓葬之中就毫无疑问地表明其与人类的信仰紧密关联，而不仅仅是毫无象征意义的美术作品。[①]天珠即是承载了创造者和拥有者内心深处的感受和强调精神信仰的实物载体。包括了艺术在内的人工制品与自然存在物具有本质的不同。[②]我们不仅从天珠珠体上人为蚀花的黑色底、乳白色纹饰及白玉髓珠体等元素中探寻到其固有的艺术表现形式，还从那些蚀绘于珠体上的圆圈纹等几何形纹样中体悟到天珠装饰的秩序、节奏和韵律，它们无疑是在传达着某种特定的文化信息。

一、天珠的社会文化背景

从艺术表现形式来看，天珠珠体上人工蚀花而成的黑色底和乳白色花纹具有强烈的视觉冲击力，这种黑白分明的对比形式与公元前1千纪初的卡拉苏克（Karasuk，公元前1200—前700年）文化期的一些高质量陶器如出一辙：那些陶器上频繁地出现了一些几何纹饰，它们是用白色绘制于陶器光滑的黑底上，这些几何纹饰包括曲折纹、偏棱形、三角形、山形纹及回形纹等[③]。毋庸讳言，不论是天珠抑或是卡拉苏克文化期高质量的陶器，二者都是以白色为表意主体而黑底为辅作为艺术的表现手法，而白纹与黑底都同样重要，这种黑、白两色鲜明对比的艺术表现形式是创作者的精神内涵和审美情趣

① 芮传明、余太山:《中西纹饰比较》，上海古籍出版社，1995年，第3—4页。

② 赵宪章、朱存明:《美术考古与艺术美学》，上海大学出版社，2008年，第232页。

③ [法]A. H. 丹尼、V. M. 马松主编，芮传明译:《中亚文明史第1卷：文明的曙光：远古时代至公元前700年》，中国对外翻译出版公司，2002年，第353页。

的客观呈现。我国及中亚其他国家考古发掘出土天珠的墓葬均为公元前1千纪及稍晚时期，再结合天珠与卡拉苏克文化期的高质量陶器具有“诸元素间相似”[④]的艺术表现形式来看，二者都是当时人们的观念外化的结果，它们具有同一的文化承续关系，创造和使用它们的古人不但具有相同的艺术思想和艺术趣味，还具有类似的意识形态和社会文化背景。那些表面绘画了抽象的几何形纹饰的陶器不仅被视为是神灵的贮身之所，还被认为是神的代表[⑤]，而卡拉苏克的那些高质量陶器也被尊奉为神祇，故而天珠也是具有这种特定观念的实物载体。

卡拉苏克文化发轫于公元前13—前11世纪的青铜时代并盛行于公元前10—前8世纪的早期铁器时代，这是闻名遐迩的“斯基泰人[⑥]时代”，蒙古高原及亚欧草原地带的大部分地区在这一时期内最终确立了游牧方式和伴随着它的一切技术成就[⑦]。这一时期，马的骑乘给中亚[⑧]地区的人们带来了极大的机动性，各群体的快速运动刺激了更为广泛的交流，从而使中亚地区相距遥远的各部落之间也由此保持着紧密的经济、文化联系。这种关系的激增导致了“斯基泰－西伯利亚”族群这一庞大的历史文化群体的形成，其特色即是“斯基泰三位一体”：武器、马具（笼头、鞍座及鞍垫）、动物风格的美术[⑨]，极富表现力又令人惊叹的“斯基泰文化”嗣后旋即遍布整个亚欧草原。这一广袤区域在卡拉苏克文化诞生之前就已存在过非常先进的安德罗诺沃文化，卡拉苏克文化根植于安德罗诺沃文化，还吸收融合了部分来自中国的文化元素。苏联著名考古学家吉谢列夫在《南西伯利亚古代史》一书中认为：创造卡拉苏克文化的是卡拉苏克人，他们是一个极端混杂的类型，其居民中混杂有安德罗诺沃和蒙古人种成分，而中国早在商代（指商代下半期，即殷代，公元前14—前12世纪）就同北方和西北方有联系，中国北方的移民携带着中国北方的文化也在这个时期进入并迅速融入了叶尼塞河沿岸已有的文化当中，米努辛斯克（Minusinsk）盆地由此开启了卡拉苏克时期[⑩]。这一地区的卡拉苏克文化遗存也由于受到商文化的影响而更加丰富多彩[⑪]。卡拉苏克文化在发展过程中遍布于极为广大的区域内，但其

---

④ ［乌兹别克］Г. 普加琴科娃、Л. Н. 列穆佩著，陈继周、李琪译：《中亚古代艺术》，新疆美术摄影出版社，1994年，第6页。

⑤ 赵宪章、朱存明：《美术考古与艺术美学》，上海大学出版社，2008年，第58页。

⑥ 斯基泰人是对文化、生活方式比较接近的游牧人的统称，他们在公元前7世纪称霸南俄草原，并不断和亚述人、辛梅里安人、波斯人、米底人征战，是游牧文化和后来诸多游牧民族的族源之一。斯基泰人与匈奴人大致生活在同一时期，他们的主要居住地在当时的中国边境。见［法］勒内·格鲁塞著、陈大为译《图解草原帝国》，武汉出版社，2012年，第34页。

⑦ ［法］A. H. 丹尼、V. M. 马松主编，芮传明译：《中亚文明史第1卷：文明的曙光：远古时代至公元前700年》，中国对外翻译出版公司，2002年，第352、355页。

⑧ 见［法］A. H. 丹尼、V. M. 马松主编，芮传明译《中亚文明史第1卷：文明的曙光：远古时代至公元前700年》，中国对外翻译出版公司，2002年，第368页。

⑨ ［法］A. H. 丹尼、V. M. 马松主编，芮传明译：《中亚文明史第1卷：文明的曙光：远古时代至公元前700年》，中国对外翻译出版公司，2002年，第355—356页。

⑩ ［苏联］C. B. 吉谢列夫著，王博译：《南西伯利亚古代史》，新疆人民出版社，2014年，第112—139页。

⑪ 沈福伟：《中西文化交流史》，上海人民出版社，2014年，第11页。

具体表现形式并不是纯粹一致的[12]。尽管各区域内的卡拉苏克文化所呈现的具体现象不尽相同且各具地方特色，但亚欧游牧人以畜牧业为主的经济活动、类似的生活居住环境、部落中阶层的出现以及由上述因素产生的类似的意识形态导致他们拥有共同的宗教崇拜和许多非常接近的艺术表现形式。在此基础上，中亚早期游牧部落于公元前1千纪中叶形成了强大的群体[13]，人类文明也由此迸发了“轴心时代”[14]的蓬勃生机，这是人类自有文字记载以来在知识、心理、哲学及宗教变革等方面最具创新力的时期之一[15]。在这一极具创造力的时代，亚欧大陆涌现了琐罗亚斯德、佛陀、老子、孔子、耶利米及苏格拉底等先哲，拜火教、佛教、儒道思想、犹太教及希腊哲学等文明传统如乳汁般哺育滋养了人类各文明群体的发展与延续，而“轴心时代”的文明成果始终在世界各地区的后续发展进程中发挥着广泛而深远的作用。

古代的记载使今人知晓中亚各地区的历史地理名称：在阿姆河和锡尔河的泽拉夫善河流域形成粟特（索格底亚纳）；在阿姆河上游和中游地区（今乌兹别克斯坦和塔吉克斯坦的南部）形成巴克特里亚，后来又称作吐火罗斯坦；在阿姆河下游即咸海南岸地区形成花剌子模；穆尔加布河流域称为马尔吉安纳、末禄、木鹿；沿着科彼特山则为帕提亚；费尔干纳盆地及四周群山称作拔汗那。[16]上述地区曾先后被阿契美尼德王朝、亚历山大帝国、赛琉古王朝、康居国、月氏部、贵霜帝国、嚈哒国等统治，这些地区的各民族广泛信仰拜火教[17]。“斯基泰文化”在这一历史进程中犹如积淀于各地区古代本土文化基础上的肥沃土层，奠定了拜火教孕化的基础，并哺育滋养着该教诞生之后接踵而来的勃勃生机。“轴心时代”的文明成果极大地影响了人类文明的后续发展，宗教在这一进程中发挥了主导作用，各传统文化不是孤立地传播，而是伴随着一种宗教和文化的结构，或者一套结构而传播[18]。其中，拜火教的宗教哲学思想和原则的传播导致了与其相关的道德、伦理以及哲学、天文学及其他科学的传播，这种由游牧民族从他们的社会中带来的宗教和文化因素与当地各类宗教文化相互交织，二者在此过程中产生了冲突与互相渗透，同时也带来了社会结构的互动和变化。

---

⑫ [法]A. H. 丹尼、V. M. 马松主编，芮传明译：《中亚文明史第1卷：文明的曙光：远古时代至公元前700年》，中国对外翻译出版公司，2002年，第354页。

⑬ [法]A. H. 丹尼、V. M. 马松主编，芮传明译：《中亚文明史第1卷：文明的曙光：远古时代至公元前700年》，中国对外翻译出版公司，2002年，第363页。

⑭ “轴心时代”是德国哲学家卡尔·雅斯贝斯（Karl Jaspers）的著名命题。他认为，公元前800至前200年之间，尤其是公元前500年前后，是人类文明的“轴心时代”。“轴心时代”发生的地区大概是在北纬30度上下，即北纬25度至35度这一区间。这段时间“结束了几千年古代文明”，是人类精神的重大突破时期。见[英]凯伦·阿姆斯特朗著，孙艳燕、白彦兵译《轴心时代》，海南出版社，2010年，《前言》第2页注释。

⑮ [英]凯伦·阿姆斯特朗著，孙艳燕、白彦兵译：《轴心时代》，海南出版社，2010年，《前言》第2页。

⑯ [乌兹别克]Г. 普加琴科娃、Л. И. 列穆佩著，陈继周、李琪译：《中亚古代艺术》，新疆美术摄影出版社，1994年，第1页。

⑰ 施安昌：《火坛与祭司鸟神——中国古代祆教美术考古手记》，紫禁城出版社，2004年，第20页。

⑱ [俄]B. A. 李特文斯基主编，马小鹤译：《中亚文明史第3卷：文明的曙光：公元250年至750年》，中国对外翻译出版公司，2003年，第13页。

列维－布留尔认为“在原始人的思维的集体表象中，客体、存在物、现象能够以我们不可思议的方式同时是它们自身，又是其他什么东西。它们也以差不多同样不可思议的方式发出和接受那些在它们之外被感觉的、继续留在它们里面的神秘的力量、能力、性质、作用”[19]。由此，笔者根据列维－布留尔在书中提出的原逻辑的思维[20]来看，天珠上蕴含的各类元素的深邃内涵充分表明它们与拜火教的文化内容紧密相关。也就是说，我们需要解答以下几个问题，才能深入探知天珠所蕴含的神秘寓意：古人为什么选用白玉髓制作天珠的珠体？为什么要在白玉髓珠体上蚀花黑色底和乳白色纹饰？天珠上的白色纹饰是怎样的“象征性符号”？天珠上表现“圆圈纹”数目的“数”又隐含着怎样的深奥含义？在逐一解答上述问题之前，笔者认为有必要简单地介绍拜火教，以便读者更好地理解后续相关的阐述内容。

二、拜火教及其对我国西藏地区文化的影响

（一）关于拜火教

火神崇拜起源于中亚民间的一种事火宗教[21]，其宗教信仰被古代伊朗[22]部落的先知琐罗亚斯德继承发扬后创立了拜火教，该教后来流行于古代波斯（今伊朗）、中亚等地。拜火教在西方又称“琐罗亚斯德教”，传入中国后称为“祆[23]教”“火祆教”“拜火教”等。拜火教主张善恶二元论，其教义对基督教、摩尼教、诺斯替教以及希腊哲学中的一些流派都有影响[24]，而历史学家认为拜火教的思想可能还影响到了犹太教的信条[25]。

宗教是意识的产物，其任务就是试着制作一幅关于神秘的终极实在的图像，以便使人能够达到与它的和谐。宗教包含着两个截然不同的因素：一个是对未知事实的猜想，另一个是遵循这些猜想采取

---

⑲ [法]列维－布留尔著，丁由译：《原始思维》，商务印书馆，1981年，第79页。

⑳ 即原始人的思维，单从表象的内涵来看应当把它叫作神秘的思维；如果主要从表象的关联来看，则应当叫它原逻辑的思维。见[法]列维－布留尔著，丁由译《原始思维》，商务印书馆，1981年，第80—81页。

㉑ 巫白慧：《吠陀经和奥义书》，中国社会科学出版社，2014年，第99页。

㉒ 古代伊朗所指地理范围从小亚细亚的高加索开始，一直向东延伸，包括现今阿富汗和巴基斯坦的大部分地区，大致与自然地理概念上的伊朗高原相当。

㉓ “祆”字最早见于南朝萧梁大同九年（公元543年）著成的字书《玉篇》，注文：“祆，阿怜切，胡神也。”但有人认为这是唐朝人附加的。《说文解字》在北宋初年由徐铉于公元986年校定时，其增加的新附字有“祆，胡神也，从示天声，火千切”，解释与《玉篇》完全一致。《集韵》记录“关中谓天为祆”。此资料由中国社会科学院考古研究所王世民先生提供，谨致谢忱。

㉔ 黄心川主编：《世界十大宗教》，社会科学文献出版社，2007年，第24页。

㉕ [美]米夏埃尔·比尔冈著，李铁匠译：《古代波斯诸帝国》，商务印书馆，2014年，第135页。

的行动。[26]拜火教也概莫能外。先知琐罗亚斯德宣称：世间值得崇拜的只有光明之神——阿胡拉·马兹达（Ahurā-Mazdā），其他神充其量不过是此神之一体或象征[27]。拜火教倡导崇奉“火”和“光明”，信徒主要通过专门的仪式礼拜“圣火”“太阳”“月亮”“星星”等一切能发光的物什。在拜火教圣典《阿维斯塔》中，火是神主阿胡拉·马兹达的儿子，也是神的造物中最高和最有力的物什，火的清净、光辉、活力、锐敏、洁白、生产力等象征了神的绝对和至善，因而火也是人们所说的“正义之眼”[28]。“光”则是火的升华，其精神属性优于火，也是诸善神的原始意象，是知识、智慧、悟性和辨识力的隐喻表达。[29]古希腊史学家希罗多德（Herodotus，公元前484—前425年）记述了阿契美尼德王朝时期（约公元前550—前330年）的波斯拜火教徒祭祀神祇的情况，文中表明这些拜火教徒认为供养神像、修建神殿、设立祭坛都是愚蠢的名堂，因此他们不供养神像，不设立祭坛，也不修建神殿，他们的习惯是到最高的山峰向神灵供献牺牲，而他们把整个苍穹都视为神祇，因此信徒们同样向太阳、月亮、大地、火、水、风等奉献祭品[30]。以上内容表明阿契美尼德王朝时期的拜火教徒所崇奉的神祇包括天空、火、太阳、月亮、大地、水、风等，而他们只需到山的高峰处向神祇们奉献牺牲，这种崇祀方式相较于后来的那些祭拜方式来说相对较为简单。

理性宗教的出现是以往宗教形式逐渐演变的结果，待人类对相关的一般观念及相关伦理直觉有了进一步的意识，理性宗教方能出现。[31]拜火教即是发轫于亚欧游牧民族的原始宗教（巫术）崇拜，是先知琐罗亚斯德在对旧有宗教信仰进行批判的基础上，对其进行改造后又在理论实践上加以总结、凝练和创新后形成的。因此，“历史的宗教”——拜火教在教仪、礼仪及组织形式等方面都较之前的宗教信仰更为完备，并且具有了比较系统的神学和哲学体系，还形成了圣典《阿维斯塔》[32]。由此可见，拜火教与原始宗教或古代前期宗教有着深厚的历史渊源。

拜火教的理论体系已经具有理性和逻辑推理[33]，该教认为在宇宙之初就存在着善（光明）、恶（黑暗）两大各自独立的本源，善与恶在经过长期斗争后，善界虽然取得了最终胜利，但这只是善界的纯化而非消灭了恶界，善界和恶界都是永恒的存在，它们的斗争起于“二”（二元对立）又复归于“二”（恢复原状）[34]，这一过程此消彼长且周而复始。我们需要明确认识的是：世界在善与恶、光明与黑暗的不懈斗争之后，善虽然最终战胜并取代了恶，但这一结果并不意味着以恶本原阿赫里曼为首的众黑

㉖ [英]阿诺德·汤因比著，刘北成、郭小凌译：《历史研究（插图本）》，上海人民出版社，2005年，第309页。
㉗ [美]威尔·杜兰特著，台湾幼狮文化译：《东方的遗产》，华夏出版社，2014年，第266页
㉘ 黄心川主编：《世界十大宗教》，社会科学文献出版社，2007年，第29页。
㉙ 元文琪：《二元神论——古波斯宗教神话研究》，商务印书馆，2018年，第193—198页。
㉚ [古希腊]希罗多德著，王以铸译：《希罗多德历史》（上册），商务印书馆，1985年，第68页。
㉛ [英]A. N. 怀特海著，周邦宪译：《宗教的形成/符号的意义及效果》，贵州人民出版社，2007年，第9页。
㉜ 黄心川主编：《世界十大宗教》，社会科学文献出版社，2007年，《序》第4页。
㉝ [英]凯伦·阿姆斯特朗著，孙艳燕、白彦兵译：《轴心时代》，海南出版社，2010年，第11页。
㉞ [伊朗]贾利尔·杜斯特哈赫选编，元文琪译：《阿维斯塔——琐罗亚斯德教圣书》，商务印书馆，2005年，第417页。

暗势力在整个宇宙范围内被消灭干净，而只是说善界（包括天国和尘世）将恢复光明美好的原貌[35]。上述观念是拜火教倡导的“善恶二元对立斗争”的宇宙观和宗教哲学思想，也是先知对世界的本源、形成、发展和结局的看法[36]。拜火教还倡导每一个人在善恶两端之争中都凭借自由意志的选择来决定自己的命运，宇宙在善与恶、光明与黑暗的不懈斗争之后必将阳光普照，充满光明和幸福，这也是该教宣扬的“抑恶扬善”和善必胜恶为最终目的的信仰教条。另外，先知还树立了以“拯救世人”为主旨的道德观，其提倡的三善原则即善思、善言和善行[37]。

高级宗教的起源是不同文明之间的接触、碰撞与交融的结果，拜火教的发轫亦是如此[38]。中亚地区的锡尔河—阿姆河流域至迟于公元前8世纪就已是东西方各大文明汇聚、碰撞的历史舞台，伊朗文明、亚欧游牧文明、印度文明、中华文明等众多文明先后于此交互相融，各大文明的思想也在这里碰撞绽放，拜火教就是其中一枝极富影响力的绚丽之花。W. B. 亨宁（W. B. Henning）认为先知琐罗亚斯德生活在公元前6世纪，而其学生玛丽·博伊斯（Mary Boyce）却认为先知生活在更早的年代，应为公元前1400—前1200年间[39]。学界则普遍认为琐罗亚斯德生活在公元前1000年左右，但不会晚于吠陀时代[40]。不论怎样，那都是一个大变革的时代。先知创吟拜火教最早的颂诗——《伽萨》之地很可能在中亚一个叫作 *airyānəm vaējō* 的地方，这里当时尚未被波斯人征服[41]。《伽萨》颂诗用诗体神话的形式生动地记述了拜火教创教之初的宗教斗争和社会变革，并客观反映了亚欧雅利安部落的迁徙和社会变迁。在这个漫长复杂的历史进程中，亚欧雅利安人逐渐从原始社会蜕变为奴隶制社会，其中一部分雅利安人也从信仰诸多的自然神祇转变为信仰以阿胡拉·马兹达为最高主神的拜火教。阿胡拉·马兹达意为“智慧之主”，是光明、生命、创造、善行、美德及天则、秩序、真理的化身；而与其对立者是恶魔阿赫里曼，它代表了黑暗、死亡、破坏、谎言、恶行等一切罪恶的渊薮[42]。先知琐罗亚斯德在其创吟的《伽萨》中明确提出了“善恶二元对立斗争”的宇宙观、“七位一体”的善神崇拜、抑恶扬善的“尘世说”、拯救世人的“三善”原则（善思、善言、善行）和善必胜恶的“来世说”等精神

㉟ ［伊朗］贾利尔·杜斯特哈赫选编，元文琪译：《阿维斯塔——琐罗亚斯德教圣书》，商务印书馆，2005年，第435页。

㊱ ［伊朗］贾利尔·杜斯特哈赫选编，元文琪译：《阿维斯塔——琐罗亚斯德教圣书》，商务印书馆，2005年，第356、461页。

㊲ ［伊朗］贾利尔·杜斯特哈赫选编，元文琪译：《阿维斯塔——琐罗亚斯德教圣书》，商务印书馆，2005年，第356、427页。

㊳ ［英］阿诺德·汤因比著，刘北成、郭小凌译：《历史研究（插图本）》，上海人民出版社，2005年，第345—346页。

㊴ ［英］约翰·布克主编，王立新、石梅芳、刘佳译：《剑桥插图宗教史》，山东画报出版社，2005年，第216页注释。

㊵ ［伊朗］阿卜杜勒·侯赛因·扎林库伯著，张鸿年译：《波斯帝国史》，昆仑出版社，2014年，第41页。

㊶ ［匈牙利］雅诺什·哈尔马塔主编，徐文堪译：《中亚文明史第2卷：定居文明与游牧文明的发展：公元前700年至公元250年》，中国对外翻译出版公司，2002年，第19—20页。

㊷ 黄心川主编：《世界十大宗教》，社会科学文献出版社，2007年，第27页。

和思想[43]。拜火教信仰中从多神趋向一神的倾向为居鲁士统一伊朗东西部奠定了基础。[44]拜火教是神学上的一神论和哲学上的二元论，其归根结底还是唯心主义的一元论。[45]拜火教在发轫之初就已具备了理性化的宗教元素，从而使之有别于原始宗教。实际上，琐罗亚斯德在《伽萨》中除了歌颂和赞扬阿胡拉·马兹达这位最高主神还讴歌了其他诸善神，其中地位显赫的有代表阿胡拉·马兹达各种优良品德的六大从神：（1）巴赫曼（Bahman，动物神），在天国代表马兹达的智慧和善良；（2）奥尔迪贝赫什特（Ordibehesht，火神），在天国代表马兹达的至诚和圣洁；（3）沙赫里瓦尔（Shahrivar，金属神），在天国代表马兹达的威严和仁政；（4）斯潘达尔马兹（Spandārmaz，土地女神），在天国代表马兹达的谦恭和慈爱；（5）霍尔达德（Khordād，江河女神），在天国代表马兹达的完美和健康；（6）阿莫尔达德（Āhordād，植物女神），在天国代表马兹达的永恒和不朽，上述六大从神与最高主神阿胡拉·马兹达被统称作"阿姆沙斯潘丹"（Amshāsfandān）。[46]六大从神全是神主马兹达的创造物，祂们是阿胡拉·马兹达的组成部分，对马兹达的依附性始终存在，而阿胡拉·马兹达是诸善神的统领，六大从神与神主马兹达合并称为"七位一体"神。[47]在拜火教信仰中，"七位一体（阿姆沙斯潘丹）"的善神崇拜始终是其信仰体系中的主旨。

拜火教的孕化过程及其传播历程都与印欧（语系）人的迁徙与征服密不可分。历史学家们借助语言学方面的研究成果认为：原始印欧（语系）人在公元前3千纪中期居住在俄罗斯南部的广大地区，他们因自视高贵而自称"雅利安人"，这些松散联盟的部族拥有相同的文化和宗教传统并操着非常接近的语言[48]，这使他们的相互交流变得简单。这些雅利安人共同体从公元前2千纪上半叶开始逐渐解体：一支从黑海北岸迁徙至中亚七河地区[49]，他们在约公元前2千纪中叶时又沿着阿姆河、锡尔河向中亚南部迁徙并进入伊朗高原，史称"伊朗雅利安人"，他们使用阿维斯塔方言；另一些雅利安人则于公元前1千纪初进入印度河流域的旁遮普（Punjab）地区，史称"印度雅利安人"，他们使用古代梵语[50]。尽管雅利安人自此已经分道扬镳，但分裂初期的伊朗雅利安人和印度雅利安人之间仍然由于相近的语

㊸ ［伊朗］贾利尔·杜斯特哈赫选编，元文琪译：《阿维斯塔——琐罗亚斯德教圣书》，商务印书馆，2005年，第413—431页。

㊹ ［伊朗］阿卜杜勒·侯赛因·扎林库伯著，张鸿年译：《波斯帝国史》，昆仑出版社，2014年，第49—50页。

㊺ 黄心川主编：《世界十大宗教》，社会科学文献出版社，2007年，第26页。

㊻ ［伊朗］贾利尔·杜斯特哈赫选编，元文琪译：《阿维斯塔——琐罗亚斯德教圣书》，商务印书馆，2005年，第417—419页。

㊼ ［伊朗］贾利尔·杜斯特哈赫选编，元文琪译：《阿维斯塔——琐罗亚斯德教圣书》，商务印书馆，2005年，第419页。

㊽ Mary Boyce, *Zoroastrians:Their Religious Beliefs and Practices*, London and New York: 2nd ed., p.2; Peter Clark, *Zoroastrians:An Introduction to an Ancient Faith*, Oregon: Brighton and Portland, 1998, p.18.

㊾ 雅利安人的母族最早生活在中亚七河地带，即世界史中的"七河地区"（哈萨克语为Zhetysu，俄语借译为Semiryechye），七河指流向巴尔喀什湖的七条河流。七河地带包括巴尔喀什湖以南、中亚河中以东，以伊赛克湖及楚河为中心的周边地区，大致包括了今天哈萨克斯坦的阿拉木图州、江布尔州和吉尔吉斯斯坦以及中国新疆伊犁一带。

㊿ ［英］凯伦·阿姆斯特朗著，孙艳燕、白彦兵译：《轴心时代》，海南出版社，2010年，第5页。

言和相同的宗教文化传统而保持着密切联系。在经历了七八百年的独立发展后，伊朗雅利安人孕育出拜火教圣典《阿维斯塔》，而印度雅利安人则孕育出四部吠陀本集[51]。拜火教先知琐罗亚斯德的学说思想无疑涉及《梨俱吠陀》中的观点[52]，这一现象折射出伊朗人和印度人在宗教文化上具有深厚的历史渊源。

亚欧大陆这片辽阔区域自远古时代起就是各民族文化碰撞、相融的大舞台，印欧（语系）人、阿尔泰（语系）人、闪米特（语系）人的文化交流与融合始终是这一广袤区域历史舞台上的主角。关于印欧（语系）人、闪米特（语系）人和阿尔泰（语系）人的发源与迁徙，商友仁先生在《古代欧亚大陆民族迁徙和民族融合》一文中有详细的梳理[53]：

> **印欧人分两批向四周迁徙：**印欧（语系）人的故乡在中亚到中欧之间的广阔草原上，中心是黑海北岸。前三千年代，他们进入铜器时代，过的是游牧生活，开始向外迁徙。印欧的民族迁徙可以划分为两个阶段：第一次迁徙浪潮发生在前三千年代末到前二千年代初。赫梯人越过高加索山，迁入小亚的安那托利亚定居，于前19世纪末建立赫梯国；同时卢维人经巴尔干半岛渡马尔孙拉海进入小亚，他们后来与赫梯人融合。第三支是希腊人，他们从巴尔干半岛东北部进入希腊半岛。第二次迁徙浪潮发生在前二千年代，大体上分为东、西两大支。东支有：胡里特人经高加索进入两河北部，于前17世纪建立米坦尼国；米底人迁入伊朗高原北部，于前8世纪建立米底国；波斯人迁入波斯湾北部，于前6世纪建立波斯国；吐火罗人迁到天山南麓定居；雅利安人从前二千年代初开始向东南方向迁徙，到前14世纪进入印度河流域，前一千年代初到恒河流域，建立奴隶制城邦国家。西支有：色雷斯人定居于巴尔干半岛北部；多利亚人在前12世纪从巴尔干西半部进入希腊半岛，他们毁灭了迈锡尼文明，创立了荷马文明；意大利人于前二千年代初进入意大利半岛，先后战胜那里的伊达拉里亚人和希腊移民，确立其在意大利的统治地位；凯尔特人进入高卢地区，日耳曼人迁入北欧；斯拉夫人留在东欧平原；波罗地海人定居于波罗的海东岸。印欧民族迁徙的特点是以黑海北岸为中心向四周迁徙，犹如水花四溅。
>
> **闪米特人发起北迁的阵阵波涛：**闪米特人的故乡在阿拉伯半岛。有人把阿拉伯半岛比喻为一个大蓄水池，“池里的水太满的时候，难免要溢出池外的”。每隔一段时期，闪米特人就掀起一股向外迁徙的“波涛”。前四千年代上半期，有一支闪米特人渡红海到非洲，与东北非的含族人融

[51] 四部吠陀本集是印度现存最早的文献，主要为诗体，分别为《梨俱吠陀》《娑摩吠陀》《夜柔吠陀》和《阿闼婆吠陀》。《梨俱吠陀》是四部吠陀中最原始、最完整的根本经典，约产生于公元前1500年至公元前800年。其他三部吠陀是《梨俱吠陀》的派生作品。

[52] ［英］约翰·布克主编，王立新、石梅芳、刘佳译：《剑桥插图宗教史》，山东画报出版社，2005年，第216页。

[53] 商友仁：《古代欧亚大陆民族迁徙和民族融合》，载张志尧主编《草原丝绸之路与中亚文明》，新疆美术摄影出版社，1994年，第354—356页。

合，成为古代埃及人。这大概是闪米特人第一次向外迁徙。前三千年代前1/3时期阿卡德人从叙利亚沙漠进入巴比伦尼亚，征服当地的苏美尔人城邦，于前2371年建立阿卡德王国。前三千年代末到二千年代初阿摩利人向外迁徙，定居于黎巴嫩地区的称为腓尼基人，定居于巴勒斯坦地区的称为迦南人，定居于两河流域北部的为亚述人，进入巴比伦尼亚的是巴比伦人，前1894年建立了古巴比伦王国。前11世纪另一支闪米特人——阿拉米人从叙利亚东部山区向外迁徙。“由于这次迁徙，在幼发拉底河的诸邦和巴比伦尼亚北部很快出现了一种强大的阿拉米因素。”其中有一支定居在两河南部，称为迦勒底人，他们在前626年建立了新巴比伦王国。公元7世纪，阿拉比亚人在阿拉伯半岛上建立神权国家后向外侵袭，建立了从大西洋到帕米尔高原的阿拉伯帝国。这是闪米特人最为壮观的一次民族迁徙。闪米特人的民族迁徙的特征是一批又一批人周期性地向北部“肥沃的新月地带”迁徙，犹如洪水定期泛滥。

阿尔泰人的南下和西进：中国北部大漠南北是游牧民族的第三个发源地，生活在这里的游牧民族均属阿尔泰（语系）人。按语族划分，又可分为西部的突厥语族人，中部的蒙古语族人和东部的通古斯语族人。最早称雄于蒙古草原的是匈奴人，亦称胡人。他们在大漠南北活动了将近八百年（前3世纪到后5世纪），严重威胁中原王朝的统治。公元48年匈奴分裂为南北两部。不久南匈奴单于率众内附，北匈奴于公元91年在金微山被汉军击败后西迁欧洲。继匈奴而起的是鲜卑人。他们原居于西喇木伦河、洮儿河流域。北匈奴西迁后，鲜卑人“尽起匈奴故地，东西万二千余里，南北七千余里”。2世纪中叶，其首领檀石槐统一各部，建立汗庭。檀石槐死后，鲜卑分裂，各部附属于汉魏。西晋时又纷纷独立，建立政权，其中尤以386年拓跋珪建立的北魏最强大。以鲜卑族为主的北朝政权统治中国北方达一个半世纪之久（公元139—581年）。鲜卑人南下后柔然人兴起。他们原居于鄂尔浑河、土拉河，族源尚无定说。4世纪柔然人南迁进入鲜卑故地，420年其首领社仑建立政权，称豆代可汗，柔然南攻北魏，西征高昌、于阗，555年被其役属的突厥所灭，余部西迁到匈牙利，在欧洲历史上称为阿瓦尔人。第四支称雄于蒙古草原的游牧民族是突厥人。他们原居于叶尼塞河上游，后迁居阿尔泰山南麓。6世纪中叶其首领土门大败柔然军，自称伊利可汗。此后突厥“西破嚈哒，东走契丹、北并契骨，威服塞北诸国”。隋末突厥分为东西两部。唐初，东突厥被唐军所灭，西突厥被迫西迁中亚，11世纪后又西迁小亚，为土耳其人的祖先。唐代后期，居于辽河上游的契丹族兴起。916年其首领耶律阿保机统一各部建立政权，契丹政权（辽）长期控制蒙古东部、东北西部，与五代、北宋并立。1125年被女真族的金所灭。女真人的祖先是肃慎人，属通古斯语族人，他们起源于长白山之北、松花江、牡丹江流域，1113年其首领完颜阿骨打起兵抗辽，统一各部，建立金国。金先后灭辽和北宋，统治中国北方，与南宋长期对峙。正当中原出现南北对峙之势时，北方蒙古草原另一个游牧民族——蒙古族兴起。蒙古人原居于额而古涅昆山。后来一支游牧于额而古纳河，一支迁到翰难河上游不儿罕山。十二世纪蒙古臣属于金。1206年其首领铁木真统一蒙古各部，建立政权，对外征战。十三世纪下半叶，一个横跨欧亚大陆的庞大的蒙古帝国骤然兴起，但不到一百年帝国分崩离析。大部分蒙古人与各地居民融合，留居草原的蒙古族分为鞑靼、瓦剌、兀良哈三部，长期与明朝对峙。明清之际，蒙古族分为漠北、漠南、漠西三大支。康熙、乾隆先后平定漠西蒙古贵族的多次叛乱，将大漠南北纳入清帝国的版图。阿尔泰语族人迁徙的特点是先南下、后西进。每支游牧民族兴起后，首先南下中原，与汉族为主体的中原王朝争战。不管谁胜谁负，结果常常是一部分游牧民族内迁，与汉族融合，而另一部分则改变迁徙方向，西迁到中亚、西亚以至欧洲，从而多次推动了整个欧亚大陆的民族迁徙的浪潮。

远古时期，三个闪人帝国（古巴比伦、亚述、新巴比伦）和三个印欧人帝国（波斯、亚历山大、罗马）在亚欧大陆文明舞台的中心——西亚相继称霸[54]，当然阿尔泰（语系）人也是亚欧大陆文明舞台上必不可少的重要角色。阿尔泰（语系）包括三个语族，即突厥语族、蒙古语族、满·通古斯语族。[55]我们从中亚最古老的人文地理历史年表中可以窥见阿尔泰（语系）人和印欧（语系）人的分布轨迹：在中亚的最东端居住着古通古斯人（Proto-Toungouses），在古通古斯人居住地的西部和蒙古东部生活着古蒙古人（Proto-Mongol），古突厥人生活在蒙古的绝大部分地区及准噶尔、伊犁与楚河草原中，而印欧（语系）人则生活在上述阿尔泰（语系）人生活区域的附近并且占据了直到多瑙河（Danube）的所有游牧地区[56]，阿尔泰（语系）人和印欧（语系）人当时互为近邻。我国北方早在夏、商、周时期（公元前22—前12世纪）就有荤粥、鬼方和猃狁等少数民族活动，这些氏族或部落经分、合、聚、散后广泛分布于黄河流域和大漠南北，史书将春秋战国时期生活在上述区域的游牧民族称为“戎”“狄”[57]。“戎”和“狄”即《汉书·西域传》所见之“塞种”，他们均系欧罗巴种，操印欧语[58]。“戎”“狄”也是希罗多德在《历史》中提及的“生活在天山附近的Issedon人”，当伊赛顿人（Issedon）占据了锡尔河北岸地区后，波斯人称其作Sakā（Sacae），其是由Asii、Tochari、Pasiani、Sacarauli四部结成的部落联盟[59]。塞种人在卡拉苏克文化时期便陆续定居在叶尼塞河上游的米努辛斯克地区，其势力范围至塔加尔（Tagar，公元前700—前300年）文化时期已到达了阿尔泰地区，被称为“阿尔泰人”，他们是后来崛起的突厥人的先祖[60]。我国大漠南北的全部地区于公元前3世纪（战国时期）被匈奴最早统一[61]，

---

[54] 商友仁:《古代欧亚大陆民族迁徙和民族融合》，载张志尧主编《草原丝绸之路与中亚文明》，新疆美术摄影出版社，1994年，第355页。

[55] 林幹:《中国古代北方民族通论》，内蒙古人民出版社，1999年，第226页。

[56] [法]鲁保罗著，耿昇译:《西域的历史与文明》，人民出版社，2012年，第21页。

[57] 林幹:《中国古代北方民族通论》，内蒙古人民出版社，1999年，第23—24页。

[58] 余太山:《塞种史研究》，商务印书馆，2012年，第10—14页。

[59] 余太山:《塞种史研究》，商务印书馆，2012年，第50页。

[60] [法]鲁保罗著，耿昇译:《西域的历史与文明》，人民出版社，2012年，第20页。

[61] 林幹:《中国古代北方民族通论》，内蒙古人民出版社，1999年，第5页。

但早在上古匈奴联盟（匈奴人的人种成分比较复杂，包含蒙古、突厥、塞种）时期的各部落就已在征战和迁徙的过程中将殷商王朝的物品及绚丽灿烂的文化传播到更加遥远的地方，致使阿尔泰－南西伯利亚文化深受殷商文化的影响，而这一文化至迟在卡拉苏克时期便已深刻影响到蒙古、阿尔泰、南西伯利亚及我国东北，继而对天山北部、中部、东部以及中亚七河流域的文化带来了极大的影响[62]。马的骑乘使亚欧大陆各群体间的交流变得快速便捷，而亚欧游牧人生活居住环境的类似性、以畜牧业为主的经济活动等因素不仅带来了更为广泛的文化、物质交流，还使他们拥有类似的意识形态，从而进一步增强了各群体间的文化交流与互融。不仅如此，战争也是亚欧大陆各民族在物质文化、精神信仰等诸方面进行交流融合的加速器，例如：阿契美尼德王朝的大流士一世在公元前6世纪末将其帝国版图扩展到东至印度河、西到爱琴海、北起亚美尼亚、南至尼罗河的第一险滩，由此使得早在居鲁士大帝时就被奉为国教的拜火教也伴随着帝国疆土的扩展而广泛传布，但由于当时帝国采取宽容的宗教政策，所以并不拒绝人们崇拜古代部落的神祇[63]。然而，文化的交流从来都不是单向的。譬如，分布在中国北方和渭水以西的北狄和西戎就曾在公元前685年起被中原地区的齐桓公（公元前685—前643年）、晋文公（公元前636—前628年）、秦穆公（公元前659—前621年）分别发动的"尊王攘夷"运动驱赶着向西溃逃[64]，从而引发了中亚各游牧民族向西迁徙的多米诺骨牌效应，这股前仆后继的移民浪潮间接导致了亚述帝国的覆灭，同时也携带着中国农耕文化的诸多元素向西传播。根据相关学者的研究，自古以来生活在我国西北地区的各民族有汉人和属汉藏语系的各族，如羌人、狄人和后来的吐蕃等，阿尔泰语系的各族人有鲜卑、柔然、吐谷浑、铁勒、坚昆、突厥等，属印欧语系的各族人有塞人、乌孙、月氏以及居住在塔里木盆地各绿洲王国的部分居民，历史上这些民族在发展壮大后大都曾侵入中原地区，从而导致了大量的游牧民族向南迁徙，他们中的一部分后来被融入汉族，而另一部分则向西迁徙至中亚、西亚以及欧洲。[65]

印欧（语系）人、阿尔泰（语系）人和闪米特（语系）人的迁徙与交融使他们后来生活居住的地区成为希腊人、意大利人、英国人、爱尔兰人、立陶宛人、拉脱维亚人、俄罗斯人、德国人、斯堪的纳维亚人、安那托利亚人、印度人、伊朗人以及中国新疆、青藏高原等地区多个少数民族的家园，他们之间千丝万缕的联系成为形成诸多融合文化的坚实基础，从而为我们大致勾勒出亚欧大陆游牧民族的物质文化、宗教信仰在交流、融合、变迁过程中的梗概性脉络。拜火教传到中国后，因为礼拜日、月、星辰而被误解为拜天，它在我国的传播范围遍及内蒙古、西藏、西北、中原以至江南，信仰拜火教的

---

62 张志尧：《阿尔泰、天山北部与东部的塞人——匈奴文化》，载张志尧主编《草原丝绸之路与中亚文明》，新疆美术摄影出版社，1994年，第109页。

63 [匈牙利]雅诺什·哈尔马塔主编，徐文堪译：《中亚文明史第2卷：定居文明与游牧文明的发展：公元前700年至公元250年》，中国对外翻译出版公司，2002年，第22—40页。

64 沈福伟：《中西文化交流史》，上海人民出版社，2014年，第17页。

65 徐文堪：《吐火罗人起源研究》，昆仑出版社，2007年，第5—6页。

少数民族有鲜卑、突厥、蒙古、藏族以及古代居住在我国的波斯人及粟特人(66)。尽管亚欧大陆的历史在漫长的过程中更迭变迁，但拜火教的宗教文化或作为该教的宗教信仰或作为一种潜流始终在亚欧大陆的许多地区延续，而三大语系人的迁徙与融合也深层次地揭示了拜火教创立之后在亚欧大陆得以广泛传播的内在因素。

拜火教的发展历程可谓跌宕起伏，它于公元前6世纪被居鲁士大帝奉为波斯帝国阿契美尼德王朝的国教，并从北印度地区一直传播到希腊和埃及(67)。相传先知琐罗亚斯德在创教初期的传布工作非常艰难，于是他只好离开故乡并在维斯塔巴（Vishtaspa）说服了当地部族的首领后才使拜火教在那里得以初步传播，而波斯帝国直至将拜火教尊奉为国教之时还奉行宽容的宗教制度，允许民众信奉除阿胡拉·马兹达之外的其他自然神祇。之后，拜火教在亚历山大大帝征服波斯（公元前330—前141年）后渐趋式微，直到帕提亚王朝（公元前141—224年）末叶又重新兴起，至萨珊王朝（Sasanian，公元226—624年）创建后又重新被尊奉为国教，并从此臻于全盛(68)。约公元7世纪中叶，阿拉伯人征服了波斯，拜火教遭到了伊斯兰教统治者的强力压迫进而日渐衰微，生活在伊朗本土的那些不愿改奉伊斯兰教的拜火教徒不得已于大约公元8—10世纪期间成批移民到印度西部海岸地区定居生活，从而被当地印度人称为"帕尔西人"（Parsis），而他们所信奉的宗教则被称为"帕尔西教"（Parsism）(69)。据说当今分布于世界各地的拜火教徒至少在十五万人以上，著名的印度第一大财团——塔塔财团就是由信仰拜火教的帕尔西人贾姆谢特吉·塔塔（Jamsetji Tata）创建的。

拜火教圣典《阿维斯塔》（*Zend-Avsta*）是颂歌、祈祷词、咒语和宗教戒律的总汇，以及一些神话故事的梗概，由拜火教信徒汇集先知琐罗亚斯德的教训及祷词而成。Avsta 的释义众说纷纭，分别有"知识、福音""基础、原件""颂扬"以及"火的赞颂"等义(70)，也是"谕令"和"经典"之意(71)；而Zend 则是后世学者加上去的，其意仅为记载或翻译此经的语言(72)。《阿维斯塔》绝非一时一地由某一个人单独撰写而成，相关研究者根据古波斯拜火教史将古经《阿维斯塔》分为三个时期，现根据《阿维斯塔——琐罗亚斯德教圣书》的内容简介如下(73)：（1）波斯时期的古经《阿维斯塔》。其为阿契美尼德王朝时期的版本，其中多为历代辗转的传说。约公元前11—前8世纪，先知琐罗亚斯德吟成了《伽萨》

(66) 龚方震、晏可佳：《祆教史》，上海社会科学院出版社，1998年，第228页。

(67) [英]约翰·布克主编，王立新、石梅芳、刘佳译：《剑桥插图宗教史》，山东画报出版社，2005年，第217页。

(68) 黄心川主编：《世界十大宗教》，社会科学文献出版社，2007年，第31页。

(69) 黄心川主编：《世界十大宗教》，社会科学文献出版社，2007年，第32页。

(70) [伊朗]贾利尔·杜斯特哈赫选编，元文琪译：《阿维斯塔——琐罗亚斯德教圣书》，商务印书馆，2005年，第343页。

(71) 黄心川主编：《世界十大宗教》，社会科学文献出版社，2007年，第25页。

(72) Zend 是安基提尔－杜佩隆（Anguetil-Duperron）在约1771年给它加上去的，其实Zend这个字在波斯所表示的意思仅是记载或翻译此经的语言。见[美]威尔·杜兰特著，台湾幼狮文化译《东方的遗产》，华夏出版社，2014年，第267页注释。

(73) [伊朗]贾利尔·杜斯特哈赫选编，元文琪译：《阿维斯塔——琐罗亚斯德教圣书》，商务印书馆，2005年，第342-353页。

颂诗，它是《阿维斯塔》中最古老的部分，以诗体的形式对当时的宗教斗争做了真实的记录，是先知琐罗亚斯德精神世界的真实反映，也是古经《阿维斯塔》的基础核心内容。最初有文字记录的《阿维斯塔》经典是在阿契美尼德王朝时，遵奉维什塔斯普国王的谕旨用金汁抄写在12000张牛皮上的，一式两份，一部被保存在甘杰·希皮冈的拜火教庙宇的图书馆，另一部珍藏在戴日·纳帕什塔克皇宫内的帝王图书馆。珍藏在帝王图书馆的一部被东征的亚历山大大帝付之一炬，剩下的一部被亚历山大大帝运回国内，下令将其中有关天文学、哲学以及医学等方面的内容翻译成希腊文后，将原本古经焚毁。(2)萨珊时期的《阿维斯塔》。公元前3世纪初的安息王朝的弗洛奇薛斯一世(Vologeses Ⅰ)曾下令重新收集、整理以前口头流传的《阿维斯塔》内容并用文字记录下来，这一工作在萨珊王朝继续进行，并于沙布尔二世(Shapur Ⅱ，公元309—380年)执政期间得以完成《阿维斯塔》21卷。萨珊时期是拜火教的鼎盛时期，此时的《阿维斯塔》是统治阶层在对古宗教继承发扬的基础上将其体系化和规范化的结果，现存的《阿维斯塔》残本就是在这一时期按照统治者的旨意并动用国家的力量整理完成的，沙布尔二世钦定新编的《阿维斯塔》为拜火教的圣书。除此之外，萨珊王朝的大祭司长阿扎尔帕德·梅赫拉斯潘丹还从中选编出圣书的简本——《胡尔达·阿维斯塔》(*Khordah-Avestā*，即小阿维斯塔)。(3)现存的《阿维斯塔》。现存《阿维斯塔》不但包括圣书的阿维斯塔文残本，还包括帕拉维语和波斯语的注释文字，其中《赞德·阿维斯塔》(*Zend-Avsta*)是在9世纪后用中古波斯文(帕拉维语)翻译、撰写而成。现代研究者将现存《阿维斯塔》残卷分为：《伽萨》(*Gāthā*)、《亚斯纳》(*Yasnā*)、《维斯帕拉德》(*Vīsparad*)、《亚什特》(*Yasht*)、《万迪达德》(*Vandīdād*)、《胡尔达·阿维斯塔》6个部分。《阿维斯塔》各卷的内容除《伽萨》形成于琐罗亚斯德时代，其他各卷均为后人编写且成书相对较晚，故含有许多与早期拜火教教义相左的内容。

（二）拜火教对我国西藏地区文化的影响

我国西藏地区位于“世界屋脊”青藏高原，其周边汇集着体现古代人类智慧最高成就的几大文明：东部和东北部是黄河流域文明及其波及地区；南边是印度河流域文明；更西边是两河流域文明，它们之间的交往或多或少地会利用青藏高原这块地区[74]，因此西藏地区是印度、伊朗、中亚及华夏等多种文化的交汇之地。正如前文已阐述的，远古时期原始印欧人始自黑海北岸的迁徙携带着他们的文化向四周溅漫，其主体中的一支迁往伊朗高原并成为伊朗雅利安人，而另一支迁往印度河流域并成为印度雅利安人，还有另一些印欧人则在公元前1500年左右从中亚草原南下迁徙的过程中进入了青藏高原，他们在高原的西部、西南部和西北部与这里的原始居民一起过着游牧生活，而来自中国新疆和中亚其

[74] 张云：《上古西藏与波斯文明》(修订版)，中国藏学出版社，2017年，第8页。

他地区的东伊朗语族民族（如乌孙、月氏、嚈哒等）在之后漫长的历史时期中也相继南下并有部分进入青藏高原北部和西部地区，他们的文化也与古代波斯文化保持着一定的共同特征(75)。也就是说，西藏地区的文化与古代波斯文化在上古时期就具有千丝万缕的联系。拜火教诞生之后，波斯与西藏地区的文化交流则更为频繁，而波斯帝国的疆域在阿契美尼德王朝时期和萨珊王朝时期都邻接我国青藏高原地区，拜火教在上述两个时期都曾被尊奉为国教并在帝国疆域内得以大力推行，即使在亚历山大大帝征服波斯帝国时仍然有一些遭遇迫害的波斯人携带着他们的文化信仰向东逃亡进入了青藏高原地区。不仅如此，在波斯与吐蕃之间长期从事商业活动的粟特人（东部伊朗语族人）也是拜火教传入青藏高原地区的重要媒介。(76)

西藏文明肯定具有某些固定的特点，体现这种文明的社会在数世纪的历史中当然也有变迁。(77)在西藏悠久的历史进程中，游牧民族的迁徙与交流形成了西藏地区各民族的混居状态。“吐蕃”一名可能是由于南部的藏族人与东北部的突厥—蒙古居民的混合而产生的混淆，而汉族人则于公元7世纪采纳了“吐蕃”一名。(78)波斯与吐蕃在文化交流中的重要内容即是拜火教与吐蕃地区原始宗教“苯教”之间的交往。古老的苯教崇尚光明，故有人称早期苯教为“光明教”(79)，而诸多学者则将最古老的西藏宗教教义称为“苯教”，藏文中的“Bon”（苯）来自传说中苯教的发源地——波斯，其词意是“光”“基本经文”“基础”“根本”“根”之意，这一名称表达出早期西藏“苯教”的基本要素：“光”、“教义”、教义的“基础”(80)。西方学术界将“Bon”（苯）归类于佛教以前的西藏宗教，广义上泛指西藏宗教中的非佛教部分。(81)苯教教义的基础内容与拜火教一样具有二重性特征，诸如：光明与黑暗、白与黑、善与恶、神与魔、现实世界与虚幻世界、创造与毁灭等(82)，上述内容明显是受到拜火教二元论影响的结果。不仅如此，苯教还认为神最终一定战胜恶魔，而善也必定战胜恶(83)，这一观念具有拜火教倡导的“抑恶扬善、善必胜恶”的教义理念。“苯教”最早的发源地是大食（波斯），确切地说是西藏诸部与印度—伊朗种族文化圈相接触的地带，藏文史书中说它传播于广大的范围，主要是位于大食东部和东南部的天竺、勃律、象雄、苏毗、吐蕃、汉地等地区。(84)拜火教传入西藏地区后使象雄地方的原始

(75) 张云：《上古西藏与波斯文明》（修订版），中国藏学出版社，2017年，第290页。

(76) 张云：《上古西藏与波斯文明》（修订版），中国藏学出版社，2017年，第291页。

(77) [法]石泰安著，耿昇译：《西藏的文明》，中国藏学出版社，2012年，第31页。

(78) [法]石泰安著，耿昇译：《西藏的文明》，中国藏学出版社，2012年，第15页。

(79) 全书波：《从象雄走来》，西藏人民出版社，2012年，第47页。

(80) [苏联]斯塔尼米尔·卡罗扬诺夫：《伊朗与西藏——对西藏苯教的考察》，《西藏学刊》1991年第4期。

(81) [奥地利]勒内·德·内贝斯基·沃杰科维茨著，谢继胜译：《西藏的神灵和鬼怪》，西藏人民出版社，1996年，《导言》第3页。

(82) 张云：《上古西藏与波斯文明》（修订版），中国藏学出版社，2017年，第177页。

(83) [英]桑木旦·G.噶尔梅著，向红笳译：《概述苯教的历史及教义》，载《国外藏学研究译文集》（十一），西藏人民出版社，1994年，第61—130页。

(84) 张云：《上古西藏与波斯文明》（修订版），中国藏学出版社，2016年，第139—140、181页。

“苯教”脱离了原始民间信仰的一般状态成为宗教，在经过象雄地区的改造、地方化和发展之后逐渐在西藏地方发挥社会影响，并被引入吐蕃的腹地，受到王室的尊奉并最终取代了民间信仰，成为统治者的官方思想工具，发挥着“护持国政”的作用。[85]宗教虽然伴随全部生产关系和现实生活而逐渐演化，但纵观其整个发展历程，宗教始终在不同程度上保留有它往昔所积聚的观念和信仰[86]，故而我们能够从西藏苯教的诸多内容中窥见拜火教的身影，比如：苯教的核心教义与拜火教相一致，它也以崇拜天、崇拜光为宗旨；相传苯教的祖师辛饶米沃出自天神的后裔——穆氏族，而大食王族的祖先也来自天界[87]；“善恶二元对立斗争”的宇宙观同为拜火教和苯教的宗教核心思想；拜火教和苯教都以“抑恶扬善”和善必胜恶为最终目的的信仰教条；二者皆以“拯救世人”为主旨的“三善”(善思、善言、善行)原则作为所倡导的道德观；等等。不仅如此，伴随着拜火教传播而至的还有波斯的物质文化和精神文化，其中包括天葬习俗、婚姻制度、赞神崇拜、医学、动物图案和纹饰等。[88]近年丰硕的考古发掘成果成为上述观点的有力注脚，譬如：由中国社会科学院考古研究所、西藏自治区文物保护研究所等单位在2014、2015、2018年对曲踏墓地进行的联合考古发掘中都出土了丰富多样的文物资料，其中2014、2015年出土了黄金面具、天珠、带柄铜镜、铜铃项饰、木柄匕首、刻文木牌、木盘、木梳、草编器、玛瑙珠、玻璃珠、蚌饰等大量文物资料；2018年在曲踏墓地中出土了天珠、红玛瑙珠、玻璃珠、铜饰珠、陶器、铁器、木器残片、织物残片、骨质纽扣、贝饰、婴幼儿骨殖、羊骨、植物种子等文物资料，其中一颗天珠与婴幼儿骨殖等发掘出土自“瓮棺葬”的瓮棺中。上述文物资料涵盖了当时社会生活的诸多方面，为我们更好地了解前吐蕃时期的历史文化提供了非常重要的考古资料，其中出土的陶器说明西藏高原西部地区在前吐蕃时期具有考古学文化上的统一性，而其他各类器物则反映出象泉河上游地区与中国新疆和中原地区、中亚、拉达克列城地区、尼泊尔、南亚次大陆、印度洋地带等周边地区有着广泛的物质文化交流，而其丧葬习俗则与早期苯教关系密切[89]。就2018年曲踏墓地考古发掘资料中的“瓮棺葬”而言，其丧葬习俗与拜火教的葬俗有着千丝万缕的联系。用“盛骨瓮”(Ossuaty, 拉丁语为 Ossuariun, 意为埋葬的)埋葬的方式承袭自东伊朗部落的两大葬俗——天葬和火葬习俗。[90]“瓮棺葬”的文化根源来自拜火教教义中保护四大神圣元素的教旨：拜火教信仰中的火、水、土、空气是非常圣洁的物什，它们不容被任何物质亵渎，但死尸是污秽而邪恶的，如果将死尸直接

---

[85] 张云：《上古西藏与波斯文明》(修订版)，中国藏学出版社，2016年，第291页。

[86] [苏联]谢·亚·托卡列夫著，魏庆征译：《世界各民族历史上的宗教》，中国社会科学出版社，1985年，第20页。

[87] 张云：《上古西藏与波斯文明》(修订版)，中国藏学出版社，2016年，第181页。

[88] 张云：《上古西藏与波斯文明》(修订版)，中国藏学出版社，2016年，第291页。

[89] 中国社会科学院考古研究所、西藏自治区文物保护研究所、阿里地区文物局、札达县文物局：《西藏阿里地区故如甲木墓地和曲踏墓地》，《考古》2015年第7期。

[90] 蔡鸿生：《论突厥事火》，载《中亚学刊》第一辑，中华书局，1983年。其观点根据IO. A. 拉波波尔特《花剌子模的盛骨瓮(花剌子模宗教史)》，《苏联民族学》1962年第4期；又同上作者著《火祆教葬仪沿革述略》，《第25届国际东方学家大会文集》第3卷，莫斯科，1963年。

埋进土里则会污染土地，而直接火葬也会玷污神圣的火，若将尸体丢弃在江河湖海中则会使水受到污染。因此，按照拜火教的规定，人死后不能将死尸直接埋在土里，也不能用火焚烧，不能丢弃于江河，违反上述规定都是弥天大罪，逝者的尸体施行所谓的“二次殓骨葬”，也就是“天葬”。天葬习俗在阿契美尼德王朝和萨珊王朝时期并未能让所有的拜火教徒接受，其作为当时的独特葬俗主要为祭司和下层百姓所遵循。[91]“瓮棺葬”作为拜火教徒处理亲人残骨的方式之一出现于公元前2世纪前后，他们认为造物主创造了人，末日时收集人的残骸是神主所允许的，穷人依照《万迪达德》之规把干燥的遗骸放在地上，那些经过暴晒的骨头由于变得干净而不会再污染善良的大地，但有条件的拜火教徒则需用盛骨瓮装盛残骨后再埋入土中，“天葬”葬俗后来演变为现代形制的塔状“达克玛”（dakhma）。[92]我们从“二次殓骨葬”、“瓮棺葬”及“达克玛”的丧葬形式中可以窥见：尽管拜火教的丧葬习俗在同一社会的不同人群中存在着形式上的差异，还受地理因素和历史因素的影响而在具体方式上具有非统一性，但其始终都秉持着绝不允许死尸污染亵渎四大基本元素的教律宗旨。

三、天珠的拜火教文化意涵

宗教不仅是一种社会意识形态，还是一种思想意识形态，任何思想意识终究是人们物质生活条件以及社会经济结构的反映。[93]理性宗教的信念和仪式都得到了重新组织，从而使之既可以解释思想又可以指导行为，并最终使之通往一个符合伦理的共同目标[94]，而作为具有一神论倾向的拜火教，其理论体系已经具有理性和逻辑推理。对于古人来说，纯物理的现象是没有的，他们的知觉是由或多或少浓厚的一层具有社会来源的表象所包围着的核心组成的，构成他们的任何知觉的必不可缺的因素的集体表象具有神秘的性质。[95]天珠即是蕴含了古人的社会意识形态和思想意识形态的实物载体，它是古代工匠运用当时先进的蚀花技术在白玉髓珠的表层蚀染（绘）了黑底和白色纹饰后获得的艺术品，其制作工艺承袭自中亚地区的蚀花红玉髓珠。古代中亚艺术不仅接受了古代各国、各民族艺术文化的影响，而且也将自己的影响远播于东方、西方、南方和北方[96]，天珠作为发源于中亚地区又蕴含了宗教文化的艺术品，虽然其艺术特征会由于时代、地域的变迁而有所变异，但其内在的本质结构始终具有统一性。原始的“万物有灵观”和“原逻辑”思维无疑是产生象征的最重要的思想根源[97]，而天珠上的

---

[91] 张小贵：《中古华化祆教考述》，文物出版社，2010年，第163页。

[92] Mary Boyce, *A History of Zoroastrianism*, Vol.I, Leiden/Kőln: E,J.Briu, 1975, pp. 327-328.

[93] [苏联]谢·亚·托卡列夫著，魏庆征译：《世界各民族历史上的宗教》，中国社会科学出版社，1985年，第19页。

[94] [英]A. N. 怀特海著，周邦宪译：《宗教的形成/符号的意义及效果》，贵州人民出版社，2007年，第8页。

[95] [法]列维-布留尔著，丁由译：《原始思维》，商务印书馆，1981年，第39页。

[96] [苏联]Б.Я. 斯塔维斯基著，路远译：《古代中亚艺术》，陕西旅游出版社，1992年，第127页。

[97] 倪建林：《装饰之源——原始装饰艺术研究》，重庆大学出版社，2007年，第183页。

四种元素即以外显的或隐含的形式有机一体地呈现出一种有条理的中心要素，其内在逻辑恰好与拜火教的信仰主旨相契合。具体来说，天珠的白玉髓珠体、蚀花而成的黑白两种颜色、乳白色纹饰以及表现圆圈纹数目的“数”都是具有当时社会来源的表象元素，而每一种集体表象元素都具有神秘的属性，它们赋有各自的象征意义，正是这些集体表象元素共同构筑了天珠所蕴含的拜火教文化内涵。因此，我们可以借助象征视角由表及里地对天珠完成从现象到本义的认识过程，进而完整地认知天珠所承载的全部文化含义。换言之，我们所讨论的天珠的文化意涵其实就是运用古人的“万物有灵观”和“原逻辑”思维对其所要表达的视觉心理学和哲学的综合探究。

（一）天珠蕴含的拜火教文化元素

1. 天珠是图腾崇拜和灵石崇拜的实物载体

古人赋予特殊的石头以种种不可思议的特性，他们将这种奇异的魔力归之于石头内在的灵气[98]，玉髓这种美丽而易得的半宝石自然是他们用来制作护身符的首选矿材。古人还会给石头涂上色彩，这种人为的装饰使这块石头变得与众不同且由此赋有了神性，考古发掘出土的蚀花红玉髓珠就是此类精神意象的典型代表。早在旧石器时代末期，即阿齐尔文化期的马斯·德·阿齐尔洞穴中就有被涂色的小圆石，其上有用红色绘出的平行条带、圆形、椭圆形等种种神秘莫测的标记，这类小圆石可能与宗教——法术观念有某种关联，是一种图腾崇拜的事例。[99]作为史前时期的艺术品，人们在制作它们的过程中心怀敬畏地完成这项严肃的工作，这类被精心装饰过的作品赏心悦目，人们认为这类作品能用以吓退或驱除对己有害的力量，由此起到“防卫性巫术”的作用，而“防卫性巫术”的方式之一就是随身携带护身符之类的物品，它需要人们遵守一定的禁忌。[100]天珠即是古人在“万物有灵观”和“原逻辑”思维模式中创作的护身符，是图腾崇拜[101]和灵石崇拜的实物载体。早期研究图腾的学者认为图腾所代表的意义及作用包括宗教信仰，就这方面来说，人们对图腾具有发自内心的尊敬和被保护的关系。[102]因此，人们佩戴天珠是为了祈求诸神灵的恩惠和福佑。

拜火教信徒也崇拜灵石，他们认为“天空”和“石头”都是诸神在世间创造的第一个圣物，在

---

[98] [英] J. G. 弗雷泽著，徐育新、汪培基、张泽石译:《金枝》(上册)，新世界出版社，2011 年，第 36 页。

[99] [苏联] 谢·亚·托卡列夫著，魏庆征译:《世界各民族历史上的宗教》，中国社会科学出版社，1985 年，第 34 页。

[100] 高火编著:《欧洲史前艺术》，河北教育出版社，2003 年，第 145 页。

[101] “图腾”这个词是由英国人朗（J. Lang）于 1791 年首次从北美印第安人那里介绍过来的，当时拼写为“Totam”。图腾崇拜一度存在于欧洲及亚洲的雅利安人和闪米特人之中，因此许多研究者倾向于将图腾崇拜视为人类历史上一切种族都要经历的一个必然阶段。见 [奥地利] 弗洛伊德著，文良文化译《图腾与禁忌》，中央编译出版社，2015 年，第 5 页注释。

[102] [奥地利] 弗洛伊德著，文良文化译:《图腾与禁忌》，中央编译出版社，2015 年，《前言》第 9—10 页。

《阿维斯塔》的创世神话中，以神主阿胡拉·马兹达为代表的诸善神分七个阶段创造了世界：祂们首先创造了天空，它形似圆形贝壳，为水晶（石头）质地，闪烁着金属般的光泽；第二阶段，在贝壳的底部创造水；第三阶段为创造大地；第四阶段为创造植物；第五阶段为创造原牛（Gavaevodata）和原人（Gayomeretan）；第六阶段为诸神创造火；第七阶段为诸神折断树枝、杀死原牛和原人，这样原本静止不动的世界就充满活力地运作起来了。[103]在《阿维斯塔》中，"天空"写作"asman"，现代波斯语意为"天空"，在《亚什特》中"asman"的意思是"石头"，于是产生了最初的天空是石头的传说。[104]毫无疑问，灵石在拜火教信徒的观念中与天空有着紧密关联[105]。另外，拜火教信仰中的"善治"（Good Dorminion）作为"神圣正义的化身是石天的保护者，因此向善者应当运用他们的石质武器去保卫穷人和弱者"[106]。上述内容的背后都明显注入了灵石崇拜的思想理念。此外，我们还可以从希腊化时期著名炼金师奥斯当斯（Ostanes）的学说中窥见灵石崇拜的观念。奥斯当斯在古希腊人的著作中是另一位与琐罗亚斯德齐名的麻葛[107]，他的学说主要是关于星神体系以及巫术中动植物和矿物的作用和炼金术。奥斯当斯的学说散见于各家著作摘引，其中："宝石有助于妇女恢复乳液，从而忘掉她们的疾病和悲伤，同样，征兆也是神的显现。他叙述使用宝石取得灵验，主要是宝石和羊的交感作用，以宝石为辟邪物，加入了怀孕的羊的羊毛成为混合物，妇女使用即可恢复乳液。"[108]另一位麻葛特格仑的《论宝石》则称各种宝石与黄道十二宫相对应，如橄榄石对应狮子座（Leonis），血红石对应白羊座（Arietis），等等。[109]上述学说中特别是关于宝石和炼金术的叙述，那种对神秘之光的崇拜和对光明的追求显然具有鲜明的拜火教文化传统，而希腊人对火、水、土、气四大基本元素的崇拜以及他们的宇宙观、占星术和炼金术等无疑都镌刻着拜火教文化的印痕。

---

[103] 龚方震、晏可佳：《祆教史》，上海社会科学院出版社，1998 年，第 35—36 页。

[104] 龚方震、晏可佳：《祆教史》，上海社会科学院出版社，1998 年，第 28 页。

[105] 巫新华：《吉尔赞喀勒墓群遗存的文化意涵》，《原道》2018 年第 1 期。

[106] [英] 凯伦·阿姆斯特朗著，孙艳燕、白彦兵译：《轴心时代》，海南出版社，2010 年，第 14 页。

[107] 拜火教最早的僧侣来自米底亚（Media）的玛基（Magi）僧侣部落，故将该教的僧侣称为"玛基"，也就是《历史》一书中的"玛哥斯"，而我国学者将"玛哥斯"译为麻葛、玛基或穆护。见林悟殊《中亚古代火祆教葬俗》，载张志尧主编《草原丝绸之路与中亚文明》，新疆美术摄影出版社，1994 年，第 229 页。

[108] 龚方震、晏可佳：《祆教史》，上海社会科学院出版社，1998 年，第 177 页。

[109] 龚方震、晏可佳：《祆教史》，上海社会科学院出版社，1998 年，第 177 页。

2. 黑、白色寓含着拜火教的宇宙观和宗教哲学思想

在原逻辑思维体系中，古人认为颜色也具有神秘的性质[110]，因而天珠上人工蚀染的黑色底和白色花纹就寓含了他们一些复杂神秘的意识形态。在印欧人的象征体系中，白色和黄色是闪耀的天空和太阳的颜色[111]，白色在原逻辑中代表仁慈、健康、仪式的洁净、免于厄运、政治权威等，总的来说代表整个道德秩序和各种美德，如健康、力量、生育、部下的尊重以及祖先的福佑等[112]，因此白色顺理成章地成为拜火教徒心目中的神主阿胡拉·马兹达及以其为代表的诸善神的象征符号，是光明、生命、创造、善行、美德及天则、秩序、真理的化身；相反，黑色代表了那些隐藏的、秘密的、黑暗的、不可知的东西[113]，是魔头阿赫里曼及其为代表的诸恶魔的象征符号，是黑暗、死亡、破坏、谎言、恶行等一切罪恶的化身。古代印欧人认为白色是天空的颜色，而诸神创造的贝壳状天空是水晶质地且闪烁着金属般的光泽。在古人的“万物有灵观”和“原逻辑”思维模式中，“天空”是具有神格的，祂是一种白色且具有一定透明度的石头，而白玉髓即是具有上述特质的美丽石头，被古人选来制作天珠的珠体也在情理之中。

在创制天珠的过程中，匠人们用黑色为底而用白色图案指代诸善神的艺术表现形式正是拜火教倡导的“善恶二元对立斗争”的宇宙观和宗教哲学思想的具象呈现[114]。“宇宙”这个词在英文里有“Cosmos”和“Universe”两个单词，前者有“秩序、和谐”之义，后者有“万有”之义，宇宙的本质在于万有，万有是变化无穷的多异之合。[115]正如《伽萨》所述：神主阿胡拉·马兹达与魔头阿赫里曼是孪生，但神主在战胜阿赫里曼的过程中逐渐成了“宇宙的主宰者”以及“光明王国和黑暗王国的统治者”，是唯一的、最高的存在[116]，拜火教的神话传说与其“善恶二元对立斗争”的宇宙观和宗教哲学思想在此得以完美结合。另外，拜火教秉承“从善者得善报，从恶者得恶报”的思想，提倡个人是自己命运的主宰者，享有把握自己命运的自由意志，每个人在光明与黑暗、善与恶的对峙中都有选择的权利。[117]天珠上的白色抽象图案始终处于黑底之上并作为表意的主体，这种构图特征正是该教所倡导的“抑恶扬善、善必胜恶”观念的具象表达。除此之外，天珠上人工蚀染的黑、白两色蕴含着“阴阳合

[110] [法]列维-布留尔著，丁由译：《原始思维》，商务印书馆，1981年，第39页。
[111] [美]马丽加·金芭塔丝著，苏永前、吴亚娟译：《女神的语言——西方文明早期象征符号解读》，社会科学文献出版社，2016年，《导论》第8页。
[112] [英]维克多·特纳著，赵玉燕、欧阳敏、徐洪峰译：《象征之林——恩登布人仪式散论》，商务印书馆，2006年，第56页。
[113] [英]维克多·特纳著，赵玉燕、欧阳敏、徐洪峰译：《象征之林——恩登布人仪式散论》，商务印书馆，2006年，第80页。
[114] 巫新华：《新疆吉尔赞喀勒墓群蕴含的琐罗亚斯德教文化元素探析》，《西域研究》2018年第2期。
[115] 李志超：《中国宇宙学史》，科学出版社，2012年，第1、4页。
[116] 黄心川主编：《世界十大宗教》，社会科学文献出版社，2007年，第27页。
[117] 黄心川主编：《世界十大宗教》，社会科学文献出版社，2007年，第28页。

成”的框架结构模式，这种模式还适合于《伽萨》时期的七位一体神和萨珊王朝鼎盛时期的拜火教神话体系，比如：“水”（三大阴性神）与“火”（三大阳性神）结合组成了善界的“七位一体神”（阿姆沙斯潘丹），其中的阴性神是阳性神的“补充”和“延续”，祂们之间有明确的相互对应关系，彼此连属并构成有机的统一体。[118]概言之，天珠上的黑、白两色及抽象的图案导致人们遐思，强有力地向佩戴者强调了精神威力的无所不在。

3. 白色图案的“符号指称”

天珠上的白色纹饰常见圆圈纹、方形纹、三角纹、菱形纹等几何图案，它们是图腾文化的具象呈现。考古资料表明几何纹饰至少在约公元前25000年即已出现[119]，而最初几何形的出现是对客观事物的一种简化或硬化了的摹写[120]，其自旧石器时代出现以来保持着惊人的持久力。考古学家马丽加·金芭塔丝认为诸多几何纹饰，如三角纹、山形纹、Z 形纹、曲线纹、水洼纹等作为女神崇拜的象征性符号在许多地区蔓延，它们携带着某种元语言的语法和语句，跨越时空界限并具有系统性关联，传达出古欧洲（前印欧）文化中一系列完整的意义和古欧洲人的主要思想观念[121]。然而，原始印欧人的不断侵扰使古欧洲文化与印欧（语系）人的文化在悠久的历史长河中不断地交织、融合及变迁，而几何纹饰作为符号指称所蕴含的象征意义也必然在这一历史进程中不断地发生着演变。前文有述，拜火教发轫于印欧人的文化传统，尽管拜火教作为一个延续至今的宗教反映的是一种以男性为中心的文化，其符号系统与古欧洲（前印欧）时期神话中的符号系统截然不同，但我们依然能够从中探知到几何纹饰的象征对象为神祇。正如法国的东方史学家雷奈·格鲁塞（Rene Grousset）所认为的：波斯帝国至萨珊王朝时期与拜火教有关的艺术创造已剥掉题材上的造型特质，而由活的形态中提出纯几何图案。[122]由此可见，几何纹饰是拜火教徒常用的一种艺术表现形式，它们在拜火教文化体系中系统关联地传达出该教的教义宗旨。拜火教盛行于波斯帝国和萨珊王朝时期，这一时期的艺术作品中常见到几何图案，而天珠上的白色纹饰即是创造者从“神祇”这一形态中提纯出来的几何图案，它们在天珠的艺术创作中代表了意匠精神世界中的主角——神祇，是神灵的符号指征。在天珠的白色纹饰中，“圆圈纹”于几何图案中最为常见。

---

[118] [伊朗]贾利尔·杜斯特哈赫选编，元文琪译：《阿维斯塔——琐罗亚斯德教圣书》，商务印书馆，2005 年，第 447—448 页。

[119] [美]马丽加·金芭塔丝著，苏永前、吴亚娟译：《女神的语言——西方文明早期象征符号解读》，社会科学文献出版社，2016 年，《导论》第 7—8 页。

[120] 倪建林：《装饰之源——原始装饰艺术研究》，重庆大学出版社，2007 年，第 132 页。

[121] [美]马丽加·金芭塔丝著，苏永前、吴亚娟译：《女神的语言——西方文明早期象征符号解读》，社会科学文献出版社，2016 年，《导论》第 3—9 页。

[122] [法]雷奈·格鲁塞著，常任侠、袁音译：《东方的文明》(上册)，中华书局，1999 年，第 87 页。

著名哲学家 A. N. 怀特海认为在符号使用方式中，从感觉表象（sense-presentation）到有形物体是最自然、最普遍的手法。[123]“圆形”因其开头和结尾在同一个点而具有简单的形式完整性，从而成为平面图形中最完美的几何图案，人们早在石器时期就用“圆形”来指代神祇。例如，由于太阳是人类最早且普遍崇拜的神祇，因此我们常在古岩画艺术中看到呈发散状的圆盘，它被用来表示太阳。[124]根据古人的“万物有灵”观来看，人们也常用“圆形”指代太阳神。“圆圈纹”作为象征性符号在古代艺术作品中指代神祇的例子还有很多：在库卢和巴焦尔（Bajurā）及整个喜马拉雅地区常见的佛像头顶上的光轮[125]，创造者正是运用造像头顶特有的“圆形”光轮来表现该作品在其精神意象中所指代的是神祇，而不是一般的人物造象，从而使创造的艺术品具有了神圣的属性。然而，象征性符号往往由于因果效验而在功能活动中受到它所在“环境”的规定[126]，如姜伯勤先生认为在费尔干纳河谷出土的一件四沿装饰有山羊的青铜祭盘，年代为公元前6—前4世纪，其上的圆圈纹就是太阳的象征[127]。但笔者认为此件青铜祭盘上的圆圈纹更进一步指代了拜火教信徒所尊崇的神主阿胡拉·马兹达，理由如下：费尔干纳河谷地区在那一时期流行拜火教，拜火教徒尊奉的主神是胡拉·马兹达，而根据古人的“原逻辑”思维来看，神主阿胡拉·马兹达也是太阳神，二者具有互换关系。因此，天珠上的“圆圈纹”作为象征性符号随着“环境”的变化被用来指代神主阿胡拉·马兹达或以其为首的诸善神。

著名考古学家吉塞佩·杜齐将天珠上的“圆圈纹”称为“睛（mig）”并认为珠子由此具有了特殊的价值和意义[128]；勒内·德·内贝斯基·沃杰科维茨则将天珠上的“圆圈纹”称作“眼”[129]；藏族人认为这种“正义之眼”能够对抗所谓的“邪恶眼”，这样能使佩戴者远离噩运、获得神灵的福佑。正如前文所述，藏族先民信仰的苯教深受拜火教的影响，而在拜火教徒的精神意象中火就是“正义之眼”，它也是拜火教的神主——阿胡拉·马兹达的化身，火所具有的清净、光辉、活力、锐敏、洁白、生产力等特质象征了神的绝对和至善，祂保佑人们获得福祉。也就是说，天珠上的“眼”正是拜火教徒所崇尚的“正义之眼”，是信仰者通过专门仪式礼拜的“圣火”（包括一切自然中可见的火，如天上的太阳和地上的炉火，还包括一切各种生命体中不可见的火），也是神主阿胡拉·马兹达或以其为首的诸善神的符号指称。藏民族对天珠的尊崇与喜爱毫无疑问地表明青藏高原先民的宗教信仰与生活习俗都受到了拜火教的深远影响。

对于秉承二元论的拜火教徒而言，世界的基础在神，神如自然世界一样的真实，神、个体灵魂以

---

[123] ［英］A. N. 怀特海著，周邦宪译：《宗教的形成 / 符号的意义及效果》，贵州人民出版社，2007 年，第 64 页。

[124] ［法］埃马努埃尔·阿纳蒂著，刘建译：《艺术的起源》，中国人民大学出版社，2007 年，第 356 页。

[125] ［意］吉塞佩·杜齐著，向红笳译：《西藏考古》，西藏人民出版社，2004 年第 2 版，第 56 页。

[126] ［英］A. N. 怀特海著，周邦宪译：《宗教的形成 / 符号的意义及效果》，贵州人民出版社，2007 年，第 64 页。

[127] 姜伯勤：《中国祆教艺术史研究》，生活·读书·新知三联书店，2004 年，第 18 页。

[128] ［意］吉塞佩·杜齐著，向红笳译：《西藏考古》，西藏人民出版社，2004 年第 2 版，第 7 页。

[129] ［奥地利］勒内·德·内贝斯基·沃杰科维茨著，谢继胜译：《西藏的神灵和鬼怪》，西藏人民出版社，1996 年，第 596 页。

及自然乃是不同类别的存在，而神是无限高贵的。[130]古代工匠用最简单的几何纹饰在天珠上蚀绘出白色图案，它作为神灵的符号指征表明了“神祇”在拜火教徒精神意象中的客观存在。他们还将视觉元素——直线、曲线与圆圈纹组合后形成了固定的规律，从而在天珠的白色图案中呈现出明确的主次之分，继而使我们得以在拜火教的神话体系中找到与之对应的神祇。

4. 天珠隐含的“数”与拜火教的神祇

天珠上常见数目不同的“圆圈纹”，也即不同数目的“眼”，“眼”的数目在天珠的文化寓意中具有举足轻重的作用。杜齐在《西藏考古》中提到天珠上的“眼”一般为奇数，并由此使得这些珠子具有了特殊的价值和意义，而天珠被视为具有特殊神力和保护力的护身符，因此价格昂贵[131]；勒内·德·内贝斯基·沃杰科维茨则更进一步写道：“藏人说猫眼石能带有十二个眼，带有五、七、八、十一个眼的猫眼石更为罕见。一般说来，猫眼石的眼数越多、色泽愈鲜艳、外表愈光滑就愈值钱。”那么，天珠上“眼”的数目何以如此重要呢？我们知道，古人的“原始”思维中具有“互渗律”原则，指那些所特有的支配各种表象的关联和前关联的原则[132]，而“数”并非纯粹算术的“数”，每个数都有属于它们自己的个别的面目、某种神秘的氛围、某种“力场”[133]。因此，笔者认为天珠上那些表达“眼”的数目的“数”是天珠的另一种神秘语言，它也是相应神祇的符号指称。“数”与拜火教文化中的诸善神之间存在着指代关系的事例还有不少，例如：我们曾在塔吉克斯坦博物馆藏的六尊圆雕祭司小像上发现过“数”与拜火教中诸神祇的指代关系[134]，也曾深入论述过我国出土的16件承兽青铜祭盘上所隐含的“数”与拜火教神祇的对应关系[135]，等等。笔者根据《胡尔达·阿维斯塔》的内容对天珠上的“眼”的数目进行探究时，发现这种艺术表达方式不仅指代了拜火教信仰体系中的神祇，还与该教的历法有着千丝万缕的关系。

拜火教神祇与其宗教历法、宗教习俗之间的关系密不可分。该教历法将一年分为12个月，每个月分为30天，每月和每日均有相应的庇护神，且12个月的庇护神兼作日的庇护神，人们将每一天和每个月都冠以相应神祇的名字，而当月名和日名相重时，就是人们过节庆贺的日子[136]。《西鲁泽》作为

---

[130] [美]休斯顿·史密斯（Huston Smish）著，刘安云译：《人的宗教》，海南出版社，2013年，第69页。

[131] [意大利]吉塞佩·杜齐著，向红笳译：《西藏考古》，西藏人民出版社，2004年第2版，第7页。

[132] [法]列维－布留尔著，丁由译：《原始思维》，商务印书馆，1981年，第78—79页。

[133] [法]列维－布留尔著，丁由译：《原始思维》，商务印书馆，1981年，第231页。

[134] 巫新华：《塔吉克斯坦国家博物馆藏“神官小像”文化探新》，《世界宗教文化》2018年第6期。

[135] 巫新华：《新疆与中亚承兽青铜祭盘的琐罗亚斯德教文化意涵——从帕米尔高原吉尔赞喀勒墓群考古发现圣火坛中卵石数目谈起》，《新疆艺术》2017年第3期。

[136] [伊朗]贾利尔·杜斯特哈赫选编，元文琪译：《阿维斯塔——琐罗亚斯德教圣书》，商务印书馆，2005年，第308—309页。

《胡尔达·阿维斯塔》中最重要的祈祷之一，词意为“三十天”，内容就是对每月三十天的庇护神及其有关神祇的歌颂，对其的吟诵通常在死者过世的第三十天、每年六月和第十二月的第三十天所举行的祭奠仪式上，信徒们在《西鲁泽》之后通常还要吟咏称赞灵体神的《亚斯纳》第二十六章[137]。拜火教还把前拜火教的不同节日加以统一系列化后改造为“年节”(yāirya ratavō)，也即伽罕巴尔节(gāhāmbār)，这个节日是庆祝六大创造(天空、水、土地、植物、牛、人)的节日，然后又补充了第七大节日——诺鲁孜(Nō Rūz)，用来纪念“火”的创造，感谢火把生命和能量带给万物[138]。人们在节日往往举行盛大的欢庆活动来庆祝和感恩。另外，《胡尔达·阿维斯塔》要求教徒每日要进行“五颂”，其内容就是对日、月、光、火和水等神圣物质的赞美和歌颂。毋庸讳言，拜火教将宗教活动与民俗紧密地结合在一起，而上述内容还表明“数”与“神祇”、“数”与“历法”、“神祇”与“历法”之间有着一一对应的逻辑关系。

数学内容伴生于古代宗教，后吠陀时期出现的“数经”有力地证明了数学思想很可能在公元前第3千纪就已经产生，而《梨俱吠陀》中的数学概念中不但出现了十、百、千、万这样的整数，还出现了无限和零的概念[139]。此外，相关研究表明《吠陀经》(*The Vedas*)中的数值都是2160年的倍数，这是春分或秋分时太阳穿过黄道带中一宫所用时间的传统数值。[140]古希腊数学家毕达哥拉斯(约公元前580—前500年)则把数的观念神秘化了，认为数是构成一切事物的原型，也构成了宇宙的“秩序”，他还成立了古希腊秘密宗教之一的毕达哥拉斯教。[141]由于伊朗《阿维斯塔》和印度《梨俱吠陀》都发轫于更为古老的印欧(语系)人的文化传统，而毕达哥拉斯教也吸收融合了大量印欧人的文化内容，三者拥有共同的文化基因，它们都保留、承袭了原始印欧人时代的文化记忆，因此我们还可从吠陀文献中的数学内容和毕达哥拉斯教的教义中探知到数学在《阿维斯塔》中的重要地位。由此可见，数学知识早已运用到古代印欧(语系)人的历法当中。拜火教历法于公元前441年成为伊朗官方的历法[142]，它从伊朗东部的中亚地区传播至伊朗地区，阿契美尼德王朝晚期才开始在伊朗地区广泛使用，直到萨珊王朝时期才完全取代了巴比伦历法[143]。

作为数学的基础，“数”是考察事物异同的过程中对同类事物依序列举的表述记号[144]，而神秘数字是一种世界性的文化现象，是指某些数字除了本身的计算意义，兼有某种非数字的性质，它在哲学、

---

[137] [伊朗]贾利尔·杜斯特哈赫选编，元文琪译:《阿维斯塔——琐罗亚斯德教圣书》，商务印书馆，2005年，第373页。

[138] [英]玛丽·博伊斯著，张小贵、殷小平译:《伊朗琐罗亚斯德教村落》，中华书局，2005年，第35页。

[139] 刘建、朱明忠、葛维钧:《印度文明》，福建教育出版社，2008年，第252—253页。

[140] [英]杰弗·斯垂伊著，贺俊杰、铁红玲译:《玛雅历法及其他古代历法》，湖南科学技术出版社，2012年，第8页。

[141] [英]J. G. 弗雷泽著，徐育新、汪培基、张泽石译:《金枝》(上册)，新世界出版社，2011年，第47页。

[142] 龚方震、晏可佳:《祆教史》，上海社会科学院出版社，1998年，第5页。

[143] 刘文鹏、吴宇虹、李铁匠:《古代西亚北非文明》，福建教育出版社，2008年，第362页。

[144] 李志超:《中国宇宙学史》，科学出版社，2012年，第3页。

宗教、神话、巫术、诗歌、习俗等方面作为结构素反复出现，具有神秘或神圣的蕴涵。[145]由于这里讨论的是天珠上不同数目的“眼”的神秘寓意，而天珠上蕴含的各类元素的深邃内涵与拜火教的文化内容紧密相关，所以我们将“数”的寓意界定于拜火教的宗教神话范畴来加以考量。正如怀特海在《宗教的形成 / 符号的意义及效果》一书中所说：“还有一类语言……它是由代数学的数学符号组成的。这些符号在某些地方不同于普通语言的那些符号，因为只要你遵守代数的规则，应用这些符号便可为你进行推理。”[146]故而，天珠上不同数目的“眼”作为原型表象从一个独特的视角为我们揭示了拜火教神话思维的普遍规律，即天珠上隐含着以不同的“数”指代相应神祇的深邃寓意，而每个“数”都与拜火教的神祇之间存在着相对应的逻辑关系。

拜火教徒崇祀的神灵主要有33位，《阿维斯塔》中的神话将祂们分为两个层次：第一个层次是“阿姆沙斯潘丹”，其是以霍尔莫兹德（也称霍尔马兹德）为主的“七位一体”善界至上神的统称；第二个层次是“埃泽丹”或“亚扎坦”，“埃泽丹”是善界次等的天神地祇的统称，主要有二十几位，其中也包括《维斯帕拉德》中颂扬的“拉德”，而所谓“拉德”指每一类造物的“为首者”，如植物界的胡姆草，衣饰中的科什蒂腰带，群山峻岭中的霍卡尔山，动物界的牡牛、骏马、双峰驼、苍鹰，[147]等等。

（二）考古出土天珠上白色图案的文化意涵

神话与宗教的内容实质是密不可分的完整统一体，《阿维斯塔》中各种神话反映的是拜火教的内容实质，而神话故事中的神祇则是该教颂扬的核心灵魂。前文已论述，天珠上神秘美丽的白色图案是人们尊崇的诸神祇的符号指征。虽然人类天性中最终构成宗教的形形色色的因素很多，宗教也随认识的转变而不可避免地演变，但是宗教是以我们对一些永恒要素的理解为基础的[148]，加之天珠作为拜火教徒的护身符而拥有悠远的历史，因此这种古老艺术品所蕴含的精神意涵在漫长的历史长河中必然有许多进展和扭曲，或至少也是停留在与原初大不相同的稳定状态里，故而笔者仅将我国考古出土的天珠视为蕴含着拜火教文化元素的实物载体，从而对它们的白色纹饰所寓含的文化含义加以解读，以起到投砾引珠的作用。下面我们依据《阿维斯塔》的内容分别解析我国考古出土天珠上白色图案的文化意涵。

---

[145] 叶舒宪、田大宪：《中国古代神秘数字》，陕西人民出版社，2011 年，《导言》第 1 页。
[146] [英]A. N. 怀特海著，周邦宪译：《宗教的形成 / 符号的意义及效果》，贵州人民出版社，2007 年，第 63 页。
[147] [伊朗]贾利尔·杜斯特哈赫选编，元文琪译：《阿维斯塔——琐罗亚斯德教圣书》，商务印书馆，2005 年，第 360 页。
[148] [英]A. N. 怀特海著，周邦宪译：《宗教的形成 / 符号的意义及效果》，贵州人民出版社，2007 年，《序言》第 1 页。

1. “2”眼天珠

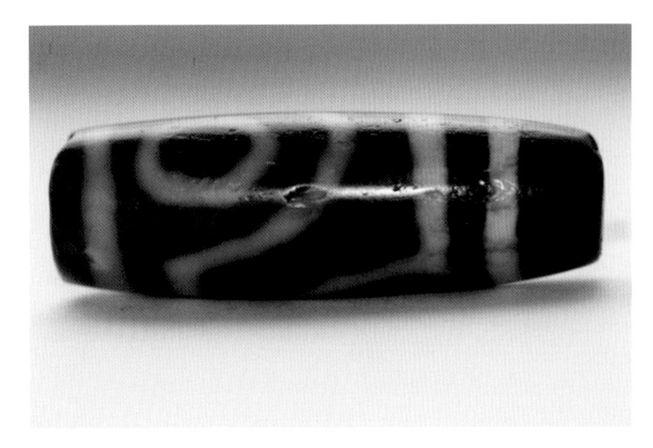

图5-1

亚里士多德曾说过，“美的主要形式，就是（空间的）秩序、对称和明确”[149]，而装饰是一种羁绊的艺术[150]，天珠上的白色纹饰在很大程度上受珠体为圆柱状这一形式的制约，从而产生了独特的装饰艺术形式，正如图5-1中所示：这颗天珠的白色图案主要由环绕于珠体两端的“圆圈纹”和位于它们之间的“2”个“眼”及相应的直线、曲线构成，这样的形式结构体现出白色图案所隐含的秩序感。显而易见，珠体中间的“2”个“眼”及相应的直线和曲线构成了这颗天珠表意的主体，而分别环绕于珠体两端的“圆圈纹”作为最基本的结构之一也很重要，其是依附于主体形式结构的。那么，这颗“2眼”天珠向我们揭示了古人怎样的精神意象呢?

前文已述，“圆圈纹”在拜火教的文化体系中代表神祇。关于表示“眼”数目的数字“2”，列维-布留尔在《原始思维》中认为：“对这个或那个社会集体来说，在头十个数中，没有一个数不具有特别的神秘的意义。”[151]数字“2”是拜火教永恒的圣数，它在拜火教的教义中具有宇宙观的象征意义，“2”从世界观的高度相对集中地体现了该教“善恶二元论”的本质特征，在拜火教的哲学体系中具有崇高的地位，也是拜火教神话的基本原型数字。[152]正如前文已论述过的，拜火教文化中的“数”“历法”“神祇”之间存在着密切的关联性，所以我们可以通过已知历法中的某一日找出代表它的“数”是几，也可以通过已知的庇护神推导出历法中与之对应的“日”以及与其相对应的“数”，当然还可以通过已知的“数”推导出历法中与之对应的某一天，并找到与之相对应的庇护神。笔者根据《胡尔达·阿维斯塔》的内容，运用“数”“历法”“神祇”之间存在的对应关系，借助《阿维斯塔——琐罗亚斯德教

---

[149] [古希腊]亚里士多德著，苗力田译:《形而上学》，商务印书馆，1959年，第256页。

[150] 倪建林:《装饰之源——原始装饰艺术研究》，重庆大学出版社，2007年，第177页。

[151] [法]列维-布留尔著，丁由译:《原始思维》，商务印书馆，1981年，第234页。

[152] 元文琪:《二元神论——古波斯宗教神话研究》，商务印书馆，2018年，第348—351页。

圣书》一书中的“附录《阿维斯塔》神话中的主要善神和恶魔”[153]的内容，从中找出与数字“2”对应的神祇是巴赫曼。在拜火教历法中，每月三十日中的第“2”日的庇护神是巴赫曼，祂还兼作每年第十一月的庇护神。在拜火教习俗中，当月和日的庇护神相重时人们就要过节庆贺，因此当每年的“巴赫曼月的巴赫曼日”（11月2日）来临时，人们必会举行宗教仪式祭祀巴赫曼这位神祇。另外，巴赫曼也是“七位一体”神（阿姆沙斯潘丹）中的第一位大天神，是神主阿胡拉·马兹达的组成部分，祂不仅代表了神主的智慧和善良，还被视作神主与人类灵魂交往的中介。[154]不仅如此，巴赫曼还是动物神。由此可见，这颗“2眼”天珠承载了拜火教徒祈望神力强大的巴赫曼赐予福佑的美好愿望。

另外，作为白色图案中主体结构的“2”个“眼”与直线、弧线一同构成了与“阴阳鱼图”（也称“太极图”）同形式的组合图案，二者具有同样的对称美，这种组合形式演绎出深奥的拜火教宗教哲理。“水火同体”“阴阳合成”的框架结构模式源于该教原始神话“水中之火（光）”的母题，这一原始宗教观念认为：水与火的结合是生命之源和万物创生的始因，它们的结合具有再生机制。[155]具体而言，阴性神和阳性神有机一体地构成了拜火教的神话体系，其中“水”（雨）崇拜系列的阴性神（江河女神“阿邦”即“阿娜希塔”、雨神“蒂尔”、婚姻和生育之神“阿尔德”即“阿希”后来演变为财富和幸福女神、土地神“扎姆亚德”等）是“火”（光）崇拜系列的阳性神（光明与誓约之神“梅赫尔”即“密斯拉”、火神“阿扎尔”、灵光之神“法尔”、遵命之神“索鲁什”、战争与胜利之神“巴赫拉姆”等）的“补充”和“延续”，阴性神和阳性神之间彼此连属且具有明确的相互对应的关系[156]。在“阴阳合成”的框架结构模式中，阴与阳共同构成了有机统一体，二者相辅相成且密不可分。这一理论与中国神话哲学中所谓的“一阴一阳之谓道”“道生一，一生二”“太极生两仪”等说法一脉相通，都是把“2”统合在“1”之中。[157]这颗天珠上的“2”个“眼”与直线、弧线的有序分布将“阴性神”和“阳性神”之间相互对应、彼此连属从而形成有机统一体的神话理念和宗教哲学思想表达得淋漓尽致，是人们向拜火教神话体系中具有阴、阳神性组合的诸善神（对偶神）表达尊崇和祈福的精神反映。

根据古人的原逻辑思维，不论是巴赫曼抑或是对偶神在古人的意象中都等同于神主阿胡拉·马兹达，究其根源这一观念来自古人的“原始”思维中所特有的“互渗律”原则：在《阿维斯塔》中，巴赫曼是“七位一体”神中的第一位大天神，又是神主阿胡拉·马兹达的造物，也是神主的组成部分，还代表了神主的优秀品质——智慧和善良，因此从一定程度上来说巴赫曼等同于神主；而在《阿维斯

---

[153] [伊朗]贾利尔·杜斯特哈赫选编，元文琪译：《阿维斯塔——琐罗亚斯德教圣书》，商务印书馆，2005年，第539—550页。

[154] [伊朗]贾利尔·杜斯特哈赫选编，元文琪译：《阿维斯塔——琐罗亚斯德教圣书》，商务印书馆，2005年，第540页。

[155] [伊朗]贾利尔·杜斯特哈赫选编，元文琪译：《阿维斯塔——琐罗亚斯德教圣书》，商务印书馆，2005年，第448页。

[156] [伊朗]贾利尔·杜斯特哈赫选编，元文琪译：《阿维斯塔——琐罗亚斯德教圣书》，商务印书馆，2005年，第443—448页。

[157] 元文琪：《二元神论——古波斯宗教神话研究》，商务印书馆，2018年，第350页。

塔》的创世神话中，阳性神和阴性神都是阿胡拉·马兹达的造物，因而在某种程度上祂们也可以代表神主阿胡拉·马兹达。概言之，这颗“2”眼天珠揭示了拜火教的信仰者向巴赫曼、诸多对偶神以及神主阿胡拉·马兹达祈求福佑的精神意象。

“抽象的图形”符号正是因为相互的组合才使图案具有了意义[158]，那么环绕在这颗“2”眼天珠两端的“圆圈纹”又表达了古人怎样的思想观念呢？笔者认为这两个分别位于主体图案两旁的“圆圈纹”代表了巴赫曼、诸多“对偶神”或神主阿胡拉·马兹达的光芒——神性的光芒，而对光的尊崇也是拜火教倡导的信仰主旨，以下这两颗天珠的白色图案正是这一精神理念的明鉴。

2. 珠体两端环绕着“圆圈纹”的天珠

图5-2-1

图5-2-2

如图5-2-1、2所示，这两颗天珠的白色图案相同，只有环绕于珠体上的四个“圆圈纹”，这四个圆圈纹每两个为一组，分别位于珠体的两端，呈现出简约的对称美形式。特别有趣的是：在两组“圆圈纹”之间的珠体上没有其他任何白色图案，而是一片“空白”。古人为什么要蚀绘这样的两组“圆圈纹”在这两颗天珠上呢？

笔者认为这两颗天珠上的构图方式恰好体现了古人对神之“灵光”的崇拜之情。“光源之神”在《胡尔达·阿维斯塔》中被称作“阿尼朗”(Aneyrān)，“Aneyrān”的词义为“漫无边际的光源”，被奉为马兹达永恒、无限的光芒的庇护神[159]。“Aneyrān”还代表了光明天国，还是每月第三十日的庇护

---

[158] [法]埃马努埃尔·阿纳蒂著，刘建译：《艺术的起源》，中国人民大学出版社，2007年，《序言》第8页。

[159] [伊朗]贾利尔·杜斯特哈赫选编，元文琪译：《阿维斯塔——琐罗亚斯德教圣书》，商务印书馆，2005年，第322页注释。

神[160]。同时"光源之神"也被称作"法尔"(Farr),分为"伊朗部族之灵光"(Airyanem–Khvarenō)和"王者之灵光"(Kavaēnem– Khvarenō)[161]。

印度雅利安人与伊朗雅利安人都崇尚火和光明,前者侧重于拜火而后者侧重于拜光,伊朗雅利安人认为"光"是"火"的升华,其精神属性优于火,也是诸善神的原始意象,是知识、智慧、悟性和辨识力的隐喻表达[162]。虽然拜火和拜光在神话思维中存在着隐喻互换的关系,但在人类心灵的意指性象征中火与光毕竟不同,而光在拜火教信仰中始终占据着举足轻重的地位。在《阿维斯塔》神话中,"漫无边际的光源"是神主阿胡拉·马兹达创造万物的始基,祂先以"漫无边际的光源"造出熊熊燃烧的火焰,再用这熊熊之火造出形如十五岁青年的大气,然后用大气造出液态的水继而用水造出土壤,"火、气、水、土"四大元素由此而来[163]。此外,拜火教神话还将先知琐罗亚斯德的降世描述为与光具有密不可分的关系:琐罗亚斯德的灵光来自第六层天"漫无边际的光源",它从闪烁的星星降落到弗拉希姆家庭的祭火台,又从祭火台进入已经怀孕的弗拉希姆妻子的腹中,故而琐罗亚斯德是一位享有来自天国的神圣灵光的"超人"[164]。不仅如此,拜火教对光的无限尊崇还表现在其他方面,如伊朗雅利安人的氏族神梅赫尔(Mehr)含有"光芒""太阳""誓约"等意[165];被拜火教徒尊奉的"凯扬灵光"则为"凌驾于一切被造物之上的神明",它源于光本源——阿胡拉·马兹达,是善界神主的象征和化身,代表着阿胡拉·马兹达的神力和福佑[166];等等。由此可见,"光源之神"——阿尼朗(法尔)是拜火教徒虔诚尊奉的一位重要神祇。

艺术创作中,虽然从感觉表象到有形物体是最自然、最普遍的手法,但古代工匠在表达精神意象中的"光源之神"时明显受到圆柱状珠体这一客观条件的制约,他们只能用对称分布在主体图案两端的"圆圈纹"作为符号指称来代表"光源之神"——"阿尼朗"(法尔)在精神意象中的客观存在。也就是说,在圆柱状天珠的构图结构中,对称环绕于珠体两端的"圆圈纹"指代了阿尼朗(法尔),祂位于主体图案的两旁,在古代意匠的精神意象中这类分布的"圆圈纹"就是主体图案所指代的诸神祇散发出来的光芒。这类"圆圈纹"作为阿尼朗(法尔)的象征性符号常常出现在圆柱状天珠的珠体上,其在构图中的存在也加强了古人对主体图案所指代的诸神祇的尊崇与赞美,同时反映了他们渴望获得诸神祇更多恩惠的美好愿望。如在图5-1中,对称环绕于"2"眼天珠表意主体结构两旁的"圆圈纹"

---

[160] [伊朗]贾利尔·杜斯特哈赫选编,元文琪译:《阿维斯塔——琐罗亚斯德教圣书》,商务印书馆,2005年,第374页。

[161] [伊朗]贾利尔·杜斯特哈赫选编,元文琪译:《阿维斯塔——琐罗亚斯德教圣书》,商务印书馆,2005年,第322、546页。

[162] 元文琪:《二元神论——古波斯宗教神话研究》,商务印书馆,2018年,第193—198页。

[163] [伊朗]贾利尔·杜斯特哈赫选编,元文琪译:《阿维斯塔——琐罗亚斯德教圣书》,商务印书馆,2005年,第462页。

[164] [伊朗]贾利尔·杜斯特哈赫选编,元文琪译:《阿维斯塔——琐罗亚斯德教圣书》,商务印书馆,2005年,第399—400页。

[165] 元文琪:《二元神论——古波斯宗教神话研究》,商务印书馆,2018年,第155页。

[166] [伊朗]贾利尔·杜斯特哈赫选编,元文琪译:《阿维斯塔——琐罗亚斯德教圣书》,商务印书馆,2005年,第444页。

就代表了巴赫曼、诸多“对偶神”及神主阿胡拉·马兹达的“光芒”，也意味着创造者或佩戴者祈求能从上述诸神处获得更多福佑的美好愿望。

我们常在圆柱状天珠上见到环绕于珠体的、对称分布于主体图案两旁的“1”圈、“2”圈或“3”圈的圆圈纹，圈数越多表明奉献给神祇的赞颂越多且获得神祇的恩惠也越多。那么，为什么环绕于圆柱状天珠两端的圆圈纹最多的为“3”圈呢？列维－布留尔的研究给了我们答案：他认为“3”一定表示一个最后的数，因而它在一个极长的时期中必定占有较发达社会中的“无限大”所占有的那种威信[167]。因此，环绕于天珠主体图案两旁的“圆圈纹”每组最多为“3”圈，这一表现形式代表着诸神祇的“万丈光芒”。在图5-2中，对称分布且环绕于珠体两端的四个“圆圈纹”（两组）则凸显了拜火教徒对“光源之神”——阿尼朗（法尔）的极致尊崇和赞美，具有鲜明的拜火教文化印记，突出表现了拜火教徒的“拜光”意识。除此之外，珠体两端的“圆圈纹”作为依附于主体形式结构的存在要素还具有“光明、智慧、方向”的深层含义，隐含着拜火教“择善弃恶”的教义宗旨。

3.“7”眼天珠

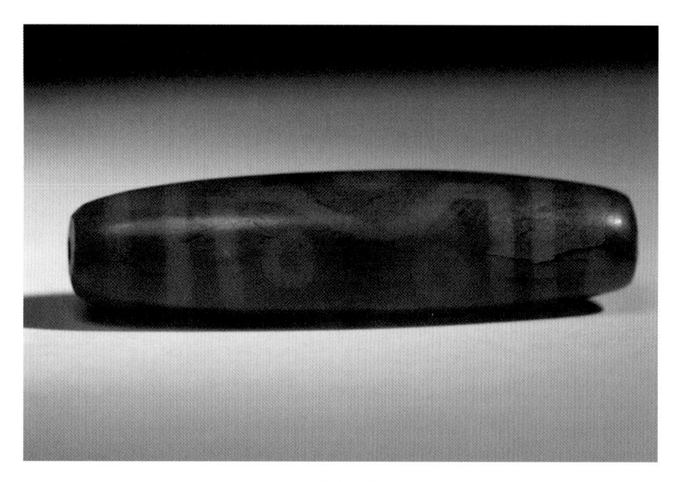

图5-3

在这颗天珠的白色图案中，作为表意主体的7个圆圈纹和有序分布的直线、曲线共同构成了画面上的统一和秩序，使天珠获得了拜火教神秘的宗教意涵。如图5-3所示，这颗天珠的白色图案主要由分别环绕于珠体两端的“2”个“圆圈纹”和位于它们之间的“7”个“眼”及相应的直线、曲线构成，具有“中心对称”的结构美。前文有述，神主的六大从神分别是巴赫曼、奥尔迪贝赫什特、沙赫里瓦

[167] [法]列维－布留尔著，丁由译：《原始思维》，商务印书馆，1981年，第232页。

尔、斯潘达尔马兹、霍尔达德、阿莫尔达德，这六大天神与最高主神阿胡拉·马兹达统称作“阿姆沙斯潘丹”，亦即“七位一体”神，而“七位一体”的善神崇拜始终是拜火教信仰体系中的主旨。其中，神主阿胡拉·马兹达作为“智慧的首领”位于诸大天神之上，是《伽萨》歌颂的主要对象，而神主的六大从神也在《伽萨》中被反复赞颂。这颗天珠上的白色图案以“中心对称”的结构美为构图特征，向我们展示了古人心目中的“阿姆沙斯潘丹”在天珠珠体上的具象呈现，人们创制和佩戴这颗“7”眼天珠的初衷是为了表达他们向“阿姆沙斯潘丹”祈求恩惠和福佑的美好意愿，而环绕于珠体两端的“圆圈纹”则代表着“阿姆沙斯潘丹”所散发出来的光芒。从古人的原逻辑思维来看，六大天神不仅代表了神主阿胡拉·马兹达的六大优良品质而且是神主的组成部分，因此也可将这颗“7”眼天珠所蕴含的寓意视同向神主阿胡拉·马兹达祈求恩惠和福佑。

4.“天地”图案的天珠

图5-4

如图5-4所示，这颗天珠的白色图案由环绕于珠体两端的“圆圈纹”和位于它们之间的“1”个圆形（椭圆形）纹和“1”个方形纹饰组成。视觉艺术中的方与圆未必像数学几何中那么标准和精确，只能说是基本上属于“方形”和“圆形”[168]，这颗天珠的主体图案即具有上述特征：“圆形”纹实为椭圆形，其形状类似于贝壳；而“方形”也不标准，其临近“圆形”纹的两条边线被艺术化处理成弧线，从而使整个图案具有了独特的艺术美感。整体而言，这颗天珠的白色蚀花图案作为组合图案的规律性

[168] 倪建林：《装饰之源——原始装饰艺术研究》，重庆大学出版社，2007年，第156页。

特征和秩序感显露无余，珠体中间的“圆形”纹和“方形”纹饰是这颗天珠图案的主体结构，而分别环绕于珠体两端的“圆圈纹”则作为基本结构之一依附于主体结构。正如前文已阐述过的，环绕于珠体两端的“圆圈纹”指代了位于主体图案两旁的“光源之神”——“阿尼朗”（法尔），在古人的原逻辑思维体系中代表主体图案所指代的神祇散发的光芒。那么，白色图案中的“圆形”纹和“方形”纹图案是什么神祇的符号指征呢？

“圆形”纹、“方形”纹是流传遍及世界的表意文字，“方形”纹或“长方形”纹饰在亚欧大陆和美洲的古代岩画中表示“土地、地方、领土”，而“圆形”纹在更广泛的区域表示“天空、空气”，“圆形”纹旁边加上“方形”纹则表示“天空和大地”。[169]古老的文献中也认为天为圆形或半球形，大地则是方形的。[170]也就是说，“圆形”纹旁边加上“方形”纹作为这颗天珠的白色图案的主体结构，表达了古人精神意象中的“天空和大地”。另外，根据古人的万物有灵论来说，其指代天空之神与土地之神的总和，亦即“宇宙之神”。

前文有述，在《阿维斯塔》的创世神话中，形似巨大椭圆形贝壳的天穹是诸神创造出来的第一个物什，它笼罩着其他所有的一切，众神还在此基础上设计创造了七层天空上的众星体，古人也由此形成了对宇宙形态的最初认知。结合《阿维斯塔——琐罗亚斯德教圣书》中“附录《阿维斯塔》神话中的主要善神和恶魔”的内容来看，这颗天珠上的主体纹饰“圆形”纹饰是苍穹之神——“阿斯曼”（Āman）的象征，祂是每月第二十七日的庇护神；而“方形”则是土地神——“斯潘达尔马兹”的象征，祂是第四位大天神并被奉为神主马兹达之女，在天国代表马兹达的谦虚、坚韧和仁爱，斯潘达尔马兹负责保护土地并使之肥沃富饶[171]。另外，白色图案中“圆形”和“方形”的组合及它们所指代的相应神祇——“阿斯曼”（阳性神）和“斯潘达尔马兹”（阴性神）还构成了拜火教文化中“阴阳合成”的框架结构模式，具有鲜明的拜火教文化特征。显而易见，这颗天珠上的表意主体——“圆形”纹和“方形”纹组合而成的图案反映了当时的拜火教徒向“宇宙之神”表达尊崇之意并祈求福佑恩惠的美好心愿。此外，环绕于珠体两端的“圆圈纹”指代了位于“宇宙之神”旁边的“光源之神”——“阿尼朗”（法尔），在古人的原逻辑思维体系中也代表着“宇宙之神”所散发出来的灿烂光芒。

---

[169] ［法］埃马努埃尔·阿纳蒂著，刘建译：《艺术的起源》，中国人民大学出版社，2007 年，第 348、356 页。

[170] ［法］鲁保罗著，耿昇译：《西域的历史与文明》，人民出版社，2012 年，第 52 页。

[171] ［伊朗］贾利尔·杜斯特哈赫选编，元文琪译：《阿维斯塔——琐罗亚斯德教圣书》，商务印书馆，2005 年，第 541、545 页。

5.“圆圈纹”及其变形图案的天珠

图5-5-1

图5-5-2

图5-5-3

如图5-5-1、2所示，圆板状天珠上各蚀绘有“1”个大“圆圈纹”。在古人的原逻辑思维中，“圆圈纹”图案被视为图画文字，表示“圆圈 = 天空和方形 = 土地”这样的等价关系[172]，显然这里的“圆圈纹”所表示的含义既包含了苍穹之神 ——“阿斯曼”，又包含了土地之神——“斯潘达尔马兹”，意指整个宇宙，而这两颗天珠上蚀绘的“1”个大圆圈纹则指代了“宇宙之神”。基于古人原逻辑思维中的互渗律原则，由于“阿斯曼”和“斯潘达尔马兹”同是以神主阿胡拉·马兹达为首的诸善神的造物，因此二者可以分别代表神主阿胡拉·马兹达，二者之组合更是如此，而神主阿胡拉·马兹达就是宇宙的主宰，亦即“宇宙之神”。另外，表示“1”个圆圈纹数目的数字“1”也隐含着拜火教文化含义：在拜火教历法中，每月“1”日的庇护神是神主阿胡拉·马兹达，因此这一天也被称作“阿胡拉·马兹达日”，数字“1”亦即指代了神主阿胡拉·马兹达，是善、完美、幸福、秩序的本原，而阿胡拉·马兹达还是每年十月的庇护神，人们根据拜火教习俗会在“阿胡拉·马兹达月的阿胡拉·马兹达日”来临时举行隆重的庆祝仪式。由此可见，这两颗天珠上蚀绘的“1”个圆圈纹正是神主阿胡拉·马兹达的符号指称，祂不仅是宇宙的主宰还拥有至高无上的地位。

如图5-5-3所示，这颗圆板状天珠上蚀绘有一个带断口的圆圈状图案，它以双线的艺术形式表征出来。杜齐在《西藏考古》一书中认为这类图案与“圆圈纹”图案具有相同的表意作用，并说：“中间图案代表世界的中心，也是帐篷或房屋的中心。这个常被人们想象为宇宙环状的图案极为熟悉，无需深入探讨。”[173]换言之，这颗天珠上“带断口的圆圈”纹图案是“圆形”图案的变形，二者指代同一神祇——至高无上的神主阿胡拉·马兹达，亦即“宇宙之神”。因此，人们创造并佩带这颗具有护身符功能的天珠是源于对神主阿胡拉·马兹达的礼赞，亦即祈求神主阿胡拉·马兹达（宇宙之神）的福佑和庇护。

---

[172] [法]埃马努埃尔·阿纳蒂著，刘建译：《艺术的起源》，中国人民大学出版社，2007年，第356—359页。

[173] [意]吉塞佩·杜齐著，向红笳译：《西藏考古》，西藏人民出版社，2004年第2版，第7页。

6. 环绕着“1”个圆圈纹的线珠

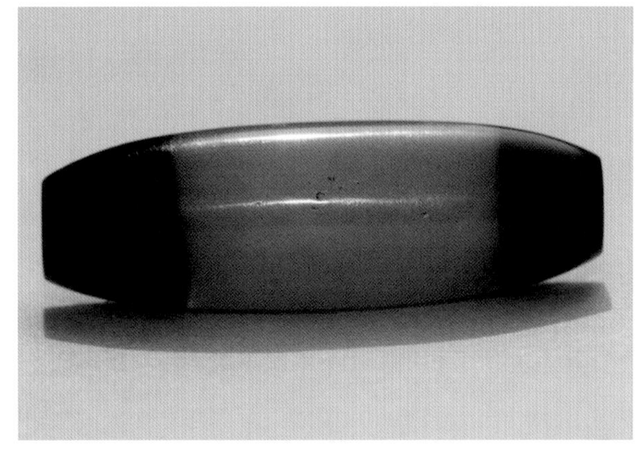

图5-6-1

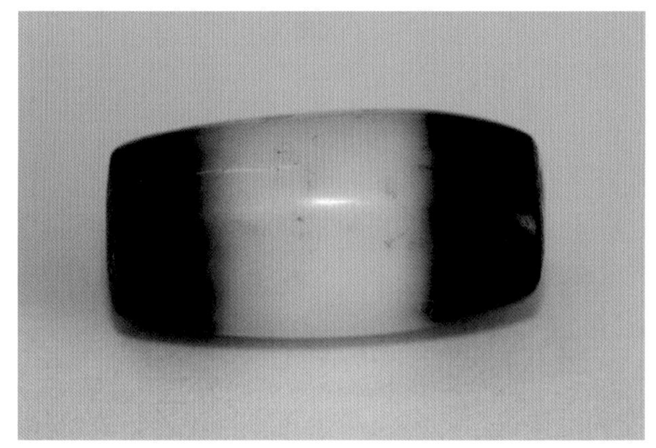

图5-6-2

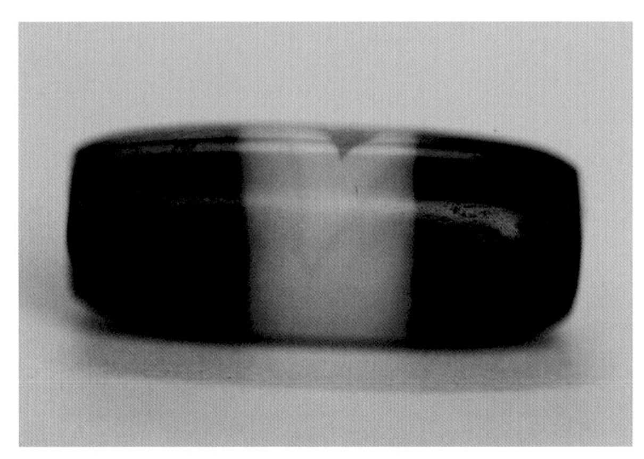

图5-6-3

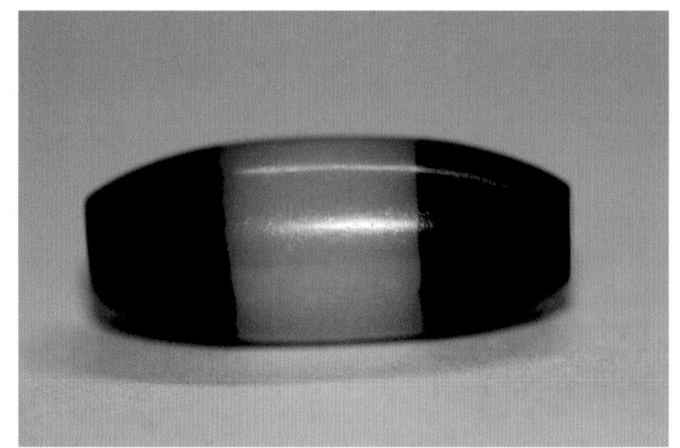

图5-6-4

如图5-6-1、2、3、4所示，这几颗天珠的白色图案均为环绕于圆柱状珠体中间的“1”个宽圆圈纹，这类有一个或数个“圆圈纹”环绕着圆柱状珠体的天珠被称作“线珠”。前文已述，“圆圈纹”代表了神祇，而整颗珠子上仅有的“1”个圆圈纹则是神主阿胡拉·马兹达的符号指称。也就是说，这组线珠的表意与图5-5-1、2中的圆板状天珠相一致，它们同样承载着古人对神主阿胡拉·马兹达的赞颂并祈望获得其庇佑和恩惠的美好愿望，二者只在艺术表达形式上有所区别：线珠由于受其珠体为圆柱状这一客观条件的制约，只能在珠体中间蚀绘一个环绕在珠体中间的圆圈纹来表意；而圆板状珠体则可以在平面的珠体上蚀绘一个圆圈纹来表意，二者最终所要表达的精神意象是完全一致的。关于这类有“1”个圆圈纹的线珠的文化含义，请参阅图5-5-1、2中的圆板状天珠的释义，在此不赘。

7. 环绕着“5”个圆圈纹的线珠

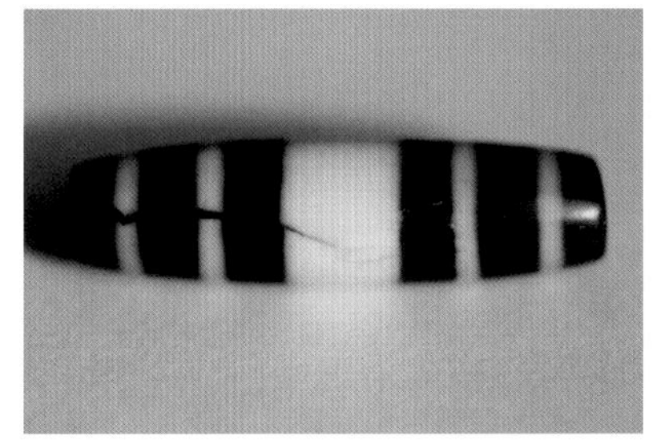

图5-7-1

图5-7-2

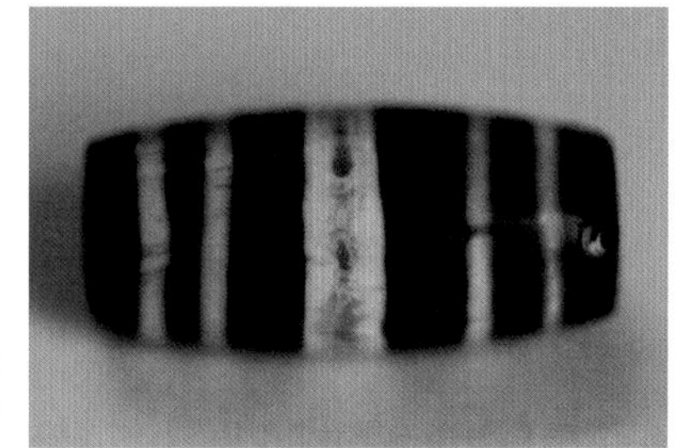

图5-7-3

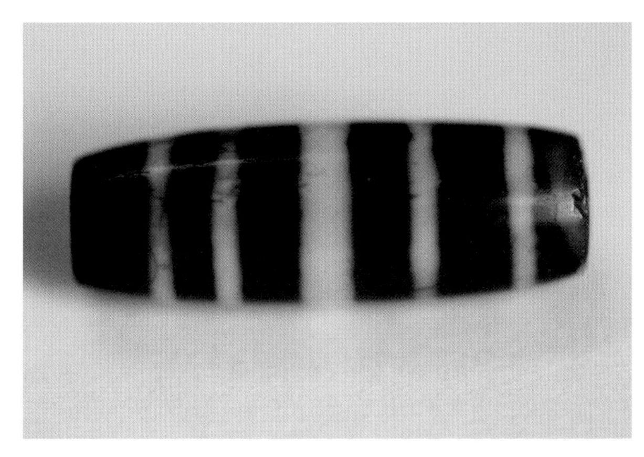

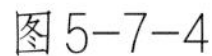

图5-7-4

图5-7-5

如图5-7-1、2、3、4、5所示，这几颗线珠的白色图案为“5”个圆圈纹环绕在天珠的圆柱状珠体上，其中居于珠体中间的“1”个圆圈纹相对较宽，以对称形式分布于宽圆圈纹两旁的两组圆圈纹相对较窄。这种对称的形式结构体现出这类线珠上的白色图案所隐含的秩序感：中间的“1”个宽圆圈纹为表意主体——指代神主阿胡拉·马兹达；其两旁的两组窄圆圈纹是作为基本结构之一而依附于主体形式结构的，代表着神主阿胡拉·马兹达的光芒。整体而言，这类“5”线珠寓含着“神主阿胡拉·马兹达散发着万丈光芒”之意，是对神主阿胡拉·马兹达的热烈歌颂与赞美，也反映了古人向神主祈望福佑和恩惠的强烈心愿。

8. 环绕着“2”个“椭圆形”圆圈纹的线珠

图5-8

如图5-8所示，这颗线珠的白色图案十分特殊，为“2”个“椭圆形”的圆圈纹环绕着珠体。前文有述，“椭圆形圆圈纹”在古人的原逻辑思维中与“圆圈纹”具有相同的表意——指代神祇，那么这颗环绕着“2”个“椭圆形”圆圈纹的线珠表达了古人对哪位神祇的颂扬和祈福呢？数字“2”为我们揭晓了其中的答案。数字“2”在拜火教的教义理念中不仅具有宇宙观的象征意义，还是个永恒的圣数，还是拜火教神话的基本原型数字。我们在每月三十日的庇护神中，找到了第“2”日的庇护神——巴赫曼，祂是动物神兼作每年十一月的庇护神，司辖着神主与人类灵魂交往之职。在拜火教习俗中，当月和日的庇护神相重时，即“巴赫曼月的巴赫曼日”（十一月二日）来临时，人们就要举行宗教仪式崇祀“巴赫曼”。

基于古人原逻辑思维中的互渗律原则，我们还可将阐释重点放在“椭圆形圆圈纹”上。前文已述，拜火教圣典《阿维斯塔》创世神话中的诸神创造的天空为椭圆形，它是水晶质地并闪烁着金属般的光泽，这个形似巨大贝壳的天穹笼罩着其他所有的一切，是以神主阿胡拉·马兹达为代表的诸善神创造的第一个圣物。由此可见，在古人的原始意象中，天穹就是椭圆形的，古代工匠故而用“椭圆形”来表达天穹的形态，而万物都是有灵的，因此这颗天珠上的“椭圆形”白色纹饰也即是苍穹之神——“阿斯曼”的象征。此外，“巴赫曼”和“阿斯曼”在古人的原逻辑思维中都是神主阿胡拉·马兹达的造物，因此也被等同于神主看待。总而言之，这颗环绕着“2”个“椭圆形”圆圈纹的线珠既表达了人们对巴赫曼、阿斯曼以及神主阿胡拉·马兹达的歌颂之情，又反映出人们祈望从上述三位大神处获得福佑恩惠的美好愿望。

9. “三角形”图案的天珠

图5-9-1

图5-9-2

如图5-9-1、2所示，这两颗天珠的白色纹饰中都具有“三角形”图案，“三角形”分别从环绕于珠体两端的“圆圈纹”的内边线上派生出来。前文已述，环绕于珠体两端的“圆圈纹”代表了神祇的灵光。就图5-9-1、2的白色图案来说，二者的不同之处在于：在图5-9-1中有两组三角形，每组有“2”个三角形，它们以互相咬合的形式分布于珠体上；而图5-9-2中也有两组三角形，每组有“3”个三角形，它们以互相咬合的形式分布于珠体上。

金芭塔丝在《女神的语言》一书中认为“三角形”在古欧洲的前印欧时期是女神的象征符号[174]，但显然这一符号的象征意义在古欧洲的印欧化之后发生了变迁。怀特海认为在符号使用方式中，从感觉表象到有形物体是最自然、最普遍的手法，因此笔者认为这两颗天珠上的“三角形”是圣山的象征性符号。圣山是拜火教徒尊崇的重要神祇，这一观念源自伊朗雅利安人的创世神话：在七大洲最大一洲的中央矗立着神圣的“哈拉山”(Halla)，日月星辰都围绕着它运行，这里不仅有春夏秋冬和白昼黑夜，还从哈拉山顶流下一条大河——哈拉瓦底（Harahvaiti），哈拉瓦底河在哈拉山脚下一分为二，向东流去的是番赫维·达提雅(Vanhvi Daitya)，向西流去的是郎哈(Ranha)，最后注入乌鲁卡萨海[175]。“Halla”意为“黑山”，它被认为是宇宙的中心山峰，正对北极星下，哈拉山下又与地下城堡库西（Kuci）相通，后者在《阿维斯塔》神话传说以及两河流域的神话中被描述为具有死亡之门的特征。[176]“哈拉山”在印度神话中又被称作“Meru”，也即佛教的弥楼山[177]，而在西藏苯教信徒的心目中就是冈底斯山

[174] [美]马丽加·金芭塔丝著，苏永前、吴亚娟译：《女神的语言——西方文明早期象征符号解读》，社会科学文献出版社，2016年，《导论》第7—8页。

[175] 龚方震、晏可佳：《祆教史》，上海社会科学院出版社，1998年，第35—36页。

[176] 张云：《上古西藏与波斯文明》(修订版)，中国藏学出版社，2016年，第173页。

[177] 龚方震、晏可佳：《祆教史》，上海社会科学院出版社，1998年，第35页。

(Kailasah)[178]。由此可见，这两颗天珠上的“三角形”图案指代了圣山。根据古人原逻辑思维中的万物有灵观来看，这两颗天珠上的“三角形”图案亦即是圣山之神的符号指称。

正如图中所见，古人在创制这两颗天珠时还运用了黑、白两色及二者共同构成的组合图案来表达“阴阳合成”的框架结构模式：主体图案中的两组白色“三角形”以相互咬合的形式分布于珠体上，这样的布局使两组“三角形”之间的黑色底呈现为连续的“之”字形折线纹。“之”字形折线纹作为表意文字代表了“水或液体”[179]，正是圣河的符号指称。在《阿维斯塔》神话中，江河女神阿娜希塔(Anāhīta，也即阿邦)是拜火教发轫之前印欧雅利安人所奉祀的重要神祇，祂主司生育、丰产等，还是每月第十日和每年八月的庇护神[180]。前文已述，拜火教发轫于更为古老的印欧雅利安人的原始宗教，而阿娜希塔被伊朗雅利安人尊崇的根源是：人们渴望从江河女神处获得充沛洁净的水资源，因此定期向阿娜希塔献祭，他们用牛乳和两种植物做成祭品奉献给江河女神，祭品代表了水所滋养的动物和植物[181]。显而易见，图5-9-1、2中的天珠图案是圣山和圣河的表征符号，白色的“圣山”与黑色的“圣河”又共同构成了拜火教文化中“阴阳合成”的框架结构模式，具有鲜明的拜火教文化烙印。概言之，这两颗天珠上的图案表达了人们向尊贵的圣山之神和圣河之神祈求福佑的美好愿望。

综上所述，天珠作为来自远古的艺术品，在创造者和佩戴者的心目中不仅是美丽的饰物，更是具有神秘能量的护身符：其先，古代先民选用白玉髓制作天珠的珠体这一行为显然承袭了更为古老的灵石崇拜观念，这种古老的文化观念在拜火教信仰中进一步演变为“最早的天空是石头”这一理念，而天空作为苍穹之神已经明显具有了神的属性。其次，天珠珠体上人工蚀花而成的黑色底和曼妙的乳白色纹饰作为具有一定格式的艺术表达形式，不但蕴含着拜火教倡导的“善恶二元对立”的宇宙观，还隐含着以“拯救世人”为主旨的道德观。再次，乳白色的蚀花图案指代了拜火教徒尊崇的“阿姆沙斯潘丹”和“埃泽丹”，其中以“圆圈纹”为主的各种几何图案不仅是《阿维斯塔》神话中诸神祇的符号指称，其隐含的用来表达“圆圈纹”数目的“数”还以另一种语言形式指代了相应的神祇。从古人的原逻辑思维角度来看，天珠蕴含着图腾崇拜的文化观念，在古人的精神意象中是以阿胡拉·马兹达为首的诸善神的驻身之所，更是承载了天神福佑的神圣灵石。藏族传说天珠来自阿修罗的世界，所谓“阿修罗”(Asura，吠陀梵文)是一类似天非天的生命[182]，祂在《阿维斯塔》和《吠陀经》的初期同被誉为天尊，是天上的超级神灵[183]。古代印度《梨俱吠陀》经典中将因陀罗、阿耆尼、婆噜拿(Varuna)等

---

⑰⑧ 孙林:《俄木隆仁与古尔——关于藏族苯教思想与波斯的关系》,《西藏大学学报》2004年第1期。

⑰⑨ [法]埃马努埃尔·阿纳蒂著，刘建译:《艺术的起源》，中国人民大学出版社，2007年，第356页。

⑱⓪ [伊朗]贾利尔·杜斯特哈赫选编，元文琪译:《阿维斯塔——琐罗亚斯德教圣书》，商务印书馆，2005年，第542页。

⑱① 龚方震、晏可佳:《祆教史》，上海社会科学院出版社，1998年，第46页。

⑱② 陈久金:《中国少数民族天文学史》，中国科学技术出版社，2013年第2版，第515页。

⑱③ 巫白慧:《吠陀经和奥义书》，中国社会科学出版社，2014年，第138页。

各主要大神都尊称为“阿修罗”，但后来词意有了变化，祂们由于被转变为神的对立面而被称作魔鬼，根据印度—伊朗神话传说来看，伊朗的密特拉（Mithra）相当于《吠陀经》中的Mitra神，阿帕姆·纳帕特相当于《吠陀经》中的婆噜拿，而马兹达（Mazda）一词指无上的智慧，相当于《梨俱吠陀》中的一个无名的至尊的阿修罗[184]。伊朗神话认为只有阿胡拉·马兹达、密特拉、阿帕姆·纳帕特三位大神才有资格被称为“阿胡拉”。阿胡拉·马兹达一名传入我国后被蒙古的佛教徒和突厥佛教徒用来尊称“因陀罗”，因陀罗在印度神话中是天帝的意思，也即蒙古佛教徒尊称的阿胡拉·马兹达[185]。概言之，天珠的创造者使用了象征性表达和寓意表达的方式为我们展示了神灵在其精神世界的客观存在。

从本书论及的21颗考古发掘出土的天珠来看，其中最早的天珠至迟于春秋时期就已传入我国的新疆地区及河南省，秦汉时期业已传播至湖南省及青藏高原，而助力这种传播的巨大动力来源于当时亚欧大陆各文明间的物质文化交流。拜火教与“轴心时代”喷薄而出的其他文明成果一同深刻地影响了人类文明的后续进程，它伴随着印欧语系人的迁徙和交流遍布亚欧大陆的广袤区域，其宗教哲学思想和原则的传播使之交织渗透于当地的各类宗教和文化中，并由此呈现出丰富多样的表现形式。尽管如此，拜火教始终在不同程度上保留有它往昔积聚的观念和信仰，如“善恶二元对立斗争”的宇宙观和宗教哲学思想、以“拯救世人”为主旨的道德观、“三善”原则（善思、善言、善行），等等。正如汤因比所说：“超越人类的精神实在的一种正面迹象是，人懂得善恶对错，良心强迫人有一种偏好，即做自己认为正确的事情，不做自己认为错误的事情，拥护正确、反对错误。”[186]拜火教信仰促使人们趋善避恶，而天珠正是由于蕴含着该教的上述思想而被不同民族、不同地区的人们所钟爱，它时刻提醒着佩戴者：尊重自己的选择，规范自己的行为。

---

[184] 龚方震、晏可佳：《祆教史》，上海社会科学院出版社，1998年，第5—6页。

[185] 龚方震、晏可佳：《祆教史》，上海社会科学院出版社，1998年，第5—6页。

[186] [英]阿诺德·汤因比著，刘北成、郭小凌译：《历史研究（插图本）》，上海人民出版社，2005年，第316页。

后 记

在书稿即将付梓之际，回想起一路走来的研究历程，不禁深深感慨“缘”的奇妙，它如梭机般将世间的人与人、人与物、人与事交织在一起并最终织就一幅美丽的锦帛，将每一个人、每一件事精准定格于这幅七彩卷帛之中。

2015年伊始，我受中国社会科学院考古研究所新疆工作队的邀请加入课题组开始对考古出土的玉髓质珠饰及拜火教早期阶段的文化进行深入研究。研究过程中，巫新华老师在繁忙的田野考古工作间隙给我推荐了《阿维斯塔——琐罗亚斯德教圣书》，此书引导我将拜火教早期阶段的文化内涵与考古遗址的内容相结合，而不是仅仅将那些遗存视作纯粹的美术作品或实用器物来看待，也使我深深意识到考古遗存与古人高贵的精神生活密不可分。当我在电话中将上述感悟告诉巫老师时，他正在新疆科考，频繁的差旅和繁重的田野考古工作使这位年逾五十的考古学家在电话中的声音有些疲惫，他与我就一些具体问题进行了讨论并鼓励我沿着这个思路继续探究下去。此外，巫老师还抽出时间带领我们拍摄了中国国家博物馆陈展的天珠、长沙市博物馆陈展的天珠、河南省考古研究院珍藏的天珠、西藏自治区札达县于2014和2015年考古出土的天珠。在此，谨向巫新华老师在研究工作中给予的支持和鼓励表示真心感谢！

我还要特别致谢中国社会科学院考古研究所的王世民先生。2015年初，笔者致电王世民先生，告诉他我正在做古代玉髓质珠饰和拜火教方面的研究并希望获得帮助，先生在电话中充分肯定了古代珠子的研究价值，并鼓励我要以广阔的视野和严谨的治学精神做学问，随后将夏鼐先生的博士论文*Ancient Egyptian Beads*发至我的邮箱，还附上了论文中所有的文物图片。那段时间，我时常通过电话向先生请教考古学方面的问题，他都一丝不苟地进行解答。此外，先生还推荐书籍给我并帮我查找相关的研究资料。先生在电话中经常讲起考古先贤们的轶事，当然讲得最多的还是夏鼐先生具有的渊博知识和科学严谨的治学理念，笔者从中受益匪浅！而夏先生善于把多方面学问紧密结合起来进行综合研究的思路也深深启迪了我：不仅要运用自然科学的方法从物质层面对古代玉髓质珠饰进行研究，还要以文物为根据并运用社会科学的诸多理论方法来研究亚欧大陆人类社会的发展与变迁，从而勾勒出这一广袤区域在人类文明史中的发展脉络及社会概貌。研究过程中，王世民先生的无私相助使我的耳畔响起了孔子“己欲立而立人，己欲达而达人”的教诲，它所表达的是中国人根深蒂固的文化传统：个人不应满足于自己“得道”，而必须同时帮助一切人“得道”，至少也要把一己所得之“道”原原本本地传布给世人。孔子的教诲深植我心，它成为我在研究路途中面对挑战和困难的力量源泉。2020年末，先生寄来了刚出版的《埃及古珠考》(中文版)，他在电话中说这样就能将夏鼐先生在古珠领域的丰硕成果惠及更多国内的研究者了。近日，先生发来信息告知他由于退休后致力整理夏鼐先生的论著而被社科院党委评选为“老有所为先进个人”。看到先生出版《埃及古珠考》的夙愿得偿，又在耄耋之年获此殊荣，我由衷地为他感到高兴！而先生的慷慨、勤勉、谦逊、坚定等优秀品格也时刻鼓舞我在人生的道路上不负韶华。

中国科学技术大学的冯敏老师是我国较早运用自然科学对古玉器的次生变化进行系统研究的学者之一。我曾致电冯敏老师，向她请教一些矿物学专业的问题，冯老师都悉心解答。此外，笔者还多次前往中科大拜访冯敏老师，当面与她深入探讨、交流玉髓质珠饰的受沁机理。记得去年6月，冯敏老师与我相约见面，那时正值本书的初稿完成后不久，我带着书稿请她过目，而冯老师也在见面时打开专门准备的PPT，我们就玉髓质文物的次生变化进行了长时间深入细致的讨论，她还对书稿中与矿物学有关的几个用词提出了意见和建议。面对面的探讨使我获益良多，而冯老师的敏学勤思、刨根求真的科研精神也鞭策我在之后不断打磨书稿的过程中尽可能地将所阐释的问题讲得更加准确、透彻。在此，谨向冯敏老师表达衷心感谢！

笔者还要向以下单位和个人表达诚挚的谢意，他们分别是：中国国家博物馆及陈成军常务副馆长、陈列工作部王月前主任。西藏自治区文物局及曲珍副局长。西藏自治区文物保护研究所及哈比布所长。西藏博物馆及展览部唐聪丽副主任。西藏阿里地区札达县文旅局及罗丹局长，罗丹局长还提供了冈仁波齐的风景图片。新疆维吾尔自治区文物考古研究所及李文瑛所长、资料管理部闫雪梅主任。河南省文物考古研究院及刘海旺院长、科技考古研究室胡永庆主任。河南省淅川县博物馆及齐延光馆长。湖南省博物馆及马王堆汉墓藏品研究展示中心喻燕姣主任。长沙市博物馆及王立华馆长、何枰凭副研究馆员。青海省文物局及牛军局长、马占庭副局长。青海省湟中县博物馆及李汉财馆长和唐小娟老师，他们还提供了文物的相关资料。江西省文物考古研究院及海昏侯墓地的考古领队杨军。陕西省咸阳博物院及姚玲玲老师，她为我们提供了相关文物的图片资料。中国科技出版传媒股份有限公司及闫向东副总经理。正是他们的大力支持使我们能够在书中为大家展示大量丰富多彩的文物照片和相关资料。

不仅如此，笔者还要感谢那些在成书过程中给予我默默关怀和无私支持的亲人和朋友。这里，要特别致谢 Mr. Dick Chen 和苏州大学的张薇老师，前者以国际药企质量总监的严格标准对本书的初稿提出了宝贵意见并翻译了英文目录及简介，后者以艺术的审美眼光和细腻的笔触手绘了相关的示意图。

广西师范大学出版社的编辑团队在本书的出版过程中付出了大量心血和汗水，笔者谨向他们致以诚挚谢意！由于本书采用了大量的文物图片，涉猎的专业知识跨越了多学科领域，无形中加大了编辑工作的难度，而责任编辑余慧敏老师的严谨、创新及高度的责任心使书稿在成果产生到进入传播的中间环节中渐趋完善，从而使本书最终以图文并茂、疏朗雅致的形式走进读者的视野。对本书而言，余老师仿佛是一场春雨，润物无声，她以温柔而赤诚的本心默默地存在。其实，她本身就是春雨。

以上人们恰似一束束明亮的光，他们在“缘”的牵引和交织中照耀在我的心田，并在那里映射出一幅美丽的画面，我时常徜徉其中，久久不愿离去……

戴君彦

2021年6月6日